机械设计

主　编　周洪亮　张会端
副主编　张晓辉　薛铜龙

电子工业出版社
Publishing House of Electronics Industry
北京·BEIJING

内 容 简 介

本书以机械设计基本知识、基本原理为基础，精选内容，适当拓宽知识面，着重培养学生的设计思维与工程应用实践能力，力求反映机械设计领域的最新成果。

本书共分 16 章，主要内容包括绪论，机械设计概论，机械零件的强度，摩擦、磨损及润滑，螺纹连接，轴毂连接，带传动，链传动，齿轮传动，蜗杆传动，轴，滚动轴承，滑动轴承，联轴器和离合器，弹簧，机座和箱体。

本书可作为高等学校机械类及近机类各专业的教学用书，也可供机械类及近机类专业的学生及有关工程技术人员参考。

未经许可，不得以任何方式复制或抄袭本书之部分或全部内容。

版权所有，侵权必究。

图书在版编目（CIP）数据

机械设计 / 周洪亮，张会端主编. —北京：电子工业出版社，2023.4

ISBN 978-7-121-45354-0

Ⅰ. ①机… Ⅱ. ①周… ②张… Ⅲ. ①机械设计 Ⅳ. ①TH122

中国国家版本馆 CIP 数据核字（2023）第 058323 号

责任编辑：刘御廷　　　　　特约编辑：田学清
印　　刷：天津千鹤文化传播有限公司
装　　订：天津千鹤文化传播有限公司
出版发行：电子工业出版社
　　　　　北京市海淀区万寿路 173 信箱　　邮编：100036
开　　本：787×1092　　1/16　　印张：22　　字数：563 千字
版　　次：2023 年 4 月第 1 版
印　　次：2023 年 4 月第 1 次印刷
定　　价：58.80 元

凡所购买电子工业出版社图书有缺损问题，请向购买书店调换。若书店售缺，请与本社发行部联系，联系及邮购电话：（010）88254888，88258888。

质量投诉请发邮件至 zlts@phei.com.cn，盗版侵权举报请发邮件至 dbqq@phei.com.cn。

本书咨询联系方式：lyt@phei.com.cn。

前　言

　　"机械设计"课程是培养学生机械设计能力的重要技术基础课，是机械类及近机类专业的主干课程之一。通过本课程的学习，学生可了解、掌握系统的机械设计理论和方法，具有应用有关标准和规范进行机械设计的能力。

　　本书是根据教育部有关机械设计课程的教学基本要求，结合近几年教学内容改革的需要，吸取多所院校教师多年来的教学经验编写而成的。在本书的编写过程中，编者试图从满足机械设计的总体要求与培养学生基本素质和能力出发，在内容的取舍和阐述方面，注意取材的先进性和实用性，以及前后内容的逻辑关系，注重基本概念与设计思想，采用了丰富的设计实例，尽可能做到深入浅出，并适当拓宽知识面、反映学科新成就。

　　本书共分 16 章，参加本书编写工作的有河南理工大学张晓辉（第 1、3、14 章），张会端（第 2、9、15 章），薛铜龙（第 4 章），牛赢（第 5、16 章），周洪亮（第 6、7、11、12、13 章），李田（第 8、10 章），由周洪亮、张会端担任主编，并统稿。

　　本书广泛吸取了有关院校教师的教学经验，在此对所用参考资料的作者表示衷心的感谢！

　　由于编者水平有限，书中难免存在疏漏，恳请广大读者批评指正。

编　者

2022 年 9 月

目　　录

■ 第一篇　总论 ■

■ 第二篇 连接 ■

■ 第三篇 机械传动 ■

■ 第四篇　轴系零部件 ■

■ 第五篇 其他零部件 ■

第一篇

总论

第1章 绪论

1.1 本课程的研究内容

机器种类繁多，在生产中常见的机器有汽车、拖拉机、电动机、各种机床等；在生活中，常见的机器有洗衣机、缝纫机、电风扇、摩托车等。它们的构造、性能和用途各不相同，但从系统的观点看，任何机器都是一个由若干装置、部件和零件组成的具有特定功能的机械系统。

1．机器的组成

从功能组成的角度，一部现代机器应包括原动机部分、传动部分、执行部分、控制系统和辅助系统五部分，如图 1-1 所示。

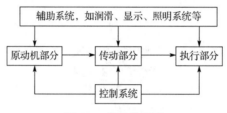

图 1-1 机器的组成

原动机部分是机械设备完成其工作任务的动力来源，如电动机、内燃机、液压马达和气动机等，一般情况下，它们都将其他形式的能量转换为可以利用的机械能。现代机器中使用的原动机以各式各样的电动机和热力机为主。

执行部分也是工作部分，是一部机器中最接近工作端的机构，用来完成机器的预定功能，如起重机和挖掘机中的起重吊运机构和挖掘机构。

由于机器的功能是多种多样的，要求的运动形式也多种多样，所克服的阻力也会随着工作情况的不同而不同。而原动机的运动及动力参数却是有限的、确定的。机器中传动部分就是用来完成运动形式、运动及动力参数转变的，按照执行机构的特定要求，把原动机的运动和动力传递给执行机构。

机器的功能越来越复杂，对机器的精度要求越来越高，机器除以上三个部分外，还会不同程度地增加其他部分，如控制系统和辅助系统。控制系统用来处理机器各组成部分之间及外部其他机器之间的工作协调关系；辅助系统，如机床中的润滑、显示、照明、冷却系统等。

2．课程的研究对象及主要内容

从制造和装配的观点看，机器由许多独立加工、独立装配、不可拆分的最小单元体组成，这些单元体称为零件。机械零件是构成机械系统的最基本要素，也是机械加工制造的基本单元。有些零件在大多数机器中都会用到，称为通用零件，如齿轮、蜗杆、轴、轴承、联轴器等。有些零件只在特定的机器中才用到，称为专用零件，如发动机中的曲轴、汽轮机中的叶片。在工程中，常常把组成机器的某一部分的零件组合体称为部件。各类机器中常用的部件称为通用部件，如减速器、联轴器、离合器等；而只在特定机器中用到的部件称为专用部件，如工业机器人的末端执行器、飞机起落架等。

机械设计课程主要从一般机械装置的设计出发，研究一般工作条件和常用参数的通用零部件的设计理论与设计方法。具体内容如下：

总论部分：介绍零件设计的基本原则、设计计算理论、材料选择、摩擦磨损及润滑等方面的知识。

连接部分：介绍常用的连接方法，螺纹连接，键、花键连接，销连接、无键连接及过盈连接的设计。

机械传动部分：介绍带传动、链传动、齿轮传动、蜗杆传动的设计。

轴系零部件部分：介绍轴、滚动轴承、滑动轴承、联轴器及离合器等的设计。

其他零部件部分：介绍弹簧、机座与箱体的设计。

1.2 本课程的性质和任务

机械设计是以通用零部件的设计为核心的一门技术基础课，综合性和实践性都很强。在这门课程中，将综合理论力学、材料力学、机械制图、机械原理、机械工程材料、极限配合与测量技术基础等多门课程的知识，解决通用零部件的设计问题，同时为专业课的学习打下基础，它把基础课和专业课有机地结合起来，在教学中起承前启后的重要作用，是机械类和近机类专业的一门主干课程。

机械设计课程的任务如下：

掌握通用零部件的设计原理、方法和机械设计的一般规律，具有设计机械传动装置和简单机械的能力。

具有一定的设计能力，包括计算能力、绘图能力和运用标准、规范、手册及查阅有关技术资料的能力。

初步具有一定的机械系统方案优化及决策的能力。

培养正确的设计思想和创新思维，坚持可持续发展原则，具有良好的质量、安全和环保意识。

1.3 学习本课程的注意事项

机械设计课程是一门涉及面广的设计性课程，在学习本课程时要多联系生产实际，注重实践性环节。机械设计课程的学习与以前的基础课程的学习相比有所不同，要注意以下几点：

（1）理论联系实际。机械设计的研究对象是各种机械设备中的机械零部件，与工程实际联系紧密，因此在学习时应利用各种机会深入生产现场、实验室，注重观察实物和模型，以加深对常用机构和通用机械零部件的感性认识，提高分析与解决工程实际问题的能力，这样才能设计出方案合理、参数及结构正确的机械零部件或整台机器。

（2）抓住设计主线，掌握机械零部件设计的共性问题及一般规律。本课程内容丰富，不同的零部件各有特点，设计方法各异，但都遵循相同的设计规律。根据课程特点，抓住设计主线，就能把各章节的内容串起来，熟练掌握设计机械零部件和一般机械装置的规律。在学习每一个零件时，都要了解零件的工作原理、失效形式、材料选择、工作能力计算及结构设计，内容虽然很多，但都是为了一个目的，就是设计零件。

（3）注重解决复杂工程问题能力的培养和工程素质的提高。影响一台机器设计质量的因素很多，既包括满足设计参数的原理方案的选择、设计公式或经验数据的选用，又包括结构设计等多个方面，也是学习本课程的难点。在学习本课程时应按照解决工程问题的思维方式，努力培养自己的机械设计能力，尤其是解决复杂问题的能力，学会不断修改、逐步完善的设计方法。

（4）要综合运用先修课程的知识，解决机械设计问题。本课程所涉及的各种机械零件的设计，从分析研究、设计计算，到完成部件装配图和零件工作图，要用到多门先修课程的知识，在学习本课程时必须及时复习先修课程的有关内容，做到融会贯通、综合应用。

第 2 章　机械设计概论

2.1　机械设计的基本要求

由于机器的种类繁多，性能差异巨大，企业的生产能力也不尽相同，因此很难对机械设计提出统一的要求，但是进行机械设计时，总要考虑机器与零件两方面的基本要求。

2.1.1　设计机器的基本要求

1. 使用功能要求

人们为了满足生产和生活上的需要设计和制造了各种各样的机器，因此，机器必须具有预定的使用功能，能满足人们某方面的需要，这是机械设计的基本出发点。满足使用功能的要求，主要靠正确地选择机器的工作原理，正确地设计或选择原动机、传动机构和执行机构，以及合理地配置控制系统及辅助系统来保证。

2. 经济性要求

机器的经济性是一个综合指标，体现在机器的设计、制造和维护的全过程，包括设计制造经济性和使用经济性。设计制造经济性表现为机器的成本低；使用经济性表现为生产过程中的高生产率、高效率和较低的能源与原材料消耗，以及较低的管理和维护费用。所以，在设计或选用工作机构、传动机构和原动机实现机器的功能时，必须考虑制造成本、工作效率、能源消耗、工作可靠性及操作与维护费用等。

3. 劳动保护和环境保护要求

设计机器时应对劳动保护和环境保护的要求给予高度重视。机器必须操作方便和安全可靠，机器的操作手柄或按钮的数量、放置的位置及操作时的力量和操作方式等要符合人们的生理与习惯要求。在可能出现安全问题的部位，要设置完善的安全防护装置、报警装置和警告装置等。

设计的机器应符合国家各种环境保护法规及条例的要求。从设计上就要考虑采取措施降低机器的工作噪声，防止有毒、有害介质的渗漏，控制废水、废气和废液的排放。

4. 寿命与可靠性要求

机器在其工作期限内必须具有一定的可靠性，随着机器组成的复杂化，可靠性问题越来越突出。机器的可靠性是通过可靠度 R 来衡量的，它是指在规定的使用条件和使用时间（寿命）内，机器能够正常工作的概率。机器的可靠性与机器的设计、制造、操作、维护等有关。机械零件的设计和制造是实现机器各项功能的基础，是机械设计的核心工作之一。提高机器可靠度的关键是提高其组成零部件的可靠度。

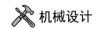

5．其他专门要求

对不同的机器，还有一些该机器特有的要求，例如，对食品机械有保持清洁、不能污染产品的要求；对机床有长期保持精度的要求；对飞机有质量小、飞行阻力小等要求。设计机器时，在满足前述共同要求的前提下，还应着重满足这些特殊要求，以提高机器的使用性能。

2.1.2　设计机械零件的基本要求

机器是由机械零件组成的。因此，设计的机器是否能满足前述要求，零件设计的好坏将起着决定性作用。为此，对机械零件提出以下基本要求。

1．强度、刚度及寿命要求

强度是指零件抵抗破坏的能力。零件强度不足，将导致过大的塑性变形甚至断裂破坏，使机器停止工作甚至发生严重的事故。采用高强度材料，增大零件的截面尺寸及合理设计截面形状，采用热处理及化学处理方法，提高零件的制造精度，以及合理配置机器中各零件的相互位置等，均有利于提高零件的强度。

刚度是指零件抵抗弹性变形的能力。零件刚度不足，将导致过大的弹性变形，引起载荷集中，从而影响机器的工作性能，甚至造成事故。例如，机床的主轴、导轨等，若刚度不足导致变形过大，将严重影响所加工零件的精度。零件的刚度分为整体变形刚度和表面接触刚度两种。增大零件的截面尺寸或增大惯性矩、缩短支承跨距或采用多支点结构等措施，有利于提高零件的整体变形刚度；增大贴合面及采用精细加工等措施，有利于提高零件的表面接触刚度。

寿命是指零件正常工作的期限。材料的疲劳、腐蚀、相对运动零件接触表面的磨损及高温下零件的蠕变等，均为影响零件寿命的主要因素。提高零件抗疲劳破坏能力的主要措施有：减小应力集中，保证零件有足够大的尺寸，以及提高零件表面质量等。提高零件耐腐蚀性的主要措施有：选用耐腐蚀材料和采取各种防腐蚀的表面保护措施。关于磨损及提高耐磨性等问题详见第4章。

2．结构工艺性要求

零件应具有良好的结构工艺性。在一定的生产条件下，零件应能被方便地加工出来，并便于被装配成机器。零件的结构工艺性应从零件的毛坯制造、机械加工过程及装配等几个生产环节加以综合考虑。因此，在进行零件的结构设计时，零件除了要满足功能上的要求和强度、刚度及寿命等要求，还要满足加工、测量、安装、维修、运输等方面的要求。

3．经济性要求

零件的经济性主要取决于零件的材料成本和加工成本。因此，提高零件的经济性主要从零件的材料选择和结构设计两个方面加以考虑。如用廉价的材料代替贵重材料，采用轻型结构以减少材料；采用少余量、无余量毛坯，简化零件结构以减少加工工时；采用合理的公差等级以降低对机加工设备和人员的要求；尽可能地采用标准零部件及标准参数以减少加工刀具和检测量具的要求；改善零件的结构工艺性以减少加工及装配费用。

4．可靠性要求

零件可靠性的定义与机器可靠性的定义是相同的，机器的可靠性主要由零件的可靠性来保证。由于机械零件的工作条件和其材料的力学性能等均具有随机性，因此零件能在设计寿命内正常工作是有概率的。可靠性要求就是保证这种正常工作的概率不小于许用值。提高零件的可靠性，应从工作条件（如载荷、环境、温度等）和零件性能两个方面综合考虑。同时，加强使用中的维护和检测，也可提高零件的可靠性。

5．减小质量的要求

一般情况下，设计机械零件时应当力求减小其质量，尤其是运动的零件。减小零件的质量，一方面可以节省材料；另一方面可以减小运动零件的惯性，减小零件承受的惯性载荷，改善机器的动态性能。对于运输机械，减小零件的质量可以增加运载量，提高机器的经济效益。

减小零件的质量，在设计上可以采用缓冲装置降低零件承受的冲击载荷；利用过载防护装置限制作用在主要零件上的最大载荷；从零件应力较小的位置去掉部分材料，改善零件上应力分布的均匀性；在工作载荷相反的方向施加预载荷，减小零件上的工作载荷；采用冲压件或焊接件代替铸、锻零件等措施。

机械零件的强度、刚度和耐磨性是从设计上保证它能够可靠工作的基础，而零件可靠地工作是保证机器正常工作的基础。零件具有良好的结构工艺性和较小的质量是机器具有良好经济性的基础。在实际设计时，经常会遇到基本要求不能同时得到满足的情况，这时应该根据具体情况，合理地做出选择，保证主要的要求能够得到满足。

2.2　机械设计的一般程序

设计机器是一项富有创造性的工作，也是一项尽可能多地利用已有成功经验的工作。设计机器的过程是复杂的，它涉及多方面工作，如市场需求调研、技术预测和人机工程等，本书仅就设计机器的技术过程进行讨论。由于机器的种类繁多、性能差异巨大，因此设计机器的过程并没有固定的程序，需要根据具体情况进行。在此仅以比较典型的机器设计为例，介绍机械设计的一般程序。

2.2.1　明确设计任务

设计人员在接受一个新机器的设计任务时，应根据使用要求和工作条件，确定机器的功能范围及指标，明确设计需要解决的问题。

2.2.2　方案设计

明确了设计需要解决的问题后，研究实现机器功能的可能性，提出可能实现机器功能的多种方案。在考虑机器的使用要求、现有的技术水平和经济性的基础上，综合运用各方面的知识与经验对各个方案进行分析。通过分析确定原动机，选定传动机构，确定工作（执行）机构的工作原理及应满足的工作参数，绘制工作原理图，完成机器的方案设计。

在方案设计过程中，要注意借鉴同类机器成功的先例。同时，注意相关科学与技术中新成果的应用，如材料科学、制造技术和控制技术的发展使原来不能实现的方案变为可能，这些都为方案设计的创新奠定了基础。

2.2.3 技术设计

技术设计是机器设计的核心。在技术设计过程中，要完成各种设计计算、校核计算，生成总装配图、部件装配图和零件工作图。技术设计大致包括以下工作：

（1）运动学设计。根据设计方案和工作机构的工作参数，确定原动机的动力参数，如功率和转速，进行机构设计，确定各构件的尺寸与运动参数。

（2）动力学计算。根据运动学设计的结果，计算出作用于零件上的载荷。

（3）零件设计。根据零件的载荷与设计准则，通过计算、类比或模型实验的方法，确定零部件的基本尺寸。

（4）总装配草图设计。根据零部件的基本尺寸和机构的结构关系，设计总装配草图。在综合考虑零件的装配、调整、润滑、加工工艺等的基础上，完成所有零件的结构与尺寸设计。确定零件的结构、尺寸和零件间的位置关系后，可以比较精确地计算出作用在零件上的载荷，分析影响零件工作能力的因素，如应力集中等。在此基础上应对主要零件进行校核计算，如对轴进行精确的强度计算，对轴承进行寿命计算等。根据计算结果反复地修改零件的结构及尺寸，直至满足设计要求。

（5）总装配图与零件工作图设计。根据总装配草图确定的零件结构及尺寸，完成总装配图与零件工作图的设计。

2.2.4 编写技术文件

视情况与要求，编写机器的设计计算说明书、使用说明书、标准件明细表、外购件明细表、验收条件等。

在上述设计过程中，若某一环节出现了问题或不可行，都需要返回修改前面的设计，直至问题得到解决。有时，可能整个方案都要推倒重来。因此，机械设计过程是一个迭代的过程。

2.3 机械零件的主要失效形式及设计准则

机械零件由于某些原因而丧失工作能力称为失效。零件出现失效将直接影响机器的正常工作。因此，研究机械零件的失效及其原因对机械零件设计具有重要意义。

2.3.1　机械零件的主要失效形式

1．整体断裂

在工作载荷的作用下，零件由于危险截面上的应力超过材料的极限应力产生的断裂称为整体断裂，如螺栓的断裂、齿轮轮齿的折断、轴的折断等。整体断裂分为静强度断裂和疲劳断裂两种。静强度断裂是静应力的作用引起的，而疲劳断裂则是交变应力的作用引起的，是指零件的应力达到其疲劳极限或应力循环次数超过了规定值所引起的断裂。疲劳断裂是大多数机械零件的主要失效形式之一。断裂是严重的失效，有时会导致严重的人身和设备事故。

2．过大的变形

当零件承受载荷工作时，会发生弹性变形，而严重过载时塑性材料的零件会出现塑性变形。变形造成零件的尺寸、形状和位置发生改变，破坏零件之间的相互位置或配合关系，导致零件乃至机器不能正常工作。过大的弹性变形还会引起零件振动，如机床主轴的过大弯曲变形不仅产生振动，还会造成工件加工质量的降低。

3．零件的表面失效

在机器中，大多数零件都与其他零件接触，载荷作用在表面上，摩擦发生在表面上，周围介质又与表面接触，从而造成零件表面的破坏。零件的工作表面一旦出现某种表面失效，将破坏表面精度，改变表面的尺寸和形状，使其运动性能降低，摩擦增大，能耗增加，严重时会导致零件完全不能工作。

零件的表面破坏主要是磨损、点蚀和腐蚀，表面破坏都是随工作时间的延续而逐渐发生的。零件失效与否，一般取决于零件表面的破坏程度及机器对性能的要求。

4．破坏正常工作条件引起的失效

有些零件只有在一定工作条件下才能正常工作，若破坏了这些必备条件，则将发生不同类型的失效。例如，带传动和摩擦轮传动，当传递的有效圆周力大于摩擦力的极限值时将发生打滑失效；液体润滑的滑动轴承，当润滑条件不能保证完整的油膜时，将会发生过热、胶合、磨损等形式的失效；高速转动的零件，当其转速与转动系统固有频率一致时就会发生共振，引起断裂等。

零件工作时具体会发生哪种失效形式与很多因素有关，并且在不同行业和不同机器上失效形式也不尽相同。因此在零件设计时，要根据具体情况进行分析，确定零件可能出现的主要失效形式。

2.3.2　机械零件的设计准则

在不发生失效的条件下，零件能安全工作的限度称为工作能力。通常此限度是对载荷而言的，习惯上又称为承载能力。为了避免机械零件的失效，设计的机械零件应具有足够的工作能力，而零件的工作能力是通过建立计算准则来体现的。目前，针对零件的各种失效形式，分别提出了相应的设计准则，常用的设计准则有以下几种。

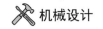

1. 强度准则

强度准则针对的是零件的断裂失效（包括静应力作用产生的断裂和变应力作用产生的疲劳断裂）、塑性变形失效和点蚀失效。对于这几种失效，强度准则要求零件的应力分别不超过材料的强度极限、疲劳极限、屈服极限和接触疲劳极限。强度准则的表达式为

$$\sigma \leqslant [\sigma] \tag{2-1}$$

式中，σ 为零件工作时产生的应力；$[\sigma]$ 为零件的许用应力，由零件的极限应力 $\sigma_{\lim}$ 和安全系数 S 补偿各种不确定因素对零件强度的影响决定，即

$$[\sigma] = \frac{\sigma_{\lim}}{S} \tag{2-2}$$

2. 刚度准则

刚度准则针对的是零件的过大弹性变形失效，它要求零件在载荷作用下产生的弹性变形量不超过机器工作性能允许的值。刚度准则的设计表达式为

$$y \leqslant [y], \quad \theta \leqslant [\theta], \quad \varphi \leqslant [\varphi]$$

式中，y、θ、φ 为零件的挠度、偏转角和扭转角；$[y]$、$[\theta]$、$[\varphi]$ 为许用的挠度、偏转角和扭转角。零件的弹性变形量根据不同的变形形式由理论计算或试验方法来确定；许用变形量主要根据机器的工作要求、零件的使用场合，由理论计算或工程经验来确定其合理的数值。

3. 寿命准则

影响零件寿命的主要失效形式是腐蚀、磨损和疲劳，它们的产生机理、发展规律及对零件寿命的影响完全不同，属于三个不同的范畴。迄今为止，还未能提出有效而实用的腐蚀寿命的计算方法，所以无法列出腐蚀的设计准则。关于摩擦和磨损的计算方法，由于其类型众多，产生的机理未完全明确，影响因素也很复杂，因此至今还未形成供工程实际使用的定量计算方法。关于疲劳寿命，通常是求出零件使用寿命期内的疲劳极限或额定载荷作为计算的依据，本书在第 3 章将做进一步介绍。

4. 振动稳定性准则

高速机械中存在许多激振源，如齿轮的啮合、滚动轴承的运转、滑动轴承中的油膜振荡、柔性轴的偏心转动等。当零件（或部件）的固有频率 f 与上述激振源的频率相等或成整数倍的关系时，零件就会发生共振，这不仅会影响机械的正常工作，还会造成破坏性事故。振动稳定性准则就是要求零件的固有频率 f 与其工作时激振频率 f_p 错开的设计准则。因此，高速回转的零件应满足一定的振动稳定性条件，相应的计算准则为

$$f_p < 0.85f \text{ 或 } f_p > 1.15f$$

若不满足振动稳定性条件，可通过改变零件（或系统）的刚度或采取隔振、减振等措施来改善零件的振动稳定性。

在设计零件时，要根据具体零件的失效形式选择和确定设计准则。

在现代机器的设计中，除了以上常用的计算准则，热平衡准则、摩擦学准则、可靠性准则等也越来越受到人们的重视，在有些场合已成为必须遵守的基本准则，从而更加有效地提高机械零件的设计质量和机器的质量。

2.4　机械零件的设计方法与步骤

设计机械零件主要包括两方面的工作，一是根据计算准则或采用经验类比的方法，确定零件的主要尺寸；二是根据确定的主要尺寸，在综合考虑零件的定位、装配、调整、润滑和加工工艺等的基础上，设计零件的结构。

2.4.1　机械零件的设计方法

机械零件的设计方法，从不同的角度可进行不同的分类。通常把过去长期采用的设计方法称为传统设计方法，近几十年发展起来的设计方法称为现代设计方法。机械零件的传统设计方法通常概括为以下几种。

1. 理论设计

根据理论和试验数据进行的设计，称为理论设计。以强度准则为例，由材料力学可知式（2-1）可表示为

$$\sigma = \frac{F}{A} \leqslant [\sigma] = \frac{\sigma_{\lim}}{S} \tag{2-3}$$

式中，F 为作用于零件上的广义外载荷，如轴向力、弯曲力矩、扭转力矩等；A 为零件的广义截面积，如横截面积、抗弯截面系数、抗扭截面系数等。

根据式（2-3）可以进行两方面的设计工作：

一是在已知外载荷与极限应力的情况下，通过计算确定零件的主要尺寸，即

$$A \geqslant \frac{SF}{\sigma_{\lim}} \tag{2-4}$$

二是在按其他方法初步确定零件的截面尺寸后，选用下列四式之一进行校核计算：

$$\sigma = \frac{F}{A} \leqslant [\sigma] \tag{2-5}$$

$$F \leqslant \frac{\sigma_{\lim} A}{S} \tag{2-6}$$

$$S_{\mathrm{ca}} = \frac{\sigma_{\lim}}{\sigma} \geqslant S \tag{2-7}$$

$$\sigma_{\lim} \geqslant \sigma S \tag{2-8}$$

式（2-7）中 S_{ca} 为计算安全系数。

2. 经验设计

根据经验关系式或设计者的工作经验用类比的方法进行的设计，称为经验设计。这种方法适合于设计那些结构、形状变化不大且已典型化的零件，如机器的箱体、机架、传动零件的各结构要素等。

3. 模型试验设计

根据零件、部件或机器的初步设计结果，按比例制成小模型或小尺寸样机，通过试验对其各方面的特性进行检验和评价，从而对设计进行逐步的修改、调整和完善，这个设计

过程称为模型试验设计。这种设计方法适合于尺寸巨大、结构复杂、难以进行理论分析的重要零件、部件或机器的设计。

随着科学技术的迅速发展，新材料、新工艺、新技术不断出现，产生和发展了以动态、优化、计算机化为核心的现代设计方法，如有限元分析、优化设计、可靠性设计、计算机辅助设计等，使机械设计学科发生了很大变化。下面仅对可靠性设计、优化设计、计算机辅助设计做简单的介绍。

1．可靠性设计

与传动设计相比，可靠性设计的主要特点是考虑了零件尺寸、载荷和材料力学性能的离散性和随机性。可靠性设计的实质是把设计变量（例如作用在轴上的载荷）如实地当作随机变量来处理，使设计结果更符合客观实际。在可靠性设计中，传统的"强度"概念就从零件的"破坏"或"不破坏"这两个极端准则，转变为"出现破坏的概率"。对零件安全工作能力的评价则表述为"达到预期寿命要求的概率是多大"。机械强度的可靠性设计主要有两方面工作：一是确定设计变量（如载荷、零件尺寸和材料力学性能）的统计分布；二是建立失效的数学模型，进行可靠性设计和计算。

2．优化设计

根据最优化原理和方法，综合各方面的因素，利用计算机寻求在现有工程条件下的最优设计方案。优化设计方法建立在最优化数学理论和现代计算技术的基础之上，首先建立优化设计的数学模型，设计方案的设计变量、目标函数、约束条件，然后选用合适的优化方法，编制相应的优化设计程序，运用计算机自动确定最优设计参数。

3．计算机辅助设计

随着计算机技术的发展，在设计过程中出现了由计算机辅助设计计算和绘图的技术——计算机辅助设计（CAD）。计算机辅助设计就是在设计中应用计算机进行设计和信息处理，它包括分析计算和自动绘图两部分功能。CAD系统支持设计过程的各个阶段，即从方案设计入手，使设计对象模型化，依据提供的设计技术参数进行总体设计和总图设计；通过对结构的静态和动态性能分析，最后确定设计参数。在此基础上，完成详细设计和技术设计。

2.4.2　机械零件设计的步骤

机械零件的设计过程大致可以分为以下几个步骤：

（1）根据机器的原理方案设计结果，确定零件的类型。

（2）根据机器的运动学与动力学设计结果，计算作用在零件上的名义载荷，分析零件的工作情况，确定零件的计算载荷。

（3）分析零件工作时可能出现的失效形式，选择合适的零件材料，确定零件的设计准则，通过设计计算确定零件的基本尺寸。

（4）按照等强度原则进行零件的结构设计。在设计零件的结构时，一定要考虑工艺性及标准化等原则的要求。

（5）必要时进行详细的校核计算，确保重要零件的设计可靠性。

（6）绘制零件的工作图，编写零件的设计计算说明书。

2.5　机械零件设计的基本原则

机械零件的种类繁多，不同行业对机器和零件的要求也不尽相同，但机械零件设计中选择材料的基本原则和标准化的基本原则是相同的。

2.5.1　选择材料的基本原则

在理解零件的使用要求和掌握材料力学性能的基础上，一般考虑以下几方面。

1．强度

首先考虑承受载荷的状态和应力特性，在静载荷下工作的零件，可以选用脆性材料制造。在冲击载荷下工作的零件，主要使用塑性材料制造。对于承受弯曲或扭转应力的零件，由于应力在横截面上分布不均匀，可以采用复合热处理工艺，如调质和表面硬化，使零件的表面与心部具有不同的金相组织，从而提高零件的疲劳强度。对于接触应力大的零件，可以对材料进行局部强化处理，如渗碳和渗氮等，改善材料的表面性能。当零件承受变应力时，应选择耐疲劳的材料，如组织均匀、韧性较好、夹杂物少的钢材。零件的结构形状、表面状态和热处理方法对疲劳强度也有明显的影响。受冲击载荷较大的零件，应选择冲击韧性较好的材料制造。

2．刚度

材料的弹性模量是影响零件刚度的唯一的力学性能指标，而各种钢材的弹性模量相差不大，故改变材料对零件刚度的影响并不明显。由于结构形状对零件的刚度有明显的影响，设计中常通过改变结构来调整零件的刚度。

3．磨损

零件表面的磨损是一个十分复杂的过程，耐磨性材料的选用原则很难简单地说明，本书将在以后的章节中针对具体零件的磨损介绍材料的选用原则。在一定条件下，摩擦因数小且稳定，耐磨性好、磨合性好的材料称为减摩材料。钢-青铜、钢-轴承合金组成的摩擦副就具有良好的减摩性能。

4．制造工艺性

当零件的结构复杂且尺寸较大时，宜采用铸件或焊接件，这就对材料的铸造性、焊接性提出了要求。采用冷拉或深拔工艺制造的零件，如键、销等，要考虑材料的延伸率和冷作硬化对材料力学性能的影响。当零件在机床上的加工量很大时，应当考虑材料的切削性能，减小刀具磨损，提高生产效率和加工精度。

5．材料的经济性

根据零件的使用要求和制造数量，综合考虑材料本身的价格、材料的加工费用或毛坯材料的费用（如铸件或切割的钢板）、材料的利用率等来选择材料。有时可以将零件设计成组合结构，用两种材料制造，如蜗轮的齿圈和轮毂、滑动轴承的轴瓦和轴承衬等，从而节省贵重材料。

当零件在一些特殊环境下工作时，如高温、腐蚀性介质等，应当参考有关的专业文献选择材料。

2.5.2 标准化的原则

标准化具有三方面的内容，即标准化、系列化和通用化。标准化是指对机械零件的种类、尺寸、结构要素、材料性质、检验方法、设计方法、极限与配合和制图规范制定出相应的标准，供设计、制造时共同遵守使用。系列化是指产品按大小登记、进行尺寸优选，或成系列地开发新品种，用较少的品种规格来满足多种尺寸和性能指标的要求，如圆柱齿轮减速器系列。通用化是指同类机型的主要零部件最大限度地相互通用或互换。通用化是广义标准化的一部分，它既包括已标准化项目的内容，又包括未标准化项目的内容。机械产品的标准化、系列化和通用化，简称"三化"。

机械产品的"三化"具有重要意义，主要体现在：①把相同零件的型号与尺寸限定在合理的范围内，可以采用先进的工艺对标准零件进行专业化、大批量、集中制造，从而既保证质量，又降低成本；②技术条件、检验及试验方法的标准化，有利于提高零件的可靠性；③可以提高设计效率，使设计者把更多的时间用于创造性的工作；④便于机器的制造与维修。

在我国现行标准中，有国家标准（GB）、行业标准（如 JB、YB 等）和企业标准。在日益全球化的现代社会，为便于进行国际技术交流和进出口贸易，现有标准已尽可能地靠拢、符合国际化标准组织（ISO）的标准。

习　题

2-1 机械设计应满足哪些基本要求？机械零件设计应满足哪些基本要求？

2-2 机械零件设计的一般步骤是什么？

2-3 什么是零件的失效？机械零件可能的失效形式主要有哪些？

2-4 机械零件常用的设计准则有哪些？分别是针对什么失效形式建立的？

第3章 机械零件的强度

3.1 机械零件的载荷与应力

3.1.1 载荷的分类

机械零件的载荷是指零件工作时所受的外力、弯矩或转矩。载荷的大小、作用位置和方向不随时间变化或缓慢变化的载荷称为静载荷，如锅炉压力；而随时间变化的载荷称为变载荷，如汽车减振弹簧和自行车链条工作时承受的载荷。

机器在工作过程中，零件受到的载荷情况十分复杂，它随机器的工作情况和使用者的操作等因素而变化。根据机器的额定功率或负载，按理论力学的方法求出的作用在零件上的载荷称为名义载荷（或公称载荷），用符号 F_n 或 T_n 表示。名义载荷是一定值，它没有考虑机器工作情况变化使零件受到的附加载荷，如速度变化引起的惯性作用力等，所以，名义载荷与零件实际受到的载荷不同。在机械设计过程中，通常用一个修正系数来补偿名义载荷与零件实际载荷之间的差值，这个修正系数称为载荷系数，用符号 K 表示。名义载荷乘以载荷系数就是设计计算时使用的计算载荷 F_{ca}，即

$$F_{ca} = KF_n \tag{3-1}$$

一般情况下，K 值应该大于或等于1，常根据试验或经验确定。计算载荷与作用在零件上变化的实际载荷仍然有差别。实际载荷与计算载荷间的差别对零件强度的影响，通过安全系数可修正。

3.1.2 应力的种类

在载荷的作用下，机械零件的表面（或剖面）上将产生应力。不随时间变化或变化缓慢的应力，称为静应力，如图 3-1（a）所示。静应力是在静载荷作用下产生的，如拉杆在大小、方向恒定的拉力作用下，其横截面上产生的应力即为静应力。

随时间做周期性或非周期性变化的应力，称为变应力，如图 3-1（b）～（f）所示。变应力可用五个基本参数来描述，列于表 3-1。

根据应力变化的周期、平均应力和应力幅的变化规律，变应力又分为稳定循环变应力（三者均不变）和不稳定循环变应力（至少其中一个不为常数）。几种典型的稳定循环变应力及基本参数的特点见表 3-2。

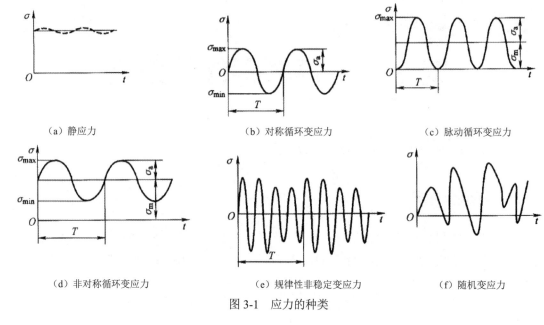

（a）静应力　　　　　　　　（b）对称循环变应力　　　　　　（c）脉动循环变应力

（d）非对称循环变应力　　　　（e）规律性非稳定变应力　　　　　（f）随机变应力

图 3-1　应力的种类

表 3-1　变应力的基本参数

名　称	符　号	定　义
最大应力	σ_{max}	循环变化中应力的最大值
最小应力	σ_{min}	循环变化中应力的最小值
平均应力	σ_m	$\sigma_m = \dfrac{\sigma_{max} + \sigma_{min}}{2}$，循环变化中不变的应力部分
应力幅	σ_a	$\sigma_a = \dfrac{\sigma_{max} - \sigma_{min}}{2}$，循环变化中应力变化的幅度，均为正值
循环特性	r	$r = \dfrac{\sigma_{min}}{\sigma_{max}}$，表示变应力的不对称性，其值为 $-1 \leqslant r \leqslant 1$

表 3-2　几种典型的稳定循环变应力及基本参数的特点

稳定循环变应力的名称	循环特性	应力特点	对应图例
静应力	$r = +1$	$\sigma_{max} = \sigma_{min} = \sigma_m$，$\sigma_a = 0$	图 3-1（a）
对称循环变应力	$r = -1$	$\sigma_{max} = -\sigma_{min} = \sigma_a$，$\sigma_m = 0$	图 3-1（b）
脉动循环变应力	$r = 0$	$\sigma_{min} = 0$，$\sigma_m = \sigma_a = \dfrac{\sigma_{max}}{2}$	图 3-1（c）
非对称循环变应力	$-1 < r < 1$	$\sigma_{max} = \sigma_m + \sigma_a$，$\sigma_{min} = \sigma_m - \sigma_a$	图 3-1（d）

3.1.3　机械零件的强度问题

　　机械零件的强度问题分为静应力强度和变应力强度两个范畴。根据设计经验及材料的特性，通常认为在机械零件整个工作寿命期间，应力变化次数小于 1×10^3 的通用零件可以根据静应力强度进行设计。在利用材料力学知识对零件进行静应力强度设计时，若零件材料为塑性材料，极限应力 σ_{lim} 取材料的屈服极限 σ_S；若零件材料为脆性材料，极限应力 σ_{lim} 取材料的强度极限 σ_B。当零件承受的是变应力时，极限应力应取其疲劳极限。

3.2　机械零件的疲劳强度

变应力作用下机械零件的损坏与静应力作用下机械零件的损坏有本质的区别。静应力作用下机械零件的损坏是在危险截面产生过大的塑性变形或最终断裂引起的，在变应力的作用下，机械零件的主要失效形式是疲劳断裂。

3.2.1　疲劳断裂的特征

在变应力作用下工作的零件，其疲劳断裂过程分为三个阶段：第一个阶段是零件表面上应力较大处发生剪切滑移，产生初始裂纹，形成一个或多个疲劳源，机械零件在浇铸、工件加工及热处理时，内部的夹渣、微孔、晶界及表面划伤、裂纹、腐蚀等都有可能产生初始裂纹。第二个阶段是裂纹端部在切应力集中作用下发生反复的塑性变形，使裂纹逐渐扩展；第三个阶段是当裂纹扩展到一定程度，使剩余界面不足以承受外载荷时，就突然发生断裂。图 3-2 所示为轴弯曲疲劳断裂的断口截面，明显有两个区域：光滑的疲劳区和粗糙的脆断区。在变应力的反复作用下，裂纹周期性压紧和分开，使裂纹两表面受到不断摩擦和挤压作用，形成断口截面的光滑的疲劳区，并留下标志裂纹发展过程的弧状疲劳纹；粗糙的脆断区是突然断裂时形成的，此区域的大小与所受的载荷大小有关，冲击载荷越大，粗糙的脆断区也越大。

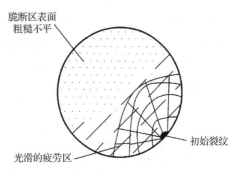

图 3-2　轴弯曲疲劳断裂的断口截面

3.2.2　材料的疲劳曲线和极限应力图

1. 材料的疲劳曲线

疲劳试验时，给试样施加任意循环特性的变应力，记录试样在不同应力水平作用下破坏时的循环次数 N（寿命）。以试样承受的应力为纵坐标，试样破坏时的循环次数为横坐标，可绘制出图 3-3 所示的材料的疲劳（$\sigma - N$）曲线，由图可见，在曲线 AB 段内使试样破坏的应力水平基本不变。研究也表明，在应力循环次数 $N \leqslant 1 \times 10^3$ 时，发生破坏的变应力强度可看作静应力强度。曲线 BC 段表明，随着应力循环次数增加，使试样发生破坏的应力水平不断下降。

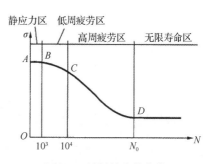

图 3-3　材料的疲劳曲线

在这一阶段由于应力水平较高，试样断口已发生了明显的塑性变形。这一阶段的变应力强度问题属于低周疲劳的范畴，已超出本书的范围。

点 D 之后的疲劳曲线趋于水平，表明当有些试样（如中、低碳钢制成的试样）的应力水平低于某一数值（如点 D 的应力）时，试样虽经过相当多次的应力循环也不发生破坏，此时的应力水平称为材料的无限寿命疲劳极限，用符号 $\sigma_{r\infty}$ 表示，角标 r 表示的是应力循环特性。点 D 对应的循环次数通常都比较大，因此工程上规定一个循环基数 N_0，N_0 对应的应力就视为材料的疲劳极限 σ_r。

曲线 CD 段上各点对应的应力值是材料的有限寿命疲劳极限 σ_{rN}。σ_{rN} 和循环次数 N 满足疲劳曲线方程：

$$\sigma_{rN}^{m}N = \sigma_{r}^{m}N_0 = C\ (N_C < N \leqslant N_0) \tag{3-2}$$

式中 m 的取值与应力性质（σ 或 τ）、零件形状、材料的力学性能和热处理方法等因素有关，一般为 6～9。如果已知 σ_r 和 N_0，可以确定材料在有限寿命区间内任意循环次数 N 时的疲劳极限：

$$\sigma_{rN} = \sigma_r \sqrt[m]{\frac{N_0}{N}} \tag{3-3}$$

2. 材料的极限应力图

对任何材料（标准试样）而言，在不同的应力循环特性下有不同的疲劳极限。然而除对称循环和脉动循环外，通过试验模拟其他应力循环状态不是一件简单的事情。即使可以模拟，也需要进行大量的试验工作，十分不经济。因此，人们试图利用材料试验获得的对称循环和脉动循环时的极限应力确定材料承受其他循环特性变应力时的极限应力，这就是研究材料极限应力图的目的。

以平均应力 σ_m 为横坐标，应力幅 σ_a 为纵坐标，即可得材料在不同应力循环特性下的疲劳极限，即等寿命疲劳特性曲线（图 3-4 中曲线），这一疲劳特性曲线为二次曲线。在工程应用中，常将其以直线代替，如图 3-4 所示。

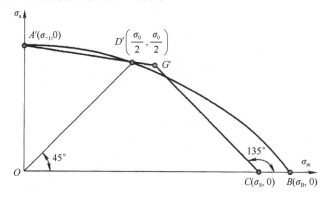

图 3-4　材料的极限应力图

做材料疲劳试验时，已求出对称循环及脉动循环时的疲劳极限 σ_{-1} 和 σ_0。由于对称循环的平均应力和应力幅分别为：$\sigma_m = 0$，$\sigma_a = \sigma_{-1}$，因此对称循环疲劳极限在图 3-4 中以纵坐标上 A' 点表示。脉动循环的平均应力及应力幅均为 $\sigma_m = \sigma_a = \dfrac{\sigma_0}{2}$，所以脉动循环的疲劳极限以由原点 O 作 45° 射线上的 D' 点表示。由于静应力状态可以看作应力幅为零的一种特殊的变应力，因此图中横坐标轴上的各点表示的是静应力。取点 C 的坐标值等于材料的屈服极限 σ_S，过点 C 作与直线 OC 夹角为 45° 的直线，交直线 $A'D'$ 的延长线于点 G'。折线 $A'D'G'C$ 构成了材料的简化极限应力图。如果材料的应力状态在折线 $OA'D'G'C$ 区域之内，则不会发生破坏；在此区域之外就一定会发生破坏；如正好在此折线上说明材料的应力恰好处在极限状态。其中，直线上各点代表的是循环变应力时的极限应力，即 $\sigma_m + \sigma_a = \sigma_r$，而直线 CG' 上各点所代表的极限应力均为屈服极限，即 $\sigma_m + \sigma_a = \sigma_S$。

3.2.3　影响机械零件疲劳强度的因素和零件的极限应力图

1. 影响机械零件疲劳强度的主要因素

实际机械零件的几何形状、尺寸大小、加工质量、应力状态和载荷作用情况等与材料试样的试验条件有明显的差别，这些差异对零件的疲劳强度会造成影响。

（1）应力集中。

机械零件工作时，在其几何形状突然变化处（如轴肩圆角、孔、键槽等）会产生应力集中，使局部应力增大。应力集中与零件的几何形状及材料的性质有关。工程上用有效应力集中系数 k_σ 或 k_τ 来表征应力集中对疲劳强度的影响。有效应力集中系数表示为

$$\begin{cases} k_\sigma = 1 + q_\sigma(\alpha_\sigma - 1) \\ k_\tau = 1 + q_\tau(\alpha_\tau - 1) \end{cases} \tag{3-4}$$

式中，α_σ 和 α_τ 为零件几何形状的理论应力集中系数；q_σ、q_τ 为材料对应力集中的敏感系数。

有效应力集中系数 k_σ 与零件几何形状的变化及材料对应力集中的敏感程度有关，反映了这两个因素对零件疲劳强度的影响。

（2）尺寸及截面形状。

在其他条件相同的情况下，零件的尺寸越大，其疲劳强度越低。零件的尺寸大，机械加工造成缺陷的可能性也大，材料出现夹杂偏析、缩孔和微裂纹等缺陷的机会也多，这些都导致零件的疲劳强度降低。设计计算时用尺寸系数 ε_σ 或 ε_τ 来表征尺寸及截面对零件疲劳强度的影响。尺寸系数 ε_σ 定义为

$$\varepsilon_\sigma = \frac{\sigma_{-1d}}{\sigma_{-1}} \tag{3-5}$$

式中，σ_{-1d} 为尺寸为 d 的试样的疲劳极限。

类似地，可以获得切应力时的表达式。

（3）表面状态。

① 表面质量系数 β_σ（β_τ），表征零件加工的表面质量（主要是指表面粗糙度）对疲劳强度的影响。由于钢材的 σ_B 越高，表面越粗糙，β_σ（β_τ）越低，因此高强度合金钢零件为使疲劳强度有所提高，应有较高的表面质量。

② 表面强化系数 β_q，表征不同的强化处理方法对零件疲劳强度的影响。常用的强化处理方法有高频淬火、渗氮、渗碳、喷丸、滚压等。

（4）综合影响系数 K_σ（K_τ）。

试验研究表明，应力集中、尺寸和表面状态只对变应力的幅值（应力幅）有影响，对平均应力没有明显的影响。零件工作时，三种因素同时存在，所以把三种影响因素的系数表示为一个综合影响系数：

$$K_\sigma = \left(\frac{k_\sigma}{\varepsilon_\sigma} + \frac{1}{\beta_\sigma} - 1 \right) \frac{1}{\beta_q} \qquad (3\text{-}6)$$

或

$$K_\tau = \left(\frac{k_\tau}{\varepsilon_\tau} + \frac{1}{\beta_\tau} - 1 \right) \frac{1}{\beta_q} \qquad (3\text{-}7)$$

以上各系数的值可查阅有关资料或本章附录。

2. 零件的极限应力图

由于综合影响系数只对零件工作时的应力幅 σ_a 有影响，而对平均应力 σ_m 无影响，因此对材料的极限应力图加以修正即可得到零件的极限应力图。零件对称循环疲劳极限点 $A(0, \sigma_{-1}/K_\sigma)$，零件脉动循环疲劳极限点 $D(\sigma_0/2, \sigma_0/2K_\sigma)$，而 $G'C$ 是静强度极限，不受综合影响系数 K_σ 的影响，不需要修正。连接 AD 并延长交 $G'C$ 于 G 点，则折线 AGC 即为零件的极限应力图，如图 3-5 所示。

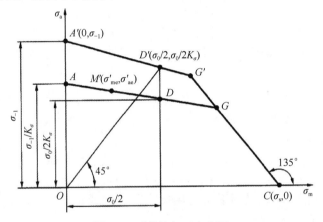

图 3-5 零件的极限应力图

根据图 3-5 中点 A、D 和 C 的坐标，可得直线 AG 与 CG 的方程分别为

$$\sigma'_{ae} + \sigma'_{me}\psi_{\sigma e} = \frac{\sigma_{-1}}{K_\sigma} \qquad (3\text{-}8)$$

$$\sigma'_{ae} + \sigma'_{me} = \sigma_S \qquad (3\text{-}9)$$

式中，σ'_{ae} 为零件的极限应力幅；σ'_{me} 为零件的极限平均应力；$\psi_{\sigma e} = \dfrac{\psi_\sigma}{K_\sigma} = \dfrac{1}{K_\sigma}\left(\dfrac{2\sigma_{-1} - \sigma_0}{\sigma_0} \right)$；

$\psi_\sigma = \dfrac{2\sigma_{-1} - \sigma_0}{\sigma_0}$，是将平均应力折算为应力幅的系数，其值与材料特性有关，对于碳素钢，$\psi_\sigma \approx 0.1 \sim 0.2$，$\psi_\tau \approx 0.05 \sim 0.1$；对于合金钢，$\psi_\sigma \approx 0.2 \sim 0.3$，$\psi_\tau \approx 0.1 \sim 0.15$。

3.2.4 单向稳定变应力下机械零件的疲劳强度计算

当计算机械零件的疲劳强度时，首先求出机械零件危险截面的最大工作应力 σ_{max} 和最小工作应力 σ_{min}，据此求出工作平均应力 σ_m 和工作应力幅 σ_a，在零件极限应力图上标出其工作应力点(σ_{m}, σ_{a})。然后在极限应力图上确定相应的极限应力点(σ'_{me}, σ'_{ae}),由允许的极限应力与工作应力可求得零件的安全系数。

根据零件载荷的变化规律及零件间相互约束情况的不同,可能发生的典型应力变化一般有以下三种情况:①循环特性 r=常数,如转轴的弯曲应力;②平均应力 σ_{m}=常数,如车辆中的减振弹簧,车辆的自重使减振弹簧产生预加平均应力,行驶中的振动产生对称循环应力;③$\sigma_{\min}$=常数,如气缸盖的连接螺栓,预紧时产生最小拉应力。下面分别介绍三种情况下机械零件的疲劳强度计算。

1. r=常数时零件的疲劳强度计算

由 $r=C$(常数),可得:

$$\frac{\sigma_{\mathrm{a}}}{\sigma_{\mathrm{m}}} = \frac{\sigma_{\max} - \sigma_{\min}}{\sigma_{\max} + \sigma_{\min}} = \frac{1-r}{1+r} = C' \tag{3-10}$$

则在图 3-6 中,过坐标原点引射线通过零件的工作应力点 M(或 N),与极限应力图曲线 AGC 交于 M'_1(或 N'_1),得到射线 OM'_1(或 ON'_1),在此射线上任何一点代表的变应力都具有相同的循环特性,点 M'_1(或 N'_1)即为所求的极限应力点,其纵、横坐标之和就是极限应力。

当工作应力点位于 OAG 内时,极限应力为疲劳极限,此时按照疲劳强度计算。根据上述分析,联立直线 OM'_1 与 AG 的方程,可解得点 M'_1 的坐标值(σ'_{me}, σ'_{ae}),所以对应点 M 的零件的极限应力(疲劳极限)$\sigma'_{\max}$ 为

$$\sigma_{\lim} = \sigma'_{\max} = \sigma'_{\mathrm{me}} + \sigma'_{\mathrm{ae}} = \frac{\sigma_{-1}\left(\sigma_{\mathrm{m}} + \sigma_{\mathrm{a}}\right)}{K_{\sigma}\sigma_{\mathrm{a}} + \psi_{\sigma}\sigma_{\mathrm{m}}} = \frac{\sigma_{-1}\sigma_{\max}}{K_{\sigma}\sigma_{\mathrm{a}} + \psi_{\sigma}\sigma_{\mathrm{m}}} \tag{3-11}$$

零件的计算安全系数 S_{ca} 与强度条件为

$$S_{\mathrm{ca}} = \frac{\sigma_{\lim}}{\sigma_{\max}} = \frac{\sigma'_{\max}}{\sigma_{\max}} = \frac{\sigma_{-1}}{K_{\sigma}\sigma_{\mathrm{a}} + \psi_{\sigma}\sigma_{\mathrm{m}}} \geqslant [S] \tag{3-12}$$

相应于点 N 的极限应力点 N'_1 位于直线 CG 上,所以相应的零件极限应力即为屈服极限 σ_{S}。这表明当零件的工作应力点位于区域 OGC 内时,首先发生的是塑性变形,只进行静强度计算。此时零件的计算安全系数和强度条件为

$$S_{\mathrm{ca}} = \frac{\sigma_{\mathrm{S}}}{\sigma_{\mathrm{a}} + \sigma_{\mathrm{m}}} \geqslant [S] \tag{3-13}$$

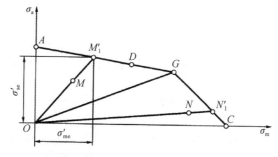

图 3-6 $r=C$(常数)时零件的极限应力

2. σ_{m}=常数时零件的疲劳强度计算

如图 3-7 所示,过工作应力点 M(或 N)作与纵轴平行的线交 AGC 于 M'_2(或 N'_2),即极限应力点,此线上任意一点所代表的循环应力具有相同的平均应力。当工作应力点位

于 *OAGH* 区域时，其极限应力为疲劳极限，做疲劳强度计算。联立 MM'_2 及 *AG* 两直线方程，可解得 *M* 点的疲劳极限和强度条件分别为

$$\sigma_{\text{lim}} = \sigma'_{\text{max}} = \sigma'_{\text{me}} + \sigma'_{\text{ae}} = \frac{\sigma_{-1} + (K_\sigma - \psi_\sigma)\sigma_{\text{m}}}{K_\sigma} \tag{3-14}$$

$$S_{\text{ca}} = \frac{\sigma_{\text{lim}}}{\sigma_{\text{max}}} = \frac{\sigma'_{\text{max}}}{\sigma_{\text{max}}} = \frac{\sigma_{-1} + (K_\sigma - \psi_\sigma)\sigma_{\text{m}}}{K_\sigma(\sigma_{\text{m}} + \sigma_{\text{a}})} \geqslant [S] \tag{3-15}$$

当工作应力点位于 *GHC* 区域时，其极限应力为屈服极限，只进行静强度计算，同式（3-13）。

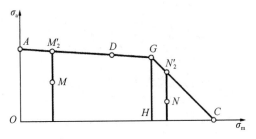

图 3-7　$\sigma_{\text{m}} = C$（常数）时零件的极限应力

3. σ_{min} =常数时零件的疲劳强度计算

由于 $\sigma_{\text{min}} = \sigma_{\text{m}} - \sigma_{\text{a}} = C$（常数），因此过工作应力点 *M*（或 *N*）作与横坐标成 45°的直线，则这条直线任意一点的最小应力 σ_{min} 均相同，此时直线与极限应力图交于点 M'_3（或 N'_3）即为所求极限应力点，如图 3-8 所示。

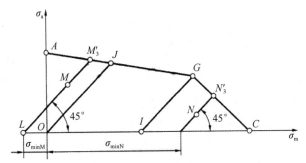

图 3-8　$\sigma_{\text{min}} = C$（常数）时零件的极限应力

当工作应力点位于 *OJGI* 区域时，其极限应力为疲劳极限，按照疲劳强度进行计算。联立 MM'_3 及 *AG* 两直线方程，可解得 *M* 点的疲劳极限与强度条件分别为

$$\sigma_{\text{lim}} = \sigma'_{\text{max}} = \sigma'_{\text{me}} + \sigma'_{\text{ae}} = \frac{2\sigma_{-1} + (K_\sigma - \psi_\sigma)\sigma_{\text{min}}}{K_\sigma + \psi_\sigma} \tag{3-16}$$

$$S_{\text{ca}} = \frac{\sigma_{\text{lim}}}{\sigma_{\text{max}}} = \frac{\sigma'_{\text{max}}}{\sigma_{\text{max}}} = \frac{2\sigma_{-1} + (K_\sigma - \psi_\sigma)\sigma_{\text{min}}}{(K_\sigma + \psi_\sigma)(2\sigma_{\text{a}} + \sigma_{\text{min}})} \geqslant [S] \tag{3-17}$$

当工作应力点位于 *IGC* 区域时，其极限应力为屈服极限，只进行静强度计算，静强度条件为式（3-13）。当工作应力点位于 *OAJ* 区域时，σ_{min} 为负值，工程中罕见，故不考虑。

3.2.5　单向不稳定变应力下机械零件的疲劳强度计算

不稳定变应力分为非规律性变应力和规律性变应力两大类。非规律性的不稳定变应力，其变应力参数的变化受到很多偶然因素的影响，是随机变化的，应根据统计疲劳强度的方法来处理，超出了本书的范畴。规律性的不稳定变应力，其变应力参数的变化有一个简单的规律，常根据疲劳损伤累积假说（称为 Miner 法则）来进行计算，下面讨论这一问题。

如图 3-9 所示，零件承受不稳定变应力幅值 σ_1（对称循环变应力的应力幅，或非对称循环变应力的等效对称循环变应力的应力幅，下同），$\sigma_2,\sigma_3,\cdots,\sigma_n$，各应力幅值分别循环 $N_1',N_2',N_3',\cdots,N_n'$ 次后，零件疲劳断裂失效。假设应力每循环一次对材料的损伤作用是相同的，根据疲劳曲线方程，可以求得 σ_1 单独作用使零件发生疲劳破坏的循环次数 N_1，因此 σ_1 每循环一次对零件材料的损伤率为 $\dfrac{1}{N_1}$，而 σ_1 循环了 N_1' 次后对材料的损伤率为 $\dfrac{N_1'}{N_1}$。类似地，$\sigma_2,\sigma_3,\cdots,\sigma_n$ 分别循环 $N_2',N_3',\cdots,N_n'$ 次，对材料的损伤率分别为 $\dfrac{N_2'}{N_2},\dfrac{N_3'}{N_3},\cdots,\dfrac{N_n'}{N_n}$。由于在这些应力的循环作用下零件最终出现了疲劳断裂，因此各应力对材料疲劳损伤的累积达到极限状态，即

$$\frac{N_1'}{N_1}+\frac{N_2'}{N_2}+\frac{N_3'}{N_3}+\cdots+\frac{N_n'}{N_n}=1 \text{ 或 } \sum_{i=1}^{n}\frac{N_i'}{N_i}=1 \tag{3-18}$$

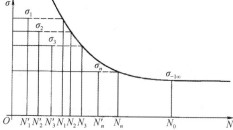

图 3-9　规律性的不稳定变应力示意图

式（3-18）是疲劳损伤累积假说的理论表达式。大量的试验表明，式（3-18）存在以下局限性：

（1）当变应力为对称循环变应力时，$\sum_{i=1}^{n}\dfrac{N_i'}{N_i}<1$，偏于不安全，说明实际不稳定变应力幅值 σ_i 每循环一次对零件材料的损伤率大于 $\dfrac{1}{N_i}$。

（2）当变应力为非对称循环变应力时，$\sum_{i=1}^{n}\dfrac{N_i'}{N_i}>1$，偏于安全。

（3）应力变化的规律对损伤累积结果有影响，应力幅值先高后低要比先低后高危险一些。因为裂纹在高幅值应力作用下出现了扩展，然后在低幅值应力作用下就可以继续扩展，而先作用低幅值应力很难产生裂纹，且可能对材料起强化作用。通过大量的试验，发现存在以下关系：$\sum_{i=1}^{n}\dfrac{N_i'}{N_i}=0.7\sim2.2$。

把式（3-18）的分子、分母同乘以 σ_i^m，得

$$\sum_{i=1}^{n} \frac{\sigma_i^m N_i'}{\sigma_i^m N_i} \leqslant 1 \tag{3-19}$$

根据式（3-2）可知：$\sigma_i^m N_i = \sigma_{-1}^m N_0$，代入式（3-19）得

$$\frac{\sum\limits_{i=1}^{n} \sigma_i^m N_i'}{\sigma_{-1}^m N_0} \leqslant 1 \tag{3-20}$$

$$\sqrt[m]{\frac{1}{N_0} \sum_{i=1}^{n} \sigma_i^m N_i'} \leqslant \sigma_{-1} \tag{3-21}$$

式（3-21）左侧可以看作一个稳定的当量应力 σ_{ca}，即

$$\sigma_{\mathrm{ca}} = \sqrt[m]{\frac{1}{N_0} \sum_{i=1}^{n} \sigma_i^m N_i'} \tag{3-22}$$

当承受对称循环不稳定变应力作用时，零件的计算安全系数 S_{ca} 与强度条件为

$$S_{\mathrm{ca}} = \frac{\sigma_{-1}}{K_\sigma \sigma_{\mathrm{ca}}} \geqslant [S] \tag{3-23}$$

当承受非对称循环不稳定变应力时，由

$$\sigma_{\mathrm{ad}} = K_\sigma \sigma_{\mathrm{a}} + \psi_\sigma \sigma_{\mathrm{m}} \tag{3-24}$$

把各非对称循环不稳定变应力转换为等效对称循环不稳定变应力 σ_{ad1}，σ_{ad2}，σ_{ad3}，$\cdots$，$\sigma_{\mathrm{ad}i}$，然后根据式（3-22）、式（3-23）进行计算。

3.2.6 双向稳定变应力下机械零件的疲劳强度计算

当零件上同时作用有同相位的法向及切向对称循环变应力 σ_{a} 及 τ_{a} 时，对于钢材，由经验得出的极限应力关系式为

$$\left(\frac{\tau_{\mathrm{a}}'}{\tau_{-1\mathrm{e}}}\right)^2 + \left(\frac{\sigma_{\mathrm{a}}'}{\sigma_{-1\mathrm{e}}}\right)^2 = 1 \tag{3-25}$$

式中，σ_{a}'、τ_{a}' 为零件上同时作用的正应力和切应力的应力幅的极限值；$\sigma_{-1\mathrm{e}}$、$\tau_{-1\mathrm{e}}$ 为零件对称循环正应力和切应力的极限值。

如图 3-10 所示，在 $\dfrac{\sigma_{\mathrm{a}}}{\sigma_{-1\mathrm{e}}} - \dfrac{\tau_{\mathrm{a}}}{\tau_{-1\mathrm{e}}}$ 坐标系中，式（3-25）对应的曲线为一个单位椭圆。圆弧 AB 上任何一点都代表一对极限应力 σ_{a}' 和 τ_{a}'。如果作用在零件上的应力幅 σ_{a} 及 τ_{a} 在坐标系中用 M 表示，则由于此工作应力点在极限圆内，未达到极限条件，因此是安全的。引直线 OM 与弧 AB 交于点 M'，则计算安全系数 S_{ca} 为

$$S_{\mathrm{ca}} = \frac{OM'}{OM} = \frac{OC'}{OC} = \frac{OD'}{OD} \tag{3-26}$$

式中，各线段的长度为 $OC' = \dfrac{\tau_{\mathrm{a}}'}{\tau_{-1\mathrm{e}}}$、$OC = \dfrac{\tau_{\mathrm{a}}}{\tau_{-1\mathrm{e}}}$、$OD' = \dfrac{\sigma_{\mathrm{a}}'}{\sigma_{-1\mathrm{e}}}$、$OD = \dfrac{\sigma_{\mathrm{a}}}{\sigma_{-1\mathrm{e}}}$，代入式（3-26）得

$$\begin{cases} \dfrac{\tau_a'}{\tau_{-1e}} = S_{ca}\dfrac{\tau_a}{\tau_{-1e}}, \quad 即\ \tau_a' = S_{ca}\tau_a \\[3mm] \dfrac{\sigma_a'}{\sigma_{-1e}} = S_{ca}\dfrac{\sigma_a}{\sigma_{-1e}}, \quad 即\ \sigma_a' = S_{ca}\sigma_a \end{cases} \tag{3-27}$$

将式（3-27）代入式（3-25），得

$$\left(\frac{S_{ca}\tau_a}{\tau_{-1e}}\right)^2 + \left(\frac{S_{ca}\sigma_a}{\sigma_{-1e}}\right)^2 = 1 \tag{3-28}$$

从强度计算的观点来看，$\dfrac{\tau_{-1e}}{\tau_a} = S_\tau$ 是零件上只承受切应力 τ_a 时的计算安全系数，

$\dfrac{\sigma_{-1e}}{\sigma_a} = S_\sigma$ 是零件上只承受正应力 σ_a 时的计算安全系数，故

$$\left(\frac{S_{ca}}{S_\tau}\right)^2 + \left(\frac{S_{ca}}{S_\sigma}\right)^2 = 1 \tag{3-29}$$

即

$$S_{ca} = \frac{S_\sigma S_\tau}{\sqrt{S_\sigma^2 + S_\tau^2}} \tag{3-30}$$

当零件上所承受的两个变应力均为非对称循环变应力时，可先由式（3-12）分别求出

$$S_\sigma = \frac{\sigma_{-1}}{K_\sigma \sigma_a + \psi_\sigma \sigma_m} \ 及 S_\tau = \frac{\tau_{-1}}{K_\tau \tau_a + \psi_\sigma \tau_m}$$

然后按式（3-30）求出零件的计算安全系数 S_{ca}。

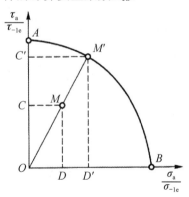

图 3-10　双向稳定变应力下的极限应力图

3.2.7　提高机械零件疲劳强度的措施

为提高机械零件的疲劳强度，在设计时可采用下列措施。

（1）尽可能降低零件的应力集中，这是提高零件疲劳强度的首要措施。为降低应力集中，应尽量减少零件结构形状和尺寸的突变，或使其变化尽可能平滑和均匀。尺寸因素、表面质量和状态是影响应力集中的主要因素。越是高强度材料，对应力集中的敏感性越强，就越应采取降低应力集中的措施。

（2）选用疲劳强度高的材料，采用能提高疲劳强度的热处理方式和强化工艺，如表面

淬火、渗碳淬火、氮化、表面喷丸等。

（3）提高零件的表面质量。如将处在应力较高区域的零件表面加工得较为光洁，对于工作在腐蚀性介质中的零件进行适当的表面保护等。

（4）尽可能地减小或消除零件表面可能发生的初始裂纹，对于延长零件的疲劳寿命有着比提高材料性能更为显著的作用。因此，对于重要零件，在设计图样上应规定检验方法和要求。

零件强度分析典型实例如下。

例 3-1 一个机械零件的力学性能为：$\sigma_S = 560$ MPa，$\sigma_{-1} = 300$ MPa，$\psi_\sigma = 0.2$，已知零件的最大工作应力 $\sigma_{max} = 200$ MPa，最小工作应力 $\sigma_{min} = 100$ MPa，弯曲疲劳极限的综合影响系数 $K_\sigma = 2.3$。

（1）当应力变化规律为 $\sigma_m = C$（常数）时，分别用解析法和图解法确定该零件的计算安全系数。

（2）若应力变化规律为循环特性 $r = C$，该零件可能会发生什么形式失效？

解：由 $\psi_\sigma = \dfrac{2\sigma_{-1} - \sigma_0}{\sigma_0}$ 求 σ_0：

$$\sigma_0 = \frac{2\sigma_{-1}}{\psi_\sigma + 1} = \frac{2 \times 300}{0.2 + 1} = 500 \text{ MPa}$$

求 σ_m 和 σ_a：

$$\sigma_m = \frac{\sigma_{max} + \sigma_{min}}{2} = \frac{200 + 100}{2} = 150 \text{ MPa}$$

$$\sigma_a = \frac{\sigma_{max} - \sigma_{min}}{2} = \frac{200 - 100}{2} = 50 \text{ MPa}$$

（1）当 $\sigma_m = C$ 时，用解析法确定计算安全系数，得

$$S_{ca} = \frac{\sigma_{-1} + (K_\sigma - \psi_\sigma)\sigma_m}{K_\sigma(\sigma_m + \sigma_a)} = \frac{300 + (2.3 - 0.2) \times 150}{2.3 \times (150 + 50)} \approx 1.34$$

用图解法确定计算安全系数时，首先求出极限应力图上 $A\left(0, \dfrac{\sigma_{-1}}{K_\sigma}\right)$、$D\left(\dfrac{\sigma_0}{2}, \dfrac{\sigma_0}{2K_\sigma}\right)$、$C(\sigma_S, 0)$ 三点的坐标值。

$$\frac{\sigma_{-1}}{K_\sigma} = \frac{300}{2.3} \approx 130.4 \text{ MPa}$$

$$\frac{\sigma_0}{2} = \frac{500}{2} = 250 \text{ MPa}$$

$$\frac{\sigma_0}{2K_\sigma} = \frac{500}{2 \times 2.3} \approx 108.7 \text{ MPa}$$

根据 A、D、C 点绘制极限应力图（见图 3-11），标出工作应力点 M，因 $\sigma_m = C$，通过点 M 作纵轴的平行线 M_1M_2，量取 M_1M_2 和 M_1M 的长度，量取得到 M_2 点的坐标 $(150, 117.4)$，则

$$S_{ca} = \frac{\sigma'_{me} + \sigma'_{ae}}{\sigma_m + \sigma_a} = \frac{150 + 117.4}{150 + 50} \approx 1.34$$

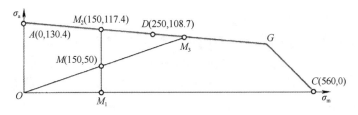

图 3-11 例 3-1 图

（2）当 $r=C$（常数）时，在极限应力图上从原点 O 作过点 M 的射线，交 AG 于 M_3 点，可知该零件可能会发生疲劳失效。

3.3 机械零件的接触疲劳强度

在机器中零件之间力与运动的传递经常是通过两个零件的表面接触来完成的。当零件受载时在较大的体积内产生应力，这种应力状态下零件的强度称为整体强度。但如齿轮、滚动轴承等机械零部件，两个零件表面的接触特点是承受载荷前是点接触或线接触的，受载后接触表面产生局部弹性变形，形成小的接触面积，通常此面积很小而表层产生的局部应力很大，这种应力称为接触应力。因此它们的承载能力不仅取决于整体强度，还取决于表面的接触疲劳强度。

图 3-12 所示为轴线平行的两个圆柱体外接触和内接触的情况。受力作用之前，两个圆柱体沿一条与轴线平行的直线接触；受力作用后，局部材料出现弹性变形使得接触面为一个狭长矩形，其最大接触应力发生在接触区域的中线上，用符号 σ_H 表示，也称为赫兹应力，其值为

$$\sigma_H = \sqrt{\dfrac{\dfrac{F_n}{L}\left(\dfrac{1}{\rho_1} \pm \dfrac{1}{\rho_2}\right)}{\dfrac{1-\mu_1^2}{E_1} + \dfrac{1-\mu_2^2}{E_2}}} \tag{3-31}$$

式中，F_n 为作用于圆柱体上的载荷；L 为初始接触线长度；ρ_1、ρ_2 分别为两个零件在初始接触线的曲率半径；μ_1、μ_2 分别为两个零件材料的泊松比；E_1、E_2 分别为两个零件材料的弹性模量；"+" 用于外啮合，"–" 用于内啮合。

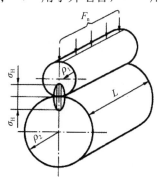
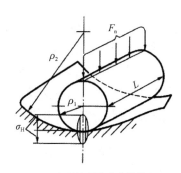

（a）两个圆柱体外接触　　　　　　　　　　（b）两个圆柱体内接触

图 3-12 两个圆柱体的接触应力

由于机器工作时，零件的接触位置不断发生变化，零件接触表面任意一点处的接触应力将在 $0 \sim \sigma_H$ 之间变化，因此，零件表面的接触应力为脉动循环变应力。在载荷的反复作用下，首先在表层内 $15 \sim 25\ \mu m$ 处产生初始疲劳裂纹，然后裂纹逐渐扩展（若有润滑油，则被挤进裂纹中产生高压，使裂纹加快扩展），最终使表层金属呈小片状剥落下来，而在零件表面形成小坑，这种现象称为疲劳点蚀，如图 3-13 所示。在计算零件的接触疲劳强度时，极限应力是材料的接触疲劳极限。

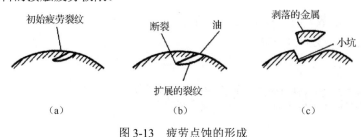

图 3-13　疲劳点蚀的形成

习　题

3-1 对零件进行强度计算时，极限应力应如何取值？

3-2 零件的极限应力图与材料试样的极限应力图有何区别？在相同的应力变化规律下，零件和材料试样的失效形式是否相同？为什么？

3-3 影响机械零件疲劳强度的主要因素有哪些？提高机械零件疲劳强度的措施有哪些？

3-4 已知材料的对称循环弯曲疲劳极限 $\sigma_{-1} = 200\ \text{MPa}$，循环基数 $N_0 = 10^7$、$m = 9$，试计算循环次数 N 分别为 15000、30000、600000 时，材料的有限寿命弯曲疲劳极限。

3-5 已知某合金钢的力学性能为 $\sigma_S = 760\ \text{MPa}$，$\sigma_{-1} = 460\ \text{MPa}$，$\psi_\sigma = 0.2$，试绘制此材料的极限应力图。

3-6 已知一个经过精车加工的圆轴轴肩尺寸为 $D = 70\ \text{mm}$、$d = 60\ \text{mm}$、$r = 3\ \text{mm}$，材料为碳钢，其强度极限 $\sigma_B = 500\ \text{MPa}$，试计算轴肩处的弯曲应力综合影响系数 K_σ。

3-7 已知一个经过粗车加工的圆轴轴肩尺寸为 $D = 70\ \text{mm}$、$d = 55\ \text{mm}$、$r = 3\ \text{mm}$。如果使用习题 3-5 中的材料，其强度极限 $\sigma_B = 900\ \text{MPa}$，未做表面强化处理，试绘制该轴的极限应力图。

3-8 如果习题 3-7 中危险截面上的平均应力 $\sigma_m = 25\ \text{MPa}$、应力幅 $\sigma_a = 36\ \text{MPa}$，试按照循环特性 $r =$ 常数，求出该截面的计算安全系数 S_{ca}。

3-9 已知 45 钢调质后的性能：强度极限 $\sigma_B = 600\ \text{MPa}$，屈服极限 $\sigma_S = 360\ \text{MPa}$，疲劳极限 $\sigma_{-1} = 300\ \text{MPa}$，材料常数 $\psi_\sigma = 0.25$。

（1）试绘制此材料的极限应力图。

（2）疲劳强度综合影响系数 $K_\sigma = 2$，试作出零件的极限应力图。

（3）某零件所受的最大应力 $\sigma_{max} = 120\ \text{MPa}$，应力循环特性 $r = 0.25$，试求工作应力点 M 的坐标(σ_m, σ_a)。

3-10 已知材料的力学性能 $\sigma_{-1} = 350\ \text{MPa}$，$m = 9$，$N_0 = 5 \times 10^5$，用此材料制作试件，进行

对称循环疲劳试验，依次加载如下应力和循环次数：

（1）$\sigma_1 = 550 \text{ MPa}$，$N_1 = 10^4$；

（2）$\sigma_2 = 450 \text{ MPa}$，$N_2 = 10^5$；

（3）$\sigma_3 = 500 \text{ MPa}$。

试求还要经过多少次循环，该试件才能被破坏。

本章附录

1. 零件结构的理论应力集中系数

用弹性理论或试验的方法（把零件材料看成理想的弹性体）求出的零件几何不连续处的应力集中系数称为理论应力集中系数。引起应力集中的几何不连续因素称为应力集中源。理论应力集中系数的定义为

$$\begin{cases} \alpha_\sigma = \dfrac{\sigma_{\max}}{\sigma} \text{（对正应力）} \\[2mm] \alpha_\tau = \dfrac{\tau_{\max}}{\tau} \text{（对切应力）} \end{cases} \qquad \text{（附 3-1）}$$

式中，$\sigma_{\max}(\tau_{\max})$ 为应力集中源处产生的弹性最大正（切）应力；$\sigma(\tau)$ 为按无应力集中的简化的材料力学公式求出的公称正（切）应力。

对于常见的应力集中源的情况，$\alpha_\sigma(\alpha_\tau)$ 的数值可从附表 3-1～附表 3-3 中查到。

附表 3-1　轴上环槽处的理论应力集中系数

简图	应力	公称应力公式	α_σ（拉伸、弯曲）或 α_τ（扭转剪切）										
			r/d	D/d									
				>2	2.00	1.50	1.30	1.20	1.10	1.05	1.03	1.02	1.01
	拉伸	$\sigma = \dfrac{4F}{\pi d^2}$	0.04	—	—	—	—	—	2.70	2.37	2.15	1.94	1.70
			0.10	2.45	2.39	2.33	2.27	2.18	2.01	1.81	1.68	1.58	1.42
			0.15	2.08	2.04	1.99	1.95	1.90	1.78	1.64	1.55	1.47	1.33
			0.20	1.86	1.83	1.80	1.77	1.73	1.65	1.54	1.46	1.40	1.28
			0.25	1.72	1.69	1.67	1.65	1.62	1.55	1.46	1.40	1.34	1.24
			0.30	1.61	1.59	1.58	1.55	1.53	1.47	1.40	1.36	1.31	1.22
			r/d	D/d									
				>2	2.00	1.50	1.30	1.20	1.10	1.05	1.03	1.02	1.01
	弯曲	$\sigma_b = \dfrac{32M}{\pi d^3}$	0.04	2.83	2.79	2.74	2.70	2.61	2.45	2.22	2.02	1.88	1.66
			0.10	1.99	1.98	1.96	1.92	1.89	1.81	1.70	1.61	1.53	1.41
			0.15	1.75	1.74	1.72	1.70	1.69	1.63	1.56	1.49	1.42	1.33
			0.20	1.61	1.59	1.58	1.57	1.56	1.51	1.46	1.40	1.34	1.27
			0.25	1.49	1.48	1.47	1.46	1.45	1.42	1.38	1.34	1.29	1.23
			0.30	1.41	1.41	1.40	1.39	1.38	1.36	1.33	1.29	1.24	1.21

简图	应力	公称应力公式	α_σ（拉伸、弯曲）或 α_τ（扭转剪切）									
			r/d	D/d								
				>2	2.00	1.30	1.20	1.10	1.05	1.02	1.01	
	扭转剪切	$\sigma_{\mathrm{T}}=\dfrac{16T}{\pi d^3}$	0.04	1.97	1.93	1.89	1.85	1.74	1.61	1.45	1.33	
			0.10	1.52	1.51	1.48	1.46	1.41	1.35	1.27	1.20	
			0.15	1.39	1.38	1.37	1.35	1.32	1.27	1.21	1.16	
			0.20	1.32	1.31	1.30	1.28	1.26	1.22	1.18	1.14	
			0.25	1.27	1.26	1.25	1.24	1.22	1.19	1.16	1.13	
			0.30	1.22	1.22	1.21	1.20	1.19	1.17	1.15	1.12	

附表 3-2　轴肩圆角处的理论应力集中系数

简图	应力	公称应力公式	α_σ（拉伸、弯曲）或 α_τ（扭转剪切）										
			r/d	D/d									
				2.00	1.50	1.30	1.20	1.15	1.10	1.07	1.05	1.02	1.01
	拉伸	$\sigma=\dfrac{4F}{\pi d^2}$	0.04	2.80	2.57	2.39	2.28	2.14	1.99	1.92	1.82	1.56	1.42
			0.10	1.99	1.89	1.79	1.69	1.63	1.56	1.52	1.46	1.33	1.23
			0.15	1.77	1.68	1.59	1.53	1.48	1.44	1.40	1.36	1.26	1.18
			0.20	1.63	1.56	1.49	1.44	1.40	1.37	1.33	1.31	1.22	1.15
			0.25	1.54	1.49	1.43	1.37	1.34	1.31	1.29	1.27	1.20	1.13
			0.30	1.47	1.43	1.39	1.33	1.30	1.28	1.26	1.24	1.19	1.12
			r/d	D/d									
				6.0	3.0	2.0	1.50	1.20	1.10	1.05	1.03	1.02	1.01
	弯曲	$\sigma_{\mathrm{b}}=\dfrac{32M}{\pi d^3}$	0.04	2.59	2.40	2.33	2.21	2.09	2.00	1.88	1.80	1.72	1.61
			0.10	1.88	1.80	1.73	1.68	1.62	1.59	1.53	1.49	1.44	1.36
			0.15	1.64	1.59	1.55	1.52	1.48	1.46	1.42	1.38	1.34	1.26
			0.20	1.49	1.46	1.44	1.42	1.39	1.38	1.34	1.31	1.27	1.20
			0.25	1.39	1.37	1.35	1.34	1.33	1.31	1.29	1.27	1.22	1.17
			0.30	1.32	1.31	1.30	1.29	1.27	1.26	1.25	1.23	1.20	1.14
			r/d	D/d									
				2.0	1.33	1.20	1.09						
	扭转剪切	$\sigma_{\mathrm{T}}=\dfrac{16T}{\pi d^3}$	0.04	1.84	1.79	1.66	1.32						
			0.10	1.46	1.41	1.33	1.17						
			0.15	1.34	1.29	1.23	1.13						
			0.20	1.26	1.23	1.17	1.11						
			0.25	1.21	1.18	1.14	1.09						
			0.30	1.18	1.16	1.12	1.09						

附表 3-3　轴上径向孔处的理论应力集中系数

| 简图 | 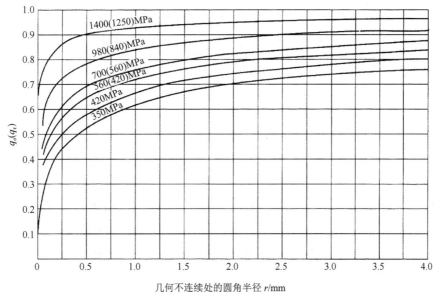 | | | | | | | | | | | | | |

	公称弯曲应力 $\sigma_b = \dfrac{M}{\dfrac{\pi D^3}{32} - \dfrac{dD^2}{6}}$							公称扭转切应力 $\sigma_T = \dfrac{T}{\dfrac{\pi D^3}{16} - \dfrac{dD^2}{6}}$						
d/D	0.00	0.05	0.10	0.15	0.20	0.25	0.30	d/D	0.00	0.05	0.10	0.15	0.20	0.25	0.30
α_σ	3.00	2.46	2.25	2.13	2.03	1.96	1.89	α_τ	2.00	1.78	1.66	1.57	1.50	1.46	1.42

2. 有效应力集中系数

在有效应力集中源的试件上，应力集中对其疲劳强度降低的影响用有效应力系数 k_σ（k_τ）来表示，定义为

$$\begin{cases} k_\sigma = \dfrac{\sigma_{-1}}{\sigma_{-1k}} \\[2ex] k_\tau = \dfrac{\tau_{-1}}{\tau_{-1k}} \end{cases}$$ （附 3-2）

式中，σ_{-1}（τ_{-1}）为无应力集中源的光滑试件的对称循环弯曲（扭转剪切）疲劳极限；σ_{-1k}（τ_{-1k}）为有应力集中源的试件的对称循环弯曲（扭转剪切）疲劳极限。

试验结果证明，k_σ（k_τ）总是小于 α_σ（α_τ）。为了满足工程设计的需要，根据大量试验总结出理论应力集中系数与有效应力集中系数的关系式为

$$k - 1 = q(\alpha - 1)$$ （附 3-3）

式中，q 为材料的敏性系数，其值如附图 3-1 所示。

几何不连续处的圆角半径 r/mm

曲线上的数字为材料的强度极限。查 q_σ 时用不带括号的数字，查 q_τ 时用括号内的数字

附图 3-1　钢材的敏性系数

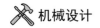

根据式（附3-3）即可求得有效应力集中系数：

$$\begin{cases} k_\sigma = 1 + q_\sigma(\alpha_\sigma - 1) \\ k_\tau = 1 + q_\tau(\alpha_\tau - 1) \end{cases}$$ （附3-4）

对于常用的零件结构的有效应力集中系数的数值，见附表3-4～附表3-6，其他零件结构请查阅机械设计手册。

附表3-4　轴上键槽处的有效应力集中系数

轴材料的 σ_B /MPa	500	600	700	750	800	900	1000
k_σ	1.5	—	—	1.75	—	—	2.0
k_τ	—	1.5	1.6	—	1.7	1.8	1.9

注：公称应力按照扣除键槽的净截面面积来求。

附表3-5　外花键的有效应力集中系数

轴材料的 σ_B /MPa		400	500	600	700	800	900	1000	1200
k_σ		1.35	1.45	1.55	1.60	1.65	1.70	1.72	1.75
k_τ	矩 形 齿	2.10	2.25	2.36	2.45	2.55	2.65	2.70	2.80
	渐开线形齿	1.40	1.43	1.46	1.49	1.52	1.55	1.58	1.60

附表3-6　公称直径为12mm的普通螺纹的拉压有效应力集中系数

轴材料的 σ_B /MPa	400	600	800	1000
k_σ	3.0	3.9	4.8	5.2

3. 绝对尺寸及截面形状影响系数（简称尺寸系数）

零件真实尺寸及截面形状与标准试件尺寸（$d=10$ mm）及截面形状（圆柱形）不同时对材料疲劳极限的影响，用尺寸系数 ε_σ（扭转剪切尺寸系数 ε_τ）来表示，定义为

$$\begin{cases} \varepsilon_\sigma = \dfrac{\sigma_{-1d}}{\sigma_{-1}} \\ \varepsilon_\tau = \dfrac{\tau_{-1d}}{\tau_{-1}} \end{cases}$$ （附3-5）

式中，σ_{-1d}（τ_{-1d}）表示尺寸为 d 的无应力集中各截面形状试件的弯曲（扭转剪切）疲劳极限。

钢材的尺寸系数 ε_σ 和圆截面钢材的扭转剪切尺寸系数 ε_τ 的值如附图3-2和附图3-3所示。螺纹连接件的尺寸系数（因截面为圆形，故只有尺寸影响）见附表3-7。对于轮毂或滚动轴承与轴以过盈配合相连接处，可按附表3-8求出其有效应力集中系数与尺寸系数的比值 $\dfrac{k_\sigma}{\varepsilon_\sigma}$。若缺乏试验数据，设计时可取 $\dfrac{k_\tau}{\varepsilon_\tau} = (0.7 \sim 0.8)\dfrac{k_\sigma}{\varepsilon_\sigma}$。

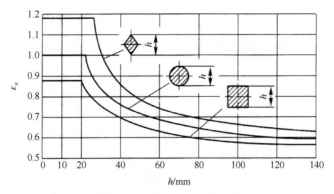

附图 3-2　钢材的尺寸系数 ε_σ

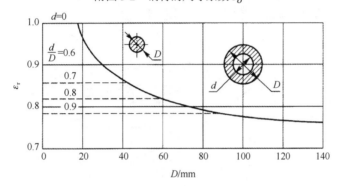

附图 3-3　圆截面钢材的扭转剪切尺寸系数 ε_τ

附表 3-7　螺纹连接件的尺寸系数 ε_σ

直径 d/mm	≤16	20	24	28	32	40	48	56	64	72	80
ε_σ	1.00	0.81	0.76	0.71	0.68	0.63	0.60	0.57	0.54	0.52	0.50

附表 3-8　零件与轴过盈配合处的 $\dfrac{k_\sigma}{\varepsilon_\sigma}$ 值

直径 d/mm	配合	σ_B /MPa							
		400	500	600	700	800	900	1000	1200
30	H7/r6	2.25	2.50	2.75	3.00	3.25	3.50	3.75	4.25
	H7/k6	1.69	1.88	2.06	2.25	2.44	2.63	2.82	3.19
	H7/h6	1.46	1.63	1.79	1.95	2.11	2.28	2.44	2.76
50	H7/r6	2.75	3.05	3.36	3.66	3.96	4.28	4.60	5.20
	H7/k6	2.06	2.28	2.52	2.76	2.97	3.20	3.45	3.90
	H7/h6	1.80	1.98	2.18	2.38	2.57	2.78	3.00	3.40
>100	H7/r6	2.95	3.28	3.60	3.94	4.25	4.60	4.90	5.60
	H7/k6	2.22	2.46	2.70	2.96	3.20	3.46	3.98	4.20
	H7/h6	1.92	2.13	2.34	2.56	2.76	3.00	3.18	3.64

注：①滚动轴承与轴配合处的 $\dfrac{k_\sigma}{\varepsilon_\sigma}$ 值与表内所列 $\dfrac{\text{H7}}{\text{r6}}$ 的 $\dfrac{k_\sigma}{\varepsilon_\sigma}$ 值相同；

②表中无相应的数值时，可按插值计算。

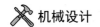

4. 表面质量系数

零件表面质量（主要指表面粗糙度）对疲劳强度的影响用表面质量系数 β 来表示，其定义为

$$\begin{cases} \beta_\sigma = \dfrac{\sigma_{-1\beta}}{\sigma_{-1}} \\[2mm] \beta_\tau = \dfrac{\tau_{-1\beta}}{\tau_{-1}} \end{cases} \qquad （附 3\text{-}6）$$

式中，$\sigma_{-1\beta}$（$\tau_{-1\beta}$）为某种表面质量的试件的对称循环弯曲（扭转剪切）疲劳极限。

弯曲疲劳极限下的钢材表面质量系数值 β_σ 可从附图 3-4 中查取。当无试验条件时，扭转剪切疲劳极限下的表面质量系数 β_τ 可近似地等于 β_σ。

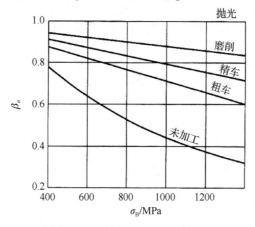

附图 3-4 钢材的表面质量系数 β_σ

5. 表面强化系数

对零件表面进行不同的强化处理，如表面化学热处理、高频表面淬火、表面硬化加工等，均可不同程度地提高零件的疲劳强度。强化处理对疲劳强度的影响用表面强化系数 β_q 来表示，其定义为

$$\beta_q = \frac{\sigma_{-1q}}{\sigma_{-1}} \qquad （附 3\text{-}7）$$

式中，σ_{-1q} 为经过强化处理后试件的弯曲疲劳极限。

附表 3-9～附表 3-11 列出了钢材经不同强化处理后的 β_q 值。当无资料时，表中数值也可用于扭转剪切疲劳极限的场合。

附表 3-9 表面高频淬火的强化系数 β_q

试 件 类 型	试件直径/mm	β_q	试 件 类 型	试件直径/mm	β_q
无应力集中	7～20	1.3～1.6	有应力集中	7～20	1.6～2.8
	30～40	1.2～1.5		30～40	1.5～2.5

附表 3-10　化学热处理的强化系数 β_q

化学热处理方法	试 件 类 型	试件直径/mm	β_q
氮化,氮化层厚度为 0.1～0.4mm,表面硬度 64HRC 以上	无应力集中	8～15	1.15～1.25
		30～40	1.10～1.15
	有应力集中	8～15	1.9～3.0
		30～40	1.3～2.0
渗碳,渗碳层厚度为 0.2～0.6mm	无应力集中	8～15	1.2～2.1
		30～40	1.1～1.5
	有应力集中	8～15	1.5～2.5
		30～40	1.2～2.0
氰化,氰化层厚度为 0.2mm	无应力集中	10	1.8

附表 3-11　表面硬化加工的强化系数 β_q

加 工 方 法	试 件 类 型	试件直径/mm	β_q
滚子滚压	无应力集中	7～20	1.2～1.4
		30～40	1.1～1.25
	有应力集中	7～20	1.5～2.2
		30～40	1.3～1.8
喷丸	无应力集中	7～20	1.1～1.3
		30～40	1.1～1.2
	有应力集中	7～20	1.4～2.5
		30～40	1.1～1.5

第4章 摩擦、磨损及润滑

4.1 摩擦

摩擦力是两个表面相对滑动时沿运动方向所遇到的阻力。摩擦是在机器工作过程中普遍存在的一种现象。据估计，在摩擦过程中消耗的能量约占世界工业能耗的30%。摩擦表面物质的丧失或迁移称为磨损。在机器工作过程中，磨损会造成零件的表面形状和尺寸缓慢而连续地变化，使得机器的工作性能与可靠性逐渐降低，甚至可能导致零件的突然损坏。磨损是摩擦的结果，而润滑则是减少摩擦和磨损的有力措施，三者相互联系不可分割。

在机器工作时，零件之间不但相互接触，而且接触的表面之间还存在着相对运动。从摩擦学的角度看，这种存在相互运动的接触面可以看作摩擦副。根据摩擦副之间的状态不同，摩擦可以分为干摩擦、边界摩擦、流体摩擦和混合摩擦，如图4-1所示。

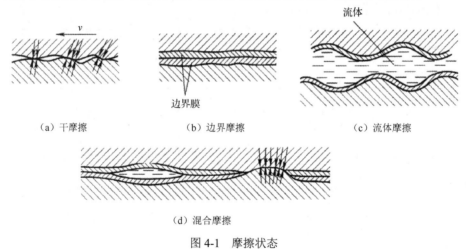

(a) 干摩擦　　　　　　(b) 边界摩擦　　　　　　(c) 流体摩擦

(d) 混合摩擦

图4-1　摩擦状态

1. 干摩擦

当摩擦副表面间不加任何润滑剂时，将出现固体表面直接接触的摩擦，如图4-1（a）所示，工程上称为干摩擦。此时，两个摩擦表面间的相对运动将消耗大量的能量并造成严重的表面磨损，这在机器工作时是不允许出现的。由于任何零件的表面都会因为氧化而形成氧化膜或被润滑剂浸润，因此在工程实际中并不存在真正的干摩擦，通常把未经人为润滑的摩擦状态当作干摩擦处理。

2. 边界摩擦

当摩擦副表面间有润滑剂存在时，由于润滑剂与金属表面间的物理吸附作用和化学吸附作用，润滑剂会在金属表面上形成极薄的边界膜，如图4-1（b）所示。边界膜的厚度非常小，通常只有几个分子到十几个分子厚，不足以将微观不平的两个金属表面分隔开，所以相互运动时金属表面的微凸起部分将发生接触，这种状态称为边界摩擦。当摩擦副表面覆盖一层边界膜后，虽然表面磨损不能消除，但可以起到减小摩擦与减轻磨损的作用。与干摩擦状态相比，边界摩擦状态下的摩擦因数要小得多。

在机器工作时，零件的工作温度、速度和载荷大小等因素都会对边界膜产生影响，甚至造成边界膜破裂。因此，在边界摩擦状态下，保持边界膜不破裂十分重要。在工程中，经常通过合理地设计摩擦副的形状，选择合适的摩擦副材料与润滑剂，降低表面粗糙度，在润滑剂中加入适当的油性添加剂和极压添加剂等来提高边界膜的强度。

3. 流体摩擦

当摩擦副表面间形成的油膜（流体膜）厚度达到足以将两个表面的微凸起部分完全分开时，摩擦副之间的摩擦就转变为油膜（流体膜）之间的摩擦，称为流体摩擦，如图 4-1（c）所示。形成流体摩擦的方式有两种：一是通过液压系统向摩擦面之间供给压力油，强制形成压力油膜隔开摩擦表面，称为流体静压摩擦；二是在一定的条件下，通过两个摩擦表面相对运动时产生的压力油膜隔开摩擦表面，称为流体动压摩擦。流体摩擦是在流体内部的分子间进行的，所以摩擦因数极小。

4. 混合摩擦

当摩擦副表面间处在边界摩擦与流体摩擦的混合状态时，称为混合摩擦。在一般机器中，摩擦表面多处于混合摩擦状态，如图 4-1（d）所示。混合摩擦时，表面间的微凸起部分仍有直接接触，磨损仍然存在。但是，由于混合摩擦时的流体膜的厚度要比边界摩擦时的厚，减小了微凸起部分的接触，同时增加了流体膜承载的比例，因此混合摩擦状态时的摩擦因数要比边界摩擦时小得多。

4.2 磨损

摩擦副表面间的摩擦造成表面材料逐渐损失的现象称为磨损。零件表面磨损后不但会影响其正常工作，如齿轮和滚动轴承的工作噪声增大，而承载能力降低，而且会影响机器的工作性能，如工作精度、效率和可靠性降低，能耗增大，甚至造成机器报废。通常，零件的磨损是很难避免的。但是，只要在设计时考虑避免或减轻磨损，在制造时保证加工质量，在使用时注意操作与维护，就可以在规定的年限内将零件的磨损量控制在允许的范围内，这属于正常磨损。此外，工程上也有不少利用磨损的场合，如研磨、跑合过程就是有用的磨损。

4.2.1 磨损的过程

工程实践表明，机械零件的正常磨损过程大致分为三个阶段：初期磨损阶段、稳定磨损阶段和剧烈磨损阶段，如图 4-2 所示。

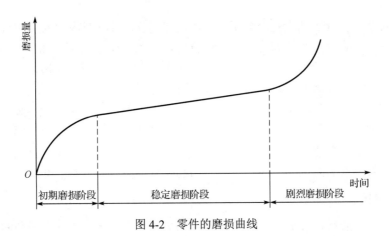

图 4-2　零件的磨损曲线

1．初期磨损阶段

零件在初期磨损阶段的特点是，在较短的工作时间内表面产生了比较大的磨损量。这是由于零件刚开始工作时，表面微凸起部分曲率半径小，实际接触面积小，造成较大的接触压强。工程实践表明，利用初期磨损阶段可以改善表面性能，延长零件的工作寿命。

2．稳定磨损阶段

经过初期磨损阶段后，零件表面磨损变得很缓慢。这是由于经过初期磨损阶段后，表面微凸起部分曲率半径增大，接触面积增大，接触压强减小，同时有利于润滑油膜的形成和稳定。稳定磨损阶段决定了零件的工作寿命，延长稳定磨损阶段对零件工作是十分有利的。

3．剧烈磨损阶段

零件在经过长时间的工作之后，即稳定磨损阶段之后，由于各种因素的影响，磨损速度急剧加快，磨损量明显增大。此时，零件的表面温度迅速升高，工作噪声与振动增大，导致零件不能正常工作而失效。在实际工作中，这三个磨损阶段并没有明显的界限。

4.2.2　磨损的分类

在机械工程中，零件磨损是一个普遍的现象。根据磨损的机理，零件的磨损可以分为黏附磨损、腐蚀磨损、磨粒磨损和接触疲劳磨损等。

1．黏附磨损

在摩擦副表面间，微凸起部分相互接触，承受着较大的载荷，其相对滑动引起表面温度升高，导致表面的吸附膜（如油膜、氧化膜）破裂，造成金属基体直接接触并"焊接"到一起。与此同时，相对滑动的切向作用力将"焊接"点（黏着点）剪切开，造成材料从一个表面上被撕脱下来黏附到另一个表面上，由此形成的磨损称为黏附磨损。通常较软表面上的材料被撕脱下来，黏附到较硬的表面上。零件工作时，载荷越大、速度越高、材料越软，黏附磨损越容易发生。黏附磨损严重时也称为"胶合"。

在工程上，可以从摩擦副的材料选用、润滑、载荷及速度等方面采取措施来减小黏附磨损。

2．腐蚀磨损

机器工作时，摩擦副表面会与周围介质接触，如与腐蚀性的液体、气体和润滑剂中的某种成分发生化学反应或电化学反应形成腐蚀物，由此形成的磨损称为腐蚀磨损。腐蚀磨损过程十分复杂，与介质、材料和温度等因素有关。

3．磨粒磨损

落入摩擦副表面间的硬质颗粒或表面上的硬质凸起物对接触表面的刮擦和切削作用造成的材料脱落现象，称为磨粒磨损。磨粒磨损使表面呈现凹痕或凹坑。硬质颗粒可能来自冷作硬化后脱落的金属屑或由外界进入的磨粒。

加强防护与密封，做好润滑油的过滤，提高表面硬度，可以减小磨粒磨损。

4．接触疲劳磨损

受接触变应力作用一段时间后，摩擦表面会出现材料脱落的现象，称为接触疲劳磨损。接触疲劳磨损会不断地扩展，形成成片的麻点或凹坑，导致零件失效。

在实际中，零件表面的磨损大都是几种磨损作用的结果。因此，在机械设计中要根据零件的具体工况，从结构、材料、制造、润滑和维护等方面采取措施，提高零件的耐磨性。

4.3　润滑

在摩擦副中加入润滑剂，以降低摩擦、减轻磨损，这种措施称为润滑。润滑的主要作用：减小摩擦因数，提高机械效率；减轻磨损，延长机械的使用寿命；还可以起到冷却、防尘及吸振等作用。

4.3.1　润滑剂

润滑剂分为液体、半固体、固体和气体润滑剂等。常用的润滑剂有润滑油和润滑脂。

1．润滑油

目前使用的润滑油多为矿物油。润滑油最重要的物理指标是黏度，它是选择润滑油的主要依据。

1）黏度的概念

黏度反映了润滑油抵抗运动的能力，可表征润滑油流动时内摩擦阻力的大小。如图 4-3 所示，将两个平行板间的液体看成做层流运动，A 板表层液体的流速最大（$u = v$），B 板表层液体的流速最小（$u = 0$）。于是在各层的界面上存在相应的切应力，油层间的切应力与速度梯度成正比，其数学表达式为

$$\tau = -\eta \frac{\partial u}{\partial y} \text{ 或 } \eta = -\frac{\tau}{\partial u / \partial y} \tag{4-1}$$

式中，τ 为流体单位面积上的剪切阻力，即切应力；$\dfrac{\partial u}{\partial y}$ 为流体沿垂直于运动方向的速度梯度；"−"表示 u 随 y 的增大而减小；η 为比例常数，即黏度。

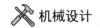
2）黏度的类型

（1）动力黏度η。

动力黏度又称绝对黏度，主要用于流体动力计算。如图4-4所示，当两个平行面a和b以$u=1$ m/s的相对速度滑动，所需的力F为1N时，该液体的黏度为1个国际单位制的动力黏度，以Pa·s表示。在绝对单位制中，将动力黏度的单位定为dyn·s/cm²，称为P（泊），百分之一P称为cP（厘泊），即1P=100 cP。

P和cP与Pa·s的换算关系为

$$1\ \text{P}=0.1\ \text{Pa·s},\ 1\ \text{cP}=0.001\ \text{Pa·s}。$$

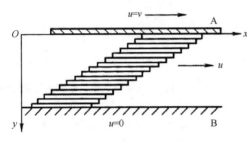

图4-3 平行板间液体的层流运动

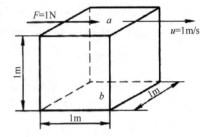

图4-4 流体动力黏度示意图

（2）运动黏度ν。

由于动力黏度一般不能直接测得，因此在工程上规定了运动黏度ν，并按此划分润滑油的牌号。动力黏度η与同温度下该液体的密度ρ的比值，称为运动黏度ν，即

$$\nu=\frac{\eta}{\rho} \tag{4-2}$$

对于矿物油，密度$\rho=850\sim900$ kg/m³。在国际单位制中，运动黏度的单位是m²/s；绝对单位制中是cm²/s，用St（斯）表示。百分之一St称为cSt（厘斯），它们之间的关系为

$$1\ \text{St}=100\ \text{cSt}=1\ \text{cm}^2/\text{s}=10^{-4}\ \text{m}^2/\text{s}$$

GB/T 3141—1994规定采用润滑油在40℃时的运动黏度中心值作为润滑油的牌号。润滑油的实际运动黏度在相应运动黏度中心值的±10%偏差以内。常用工业润滑油的黏度等级（牌号）及相应的运动黏度值见表4-1。例如，黏度牌号为15的润滑油在40℃时的运动黏度中心值为15cSt，实际运动黏度范围为13.5～16.5cSt。

表4-1 常用工业润滑油的黏度等级（牌号）及相应的运动黏度值

黏 度 等 级	运动黏度中心值 （40℃）（cSt）	运动黏度范围 （40℃）（cSt）	黏 度 等 级	运动黏度中心值 （40℃）（cSt）	运动黏度范围 （40℃）（cSt）
2	2.2	1.98～2.42	68	68	61.2～74.8
3	3.2	2.88～3.52	100	100	90～110
5	4.6	4.14～5.06	150	150	135～165
7	6.8	6.12～7.48	220	220	198～242
10	10	9.00～11.00	320	320	288～352
15	15	13.5～16.5	460	460	414～506
22	22	19.8～24.2	680	680	612～748
32	32	28.8～35.2	1000	1000	900～1100
46	46	41.4～50.6	1500	1500	1350～1650

（3）条件黏度。

条件黏度是在一定条件下，利用某种规格的黏度计，通过测量润滑油穿过规定孔道的时间来进行计算的黏度。我国常用恩氏度（°E$_t$）作为条件黏度的单位，即 200 cm³ 试验油在规定的温度（一般为 20℃、50℃、100℃）下，流过恩氏黏度计的小孔所需的时间（s）与同体积蒸馏水在 20℃流过同一小孔所需时间（s）的比值，用符号°E$_t$ 表示，角标 t 表示测定时的温度。

3）影响黏度的因素

各种流体的黏度，特别是润滑油的黏度，随温度而变化的情况十分明显。随着温度的升高，润滑油的黏度降低。图 4-5 所示为润滑油的黏-温曲线，图中数字代表润滑油的黏度等级。润滑油的黏度还随压力的升高而增大，但压力不太高时（如小于 10 MPa）变化极微小，可忽略不计。

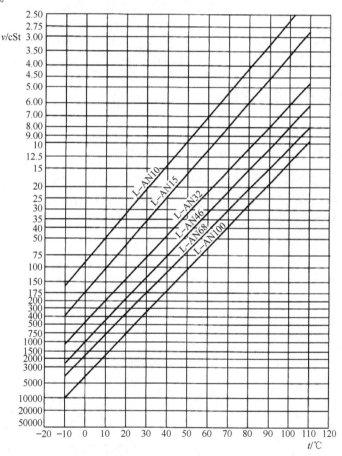

图 4-5　润滑油的黏-温曲线

2．润滑脂

润滑脂是由润滑油和各种稠化剂（如钙、钠、铝、锂等金属皂）组成的膏状混合物。

根据调制润滑脂所用皂基的不同，润滑脂主要分为钙基润滑脂、钠基润滑脂、锂基润滑脂和铝基润滑脂等。

润滑脂的主要质量指标如下。

1）锥（针）入度

一个重 1.5N 的标准锥体，于 25℃恒温下，由润滑脂表面经 5s 后刺入的深度（以 0.1 mm 计），称为锥入度。它标志着润滑脂内阻力的大小和流动性的强弱。锥入度越小，表明润滑脂越稠。锥入度是润滑脂的一项重要指标，润滑脂的牌号就是该润滑脂锥入度的等级。

2）滴点

在规定的加热条件下，润滑脂从标准测量杯的孔口滴下第一滴液体时的温度称为润滑脂的滴点。润滑脂的滴点决定了它的工作温度，其工作温度应低于滴点 20℃。

3．固体润滑剂

用固态粉末代替润滑油，这种粉末称为固体润滑剂。

常用的固体润滑剂有石墨、二硫化钼、氮化硼、蜡、聚氟乙烯、酚醛树脂、金属及金属化合物等，一般超出润滑油使用范围才考虑使用，例如在高温介质或在低速重载条件下。

4．气体润滑剂

气体润滑剂包括空气、氢气、氦气、金属蒸气等。

4.3.2 润滑方法和润滑装置

1．油润滑

向摩擦表面施加润滑油的方法可分为间歇式和连续式两种。手工用油壶或油枪向注油杯内注油，只能做到间歇润滑。图 4-6 所示为压配式注油杯，图 4-7 所示为旋套式注油杯，用于小型、低速或间歇运动的润滑场合。对于重要的润滑场合，需采用连续供油的方法。连续供油的方法有以下几种。

1）滴油润滑

图 4-8 及图 4-9 所示的针阀油杯和油芯油杯都可以连续滴油润滑。针阀油杯可调节滴油速度来改变供油量，停车时可扳动油杯上端的手柄以关闭针阀而停止供油。油芯油杯在停车时则仍继续滴油，会引起浪费。

2）油环润滑

图 4-10 为油环润滑示意图。油环套在轴颈上，下部浸在油中。当轴颈转动时带动油环转动，将油带到轴颈表面进行润滑。轴颈速度过高或者过低，油环带油量都会不足，通常用于转速不低于 50r/min 的场合。油环润滑的轴承放置时，其轴线应水平。

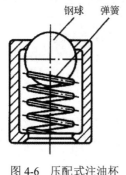

图 4-6　压配式注油杯　　　　　　　　图 4-7　旋套式注油杯

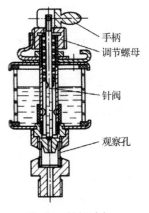
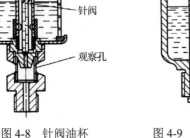

手柄

调节螺母

针阀

观察孔

图 4-8　针阀油杯

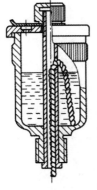

图 4-9　油芯油杯

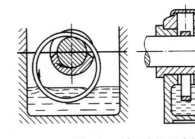

图 4-10　油环润滑示意图

3）浸油润滑

浸油润滑是指将需要润滑的零件如齿轮、滚动轴承等的一部分浸入油池中，零件转动时将润滑油带到润滑部位。图 4-11 所示为齿轮传动的浸油润滑。

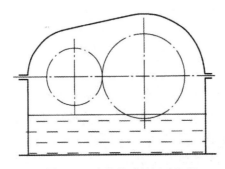

图 4-11　齿轮传动的浸油润滑

4）飞溅润滑

飞溅润滑是指利用转动件（如齿轮）或曲轴的曲柄等将润滑油溅成油星以润滑轴承等需要润滑的零件。

5）压力循环润滑

压力循环润滑是指用液压泵进行压力供油润滑，可保证供油充分，还能带走摩擦热以冷却轴承。这种方法多用于高速、重载轴承或齿轮传动上，如图 4-12 所示。

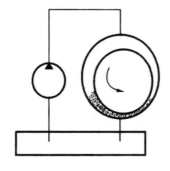

图 4-12　压力循环润滑

43

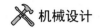
2. 脂润滑

脂润滑只能间歇供应润滑脂。旋盖式油脂杯（见图 4-13）是应用较广的脂润滑装置。杯中装满润滑脂后，旋转上盖即可将润滑脂挤入轴承中。有的也可用油枪向轴承中补充润滑脂。

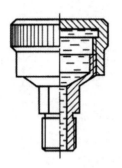

图 4-13　旋盖式油脂杯

习　　题

4-1 何为摩擦、磨损和润滑？三者之间有什么关系？

4-2 按照摩擦面间的润滑状态，滑动摩擦可分为哪几种？各有什么特点？

4-3 按照磨损机理分，磨损有哪几种基本类型？

4-4 机械零件的磨损过程分为哪几个阶段？

4-5 润滑剂的作用是什么？常用的润滑剂有哪几种？

4-6 润滑油的主要性能指标有哪些？润滑脂的主要性能指标有哪些？

第二篇

连接

第 5 章　螺纹连接

5.1　螺纹

5.1.1　螺纹的形成原理及主要参数

将一条倾斜角为 φ 的直线绕在圆柱体上便形成一条螺旋线，如图 5-1 所示。沿着螺旋线做出具有相同剖面的连续凸起和沟槽就是螺纹。在圆柱体表面上形成的螺纹称为外螺纹，在圆柱形孔壁上形成的螺纹称为内螺纹。

现以三角形外螺纹为例介绍螺纹的主要参数（见图 5-2）。

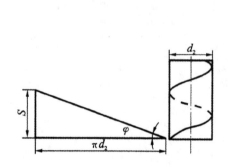

图 5-1　螺旋线的形成

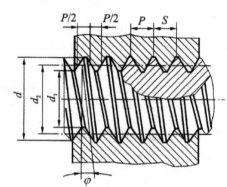

图 5-2　螺纹的主要参数

大径 d：螺纹的最大直径，在螺纹标准中被定义为公称直径。

小径 d_1：螺纹的最小直径，在强度计算中常作为危险剖面的计算直径。

中径 d_2：螺纹的螺纹牙宽度和牙槽宽度相等处的圆柱直径。

螺距 P：相邻两个螺纹牙在中径线上同侧齿廓之间的轴向距离。

线数 n：螺纹的螺旋线数目，连接常用 $n=1$，传动常用 $n=2\sim4$。

导程 S：同一条螺旋线上相邻两个螺纹牙在中径线上对应两点间的轴向距离。对单线螺纹，$S=P$；对多线螺纹，$S=nP$。

升角 φ：螺纹中径圆柱面上螺旋线的切线与垂直于螺纹轴线平面间的夹角。由图 5-1 可得

$$\varphi = \arctan \frac{S}{\pi d_2} = \arctan \frac{nP}{\pi d_2} \tag{5-1}$$

牙型角 α：轴向剖面螺纹牙两侧边夹角。

牙侧角 β：螺纹牙型侧边与螺纹轴线的垂直平面间的夹角。

5.1.2　螺纹的类型及应用

螺纹由内螺纹、外螺纹共同组成螺旋副。按照螺纹的牙型，螺纹可分为三角形螺纹、梯形螺纹、矩形螺纹和锯齿形螺纹等。按照螺纹的螺旋旋向，螺纹可分为左旋螺纹和右旋螺纹，常用的为右旋螺纹。按照功能不同，螺纹可分为连接螺纹和传动螺纹。按照螺纹的螺旋线数不同，螺纹可分为单线螺纹、双线螺纹和多线螺纹，连接螺纹一般为单线螺纹。螺纹又分为米制和英制两类，我国除管螺纹外，一般采用米制螺纹。

常用的螺纹类型主要有普通螺纹、管螺纹、矩形螺纹、梯形螺纹、锯齿形螺纹。其中普通螺纹和管螺纹主要用于连接，矩形螺纹、梯形螺纹、锯齿形螺纹主要用于传动。除矩形螺纹外，其余螺纹都已经标准化。常用螺纹的牙型、特点和应用，见表 5-1。

表 5-1　常用螺纹的牙型、特点和应用

螺纹类型		图　形	特点和应用
连接螺纹	三角形螺纹（普通螺纹）	60°	牙型为等边三角形，牙型角 $\alpha=60°$，内外螺纹旋合后留有径向间隙。当量摩擦因数大，自锁性能好。同一公称直径螺纹按螺距大小分为粗牙螺纹和细牙螺纹。粗牙螺纹应用广泛。细牙螺纹螺距小，升角小，自锁性能好，强度高但不耐磨，易滑扣，常用于细小零件、薄壁管件或受冲击、震动和变载荷的连接中，也可作为微调机构的调整螺纹
	圆柱管螺纹	55°	牙型为等腰三角形，牙型角 $\alpha=55°$，为英制细牙螺纹，公称直径为管子的内径，内外螺纹旋合后无径向间隙，连接密封，常用于水、煤气、润滑和电缆管路系统中
	圆锥管螺纹	55°	牙型为等腰三角形，牙型角 $\alpha=55°$，螺纹分布在锥度 1:16 的圆锥管壁上。螺纹旋合后，利用本身的变形就可以保证连接的紧密性，不需要任何填料，密封简单，多用于高温、高压和密封性要求高的管路系统中
传动螺纹	矩形螺纹		牙型为正方形，牙型角 $\alpha=0°$，传动效率较其他螺纹高。但牙根部强度低，精加工困难，对中性差且磨损后间隙难以补偿，目前逐渐被梯形螺纹代替
	梯形螺纹	30°	牙型为等腰梯形，牙型角 $\alpha=30°$，与矩形螺纹相比，传动效率略低，但加工容易，牙根部强度高，对中性好，且磨损后可以调整间隙，常用于传动螺纹
	锯齿形螺纹	3° 30°	牙型为不等腰梯形，工作面牙侧角为 3°，非工作面牙侧角为 30°。锯齿形螺纹兼有矩形螺纹的传动效率高和梯形螺纹牙根部强度高的优点，但只能用于承受单向载荷的螺纹连接和螺旋传动中

5.2 螺纹连接的基本类型和标准螺纹连接件

5.2.1 螺纹连接的基本类型

1．螺栓连接

螺栓连接分为普通螺栓连接和铰制孔螺栓连接。常见的普通螺栓连接如图 5-3（a）所示，在被连接件上开有通孔，被连接件上的通孔和螺栓杆之间留有间隙，通孔的加工精度要求低，结构简单，装拆方便，应用广泛。图 5-3（b）所示为铰制孔螺栓连接，孔和螺栓杆之间多采用基孔制过渡配合。这种连接能精确固定被连接件的相对位置，并能承受较大的横向载荷，但对孔的加工精度要求较高。

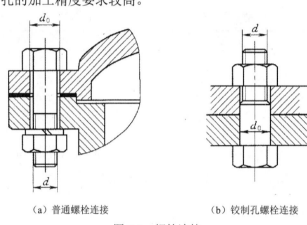

（a）普通螺栓连接   （b）铰制孔螺栓连接

图 5-3　螺栓连接

2．双头螺柱连接

双头螺柱连接如图 5-4 所示，这种连接适用于结构上不能采用螺栓连接的场合，如被连接件之一太厚、不宜制成通孔，材料比较软，且需要经常装拆的场合。拆卸这种连接时，不用拆下螺柱，以避免螺纹副的磨损。

3．螺钉连接

螺钉连接如图 5-5 所示，这种连接的特点是将螺钉直接拧入被连接件的螺纹孔中，不用螺母，在结构上比双头螺柱连接简单、紧凑，但不宜经常拆卸。

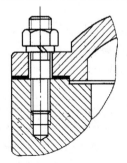 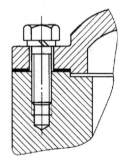

图 5-4　双头螺柱连接   图 5-5　螺钉连接

4．紧定螺钉连接

紧定螺钉连接是指利用拧入零件螺纹孔的螺钉末端顶住另一个零件的表面［见图 5-6（a）］或顶入相应的凹坑中［见图 5-6（b）］，以固定两个零件的相对位置，并可传递不大的力或转矩。

除上述 4 种基本连接类型外，还有以下特殊结构的连接。例如，将机座固定在地基上的地脚螺栓连接（见图 5-7）；装在机器或大型零部件的顶盖或外壳上的吊环螺钉连接（见图 5-8）或 T 形槽螺栓连接（见图 5-9）。

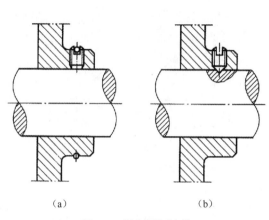

（a）　　　　　　　（b）

图 5-6　紧定螺钉连接

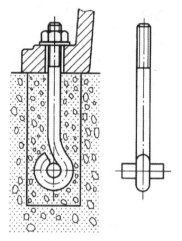

图 5-7　地脚螺栓连接

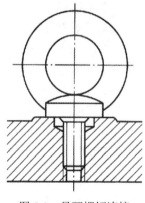

图 5-8　吊环螺钉连接

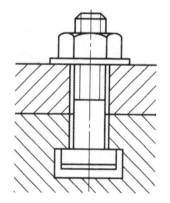

图 5-9　T 形槽螺栓连接

5.2.2　标准螺纹连接件

在机械制造中，常见的螺纹连接件有螺栓、双头螺柱、螺钉、螺母和垫圈等。这些零件的结构形式和尺寸都已标准化，设计时可根据有关标准选用。

1．螺栓

螺栓的一端有螺栓头，另一端则带有部分螺纹或全螺纹。连接螺栓穿过被连接件的孔，而在有螺纹的一端拧紧螺母。螺栓的种类很多，应用较广，其头部有多种形式，如六角头、方头、T 形头等，其中六角头螺栓（见图 5-10）应用普遍，能够承受大的拧紧力矩。

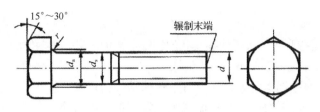

图 5-10　六角头螺栓

2．双头螺柱

如图 5-11 所示，双头螺柱的两端都制有螺纹，两端的螺纹可相同，也可不同。螺柱可带退刀槽或制成腰杆，也可制成全螺纹的螺柱。螺柱的一端常用于旋入铸铁或有色金属的螺纹孔中，旋入后即不拆卸，另一端用来安装螺母以固定其他的零件。

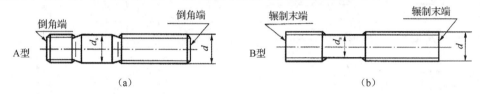

（a）　　　　　　　　　　　　　　（b）

图 5-11　双头螺柱

3．螺钉与紧定螺钉

螺钉的头部形状有六角头、圆柱头和沉头等多种形式，以适应不同的拧紧程度，如图 5-12 所示。头部槽有一字槽、十字槽和内六角孔等形式。十字槽螺钉头部强度高、对中性好，便于自动装配。内六角孔螺钉能承受较大的扳手力矩，连接强度高，可代替六角头螺栓，用于要求结构紧凑的场合。

紧定螺钉的末端形状如图 5-13 所示，常用的有锥端、平端和圆柱端。锥端适用于被紧定的零件的表面硬度较低或不经常拆卸的场合；平端接触面积大，不损伤零件表面，常用于顶紧硬度较大的平面或经常拆卸的场合；圆柱端压入轴上的凹坑中，适用于紧定空心轴上的零件。

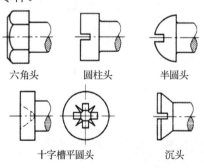

图 5-12　螺钉的头部形状

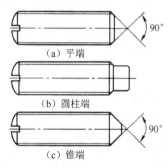

图 5-13　紧定螺钉的末端形状

4．螺母

螺母常与螺栓、双头螺柱配合使用，根据厚度的不同，分为标准螺母、薄螺母和厚螺母，如图 5-14 所示。薄螺母常用于受剪力的螺栓上或空间尺寸受限制的场合，厚螺母用于经常装拆、易于磨损的地方。此外，还有圆螺母，如图 5-15 所示，圆螺母常与止动垫圈配用，装配时将垫圈内舌插入轴上的槽内，而将垫圈的外舌嵌入圆螺母的槽内，螺母即被锁紧。圆螺母常用于轴上零件的轴向定位。

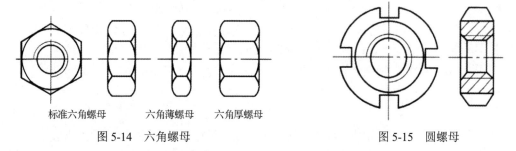

标准六角螺母　　六角薄螺母　　六角厚螺母

图 5-14　六角螺母　　　　　　　　　　图 5-15　圆螺母

5. 垫圈

垫圈是螺纹连接中不可缺少的附件，放置在螺母和被连接件之间，可增大被连接件的接触面积，起保护支承表面等作用，如图 5-16 所示。一般使用平垫圈，斜垫圈用于倾斜的支承面上。

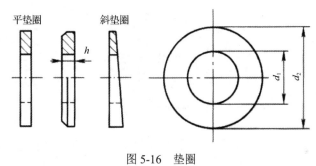

平垫圈　　　斜垫圈

图 5-16　垫圈

5.3　螺纹连接的预紧和防松

5.3.1　螺纹连接的预紧

绝大多数螺纹连接在安装时需要拧紧螺母，使螺栓和被连接件在承受工作载荷前就受到拉力的作用，这个拉力称为预紧力，用 F_0 表示。预紧的目的是提高连接的刚度、紧密性、防松能力，以及提高螺栓在变载荷作用下的疲劳强度。但过大的预紧力会导致整个连接的结构尺寸增大，出现螺杆装配时断裂的问题。对重要的螺纹连接，装配时要设法控制预紧力。

通常规定，拧紧螺纹连接件的预紧力不得超过其材料屈服极限的 80%。对于一般连接用的钢制螺栓连接的预紧力，推荐按照下列关系确定：

$$碳素钢螺栓\qquad F_0 \leqslant (0.6\sim0.7)\sigma_S A_1$$

$$合金钢螺栓\qquad F_0 \leqslant (0.5\sim0.6)\sigma_S A_1$$

式中，σ_S 为螺栓材料的屈服极限；A_1 为螺栓危险截面的面积，$A_1 = \pi d_1^2/4$。

预紧力的大小是通过拧紧力矩来控制的。拧紧力矩 T（见图 5-17）用于克服螺纹牙之间相对转动的阻力矩 T_1 和螺母支承面上的摩擦阻力矩 T_2，故

$$T = T_1 + T_2 = \frac{F_0 d_2}{2}\tan(\varphi + \varphi_v) + \frac{f_c F_0}{3}\frac{D_0^3 - d_0^3}{D_0^2 - d_0^2} \qquad (5\text{-}2)$$

式中，f_c 为螺母环形端面与被连接件支承面之间的摩擦因数；D_0、d_0 为螺母环形端面与被连接件接触面的外径和内径；φ_v 为螺纹副之间的当量摩擦角。

对于 M10～M68 的钢制普通粗牙螺纹，无润滑时，取 $f_v = \tan\varphi_v = 0.155$，$f_c = 0.15$，则式（5-2）可简化为

$$T \approx 0.2 F_0 d \qquad (5\text{-}3)$$

对于一般连接，预紧力凭装配经验控制；对于重要的连接，可用测力矩扳手（见图 5-18）或定力矩扳手（见图 5-19）来控制预紧力 F_0 的大小，也可通过控制螺栓的伸长量来控制预紧力。

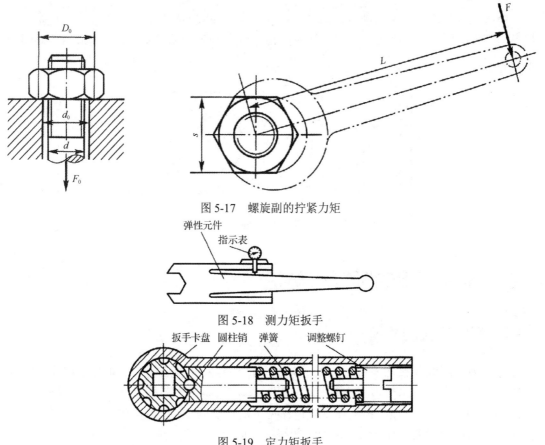

图 5-17　螺旋副的拧紧力矩

图 5-18　测力矩扳手

图 5-19　定力矩扳手

5.3.2　螺纹连接的防松

连接用的普通螺纹，其螺纹升角（$\varphi = 1°42'\sim3°2'$）小于当量摩擦角（$\varphi_v = 6.5°\sim10.5°$），在静载荷作用下，能够满足自锁条件，工作可靠。但在冲击、振动、变载荷作用或高温环境下，螺旋副间的摩擦力减小或瞬时消失，这种现象重复多次后，就可能使连接松动，最终导致连接失效。因此，设计时应采取有效的防松措施。

防松的根本问题在于防止螺旋副的相对转动，常见的防松方法见表 5-2。

表 5-2　螺纹连接常用的防松方法

防松方法		结构形式	特点及应用
摩擦防松	对顶螺母		两个螺母对顶拧紧后，使旋合螺纹间始终受到附加的压力和摩擦力的作用，工作载荷有变动时，该摩擦力仍然存在。旋合螺纹间的接触情况如左图所示，下螺母螺纹牙受力较小，其高度可小些，但为了防止装错，两个螺母的高度取成相等为宜。结构简单，适用于平稳、低速和重载的固定装置上的连接
	弹簧垫圈		螺母拧紧后，靠垫圈压平产生的弹性反力使旋合螺纹间压紧；同时垫圈斜口的尖端抵住螺母与被连接的支承面，也有防松作用；结构简单，使用方便，但由于垫圈的弹力不均，在冲击、振动的工作条件下，其防松效果较差，一般用于不太重要的场合
	自锁螺母		螺母一端制成非圆形收口，或开缝后径向收口。螺母拧紧后收口张开，利用收口的弹力使旋合螺纹间压紧；结构简单，防松可靠，可多次装拆而不降低防松性能
机械防松	开口销与六角开槽螺母		六角开槽螺母拧紧后将开口销穿入螺栓尾部小孔和螺母的槽内，并将开口销尾部掰开与螺母侧面贴紧，也可用普通螺母代替六角开槽螺母，但需拧紧螺母后再配钻销孔；适用于较大冲击、振动的高速机械中运动部件的连接
	止动垫圈		螺母拧紧后，将单耳或双耳止动垫圈分别向螺母和被连接件的侧面折弯贴紧，即可将螺母锁住。两个螺母需要双联锁紧时，可采用双联止动垫圈，使两个螺母相互制动；结构简单，使用方便，防松可靠
	串联钢丝	（a）正确 （b）不正确	用低碳钢丝穿入各螺钉头部的孔内，将各螺钉串联起来，使其相互制动；使用时必须注意钢丝的穿入方向［图（a）正确，图（b）错误］；适用于螺钉组连接，防松可靠，但装拆不便

续表

防松方法		结构形式	特点及应用
破坏螺旋副运动关系防松	铆合	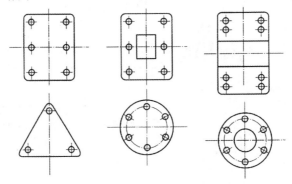	螺母拧紧后,将螺栓杆末端伸出部分铆死。防松可靠,但拆卸后连接件不能重复使用,适用于不需要拆卸的特殊连接
	冲点		螺母拧紧后,利用冲头在螺栓末端与螺母旋合缝处打冲,利用冲点防松。冲点可以在端面,也可以在侧面,冲点中心一般在螺纹的小径处
	涂胶黏剂		在旋合螺纹间涂以专用液体胶黏剂,拧紧螺母后,胶黏剂硬化、固着,防止螺纹副的相对运动

5.4 螺栓组连接的设计

绝大多数螺栓都是成组使用的。设计螺栓组时,首先应根据连接的用途、被连接件的结构和受载情况,确定螺栓的数目及布置形式;然后确定螺栓连接的结构尺寸。在确定螺栓尺寸时,对于不重要的螺栓连接,可以参考现有的机械设备,用类比法确定,不再进行强度校核。但对于重要的连接,应根据连接的工作载荷,分析各螺栓的受力状况,找出受力最大的螺栓,进行强度校核。

5.4.1 螺栓组连接的结构设计

螺栓组连接的结构设计的主要目的是合理确定螺栓的数目和布置形式,力求各螺栓和连接接合面间受力均匀,便于加工和装配。结构设计时应综合考虑以下几方面的问题。

(1)连接接合面的几何形状通常设计成轴对称的简单几何形状,如圆形、环形、矩形、三角形等,如图 5-20 所示。

图 5-20 连接接合面的几何形状

（2）螺栓的布置应使各螺栓的受力合理。当螺栓组承受转矩或倾覆力矩时，应使螺栓尽量靠近连接接合面的边缘，以减小螺栓的受力，如图 5-21 所示。

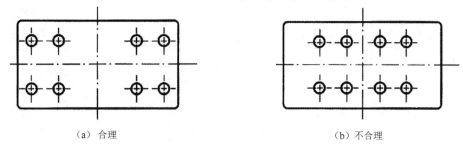

（a）合理　　　　　　　　　　　　　　　　（b）不合理

图 5-21　承受转矩和倾覆力矩时螺栓的布置

（3）分布在同一圆周上的螺栓数目应取 4、6、8 等偶数，以便于分度画线与加工。同一螺栓组中螺栓的材料、直径和长度均应相同。

（4）螺栓的排列应有合理的间距、边距，如图 5-22 所示，扳手空间的尺寸可查阅有关标准。对于压力容器等对紧密性要求较高的重要连接，螺栓的间距 t_0 不得大于表 5-3 所推荐的数值。

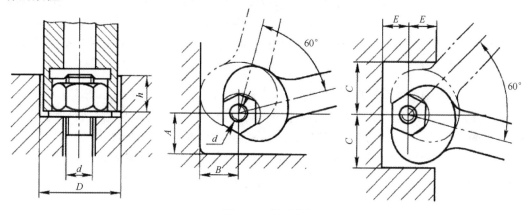

图 5-22　扳手空间

表 5-3　螺栓的间距 t_0

	工作压力/MPa					
	≤1.6	>1.6～4	>4～10	>10～16	>16～20	>20～30
	t_{0max}/mm					
	7d	5.5d	4.5d	4d	3.5d	3d

注：表中 d 为螺纹公称直径。

（5）避免螺栓承受附加的弯曲载荷。被连接件、螺母和螺栓头部的支承面应平整，保证安装后与螺栓轴线相垂直，在铸、锻件等粗糙表面上安装螺栓时，应制成凸台或沉头座（见图 5-23）。当支承面为倾斜表面时，应采用斜面垫圈（见图 5-24）。特殊情况下，也可采用球面垫圈（见图 5-25）。

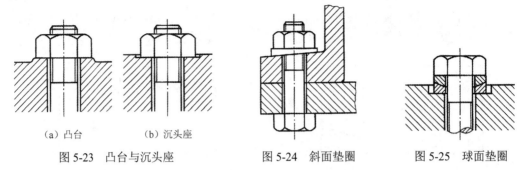

（a）凸台　　　　（b）沉头座

图 5-23　凸台与沉头座　　　　　　图 5-24　斜面垫圈　　　　图 5-25　球面垫圈

螺栓组的结构设计，除综合考虑以上各点外，还包括根据连接的工作条件合理地选择螺栓组的防松措施。

5.4.2　螺栓组连接的受力分析

螺栓组连接的受力分析的目的是根据连接的结构和受载情况，求出受力最大的螺栓及其所受的载荷，以便进行螺栓组连接的强度计算。

为了简化计算，在分析螺栓组连接的受力时，假设所有螺栓的拉伸刚度、剪切刚度（螺栓的材料、直径、长度）和预紧力均相等；螺栓的应变没有超出弹性范围；螺栓组的对称中心与连接接合面的形心重合；受载后连接接合面仍为平面。下面针对几种典型的受载情况，分别加以讨论。

1. 受横向载荷的螺栓组连接

图 5-26 所示的螺栓组连接，载荷的作用线与螺栓的轴线垂直，并通过螺栓对称中心。载荷可通过两种不同方式传递：当采用普通螺栓连接时，靠接合面的摩擦力来传递载荷；当采用铰制孔螺栓连接时，靠螺栓与被连接件相互挤压和螺栓受剪切传递载荷。两者的传力方式不同，但计算时可认为，在横向载荷 F_Σ 的作用下，各螺栓所承担的工作载荷是均等的。

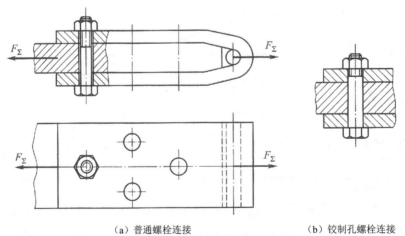

（a）普通螺栓连接　　　　　　　　（b）铰制孔螺栓连接

图 5-26　受横向载荷的螺栓组连接

当采用普通螺栓连接时，应保证连接预紧后，接合面间产生的最大摩擦力必须大于或等于横向载荷，即

$$fF_0zi \geqslant K_s F_{\Sigma} \tag{5-4}$$

或

$$F_0 \geqslant \frac{K_s F_{\Sigma}}{fzi} \tag{5-5}$$

式中，K_s 为防滑系数，常取 $K_s = 1.1 \sim 1.3$；i 为接合面数；z 为螺栓的个数；f 为接合面的摩擦因数，见表 5-4。

当采用铰制孔螺栓连接时，每个螺栓所受的载荷为横向工作剪力，即

$$F = \frac{F_{\Sigma}}{z} \tag{5-6}$$

表 5-4　连接接合面间的摩擦因数

被 连 接 件	接合面的表面状态	摩 擦 因 数
钢或铸铁零件	干燥的加工表面	1.10~0.16
	有油的加工表面	0.06~0.10
钢结构件	轧制表面，用钢丝刷清理浮锈	0.30~0.35
	涂富锌漆	0.35~0.40
	喷砂处理	0.45~0.55
砖料、混凝土或木材	干燥表面	0.40~0.45

2.受转矩的螺栓组连接

如图 5-27 所示，转矩 T 作用在连接接合面内，在转矩 T 的作用下，底板有绕螺栓组对称中心 O 旋转的趋势，为防止底板转动，可采用普通螺栓连接，也可采用铰制孔螺栓连接。

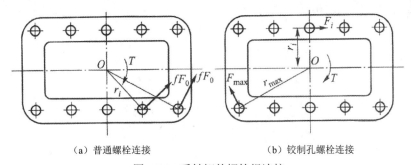

（a）普通螺栓连接　　　　　　　（b）铰制孔螺栓连接

图 5-27　受转矩的螺栓组连接

采用普通螺栓连接时，靠接合面产生的摩擦力矩来平衡转矩 T。假设各螺栓连接处的摩擦力相等，并集中在螺栓中心处，且与该螺栓的轴线到螺栓组对称中心 O 的连线相垂直 [见图 5-27（a）]。根据底板静力平衡条件得

$$fF_0 r_1 + fF_0 r_2 + \cdots + fF_0 r_z \geqslant K_s T \tag{5-7}$$

每个螺栓所受的预紧力为

$$F_0 \geqslant \frac{K_s T}{f\left(r_1 + r_2 + \cdots + r_z\right)} = \frac{K_s T}{f \sum\limits_{i=1}^{z} r_i} \tag{5-8}$$

式中，r_i 为各螺栓轴线到螺栓组对称中心的距离，其他参数同前。

采用铰制孔螺栓连接时，各螺栓所受的工作剪力与该螺栓轴线到螺栓组对称中心 O 的连线相垂直［见图 5-27（b）］。根据力矩平衡条件得

$$F_1 r_1 + F_2 r_2 + \cdots + F_z r_z = T$$

即

$$\sum_{i=1}^{z} F_i r_i = T \tag{5-9}$$

根据螺栓的变形协调条件，各螺栓剪切变形量和所受剪力的大小与螺栓轴线到螺栓组对称中心 O 的距离成正比，即

$$\frac{F_1}{r_1} = \frac{F_2}{r_2} = \cdots = \frac{F_i}{r_i} = \frac{F_{\max}}{r_{\max}}$$

即

$$F_i = F_{\max} \frac{r_i}{r_{\max}} \tag{5-10}$$

联立式（5-9）、式（5-10）可求得受力最大的螺栓所受的工作剪力为

$$F_{\max} = \frac{T r_{\max}}{\sum_{i=1}^{z} r_i^2} \tag{5-11}$$

3. 受轴向载荷的螺栓组连接

图 5-28 所示为一个受轴向载荷 F_Σ 的气缸盖螺栓组连接，载荷作用线与螺栓轴线平行，并通过螺栓组对称中心。这种连接通常采用普通螺栓连接，此时，在外载荷 F_Σ 的作用下，每个螺栓所受的工作拉力相等，其值为

$$F = \frac{F_\Sigma}{z} \tag{5-12}$$

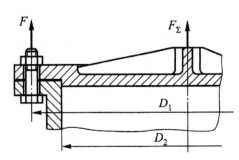

图 5-28　受轴向载荷 F_Σ 的气缸盖螺栓组连接

应该指出的是，各螺栓除承受轴向工作载荷外，还承受预紧力的作用，各螺栓所受总拉力的计算见 5.5 节。

4. 受倾覆力矩的螺栓组连接

图 5-29 所示为受倾覆力矩的底板螺栓组连接。受倾覆力矩之前，连接只受预紧力的作用，各螺栓对底板的紧固力（压缩力）与基座对底板的支承力相平衡。在倾覆力矩 M 的作用下，底板有绕螺栓组对称轴线 $O—O$ 翻转的趋势。此时，对称轴线左侧的螺栓被进一步

拉伸，拉力增大；对称轴线右侧的螺栓被放松，拉力（预紧力）减小。根据底板的静力平衡条件，左侧各螺栓及右侧基座对底板绕对称轴线 O—O 的力矩之和与倾覆力矩平衡，即

$$F_1 L_1 + F_2 L_2 + \cdots + F_z L_z = M$$

或

$$\sum_{i=1}^{z} F_i L_i = M \tag{5-13}$$

根据螺栓的变形协调条件，各螺栓的拉伸变形量和所受拉力的大小与其到对称轴线 O—O 的距离成正比，即

$$\frac{F_1}{L_1} = \frac{F_2}{L_2} = \cdots = \frac{F_i}{L_i} = \frac{F_{\max}}{L_{\max}}$$

或

$$F_i = F_{\max} \frac{L_i}{L_{\max}} \tag{5-14}$$

联立式（5-13）、式（5-14）即可求得受力最大螺栓的工作拉力为

$$F_{\max} = \frac{M L_{\max}}{\sum\limits_{i=1}^{z} L_i^2} \tag{5-15}$$

式中，$F_{\max}$ 为最大的工作载荷；L_i 为各个螺栓轴线到对称轴线 O—O 的距离；$L_{\max}$ 为 L_i 中最大的值。

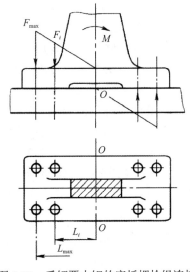

图 5-29　受倾覆力矩的底板螺栓组连接

对于图 5-29 所示的受倾覆力矩的底板螺栓组连接，为防止接合面受压最大处被压溃或受压最小处出现缝隙，应该使受载后地基接合面压应力最大值不超过许用值，最小值不小于 0，即

$$\sigma_{\mathrm{p\,max}} \approx \frac{z F_0}{A} + \frac{M}{W} \leqslant \left[\sigma_{\mathrm{p}} \right] \tag{5-16}$$

$$\sigma_{p\min} \approx \frac{zF_0}{A} - \frac{M}{W} > 0 \qquad (5\text{-}17)$$

式中，W 为接合面的抗弯截面系数；$[\sigma_p]$ 为连接接合面材料的许用挤压应力，可查表 5-5。

表 5-5　连接接合面材料的许用挤压应力

材　料	钢	铸　铁	混　凝　土	砖（水泥浆缝）	木　材
$[\sigma_p]$/MPa	$0.8\,\sigma_S$	$(0.4\sim0.5)\,\sigma_B$	$2.0\sim3.0$	$1.5\sim2.0$	$2.0\sim4.0$

注：① σ_S 为材料屈服极限，MPa；σ_B 为材料强度极限，MPa。

　　② 当连接接合面的材料不同时，应按强度较低者选。

　　③ 连接承受静载荷时，取表中较大值；连接承受变载荷时，取表中较小值。

以上是四种简单受力状态下螺栓组连接的情况。在实际使用中，螺栓组连接所受工作载荷的状态常常是以上四种简单受力状态的不同组合。但无论受力状态如何复杂，都可利用静力分析方法将复杂的受力状态简化成上述四种简单受力状态。因此，只要先分别计算出螺栓组在这些简单受力状态下每个螺栓的工作载荷，然后将它们向量合成，便可得到每个螺栓总的工作载荷，求得受力最大的螺栓，再进行单个螺栓连接的强度计算。

5.5　单个螺栓连接的强度计算

5.5.1　失效形式和设计准则

由螺栓连接的受力分析可知，对单个螺栓，当载荷形式为轴向拉力时采用普通螺栓连接，称为受拉螺栓；当载荷形式为横向剪切力时采用铰制孔螺栓连接，称为受剪螺栓。

受拉螺栓在轴向力的作用下，主要失效形式为螺纹部分的塑性变形或断裂，其设计准则主要保证螺栓杆有足够的拉伸强度或疲劳拉伸强度；受剪螺栓在横向剪力的作用下，主要失效形式为螺栓杆被剪断，螺栓杆或孔壁被压溃，其设计准则应保证螺栓杆和被连接件具有足够的剪切强度和挤压强度。单个螺栓的强度计算按受拉螺栓和受剪螺栓分别进行。

螺栓的螺纹牙及其他各部分的尺寸是根据等强度原则和使用经验确定的，采用标准螺栓时，这些部分不需要进行强度计算。

5.5.2　受拉螺栓连接的强度计算

1. 松螺栓连接

松螺栓连接装配时不需将螺母拧紧，即承受工作载荷之前螺栓不受预紧力，如图 5-30 所示的起重吊钩即为松螺栓连接。当承受工作载荷 F 时，螺栓杆受拉，螺栓危险截面的强度条件为

$$\sigma = \frac{F}{\frac{1}{4}\pi d_1^2} \leqslant [\sigma] \qquad (5\text{-}18)$$

式中，d_1 为螺纹的小径，mm；F 为作用在螺栓上的轴向拉力，N；$[\sigma]$ 为螺栓连接的许用拉应力，MPa。

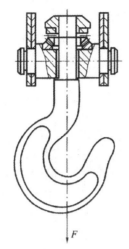

图 5-30　起重吊钩的松螺栓连接

2．紧螺栓连接

1）只受预紧力作用的螺栓连接

紧螺栓连接装配时需将螺母拧紧，在拧紧力矩作用下，螺栓承受预紧力 F_0 产生的拉应力和螺纹摩擦力矩作用产生的扭转切应力，处于复合应力状态。

螺栓危险截面的拉应力为

$$\sigma = \frac{F_0}{\frac{\pi}{4} d_1^2} \tag{5-19}$$

螺栓危险截面的扭转切应力为

$$\tau = \frac{F_0 \tan\left(\varphi + \varphi_\mathrm{v}\right) d_2}{\frac{\pi}{16} d_1^3} \tag{5-20}$$

对于 M10～M68 钢制普通螺纹，可取 $\tan\varphi_\mathrm{v} \approx 0.17$，$d_2/d_1 = 1.04 \sim 1.08$，$\tan\varphi \approx 0.05$，由此可得 $\tau \approx 0.5\sigma$，根据第四强度理论，可得螺栓危险截面的计算应力为

$$\sigma_\mathrm{ca} = \sqrt{\sigma^2 + 3\tau^2} = \sqrt{\sigma^2 + 3 \times (0.5\sigma)^2} \approx 1.3\sigma \tag{5-21}$$

螺栓危险截面的拉伸强度条件为

$$\sigma_\mathrm{ca} = \frac{1.3 F_0}{\frac{\pi}{4} d_1^2} \leqslant [\sigma] \tag{5-22}$$

或

$$d_1 \geqslant \sqrt{\frac{4 \times 1.3 F_0}{\pi [\sigma]}} \tag{5-23}$$

因此，对于普通螺纹的钢制紧螺栓连接，在拧紧时虽然同时承受拉伸和扭转的联合作用，但计算时可以只按拉伸强度计算，并将所受的拉应力增大 30%以考虑扭转切应力的

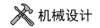

影响。

当普通螺栓承受横向载荷时，由于预紧力的作用，在接合面产生摩擦力以抵抗工作载荷。这种紧螺栓连接要求保持较大的预紧力，这必然使螺栓的结构尺寸增加。此外，在振动、冲击和变载荷下，摩擦因数 f 的变动，将使连接的可靠性降低，有可能出现松脱。因此，常用各种减载零件来承受横向载荷（见图 5-31），其连接强度按减载零件的剪切、挤压强度计算，螺栓只需稍加拧紧即可。

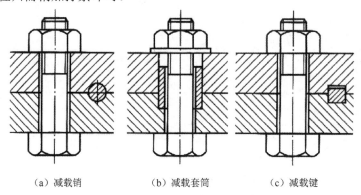

| （a）减载销 | （b）减载套筒 | （c）减载键 |

图 5-31 承受横向载荷的减载零件

2）承受预紧力和工作拉力的紧螺栓连接

这种螺栓连接受螺栓预紧力 F_0 作用后，在工作拉力 F 的作用下，由于螺栓和被连接件的弹性变形，螺栓所受的总拉力并不等于预紧力和工作拉力之和。分析表明，螺栓的总拉力除和预紧力 F_0、工作拉力 F 有关之外，还受螺栓刚度 c_b 及被连接件刚度 c_m 等因素的影响。因此，可从分析螺栓连接的受力和变形关系入手，找出总拉力的大小。

图 5-32 所示为单个紧螺栓连接在承受轴向拉伸载荷前后的受力及变形情况。图 5-32（a）所示为螺母刚好拧紧到和被连接件接触，但尚未拧紧。此时，螺栓和被连接件都不受力的作用，因此也不产生变形。图 5-32（b）所示为螺母已拧紧，但尚未承受工作载荷。此时，螺栓受预紧力 F_0 的拉伸作用，其伸长量为 λ_b。相反，被连接件则在 F_0 的压缩作用之下，压缩量为 λ_m。

图 5-32（c）所示为承受工作载荷后的情况。此时，若螺栓和被连接件的材料变形在弹性范围内，则两者的受力和变形关系符合胡克定律。在工作载荷 F 的作用下螺栓继续伸长，其伸长量增加 $\Delta\lambda$，总伸长量为 $\lambda_b + \Delta\lambda$。而原来被压缩的被连接件因螺栓的伸长而被放松，其压缩量随之减少。根据连接的变形协调条件，被连接件压缩变形的减少量应等于螺栓拉伸变形的增加量。因而，总压缩量为 $\lambda_m' = \lambda_m - \Delta\lambda$。而被连接件所受的压缩力由原来的 F_0 减小到 F_1，称为残余预紧力。

通过以上分析可知，螺栓的总拉力 F_2 并不等于预紧力和工作拉力之和，而等于残余预紧力和工作拉力之和，即

$$F_2 = F_1 + F \tag{5-24}$$

为了保证连接的紧密性，防止连接受载后接合面出现缝隙，应使 $F_1 > 0$。对于有密封性要求的连接，$F_1 = (1.5\sim1.8)F$；对于一般连接，工作载荷稳定时 $F_1 = (0.2\sim0.6)F$，工作载荷不稳定时 $F_1 = (0.6\sim1.0)F$；对于地脚螺栓，$F_1 \geqslant F$。

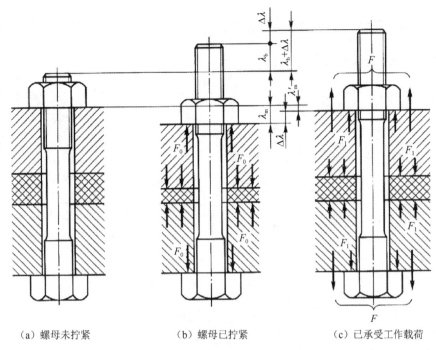

（a）螺母未拧紧　　　　　（b）螺母已拧紧　　　　　（c）已承受工作载荷

图 5-32　单个紧螺栓连接在承受轴向拉伸载荷前后的受力及变形情况

上述受力与变形的关系可用图 5-33 表示。假设零件的变形在弹性范围内，图 5-33（a）和图 5-33（b）分别表示螺栓和被连接件在预紧力作用下的受力与变形的关系，图 5-33（c）表示螺栓和被连接件在预紧力和轴向工作载荷同时作用下的受力与变形的关系。螺栓的刚度 $c_b = \dfrac{F_0}{\lambda_b} = \tan\theta_b$；被连接件的刚度 $c_m = \dfrac{F_0}{\lambda_m} = \tan\theta_m$。

螺栓的预紧力 F_0 与残余预紧力 F_1 及总拉力 F_2 的关系，可由弹性变形关系推出。根据前面的分析，由图 5-33 可得

$$F_2 = F_0 + \Delta F = F_0 + c_b\Delta\lambda \tag{5-25}$$

$$F_1 = F_0 - \left(F - \Delta F\right) = F_0 - c_m\Delta\lambda \tag{5-26}$$

由式（5-25）、式（5-26），可得

$$\Delta F = \frac{c_b}{c_b + c_m}F \tag{5-27}$$

将式（5-27）代入式（5-25）与式（5-26），可得总拉力与残余预紧力的表达式：

$$F_2 = F_0 + \Delta F = F_0 + \frac{c_b}{c_b + c_m}F \tag{5-28}$$

$$F_1 = F_0 - \frac{c_m}{c_b + c_m}F \tag{5-29}$$

式中，$\dfrac{c_b}{c_b + c_m}$ 称为螺栓的相对刚度，其大小与螺栓和被连接件的结构尺寸、材料、垫片及工作载荷的作用位置等因素有关，其值在 0～1 之间变动。若被连接件刚度很大（如采用刚性垫片）而螺栓刚度很小（如细长的空心螺栓），则螺栓的相对刚度趋于 0，反之其值趋于

1。为了降低螺栓受力，提高螺栓的承载能力，应使 $\dfrac{c_b}{c_b+c_m}$ 值尽量小些。$\dfrac{c_b}{c_b+c_m}$ 值可通过计算或试验获得，一般可按表 5-6 选取。

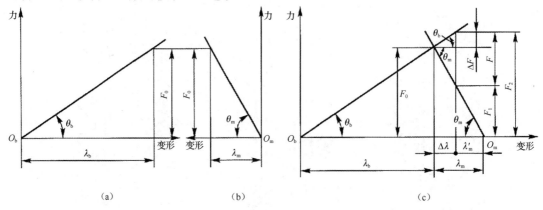

图 5-33　单个紧螺栓连接受力变形图

表 5-6　螺栓的相对刚度

垫 片 类 别	金属垫片或无垫片	皮 革 垫 片	铜皮石棉垫片	橡 胶 垫 片
$\dfrac{c_b}{c_b+c_m}$	0.2～0.3	0.7	0.8	0.9

设计时，可先根据连接的受载情况，求出螺栓的工作拉力 F；再根据连接的工作要求选取残余预紧力，然后按式（5-24）求出总拉力，即可进行螺栓的强度计算。考虑螺栓在总拉力 F_2 的作用下可能需要补充拧紧，故将总拉力增加 30% 以考虑扭转切应力的影响，则螺栓危险截面的拉伸强度条件为

$$\sigma_{ca}=\frac{1.3F_2}{\frac{\pi}{4}d_1^2}\leqslant[\sigma]\tag{5-30}$$

或

$$d_1\geqslant\sqrt{\frac{4\times1.3F_2}{\pi[\sigma]}}\tag{5-31}$$

对于受轴向变载荷的重要连接（如内燃机气缸盖螺栓连接等），除做静强度计算外，还应对螺栓的疲劳强度做精确校核。

如图 5-34 所示，当工作拉力在 $0～F$ 之间变化时，螺栓所受的总拉力将在 $F_0～F_2$ 之间变化。如果不考虑螺纹摩擦力矩的扭转作用，则螺纹危险截面的最大拉应力为

$$\sigma_{\max}=\frac{F_2}{\frac{\pi}{4}d_1^2}$$

最小拉应力为

$$\sigma_{\min}=\frac{F_0}{\frac{\pi}{4}d_1^2}$$

应力幅为

$$\sigma_a = \frac{\sigma_{max} - \sigma_{min}}{2} = \frac{c_b}{c_b + c_m} \cdot \frac{2F}{\pi d_1^2}$$

按 $\sigma_{min} = C$ 的情况分析，螺栓的最大应力计算安全系数为

$$S_{ca} = \frac{2\sigma_{-1tc} + (K_\sigma - \psi_\sigma)\sigma_{min}}{(K_\sigma + \psi_\sigma)(2\sigma_a + \sigma_{min})} \geqslant S \tag{5-32}$$

式中，σ_{-1tc} 为螺栓材料的对称循环拉压疲劳极限，其值见表 5-7；ψ_σ 为试件的材料特性常数，即循环应力中平均应力的折算系数，对碳素钢，ψ_σ=0.1~0.2；K_σ 为拉压疲劳强度综合影响系数；S 为安全系数，其取值见 5.6 节。

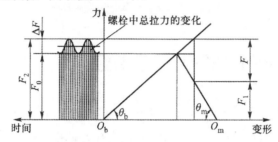

图 5-34　承受轴向变载荷的紧螺栓连接

表 5-7　螺纹连接件常用材料的疲劳极限

材　料	10	Q215	35	45	40Cr
σ_{-1} /MPa	160~220	170~220	220~300	250~340	320~440
σ_{-1tc} /MPa	120~150	120~160	170~220	190~250	240~340

5.5.3　受剪螺栓连接的强度计算

如图 5-35 所示，这种连接是利用铰制孔螺栓抵抗剪切来承受载荷的，螺栓杆与孔壁相配合，接触表面受到挤压；在连接接合面处，螺栓杆则受剪切作用。因此，应分别按照挤压及剪切强度条件计算。计算时，假设螺栓杆与孔壁表面上的压力分布是均匀的，又因这种连接所受的预紧力很小，可以不考虑预紧力和螺纹摩擦力矩的影响。

挤压强度条件为

$$\sigma_p = \frac{F}{d_0 L_{min}} \leqslant [\sigma_p] \tag{5-33}$$

剪切强度条件为

$$\tau = \frac{F}{\pi \dfrac{d_0^2}{4}} \leqslant [\tau] \tag{5-34}$$

式中，F 为螺栓所受的工作剪力，N；d_0 为螺栓剪切面的直径，mm；L_{min} 为螺栓杆与被连接件孔壁间接触受压的最小轴向长度，mm；$[\sigma_p]$ 为螺栓或孔壁的许用挤压应力，MPa；$[\tau]$ 为螺栓许用剪切应力，MPa。螺纹连接件的材料及许用应力见 5.6 节。

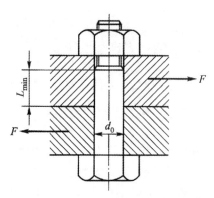

图 5-35　承受工作剪力的紧螺栓连接

5.6　螺纹连接件的材料及许用应力

国家标准规定螺纹连接件按材料的力学性能分出等级（简示于表 5-8 和表 5-9 中，详见 GB/T 3098.1—2010 和 GB/T 3098.2—2015），螺栓、螺柱、螺钉的性能等级分为 9 级，自 4.6 至 12.9。性能等级的代号，小数点前的数字代表材料的强度极限的 1/100（$\sigma_B/100$），小数点后的数字代表材料的屈服极限 σ_S 和强度极限 σ_B 之比（屈强比）的 10 倍（10σ_S/σ_B）。例如，性能等级为 5.8，其中 5 表示材料的强度极限为 500MPa，8 表示屈服极限与强度极限之比为 0.8。标准螺母的性能等级由数字组成，数字粗略表示螺母能承受的最小应力 σ_{min} 的 1/100（$\sigma_{min}/100$）。选用时，需注意所用螺母的性能等级应不低于与其相配螺栓的性能等级。

表 5-8　螺栓、螺钉、螺柱的性能等级

性能等级（标记）	4.6	4.8	5.6	5.8	6.8	8.8	9.8	10.9	12.9
强度极限 σ_B /MPa	400		500		600	800	900	1000	1200
屈服极限 σ_S /MPa	240	320	300	400	480	640	720	900	1080
硬度/HBW$_{min}$	114	124	147	152	181	245	286	316	380
推荐材料	碳钢或添加元素的碳钢					碳钢、添加元素的碳钢（如硼或锰或铬）、合金钢，淬火并回火		合金钢，淬火并回火	

表 5-9　标准螺母的性能等级

性能等级（标记）	5	6	8	10	12
螺母最小保证应力 σ_{min} /MPa	500	600	800	1040	1150
相配螺母的最高性能等级	5.8	6.8	8.8	10.9	12.9
推荐材料	低碳钢	低碳钢或中碳钢	中碳钢	中碳钢，低、中碳合金钢，淬火并回火	

螺纹连接件的许用应力与载荷性质（静、变载荷）、装配情况（松连接或紧连接），以及螺纹连接件的材料、结构尺寸等因素有关。螺纹连接件的许用拉应力按下式计算：

$$[\sigma] = \frac{\sigma_S}{S} \tag{5-35}$$

螺纹连接件的许用扭转切应力和许用挤压应力分别按下式确定：

$$[\tau] = \frac{\sigma_S}{S_\tau} \tag{5-36}$$

对于钢：

$$[\sigma_p] = \frac{\sigma_S}{S_p} \tag{5-37}$$

对于铸铁：

$$[\sigma_p] = \frac{\sigma_B}{S_p} \tag{5-38}$$

式中，σ_S、σ_B 为螺纹连接材料的屈服极限和强度极限，见表 5-8，常见铸铁连接件的 σ_S 可取 $200 \sim 250$ MPa；S、S_τ、S_p 为安全系数，见表 5-10。

表 5-10　螺纹连接的安全系数 S

受 载 类 型			静 载 荷			变 载 荷		
松螺栓连接			1.2～1.7					
紧螺栓连接	受轴向及横向载荷的普通螺栓连接	不控制预紧力的计算		M6～M16	M16～M30	M30～M60		M6～M16	M16～M30	M30～M60
			碳钢	4～3	3～2	2～1.3	碳钢	10～6.5	6.5	10～6.5
			合金钢	5～4	4～2.5	2.5	合金钢	7.5～5	5	7.5～6
		控制预紧力的计算	1.2～1.5			1.2～1.5		
	铰制孔螺栓连接		钢：$S_\tau = 2.5$，$S_p = 1.25$　铸铁：$S_p = 2.0 \sim 2.5$			钢：$S_\tau = 3.5 \sim 5.0$，$S_p = 1.5$　铸铁：$S_p = 2.5 \sim 3.0$		

5.7　提高螺纹连接强度的措施

以螺栓连接为例，螺栓连接的强度主要取决于螺栓的强度，因此研究影响螺栓强度的因素和提高螺栓强度的措施，对提高连接的可靠性有重要的意义。

5.7.1　降低影响螺栓疲劳强度的应力幅

受轴向变载荷的紧螺栓连接，在最小应力不变的条件下，应力幅越小，螺栓连接的疲劳强度越高，连接越可靠。由式（5-28）可知，在保持预紧力不变的条件下，减小螺栓刚度 c_b 或增大被连接件刚度 c_m 都可减小螺栓的应力幅，如图 5-36（a）、（b）所示。为了减小螺栓刚度，可适当增加螺栓长度，或采用腰状杆螺栓和空心螺栓（见图 5-37），也可在螺母下面安装弹性元件（见图 5-38）。为增大被连接件刚度，可以不用垫片或者采用刚度较大的垫片。对于有紧密性要求的连接，从增大被连接件刚度的角度来看，不宜采用较软的气缸垫片 [见图 5-39（a）]，而采用刚度较大的金属垫片或密封环较好 [见图 5-39（b）]。

在保持残余预紧力和工作载荷不变的情况下，同时减小螺栓刚度、增大被连接件的刚度，而适当增大预紧力，既能减小螺栓的应力幅，提高疲劳强度，又能保证连接的紧密性和可靠性，如图5-36（c）所示。

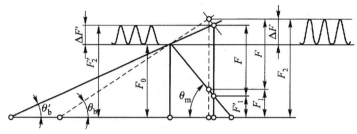

（a）减小螺栓的刚度（$c_b' < c_b$，即 $\theta_b' < \theta_b$）

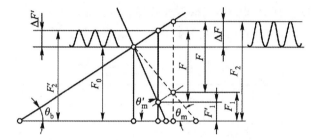

（b）增大被连接件的刚度（$c_m' > c_m$，即 $\theta_m' > \theta_m$）

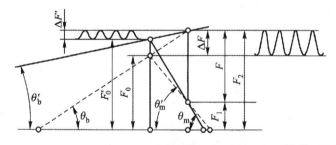

（c）同时采用三种措施（$F_0' > F_0$，$c_b' < c_b$，$c_m' > c_m$）

图 5-36　降低螺栓应力幅的措施

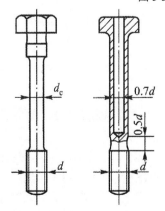

图 5-37　腰状杆螺栓和空心螺栓

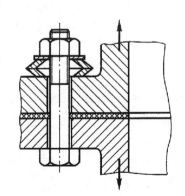

图 5-38　在螺母下面安装弹性元件

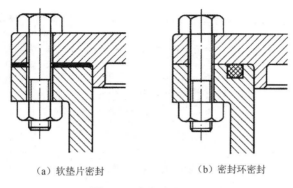

（a）软垫片密封　　　　　（b）密封环密封

图 5-39　气缸密封元件

5.7.2　改善螺纹牙间的偏载现象

　　螺纹连接时，螺栓受拉伸，螺母受压缩，故螺栓的螺距增大，而螺母的螺距减小，如图 5-40 所示。旋合螺纹间的载荷分布如图 5-41 所示，靠近支承面的螺纹受载最大，以后各圈螺纹所受的载荷依次递减。因此，采用螺纹牙圈数过多的加厚螺母，并不能提高连接的强度。

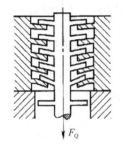

图 5-40　旋合螺纹的变形示意图

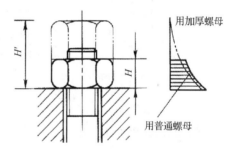

图 5-41　旋合螺纹间的载荷分布

　　为了改善螺纹牙间载荷不均的情况，常采用悬置螺母［见图 5-42（a）］、环槽螺母［见图 5-42（b）］，使螺栓和螺母同时受拉，以减小螺距差；采用内斜螺母［见图 5-42（c）］，使螺纹牙受力位置由上而下逐渐外移，螺纹旋合段下部的螺纹牙在载荷作用下容易变形，而载荷向上移使各圈螺纹受载趋于均匀；图 5-42（d）所示的螺母兼有环槽螺母和内斜螺母的作用。

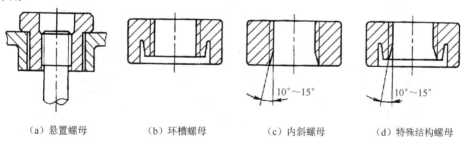

（a）悬置螺母　　　　（b）环槽螺母　　　　（c）内斜螺母　　　　（d）特殊结构螺母

图 5-42　均载螺母结构

　　图 5-43 所示的钢丝螺套，主要用于螺钉连接，旋入并紧固在被连接件之一的螺纹孔内，旋入后先将安装手柄根部在缺口处折断，然后将螺钉拧入其中。因它具有一定的弹性，可

起到均载的作用，它还有减振的作用，所以可显著提高螺纹连接的疲劳强度。

图 5-43　钢丝螺套

5.7.3　减小应力集中

螺纹牙根、螺纹收尾、螺栓头与螺栓杆的过渡处都有应力集中。为减小应力集中，可以采用较大的过渡圆角或卸载结构（见图 5-44），螺纹收尾处用退刀槽等。

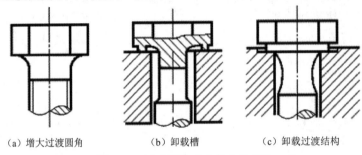

（a）增大过渡圆角　　　　（b）卸载槽　　　　（c）卸载过渡结构

图 5-44　减小螺栓应力集中的方法

5.7.4　避免附加弯曲应力

制造和装配误差或设计不当，都会使螺栓产生附加弯曲应力，如螺母支承面歪斜或使用钩头螺栓，如图 5-45 所示，若 $e=d_1$，弯曲应力为拉应力的 8 倍，这将严重降低螺栓的强度，因此应避免使用钩头螺栓。此外，螺母和螺栓头部支承面的粗糙不平或偏斜，也会引起附加弯曲应力。为减小弯曲应力，应从结构、制造及装配等方面采取措施。

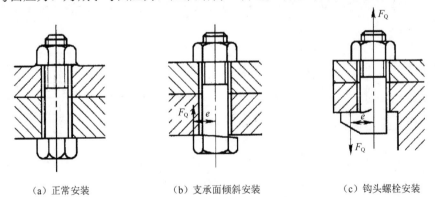

（a）正常安装　　　　（b）支承面倾斜安装　　　　（c）钩头螺栓安装

图 5-45　螺栓承受偏心载荷

5.7.5　采用合理的制造工艺

螺栓的制造工艺对疲劳强度有重要的影响，采用冷镦螺栓头和滚压螺纹的工艺，可以显著提高螺栓的疲劳强度。除可以降低应力集中外，采用冷镦和滚压工艺时材料纤维未被切断，金属流线合理（见图 5-46），并且有冷作硬化的效果，表层留有残余应力，比切削螺纹疲劳强度提高 30%。此外，在工艺上采用氰化、渗氮、喷丸等处理，可提高螺纹连接件的疲劳强度。

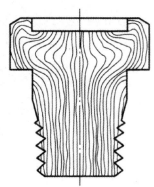

图 5-46　采用冷镦与滚压工艺加工螺栓中的金属流线

螺栓组受力分析实例如下。

例 5-1　一个厚度 $\delta = 12\,\text{mm}$ 的钢板用 4 个螺栓固连在厚度 $\delta_1 = 30\,\text{mm}$ 的铸铁支架上，螺栓的布置有 a、b 两种方案，如图 5-47 所示。已知：螺栓材料为 Q235，$[\sigma] = 95\,\text{MPa}$，$[\tau] = 96\,\text{MPa}$，钢板 $[\sigma_p] = 320\,\text{MPa}$，铸铁 $[\sigma_{p1}] = 180\,\text{MPa}$，接合面间摩擦因数 $f = 0.15$，防滑系数 $K_s = 1.2$，载荷 $F_\Sigma = 12000\,\text{N}$，尺寸 $l = 400\,\text{mm}$，$a = 100\,\text{mm}$。

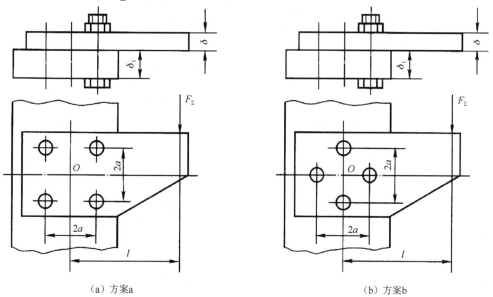

（a）方案a　　　　　　　　　　（b）方案b

图 5-47　例 5-1 图

（1）试比较哪种螺栓布置方案更合理。

（2）按照螺栓布置更合理的方案，分别确定采用普通螺栓连接和铰制孔螺栓连接时的螺栓直径。

解：1）螺栓组受力分析

（1）将载荷向形心简化。

如图 5-48 所示，将载荷 F_Σ 向螺栓组连接的接合面形心 O 点简化，得一横向载荷 $F_\Sigma = 12000\ \text{N}$ 和一转矩 T。

$$T = F_\Sigma l = 12000 \times 400 = 4.8 \times 10^6\ \text{N} \cdot \text{mm}$$

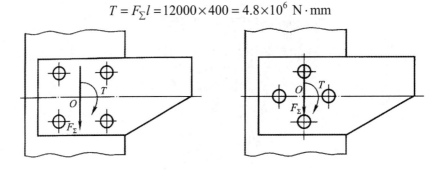

（a）方案 a   （b）方案 b

图 5-48　托架螺栓组连接载荷简化示意图

（2）确定各个螺栓所受的横向载荷。

如图 5-49 所示，在横向力 F_Σ 的作用下，各个螺栓所受的横向载荷 F_{s1} 大小相同，与 F_Σ 同方向。

$$F_{s1} = F_\Sigma / 4 = 12000/4 = 3000\ \text{N}$$

而在转矩 T 的作用下，由于各个螺栓中心至形心 O 点距离相等，因此各个螺栓所受的横向载荷 F_{s2} 大小也相同，但方向垂直于各自螺栓中心与形心 O 的连线（见图 5-49）。

对于方案 a，各螺栓中心至形心 O 点的距离为

$$r_a = \sqrt{a^2 + a^2} = \sqrt{100^2 + 100^2} \approx 141.4\ \text{mm}$$

$$F_{s2a} = \frac{T}{4r_a} = \frac{4.8 \times 10^6}{4 \times 141.4} \approx 8487\ \text{N}$$

由图 5-49（a）可知，螺栓 1 和 2 所受的两个力的夹角 α 最小，故螺栓 1 和 2 所受的横向载荷最大，即

$$F_{s\max a} = \sqrt{F_{s1}^2 + F_{s2a}^2 + 2F_{s1}F_{s2a}\cos\alpha}$$
$$= \sqrt{3000^2 + 8487^2 + 2 \times 3000 \times 8487 \times \cos 45°} \approx 10818\ \text{N}$$

对于方案 b，各螺栓中心至形心 O 点的距离为

$$r_b = a = 100\ \text{mm}$$

$$F_{s2b} = \frac{T}{4r_b} = \frac{4.8 \times 10^6}{4 \times 100} = 12000\ \text{N}$$

由图 5-49（b）可知，螺栓 1 所受的横向载荷最大，即

$$F_{s\max b} = F_{s1} + F_{s2b} = 3000 + 12000 = 15000\ \text{N}$$

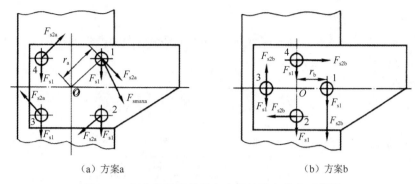

（a）方案a　　　　　　　　　　（b）方案b

图 5-49　托架螺栓组连接各个螺栓横向载荷示意图

（3）两种方案比较。

在螺栓布置方案 a 中，受力最大的螺栓 1 和 2 所受的总横向载荷 $F_{\mathrm{smax a}}=10818\,\mathrm{N}$；而在螺栓布置方案 b 中，受力最大的螺栓 1 所受的总横向载荷 $F_{\mathrm{smax b}}=15000\,\mathrm{N}$。因此方案 a 比较合理。

2）按螺栓布置方案 a 确定螺栓直径

（1）采用铰制孔螺栓连接。

因为采用铰制孔螺栓连接时靠螺栓杆受剪切和配合面受挤压来传递横向载荷，所以按剪切强度设计螺栓剪切面的直径 d_0。

$$d_0=\sqrt{\frac{4F_{\mathrm{smax a}}}{\pi[\tau]}}=\sqrt{\frac{4\times 10818}{\pi\times 96}}\approx 11.98\,\mathrm{mm}$$

查国家标准 GB/T 27—2013《六角头加强杆螺栓》，取 M12×60（d_0=13 mm>11.98 mm）。

校核配合面挤压强度，按图 5-50 所示的配合面尺寸可得：

螺栓杆与钢板孔之间

$$\sigma_{\mathrm{p}}=\frac{F_{\mathrm{smax a}}}{d_0 h}=\frac{10818}{13\times 8}\approx 103\,\mathrm{MPa}<\left[\sigma_{\mathrm{p}}\right]$$

螺栓杆与铸铁支架之间

$$\sigma_{\mathrm{p1}}=\frac{F_{\mathrm{smax a}}}{d_0 \delta_1}=\frac{10818}{13\times 30}=27.7\,\mathrm{MPa}<\left[\sigma_{\mathrm{p1}}\right]$$

故配合面挤压强度足够。

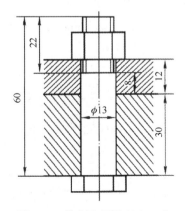

图 5-50　铰制孔螺栓配合尺寸

（2）采用普通螺栓连接。

因为普通螺栓连接时依靠预紧螺栓在被连接件的接合面间产生的摩擦力来传递横向载荷，所以首先求螺栓所受的预紧力。

由 $fF_0 = K_s F_{s\max a}$ 可得

$$F_0 = \frac{K_s F_{s\max a}}{f} = \frac{1.2 \times 10818}{0.15} = 86544 \text{ N}$$

根据强度条件可得螺栓小径 d_1，即

$$d_1 \geqslant \sqrt{\frac{4 \times 1.3 F_0}{\pi[\sigma]}} = \sqrt{\frac{4 \times 1.3 \times 86544}{\pi \times 95}} \approx 38.84 \text{ mm}$$

查 GB/T 196—2003，取 M45（$d_1 = 40.129 \text{ mm} > 38.84 \text{ mm}$）。

例 5-2 图 5-51 所示为用 4 个普通螺栓将铸铁托架固定在钢制立柱上。已知载荷 $F_\Sigma = 5600 \text{ N}$，夹角 $\alpha = 45°$，托架的底板长 $h = 320 \text{ mm}$，宽 $b = 150 \text{ mm}$，试选择螺栓的材料和公称直径，确保连接安全工作的必要条件（图中长度单位为 mm）。

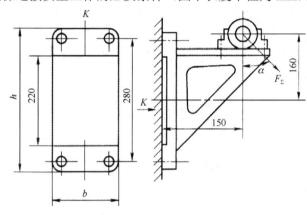

图 5-51　例 5-2 图

解：1）受力分析

（1）在工作载荷 F_Σ 的作用下，螺栓组承受如下各力和倾覆力矩：

轴向力 $F_H = F_\Sigma \sin\alpha = 5600 \times \sin 45° \approx 3960 \text{ N}$

横向力 $F_V = F_\Sigma \cos\alpha = 5600 \times \cos 45° \approx 3960 \text{ N}$

倾覆力矩 $M = F_H \times 160 + F_V \times 150 = 3960 \times 160 + 3960 \times 150 = 1227600 \text{ N·mm}$

（2）计算单个螺栓所受的最大工作拉力。

在轴向力 F_H 的作用下，每个螺栓所受的工作拉力为

$$F_S = \frac{F_H}{z} = \frac{3960}{4} = 990 \text{ N}$$

在倾覆力矩 M 的作用下，上侧两个螺栓受到加载作用，下侧两个螺栓受到减载作用，故上侧两个螺栓受力较大，所受的工作拉力为

$$F_{\max} = \frac{M L_{\max}}{\sum_{i=1}^{z} L_i^2} = \frac{1227600 \times 140}{2 \times (140^2 + 140^2)} = 2192 \text{ N}$$

故上侧螺栓所受的最大工作拉力为

$$F = F_S + F_{max} = 990 + 2192 = 3182 \text{ N}$$

（3）计算螺栓的预紧力 F_0。

在横向力 F_V 的作用下，被连接件接合面可能产生滑移，不滑移的条件为

$$f\left(zF_0 - \frac{c_m}{c_b + c_m}F_H\right) \geqslant K_s F_V$$

由表 5-4 查得 $f = 0.15$，取 $\dfrac{c_b}{c_b + c_m} = 0.2$，$K_s = 1.2$，则各螺栓所需要的预紧力为

$$F_0 \geqslant \frac{1}{z}\left(\frac{K_s F_V}{f} + \frac{c_m}{c_b + c_m}F_H\right) = \frac{1}{4}\left(\frac{1.2 \times 3960}{0.15} + 0.8 \times 3960\right) = 8712 \text{ N}$$

（4）计算螺栓的总拉力 F_2。

$$F_2 = F_0 + \frac{c_b}{c_b + c_m}F = 8712 + 0.2 \times 3182 \approx 9348 \text{ N}$$

2）确定螺栓直径

选螺栓材料为性能等级 4.6 的 Q235，由表 5-8 可得，$\sigma_S = 240 \text{ MPa}$，由表 5-10 查得安全系数 $S=1.5$，则 $[\sigma] = \dfrac{\sigma_S}{S} = \dfrac{240}{1.5} = 160 \text{ MPa}$。故螺栓小径为

$$d_1 \geqslant \sqrt{\frac{4 \times 1.3 \times 9348}{\pi \times 160}} \approx 9.48 \text{ mm}$$

查机械设计手册，按国家标准 GB/T 196—2003，选用螺纹公称直径 $d = 12 \text{ mm}$，其 $d_1 = 10.106 > 9.84 \text{ mm}$，满足螺栓杆的强度极限要求。

3）校核连接安全工作的必要条件

（1）连接接合面下端不压溃的条件：

$$\begin{aligned}
\sigma_{p\,max} &= \frac{1}{A}\left(zF_0 - \frac{c_m}{c_b + c_m}F_H\right) + \frac{M}{W} \\
&= \frac{1}{150 \times (320 - 220)} + (4 \times 8712 - 0.8 \times 3960) + \frac{1227600}{\dfrac{150}{6 \times 320} \times (320^3 - 220^3)} \\
&= 2.82 \text{ MPa}
\end{aligned}$$

查表 5-5 得 $[\sigma_p] = 0.45\sigma_B = 0.45 \times 250 \text{ MPa} = 112.5 \text{ MPa} > 2.82 \text{ MPa}$，故接合面下端不会被压溃。

（2）连接接合面上端不出现缝隙的条件：

$$\begin{aligned}
\sigma_{p\,max} &= \frac{1}{A}\left(zF_0 - \frac{c_m}{c_b + c_m}F_H\right) - \frac{M}{W} \\
&= 1.4 \text{ MPa} > 0
\end{aligned}$$

故接合面上端不出现缝隙。

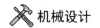

习　题

5-1 常用螺纹按牙型不同分为哪几种？分析它们的特点，并举例说明其应用。

5-2 螺纹的主要参数有哪些？螺距和导程有何不同？

5-3 螺纹连接的主要类型有哪些？在应用上有何不同？

5-4 螺纹连接为什么要预紧？为什么对重要的螺纹连接，要严格控制装配时的预紧力？控制预紧力的方法有哪些？

5-5 为什么设计螺纹连接时要采取必要的防松措施？防松的根本问题是什么？常用的防松方法有哪些？

5-6 提高螺纹连接强度的措施有哪些？

5-7 试利用螺栓和被连接件的受力与变形关系图说明螺母下加弹性元件对螺栓疲劳强度的影响。

5-8 图 5-52 所示的带式输送机的凸缘联轴器，用 4 个普通螺栓连接，$D_0 = 125\ \text{mm}$，传递转矩 $T = 200\ \text{N·m}$，联轴器接合面上的摩擦因数 $f = 0.15$，试计算螺栓直径。

5-9 有一个压力容器，已知容器内直径 $D = 280\ \text{mm}$，气体压强 $p = 0.5\ \text{MPa}$，容器盖用 12 个普通螺栓与容器相连接，螺栓材料为 35 钢，采用铜包石棉垫，试确定螺栓直径。

5-10 有一个受预紧力 F_0 和轴向工作载荷 $F = 1000\ \text{N}$ 作用的紧螺栓连接，已知预紧力 $F_0 = 1000\ \text{N}$，螺栓的刚度 c_b 与被连接件的刚度 c_m 相等。试计算该螺栓所受的总拉力 F_2 和残余预紧力 F_1。在预紧力 F_0 保持不变的条件下，若保证被连接件之间不出现缝隙，该螺栓的最大轴向工作载荷 F_{max} 为多少？

5-11 图 5-53 所示为普通螺栓连接，采用两个 M10 的螺栓，螺栓的许用应力 $[\sigma] = 160\ \text{MPa}$，被连接件接合面间的摩擦因数 $f = 0.2$，若取防滑系数 $K_s = 1.2$，试计算该连接允许的最大静载荷 F_R。

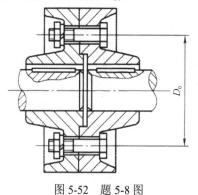

图 5-52　题 5-8 图

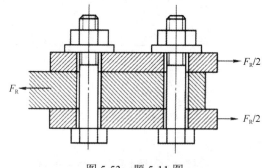

图 5-53　题 5-11 图

5-12 图 5-54 所示的薄钢板采用两个铰制孔螺栓连接在机架上，钢板受力 $F = 5\ \text{kN}$，螺栓的许用拉应力 $[\sigma] = 80\ \text{MPa}$，许用剪应力 $[\tau] = 96\ \text{MPa}$，许用挤压应力 $[\sigma_p] = 190\ \text{MPa}$，板间的摩擦因数 $f = 0.2$，防滑系数 $K_s = 1.2$，试确定：

（1）此螺栓可能出现的失效形式；

（2）螺栓所受的力；

（3）计算螺栓直径；

（4）若改用两个普通螺栓连接，需要多大的直径？

5-13 图 5-55 所示的吊车跑道托架，用 4 个普通螺栓安装在钢制横梁上。试选择螺栓材料，并确定螺栓的公称直径。

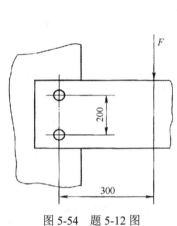

图 5-54　题 5-12 图

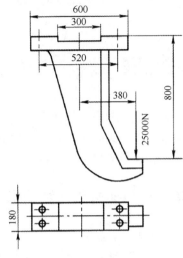

图 5-55　题 5-13 图

5-14 图 5-56 所示为螺栓组连接的三种方案，已知 $L = 320\,\text{mm}$，$a = 80\,\text{mm}$，试求螺栓组的三种方案中，受力最大的螺栓所受的力各是多少？并分析哪种方案较好？

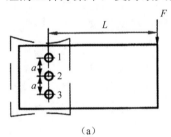

（a）

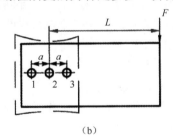

（b）

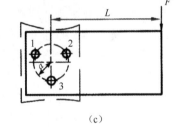

（c）

图 5-56　题 5-14 图

第6章 轴毂连接

6.1 键连接

键是一种标准零件，通常用来实现轴和轮毂（如齿轮、带轮等）之间的周向固定并传递转矩，有的还能实现轴向零件的轴向固定和轴向滑动的导向。设计键连接的任务主要是先根据工作条件和使用要求选择键连接的类型及尺寸，然后进行强度计算。

6.1.1 键连接的类型及其结构形式

1. 平键连接

平键的两个侧面为工作面，平键连接依靠键与键槽侧面的挤压传递转矩，键的上表面与轮毂键槽底部之间留有间隙，为非工作面。平键连接具有结构简单、装拆方便、对中性好等优点，因而应用广泛。

根据用途的不同，平键分为普通平键、薄型平键、导向平键和滑键四种。普通平键和薄型平键用于静连接，即轴与轴上的零件在轴向不能移动的连接，导向平键和滑键用于动连接，即轴与轴上零件可以移动的连接。

普通平键按照键的端部形状的不同，分为圆头平键（A型）[见图6-1（b）]、方头平键（B型）[见图6-1（c）]、单圆头平键（C型）[见图6-1（d）]。圆头平键轴上的键槽用指状铣刀在立式铣床上铣出，键在键槽中固定良好，工作时不松动，但轴上键槽端部应力集中比较大。方头平键轴上键槽用盘状铣刀在卧式铣床上加工，轴的应力集中比较小，但键在键槽中易松动，对于尺寸比较大的键，需要用紧定螺钉将键固定在键槽中。单圆头平键轴上键槽由指状铣刀加工，通常用于轴端的连接。

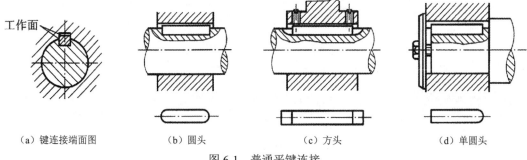

| （a）键连接端面图 | （b）圆头 | （c）方头 | （d）单圆头 |

图6-1 普通平键连接

薄型平键与普通平键的结构形式基本相同，也分为A型、B型和C型，不同的是薄型平键的高度大约只有普通平键的2/3，传递转矩的能力较低，常用于薄壁轮毂结构、空心轴及一些径向尺寸受限制的场合。

导向平键（见图 6-2）和滑键（见图 6-3）适用于轮毂与轴之间需要有相对滑动的动连接。导向平键用螺钉固定在轴上的键槽中，轮毂沿键的侧面做轴向滑动。滑键固定在轮毂上，随轮毂一起沿键槽移动。导向平键用于轮毂沿轴向移动距离比较小的场合；当轮毂的轴向移动距离较大时，因所需导向平键的长度过大，加工困难，宜采用滑键连接。

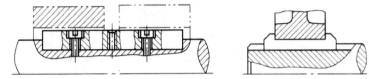 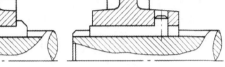

图 6-2　导向平键连接　　　　　　　　　　　图 6-3　滑键连接

2．半圆键连接

半圆键的工作原理与平键相同，轴上键槽用尺寸与键相同的盘状铣刀铣出，键在槽中可绕其几何中心摆动以适应轮毂键槽底面的斜度（见图 6-4）。半圆键连接结构简单，制造和装拆方便，但由于轴上键槽较深，对轴的强度削弱较大，一般用于轻载或锥形轴端与轮毂的连接。

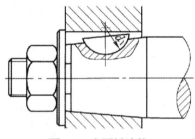

图 6-4　半圆键连接

3．楔键连接

如图 6-5 所示，楔键的上表面和轮毂键槽的底面，都有 1：100 的斜度。装配后，键楔紧在轴槽和毂槽之间，键的上下两个表面为工作面，靠工作面的挤压力产生的摩擦力传递转矩，并能轴向固定零件和承受一定的单向轴向载荷。由于楔紧力的作用，轴上零件偏心，因此楔键连接用于低速、载荷平稳和定心精度要求不高的场合。

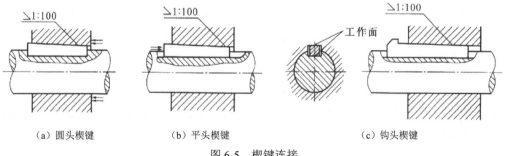

（a）圆头楔键　　　　　　　（b）平头楔键　　　　　　　（c）钩头楔键

图 6-5　楔键连接

楔键分为普通楔键和钩头楔键两种。普通楔键有圆头、平头和单圆头三种形式。装配时，圆头楔键要先放入键槽，然后打紧轮毂；平头楔键、单圆头楔键和钩头楔键则在轮毂装好后再将键放入键槽打紧。钩头楔键的钩头供拆卸用，安装在轴端时，应注意加防护罩。

4．切向键连接

切向键是由两个斜度为 1∶100 的普通楔键组成（见图 6-6）。装配时两个楔键分别从轮毂一端打入，使其两个斜面相对，共同楔紧在轴与轮毂的键槽内。其上下两个面（窄面）为工作面，其中一个在通过轴心线的平面内，工作时工作面上的挤压力沿轴的切线方向，依靠挤压力传递转矩。切向键连接中轴毂之间虽有摩擦力，但不依靠它传递转矩。一个切向键只能传递单向转矩，若要传递双向转矩，必须用两个切向键，并错开 120°～130°反向安装。切向键主要用于轴径大于 100mm、对中性要求不高且载荷较大的重型机械中。

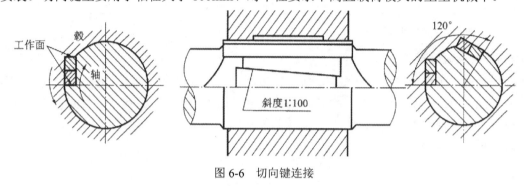

图 6-6　切向键连接

6.1.2　键的选择和键连接的强度计算

1．键的选择

键的选择包括类型选择和尺寸选择两个方面。选择键的类型时，一般应考虑转矩的大小，轴上零件沿轴向是否有移动及移动距离大小，对中性要求和键在轴上位置等因素，并结合各种键连接的特点加以分析选择。键的剖面尺寸（键宽 b 和键高 h）可根据轴径的大小适当选取；键的长度 L 可根据轮毂的宽度确定，取键长等于或略短于轮毂的宽度，并符合标准规定的键长系列；导向平键应按轮毂的宽度及滑动距离而定。普通平键的主要尺寸见表 6-1。

表 6-1　普通平键的主要尺寸

轴的直径 d	6～8	>8～10	>10～12	>12～17	>17～22	>22～30	>30～38	>38～44
键宽 b×键高 h	2×2	3×3	4×4	5×5	6×6	8×7	10×8	12×8
轴的直径 d	>44～50	>50～58	>58～65	>65～75	>75～85	>85～95	>95～110	>110～130
键宽 b×键高 h	14×9	16×10	18×11	20×12	22×14	25×14	28×16	32×18
键的长度系列 L	6，8，10，12，14，16，18，20，22，25，28，32，36，40，45，50，56，63，70，80，90，100，110，125，140，180，200，220，250，……							

2．平键连接的强度计算

平键连接的可能失效形式有：较弱零件工作面被压溃（静连接）、磨损（动连接）、键的剪断（一般很少出现）。因此，对于普通平键连接只需要按照挤压强度计算，对于导向平键连接和滑键连接还需进行耐磨性的计算。

假设载荷在工作面上均匀分布，如图 6-7 所示，挤压强度条件为

$$\sigma_{\mathrm{p}}=\frac{2000T}{dkl}\leqslant\left[\sigma_{\mathrm{p}}\right] \tag{6-1}$$

对于导向平键连接（动连接），耐磨性条件为

$$p=\frac{2000T}{kld}\leqslant\left[p\right] \tag{6-2}$$

式中，T 为传递的转矩，$N·m$；d 为轴的直径，mm；k 为键与轮槽的接触高度，mm；l 为键的工作长度（A 型 $l=L-b$，C 型 $l=L-b/2$），mm；$[\sigma_{\mathrm{p}}]$ 为许用挤压应力，MPa，见表 6-2；$[p]$ 为许用压强，MPa，见表 6-2。

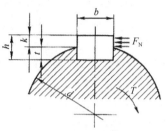

h 为键的高度，$h=2k$；b 为键的宽度

图 6-7　平键连接的受力情况

表 6-2　键连接的许用挤压应力和许用压强　　　　　　　　　　单位：MPa

许 用 值	连 接 方 式	轮 毂 材 料	载 荷 性 质		
			静 载 荷	轻 度 冲 击	冲 击
$[\sigma_{\mathrm{p}}]$	静连接	钢	120～150	100～120	60～90
		铸铁	70～80	50～60	30～45
$[p]$	动连接	钢	50	40	30

注：当被连接表面经过淬火时，$[p]$ 可提高 2～3 倍。

3. 半圆键连接的强度计算

半圆键连接的受力情况如图 6-8 所示（轮毂未画出），因其只用于静连接，故主要失效形式是工作面被压溃。通常按工作面的挤压应力进行强度计算，强度条件同式（6-1）。

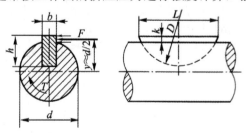

图 6-8　半圆键连接的受力情况

同样，楔键连接和切向键连接的主要失效形式都是工作面被压溃，应校核工作面的挤压强度。

键的材料采用强度极限不小于 600 MPa 的钢，通常为 45 钢。

在进行强度校核后，如果强度不足，则可采用双键，这时应考虑键的合理布置。两个平键最好布置在周向相隔 180° 的位置；两个半圆键应布置在轴的同一条母线上；两个楔

键则应布置在沿周向相隔 90°～120°的位置。考虑到两个键上载荷分配的不均匀性，在强度校核中只按 1.5 个键计算。如果轮毂允许适当加长，也可相应增加键的长度，以提高单键连接的承载能力。但由于传递转矩时键上载荷沿其长度分布不均，故键的长度不宜过大。当键的长度大于 $2.25d$ 时，其多出的长度可认为并不承受载荷，故一般采用的键长不宜超过$(1.6～1.8)d$。

平键连接设计实例如下。

例 6-1 已知减速器中某直齿圆柱齿轮安装在轴的两个支承点间，齿轮和轴的材料均为锻钢，用键构成静连接，装齿轮处的轴径 $d = 60$ mm，齿轮轮毂宽度为 85 mm，需传递的转矩 $T = 1500$ N·m，齿轮的精度为 7 级，载荷有轻微冲击。试设计此键连接。

解：1）选择键连接的类型和尺寸

通常 8 级以上精度的齿轮有定心精度要求，应选用平键连接。由于齿轮不在轴端，故选用圆头平键（A 型）。

根据 $d = 60$ mm，从表 6-1 中查得键的截面尺寸为：宽度 $b = 18$ mm，高度 $h = 11$ mm，根据键长比轮毂宽度略小并参考键长系列，取键长 $L = 80$ mm。

2）校核键连接的强度

键的工作长度：

$$l = L - b = 80 - 18 = 62 \text{ mm}$$

键与轮毂键槽的接触高度：

$$k = 0.5\,h = 0.5 \times 11 = 5.5 \text{ mm}$$

已知键、轴和轮毂的材料都是钢，由表 6-2 查得许用挤压应力$\left[\sigma_{\mathrm{p}}\right] = 100～120$ MPa，取其平均值$\left[\sigma_{\mathrm{p}}\right] = 110$ MPa。由式（6-1）可得

$$\sigma_{\mathrm{p}} = \frac{2000T}{dkl} = \frac{2000 \times 1500}{60 \times 5.5 \times 62} \approx 146.6 \text{ MPa} > \left[\sigma_{\mathrm{p}}\right]$$

连接的挤压强度不够，调整为双键连接，相隔 180°布置。双键按 1.5 个单键计算。由式（6-1）得

$$\sigma_{\mathrm{p}} = \frac{2000T}{1.5dkl} = \frac{2000 \times 1500}{1.5 \times 60 \times 5.5 \times 62} \approx 97.8 \text{ MPa} < \left[\sigma_{\mathrm{p}}\right] \text{（满足强度）}$$

键的标记为：GB/T 1096 键 $18 \times 11 \times 80$

一般 A 型键可不标 "A"；对于 B 型或 C 型键，需将 "键" 标为 "键 B" 或 "键 C"。

6.2 花键连接

6.2.1 花键连接的特点及类型

花键连接是由轴和轮毂孔上多个键齿和键槽组成的，如图 6-9 所示，键的两个侧面是工作面，靠键齿侧面的挤压来传递转矩。花键连接具有较高的承载能力，定心精度高，导向性能好，可实现静连接和动连接，因此在飞机、汽车、机床和农业机械中得到广泛应用。

花键连接已经标准化，按齿形不同，分为矩形花键、渐开线花键等。

1．矩形花键连接

为适应不同载荷情况，矩形花键按照齿高的不同，在标准中规定了两个尺寸系列：轻系列和中系列。轻系列多用于轻载连接或静连接；中系列多用于中载连接。矩形花键连接采用小径定心（见图 6-10），此时轴、孔的花键定心面均可进行磨削，定心精度易从工艺上得到保证，定心精度高。

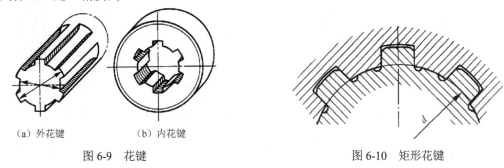

（a）外花键　　　　（b）内花键

图 6-9　花键　　　　　　　　　　　　图 6-10　矩形花键

2．渐开线花键连接

渐开线花键的齿形为渐开线，其分度圆压力角规定有 30°和 45°两种，如图 6-11 所示。渐开线花键可以用加工齿轮的方法来加工，工艺性较好，制造精度较高，齿根部较厚，键齿强度高，当传递的转矩较大且轴径也较大时，宜采用渐开线花键连接。压力角为 45°的渐开线花键与压力角为 30°的渐开线花键相比，由于齿数多而细小，故适用于轻载和直径较小的静连接，特别适用于薄壁零件的连接。

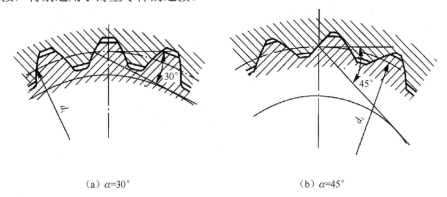

（a）$\alpha=30°$　　　　　　　　　　　（b）$\alpha=45°$

图 6-11　渐开线花键连接

渐开线花键连接在受载时齿上有径向分力，能起到自动定心的作用，所以渐开线花键连接采用齿形定心。

6.2.2　花键连接的强度计算

花键连接的主要失效形式是工作面被压溃（静连接）或磨损（动连接）。因此，通常需要进行挤压强度或耐磨性计算。花键连接的受力情况如图 6-12 所示，假设载荷在键的工作长度上均匀分布，各齿上压力的合力作用在平均直径 d_m 处，并用载荷分配不均匀系数 ψ 来表征各齿间实际载荷分配不均匀的影响，则花键连接的强度条件为

静连接

$$\sigma_p = \frac{2000T}{\psi z d_m h l} \leqslant \left[\sigma_p\right] \qquad (6\text{-}3)$$

动连接

$$p = \frac{2000T}{\psi z d_m h l} \leqslant \left[p\right] \qquad (6\text{-}4)$$

式中，T 为传递的转矩，N·m；ψ 为载荷分配不均匀系数，一般取 $\psi=0.7\sim0.8$；z 为花键齿数；d_m 为花键平均直径，mm，对于矩形花键，$d_m=\frac{D+d}{2}$，其中 D 为外花键大径，d 为内花键小径，对于渐开线花键，$d_m=d_i$；d_i 为渐开线花键分度圆直径；h 为齿面工作高度，对于矩形花键，$h=\frac{D-d}{2}-2C$，其中 C 为倒角，对于渐开线花键，当 $\alpha=30°$ 时，$h=m$，当 $\alpha=45°$ 时，$h=0.8m$，其中 m 为模数，mm；$\left[\sigma_p\right]$ 为许用挤压应力，MPa，见表 6-3；$\left[p\right]$ 为许用压强，MPa，见表 6-3。

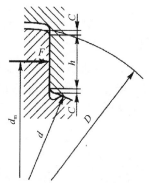

图 6-12　花键连接的受力情况

表 6-3　花键连接的许用挤压应力、许用压强　　　　　　　　单位：MPa

许用挤压应力或许用压强	连接工作方式	使用和制造情况	齿面未经热处理	齿面经热处理
$\left[\sigma_p\right]$	静连接	不良	35～50	40～70
		中等	60～100	100～140
		良好	80～120	120～200
$\left[p\right]$	空载下移动的动连接	不良	15～20	20～35
		中等	20～30	30～60
		良好	25～40	40～70
	在载荷作用下移动的动连接	不良	—	3～10
		中等	—	5～15
		良好	—	10～20

注：① 使用和制造情况不良指受变载荷、有双向冲击、振动频率高和振幅大、润滑不良（动连接）、材料硬度不高或精度不高等。

② 同一情况下，$\left[\sigma_p\right]$ 或 $\left[p\right]$ 的较小值用于时间长或较重要的场合。

③ 内、外花键的强度极限不低于 590 MPa。

6.3　其他连接

6.3.1　销连接

销连接主要用于固定零件之间的相对位置（见图 6-13），也可用于轴和轮毂的连接或其他连接（见图 6-14），可传递不大的载荷，还可作为安全装置中的过载保护元件（见图 6-15）。

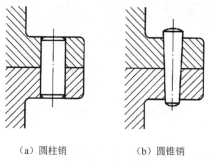

（a）圆柱销　　　　　（b）圆锥销

图 6-13　定位销

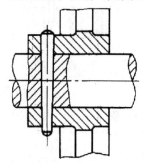

图 6-14　连接销

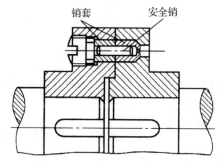

图 6-15　安全销

销有多种类型，如圆柱销、圆锥销、槽销、开口销等。

圆柱销靠微量过盈固定在孔中，经多次装拆会破坏连接的可靠性和定位精度。圆锥销具有 1∶50 的锥度，有可靠的自锁性，定位精度高，可多次装拆。开尾圆锥销（见图 6-16）装入销孔后将末端开口部分撑开，可保证销不松脱。螺尾圆锥销适用于盲孔或拆卸困难的场合（见图 6-17）。

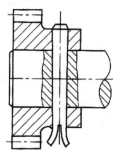

图 6-16　开尾圆锥销

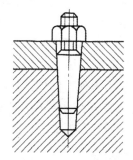

图 6-17　螺尾圆锥销

槽销［见图 6-18（a）］用弹簧钢滚压或模锻而成，有三条纵向槽［见图 6-18（b）］，将槽销打入销孔后，材料的弹性使销挤紧在销孔中，不易松脱，因而能承受振动和变载荷。

安装槽销的销孔不需要铰制，加工方便，可多次装拆。

开口销如图 6-19 所示。装配后将尾部分开，以防松脱，常用于锁紧其他紧固件。

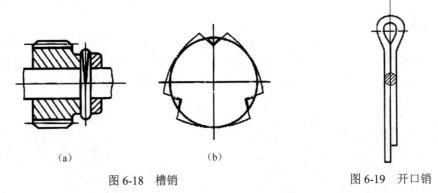

<table>
<tr><td>（a）</td><td>（b）</td><td></td></tr>
</table>

图 6-18　槽销　　　　　　　　　　　　　　　　　　图 6-19　开口销

设计销连接时，可先根据连接的结构特点和工作要求来选择销的类型、材料和尺寸，必要时再做强度校核。

销的材料为 35 钢、45 钢（开口销材料为低碳钢），许用应力 $[\tau] = 80$ MPa，许用挤压应力 $[\sigma_p]$ 可参考表 6-2。

6.3.2　无键连接

不用键或花键的轴与毂的连接称为无键连接，下面介绍型面连接和胀紧连接。

1. 型面连接

型面连接如图 6-20 所示。把安装轮毂的那一段轴做成表面光滑的非圆形截面的柱体 [见图 6-20（a）] 或非圆形截面的锥体 [见图 6-20（b）]，并在轮毂上制成相应的孔。这种轴与毂孔相配合而构成的连接，称为型面连接。

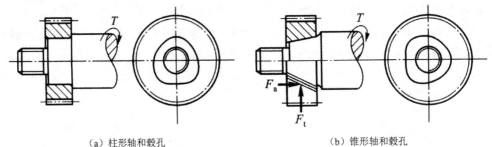

（a）柱形轴和毂孔　　　　　　　　　　　　（b）锥形轴和毂孔

图 6-20　型面连接

型面连接装拆方便，能保证良好的对中性；连接面上没有键槽及尖角，从而减少了应力集中，故可传递较大的转矩；但加工比较复杂，特别是为了保证配合精度，最后工序多要在专用机床上进行磨削加工，故目前应用还不广泛。

2. 胀紧连接

胀紧连接（见图 6-21）是在毂孔与轴之间装入胀紧连接套（简称胀套），可装一个（指一组）或几个，在轴向力作用下，同时胀紧轴与毂而构成的一种静连接。根据胀套结构形式的不同，GB/T 28701—2012 规定了 19 种型号（ZJ1～ZJ19 型），下面简要介绍采用 ZJ1、ZJ2 型胀套的胀紧连接。

采用 ZJ1 型胀套的胀紧连接如图 6-21 所示，在毂孔和轴的对应光滑圆柱面间加装一个胀套 [见图 6-21（a）] 或两个胀套 [见图 6-21（b）]。当拧紧螺母或螺钉时，在轴向力的作用下，内外套筒互相楔紧。内套筒缩小而箍紧轴，外套筒胀大而撑紧毂，使接触面间产生压紧力。工作时，利用此压紧力所产生的摩擦力来传递转矩或轴向力。

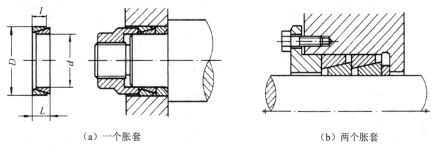

（a）一个胀套　　　　　　　　　　　　　（b）两个胀套

图 6-21　采用 ZJ1 型胀套的胀紧连接

采用 ZJ2 型胀套的胀紧连接如图 6-22 所示。在 ZJ2 型胀套中，与轴或毂孔贴合的套筒均开有纵向缝隙（图中未示出），以利于变形和胀紧。根据传递载荷的大小，可在轴与毂孔间加装一个或几个胀套。拧紧连接螺钉，便可将轴、毂胀紧，以传递载荷。

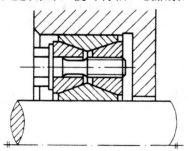

图 6-22　采用 ZJ2 型胀套的胀紧连接

各型号胀套已标准化，选用时只需根据设计的轴和轮毂尺寸及传递载荷的大小，查阅相关手册选择合适的型号和尺寸，使传递的载荷在许用范围内，即满足下列条件：

传递转矩时：

$$T \leqslant [T] \tag{6-5}$$

传递轴向力时：

$$F_a \leqslant [F_a] \tag{6-6}$$

传递联合作用的转矩和轴向力时，则合成载荷 F_R 应满足

$$F_R = \sqrt{F_a^2 + \left(\frac{2000T}{d}\right)^2} \leqslant [F_a] \tag{6-7}$$

式中，T 为传递的转矩，N·m；$[T]$ 为一个胀套的额定转矩，N·m；F_a 为传递的轴向力，N；$[F_a]$ 为一个胀套的额定轴向力，N；d 为胀套内径，mm。

当一个胀套满足不了要求时，可用两个以上的胀套串联使用（这时单个胀套传递载荷的能力将随着胀套数目的增加而降低，故胀套数不宜过多）。其总的额定载荷为（以转矩

为例)：

$$[T_n] = m[T] \qquad\qquad (6\text{-}8)$$

式中，$[T_n]$ 为 n 个胀套的总额定转矩，N·m；m 为额定载荷系数，见表 6-4。

表 6-4 胀套的额定载荷系数 m

连接中胀套的数量 n	m	
	ZJ1 型胀套	ZJ2 型胀套
1	1.00	1.00
2	1.56	1.80
3	1.86	2.70
4	2.03	—

胀紧连接的定心性好，装拆方便，引起的应力集中较小，承载能力高，并且有安全保护作用。但由于要在轴和毂孔间安装胀套，胀紧连接的应用有时受到结构尺寸的限制。

6.3.3 过盈连接

利用零件间的过盈配合来实现的连接称为过盈连接。过盈连接的两个零件中的一个为包容件，另一个为被包容件，它们装配后，由于接合处材料的弹性变形和装配过盈量，在配合表面间产生正压力，工作时依靠此正压力产生的摩擦力来传递转矩、轴向力或二者的复合载荷，如图 6-23 所示。

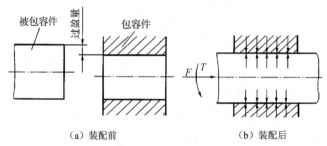

（a）装配前　　　　　　（b）装配后

图 6-23 过盈连接

这种连接的优点是结构简单，定心性好，承载能力高，能承受冲击载荷，对轴的强度削弱小；缺点是配合面加工精度要求高，装拆困难。由于拆开过盈连接需要借助很大的外力，往往要损坏过盈连接中零件的配合面，因此一般过盈连接属于不可拆连接。

<h1 align="center">习　　题</h1>

6-1 平键连接有哪些失效形式？平键的尺寸 b、h、l 如何确定？

6-2 平键与楔键的工作原理有何差异？

6-3 验算键连接时，若强度不够应采用什么措施？若需再加一个键，这个键放在何处为好？平键与楔键的放置位置有何不同？

6-4 花键连接和平键连接相比有哪些优缺点？

6-5 某齿轮与轴采用普通平键连接。已知传递转矩 $T = 900$ N·m，轴的直径 $d = 80$ mm，齿轮轮毂宽度 $B = 130$ mm，轴的材料为 45 钢，轮毂材料为铸铁，载荷有轻微冲击。试确定键的尺寸，并校核键连接的强度。

6-6 校核图 6-24 所示变速箱中滑移齿轮花键连接的强度。已知传递的转矩 $T = 80$ N·m，用矩形花键 6-26×23×6（z-D×d×b）连接，材料为 45 钢；轮毂宽 $L = 50$ mm，材料为 40Cr，花键表面经过热处理。

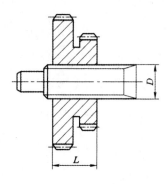

图 6-24　题 6-6 图

第三篇

机械传动

第 7 章　带传动

7.1　概述

带传动通常是由主动带轮、从动带轮和张紧在两个轮上的传动带组成的。因传动带是挠性牵引元件，故带传动属于挠性传动，即通过传动带，在两个或多个带轮之间传递运动和动力。

7.1.1　带传动的类型和形式

根据工作原理的不同，带传动可分为摩擦型带传动（见图 7-1）和啮合型带传动（见图 7-2）。摩擦型带传动是依靠传动带与带轮之间的摩擦力实现运动和动力传递的，其根据传动带横截面形状的不同，又可以分为平带传动 [见图 7-3（a）]、V 带传动 [见图 7-3（b）]、圆带传动 [见图 7-3（c）] 和多楔带传动 [见图 7-3（d）]。

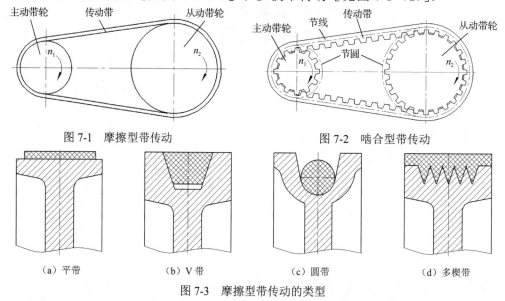

图 7-1　摩擦型带传动　　　　　　　　图 7-2　啮合型带传动

（a）平带　　　　（b）V 带　　　　（c）圆带　　　　（d）多楔带

图 7-3　摩擦型带传动的类型

平带传动结构简单、传动效率较高，带轮制造容易，带的寿命较长，适用于较大中心距的远距离传动。平带的横截面为矩形，工作面为其内表面。常用的平带有帘布芯平带、编织平带（棉织、毛织和缝合棉布带）、尼龙片基平带、聚氨酯片基平带等多种。其中尼龙片基平带应用最广，它的规格可查阅国家标准或手册。

V 带的横截面为等腰梯形，带轮上需制出相应的轮槽，V 带的两个侧面为工作面。根据楔形摩擦原理，在相同的正压力 F_N 作用下，V 带传动较平带传动能产生更大的摩擦力

（见图 7-4），故在传递相同功率的条件下，V 带传动较平带传动结构紧凑。而且，V 带传动允许的传动比也较大，大多数 V 带已经标准化。V 带传动的上述特点使它获得了广泛应用。

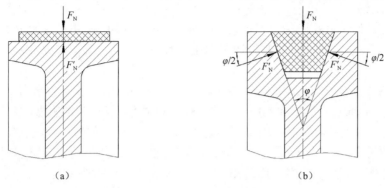

图 7-4　平带传动与 V 带传动的比较

　　圆带的横截面为圆形，结构简单，其材料常为皮革、棉、麻、尼龙、聚氨酯等，多用于传动功率较小的传动，如缝纫机、磁带盘等轻型机械中。

　　多楔带传动兼有平带传动和 V 带传动的优点，其柔性好，摩擦力大，沿带宽载荷分布均匀。多楔带主要用于要求结构紧凑、传递功率较大及速度较高的场合。

　　带传动的形式主要有开口传动 [见图 7-5（a）]、交叉传动 [见图 7-5（b）]、半交叉传动 [见图 7-5（c）]、有张紧轮的平行轴传动 [见图 7-5（d）]、有导轮的相交轴传动 [见图 7-5（e）] 和多从动轮传动 [见图 7-5（f）] 等。

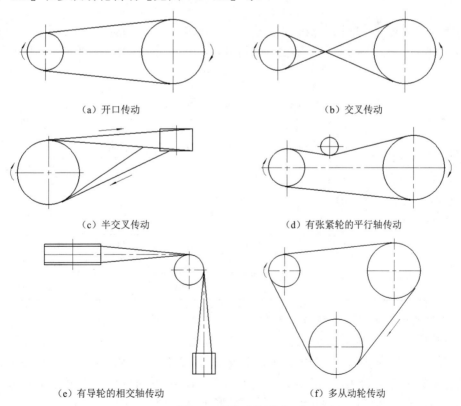

（a）开口传动　　　　　　　　　　　　　（b）交叉传动

（c）半交叉传动　　　　　　　　　（d）有张紧轮的平行轴传动

（e）有导轮的相交轴传动　　　　　　　（f）多从动轮传动

图 7-5　带传动的形式

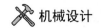

7.1.2 V带的结构和型号

V带有普通V带、宽V带、窄V带、齿形V带、大楔角V带、联组V带等多种类型,其中普通V带应用最广,近年来窄V带的应用也越来越多。由于普通V带设计方法与理论具有普遍性,故本章主要介绍普通V带的设计方法,其他类型的V带设计可参阅有关标准。

普通V带是由多种材料制成的无接头环形带,其结构包括顶胶、抗拉体、底胶和包布,如图7-6所示。包布层由胶帆布制成,它能增强带的强度,减少带的磨损,起保护作用;顶胶和底胶由弹性好的胶料制成,当V带绕轮弯曲时,顶胶层受拉,底胶层受压;抗拉体分为帘布芯结构的〔见图7-6(a)〕和绳芯结构的〔见图7-6(b)〕,承受基本拉伸载荷。帘布芯结构制造方便,强度极限高,但易伸长、发热和脱层。绳芯结构柔性好,抗弯强度高,适用于转速较高、带轮直径较小、要求结构紧凑的场合。

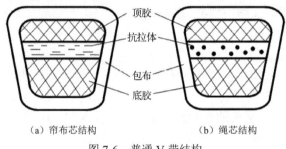

（a）帘布芯结构　　　　　　（b）绳芯结构

图7-6　普通V带结构

普通V带具有对称的梯形横截面,按其截面基本尺寸由小到大分为Y、Z、A、B、C、D、E七种型号。在相同条件下,截面尺寸越大,其传递功率也越大。各型号的截面尺寸见表7-1。

表7-1　普通V带截面尺寸

普通V带型号	节宽 b_p/mm	顶宽 b/mm	高度 h/mm	横截面积 A/mm^2	楔角 φ
Y	5.3	6.0	4.0	18	
Z	8.5	10.0	6.0	47	
A	11.0	13.0	8.0	81	
B	14.0	17.0	11.0	143	40°
C	19.0	22.0	14.0	237	
D	27.0	32.0	19.0	476	
E	32.0	38.0	23.0	722	

窄V带的横截面结构与普通V带类似。与普通V带相比,当带的宽度相同时,窄V带的高度约增加1/3,使其看上去比普通V带窄(见图7-7)。由于窄V带抗拉体层(常采用合成纤维或钢丝绳制成)承载能力大,以及带的横截面形状的改进,窄V带的承载能力比相同宽度的普通V带大,允许带速和挠曲次数高,传动中心距小,适用于大功率且要求结构紧凑的场合,其工作原理和设计方法与普通V带类似。

V 带的名义长度称为基准长度，基准长度是按一定的方式测量得到的。当 V 带垂直于其顶面弯曲时，从横截面上看，顶胶变窄，底胶变宽，在顶胶和底胶之间的某一位置处宽度保持不变，这个宽度称为带的节宽 b_p。国家标准规定直接取 V 带轮的轮槽基准宽度 b_d 等于配用 V 带的节宽 b_p，对应轮槽基准宽度处的直径称为带轮的基准直径 d_d，如图 7-8 所示。把 V 带套在规定尺寸的测量带轮上，在规定的张紧力下，沿 V 带的节宽运行一周，即位于测量带轮基准直径上的周线长度称为 V 带的基准长度 L_d，且其已标准化，见表 7-2。

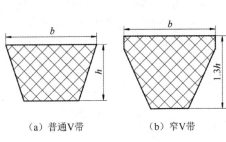

（a）普通V带　　　　（b）窄V带

图 7-7　相同宽度普通 V 带与窄 V 带对比

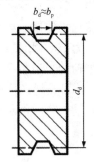

图 7-8　带轮基准直径

表 7-2　普通 V 带基准长度 L_d（mm）及带长修正系数 K_L（摘自 GB/T 13575.1—2008）

Y		Z		A		B		C		D		E	
L_d	K_L	L_d	K_L	L_d	K_L	L_d	K_L	L_d	K_L	L_d	K_L	L_d	K_L
200	0.81	405	0.87	630	0.81	930	0.83	1565	0.82	2740	0.82	4660	0.91
224	0.82	475	0.90	700	0.83	1000	0.84	1760	0.85	3100	0.86	5040	0.92
250	0.84	530	0.93	790	0.85	1100	0.86	1950	0.87	3330	0.87	5420	0.94
280	0.87	625	0.96	890	0.87	1210	0.87	2195	0.90	3730	0.90	6100	0.96
315	0.89	700	0.99	990	0.89	1370	0.90	2420	0.92	4080	0.91	6850	0.99
355	0.92	780	1.00	1100	0.91	1560	0.92	2715	0.94	4620	0.94	7650	1.01
400	0.96	920	1.04	1250	0.93	1760	0.94	2880	0.95	5400	0.97	9150	1.05
450	1.00	1080	1.07	1430	0.96	1950	0.97	3080	0.97	6100	0.99	12230	1.11
500	1.02	1330	1.13	1550	0.98	2180	0.99	3520	0.99	6840	1.02	13750	1.15
		1420	1.14	1640	0.99	2300	1.01	4060	1.02	7620	1.05	15280	1.17
		1540	1.54	1750	1.00	2500	1.03	4600	1.05	9140	1.08	16800	1.19
				1940	1.02	2700	1.04	5380	1.08	10700	1.13		
				2050	1.04	2870	1.05	6100	1.11	12200	1.16		
				2200	1.06	3200	1.07	6815	1.14	13700	1.19		
				2300	1.07	3600	1.09	7600	1.17	15200	1.21		
				2480	1.09	4060	1.13	9100	1.21				
				2700	1.10	4430	1.15	10700	1.24				
						4820	1.17						
						5370	1.20						
						6070	1.24						

7.2 带传动的工作情况分析

7.2.1 带传动的受力分析

摩擦型带传动是靠带与带轮间的静摩擦力实现传动的，故其传动能力受摩擦力的极限值所制约。带传动受力分析的目的就是找出影响带传动能力的因素。

带传动工作前，传动带以一定的初拉力 F_0 张紧在两个带轮上，此时带的两边拉力相等，均为初拉力 F_0，如图 7-9（a）所示。当带传动工作时，带与带轮间的摩擦力作用使带绕上主动小带轮的一边被拉紧，称为紧边，拉力由 F_0 增加到 F_1，F_1 称为紧边拉力；带的另一边被放松，称为松边，拉力由 F_0 减小到 F_2，F_2 称为松边拉力，如图 7-9（b）所示。如果近似认为带传动工作时的总长不变，并假设带为线弹性体，则带紧边拉力的增加量等于松边拉力的减少量，即

$$F_1 - F_0 = F_0 - F_2 \text{ 或 } F_1 + F_2 = 2F_0 \tag{7-1}$$

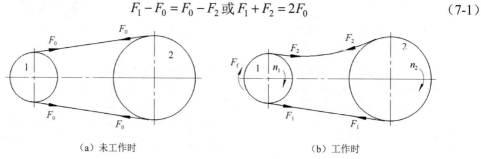

（a）未工作时　　　　　　　　　　　（b）工作时

图 7-9　带传动的工作原理

若取与小带轮接触的传动带为分离体（见图 7-10），则对小带轮中心的力矩平衡条件为

$$F_\text{f} \frac{d_\text{d1}}{2} = F_1 \frac{d_\text{d1}}{2} - F_2 \frac{d_\text{d1}}{2}$$

$$F_\text{f} = F_1 - F_2$$

式中，F_f 为传动带工作面上的总摩擦力；d_d1 为小带轮的基准直径。

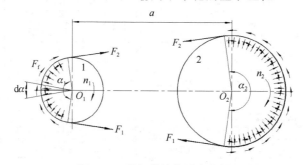

图 7-10　带与带轮的受力分析

工作时，带的紧边与松边的拉力差 $F_1 - F_2$ 就是带传动中起传递功率作用的拉力，称为有效拉力，用 F_e 来表示。其大小等于带与带轮接触面间总摩擦力 F_f，即

$$F_\text{e} = F_\text{f} = F_1 - F_2 \tag{7-2}$$

在初拉力 F_0、紧边拉力 F_1、松边拉力 F_2 和有效拉力 F_e 这四个力中，只有两个是独立的。因此由式（7-1）和式（7-2）可得

$$\left.\begin{aligned} F_1 &= F_0 + \frac{1}{2}F_e \\ F_2 &= F_0 - \frac{1}{2}F_e \end{aligned}\right\} \tag{7-3}$$

有效拉力 F_e 与带传动所传递的功率 P 之间的关系为

$$P = \frac{F_e v}{1000} \tag{7-4}$$

式中，功率 P 的单位为 kW，有效拉力 F_e 的单位为 N，传动带速度 v 的单位为 m/s。

由式（7-4）可知，在带速一定的条件下，带传动所能传递的功率 P 取决于带传动中的有效拉力 F_e，即带与带轮之间的总摩擦力 F_f。显然，当其他条件不变且初拉力 F_0 一定时，摩擦力 F_f 有一个极限值（临界值），这个极限值限制着带传动的传动能力。当带传动所需的有效拉力 F_e 超过摩擦力 F_f 的极限值时，传动带将在带轮上打滑。

7.2.2　带传动的最大有效拉力及其影响因素

带传动中，当带即将开始打滑时，摩擦力 F_f 达到极限值，即带传动的有效拉力达到最大值。此时根据理论推导（参看文献[4]），带的紧边拉力 F_1 与松边拉力 F_2 的关系可用柔韧体摩擦的欧拉公式表示，即

$$F_1 = F_2 e^{f\alpha} \tag{7-5}$$

式中，e 为自然对数的底（e=2.718…）；f 为摩擦因数（对于 V 带传动，用当量摩擦因数 f_v 代替 f）；α 为带在带轮上的包角，rad。由图 7-10 可知，小带轮与大带轮的包角分别为

$$\left.\begin{aligned} \alpha_1 &\approx 180° - (d_{d2} - d_{d1})\frac{57.3°}{a} \\ \alpha_2 &\approx 180° + (d_{d2} - d_{d1})\frac{57.3°}{a} \end{aligned}\right\} \tag{7-6}$$

式中，α_1 和 α_2 的单位为（°）；d_{d1} 和 d_{d2} 分别为小带轮和大带轮的基准直径（mm）；a 为两带轮间的中心距（mm）。

由式（7-2）、式（7-3）和式（7-5）可得以下关系式，并用 F_{ec} 表示最大（临界）有效拉力，F_1 和 F_2 也表示其临界值：

$$\left.\begin{aligned} F_1 &= F_{ec}\frac{e^{f\alpha}}{e^{f\alpha}-1} \\ F_2 &= F_{ec}\frac{1}{e^{f\alpha}-1} \\ F_{ec} &= 2F_0\frac{e^{f\alpha}-1}{e^{f\alpha}+1} \end{aligned}\right\} \tag{7-7}$$

式中的包角 α 应取 α_1 和 α_2 中的较小者。

由式（7-7）可知，最大有效拉力 F_{ec} 与下列几个因素有关：

（1）初拉力 F_0。最大有效拉力 F_{ec} 与 F_0 成正比。F_0 越大，带与带轮间的正压力越大，则传动时的摩擦力也就越大，最大有效拉力 F_{ec} 也就越大。但 F_0 过大，将使带的磨损加剧，以致过快松弛，缩短带的工作寿命。若 F_0 过小，带的工作能力得不到充分发挥，运转时易发生跳动和打滑。因此，在带传动设计中，应按既定的设计参数和传递功率，计算出所需的初拉力 F_0，并按此 F_0 进行张紧。

（2）包角 α。最大有效拉力 F_{ec} 随包角 α 的增大而增大。这是因为 α 越大，带与带轮间的接触弧越长，接触面上所产生的总摩擦力也就越大，传动能力也就越强。

（3）摩擦因数 f。最大有效拉力 F_{ec} 随摩擦因数 f 的增大而增大。摩擦因数 f 与带和带轮的材料、表面状况及工作环境条件有关。

7.2.3 带传动的应力分析

带传动工作时，带上的应力有以下几种。

1．拉应力

带上的拉应力包括紧边拉应力 σ_1 和松边拉应力 σ_2。

$$\left.\begin{array}{l}\sigma_1 = \dfrac{F_1}{A} \\[2mm] \sigma_2 = \dfrac{F_2}{A}\end{array}\right\} \tag{7-8}$$

式中，σ_1 和 σ_2 的单位为 MPa；F_1 和 F_2 的单位为 N；A 为传动带的横截面积（mm^2），见表 7-1。

2．弯曲应力

带绕在带轮上会产生弯曲应力 σ_{b1} 和 σ_{b2}。

$$\left.\begin{array}{l}\sigma_{b1} \approx E\dfrac{h}{d_{d1}} \\[2mm] \sigma_{b2} \approx E\dfrac{h}{d_{d2}}\end{array}\right\} \tag{7-9}$$

式中，h 为传动带的高度，mm，见表 7-1；E 为传动带的弹性模量，MPa。

由式（7-9）可知，带的弯曲应力与带轮的基准直径成反比，故带在小带轮上的弯曲应力 σ_{b1} 大于带在大带轮上的弯曲应力 σ_{b2}。为了避免弯曲应力过大，对带轮的最小直径应有所限制。

3．离心拉应力

当带随带轮做圆周运动时，带自身的质量将引起离心力，并因此在带中产生离心拉力，离心拉力存在于带的全长范围内。由离心拉力产生离心拉应力 σ_c。

$$\sigma_c = \frac{qv^2}{A} \tag{7-10}$$

式中，q 为传动带的单位长度质量，kg/m（见表 7-3）；v 为带的线速度，m/s。

表 7-3 V 带单位长度质量

带　型	Y	Z	A	B	C	D	E
$q/(kg/m)$	0.023	0.060	0.105	0.170	0.300	0.630	0.970

带工作时，其应力分布如图 7-11 所示。带中可能产生的瞬时最大应力发生在带的紧边开始绕上小带轮处，此处最大应力可近似表示为

$$\sigma_{max} \approx \sigma_1 + \sigma_{b1} + \sigma_c \qquad (7\text{-}11)$$

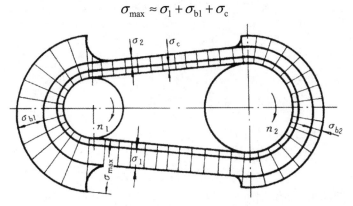

图 7-11　带工作时的应力分布

由图 7-11 可见，带在运动过程中，带上任意一点的应力都要发生变化。带每运行一周，相当于应力变化的一个周期。当带工作一定的时间之后，将会因为疲劳而发生断裂或塑性变形。

7.2.4　带传动的弹性滑动和打滑

带是弹性体，受拉力作用后会产生弹性变形。工作时，紧边拉力 F_1 大于松边拉力 F_2，带在运行一周的过程中，其弹性伸长量随着拉力的变化而改变，图 7-12 中用横向间隔线的距离表示带在不同位置处的相对伸长程度。在小带轮上，带的拉力从紧边拉力 F_1 逐渐降低到松边拉力 F_2，带的弹性变形量逐渐减小，因此带相对于小带轮向后退缩，使得带的速度低于小带轮的线速度 v_1；在大带轮上，带的拉力从松边拉力 F_2 逐渐上升为紧边拉力 F_1，带的弹性变形量逐渐增大，因此带相对于大带轮向前伸长，使得带的速度高于大带轮的线速度 v_2。这种由带的弹性变形引起的带与带轮间的微量滑动，称为带传动的弹性滑动。因为带传动过程中总有紧边和松边，所以弹性滑动也总是存在的，无法避免。

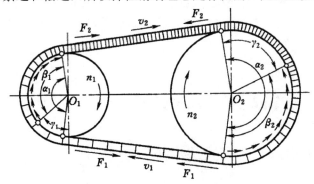

图 7-12　带传动的弹性滑动

带在开始绕上小带轮时，带的速度等于小带轮的线速度；带在绕出小带轮时，带的速度低于小带轮的线速度。在大带轮上发生着类似的过程，带在开始绕上大带轮时，带的速度等于大带轮的线速度；带在绕出大带轮时，带的速度高于大带轮的线速度。带经过上述循环，带速没有发生变化。由此可知，弹性滑动使得大带轮的线速度 v_2 低于小带轮的线速度 v_1。带轮线速度的相对变化量可以用滑动率 ε 来评价：

$$\varepsilon = \frac{v_1 - v_2}{v_1} \times 100\% \ \text{或} \ v_2 = (1 - \varepsilon) v_1 \tag{7-12}$$

其中

$$\left. \begin{aligned} v_1 &= \frac{\pi d_{d1} n_1}{60 \times 1000} \\ v_2 &= \frac{\pi d_{d2} n_2}{60 \times 1000} \end{aligned} \right\} \tag{7-13}$$

式中，n_1、n_2 分别为主动小带轮和从动大带轮的转速，r/min。

将式（7-13）代入式（7-12）可得

$$d_{d2} n_2 = (1 - \varepsilon) d_{d1} n_1 \tag{7-14}$$

由此，带传动的平均传动比为

$$i = \frac{n_1}{n_2} = \frac{d_{d2}}{(1 - \varepsilon) d_{d1}} \tag{7-15}$$

滑动率 ε 与带的材料和受力大小有关，不能得到准确的恒定值。因为在一般带传动中，滑动率不大（$\varepsilon \approx 1\% \sim 2\%$），故在计算中可不予考虑，而取传动比为

$$i = \frac{n_1}{n_2} \approx \frac{d_{d2}}{d_{d1}} \tag{7-16}$$

在带传动正常工作时，带的弹性滑动只发生在带离开主、从动带轮之前的那一段接触弧上，如图 7-12 中角 β_1 和 β_2 对应的弧段上，这一段弧称为滑动弧，角 β_1 和 β_2 也称为滑动角；而把没有发生弹性滑动的接触弧，如图 7-12 中角 γ_1 和 γ_2 对应的弧段，称为静止弧，角 γ_1 和 γ_2 也称为静止角。在带传动速度不变的条件下，随着带传动所传递的功率逐渐增加，带与带轮间的总摩擦力也增加，弹性滑动所发生的弧段长度也相应增加。当总摩擦力增加到临界值时，弹性滑动的区域也就扩大到整个接触弧，相当于小带轮上的滑动角 β_1 增至带轮包角 α_1。此时若再增加带传动的功率，则带与带轮间就会发生显著的相对滑动，即整体打滑。打滑会加剧带的磨损，使从动带轮转速急剧下降，以致传动失效，故应极力避免这种情况的发生。

当然，在带传动所传递的功率突然增大而超过设计功率时，这种打滑也可以起到过载保护的作用。

7.3 普通 V 带传动的设计计算

7.3.1 设计准则和单根 V 带的基本额定功率 P_0

由前述分析可知，带传动的主要失效形式是打滑和疲劳破坏。因此带传动的设计准则

是：在保证带传动不打滑的条件下，使带具有一定的疲劳强度和寿命。

由式（7-11）可知，V 带的疲劳强度条件为

$$\sigma_{\max} \approx \sigma_1 + \sigma_{b1} + \sigma_c \leqslant [\sigma] \text{ 或 } \sigma_1 \leqslant [\sigma] - \sigma_{b1} - \sigma_c \tag{7-17}$$

式中，$[\sigma]$ 为在一定条件下，由带的疲劳强度所决定的许用应力。

由式（7-7）和式（7-8），并用当量摩擦因数 f_v 代替平面摩擦因数 f，则可得在带传动具有一定的疲劳强度和寿命的情况下，带传动允许的最大有效拉力 F_{ec}：

$$F_{ec} = F_1 \left(1 - \frac{1}{e^{f_v \alpha}} \right) = \sigma_1 A \left(1 - \frac{1}{e^{f_v \alpha}} \right) \tag{7-18}$$

由式（7-4）、式（7-17）和式（7-18）可得到单根 V 带所允许传递的功率 P_0，称为带的基本额定功率：

$$P_0 = \left([\sigma] - \sigma_c - \sigma_{b1} \right) \left(1 - \frac{1}{e^{f_v \alpha}} \right) \frac{Av}{1000} \tag{7-19}$$

式中，P_0 的单位为 kW。

单根普通 V 带的基本额定功率 P_0 是通过试验得到的。试验条件为：包角 $\alpha_1 = \alpha_2 = 180°$（$i=1$）、特定带长 L_d、平稳的工作条件。单根普通 V 带的基本额定功率 P_0 见表 7-4。

表 7-4　单根普通 V 带的基本额定功率 P_0　　　　　　　　　　单位：kW

带型	小带轮基准直径 d_{d1}/mm	小带轮转速 n_1/(r/min)									
		400	700	800	950	1200	1450	1600	2000	2400	2800
Z	50	0.06	0.09	0.10	0.12	0.14	0.16	0.17	0.20	0.22	0.26
	56	0.06	0.11	0.12	0.14	0.17	0.19	0.20	0.25	0.30	0.33
	63	0.08	0.13	0.15	0.18	0.22	0.25	0.27	0.32	0.37	0.41
	71	0.09	0.17	0.20	0.23	0.27	0.30	0.33	0.39	0.46	0.50
	80	0.14	0.20	0.22	0.26	0.30	0.35	0.39	0.44	0.50	0.56
	90	0.14	0.22	0.24	0.28	0.33	0.36	0.40	0.48	0.54	0.60
A	75	0.26	0.40	0.45	0.51	0.60	0.68	0.73	0.84	0.92	1.00
	90	0.39	0.61	0.68	0.77	0.93	1.07	1.15	1.34	1.50	1.64
	100	0.47	0.74	0.83	0.95	1.14	1.32	1.42	1.66	1.87	2.05
	112	0.56	0.90	1.00	1.15	1.39	1.61	1.74	2.04	2.30	2.51
	125	0.67	1.07	1.19	1.37	1.66	1.92	2.07	2.44	2.74	2.98
	140	0.78	1.26	1.41	1.62	1.96	2.28	2.45	2.87	3.22	3.48
	160	0.94	1.51	1.69	1.95	2.36	2.73	2.94	3.42	3.80	4.06
	180	1.09	1.76	1.97	2.27	2.74	3.16	3.40	3.93	4.32	4.54
B	125	0.84	1.30	1.44	1.64	1.93	2.19	2.33	2.64	2.85	2.96
	140	1.05	1.64	1.82	2.08	2.47	2.82	3.00	3.42	3.70	3.85
	160	1.32	2.09	2.32	2.66	3.17	3.62	3.86	4.40	4.75	4.89
	180	1.59	2.53	2.81	3.22	3.85	4.39	4.68	5.30	5.67	5.76
	200	1.85	2.96	3.30	3.77	4.50	5.13	5.46	6.13	6.47	6.43
	224	2.17	3.47	3.86	4.42	5.26	5.97	6.33	7.02	7.25	6.95
	250	2.50	4.00	4.46	5.10	6.04	6.82	7.20	7.87	7.89	7.14
	280	2.89	4.61	5.13	5.85	6.90	7.76	8.13	8.60	8.22	6.80

续表

带型	小带轮基准直径 d_{d1}/mm	小带轮转速 n_1/(r/min)									
C	200	2.41	3.69	4.07	4.58	5.29	5.84	6.07	6.34	6.02	5.01
	224	2.99	4.64	5.12	5.78	6.71	7.45	7.75	8.06	7.57	6.08
	250	3.62	5.64	6.23	7.04	8.21	9.04	9.38	9.62	8.75	6.56
	280	4.32	6.76	7.52	8.49	9.81	10.72	11.06	11.04	9.50	6.13
	315	5.14	8.09	8.92	10.05	11.53	12.46	12.72	12.14	9.43	4.16
	355	6.05	9.50	10.46	11.73	13.31	14.12	14.19	12.59	7.98	—
	400	7.06	11.02	12.10	13.48	15.04	15.53	15.24	11.95	4.34	—
	450	8.20	12.63	13.80	15.23	16.59	16.47	15.57	9.64	—	—
D	355	9.24	13.70	14.83	16.15	17.25	16.77	15.63	—	—	—
	400	11.45	17.07	18.46	20.06	21.20	20.15	18.31	—	—	—
	450	13.85	20.63	22.25	24.01	24.84	22.02	19.59	—	—	—
	500	16.20	23.99	25.76	27.50	26.71	23.59	18.88	—	—	—
	560	18.95	27.73	29.55	31.04	29.67	22.58	15.13	—	—	—
	630	22.05	31.68	33.38	34.19	30.15	18.06	6.25	—	—	—
	710	25.45	35.59	36.87	36.35	27.88	7.99	—	—	—	—
	800	29.08	39.14	39.55	36.76	21.32	—	—	—	—	—

注：因为 Y 型带主要用于传递运动，所以没有列出。

7.3.2 单根 V 带的额定功率 P_r

单根 V 带的基本额定功率是在规定的试验条件下得到的。实际工作条件下带传动的传动比、V 带长度和带轮包角与试验条件不同，因此需要对单根 V 带的基本额定功率予以修正，从而得到单根 V 带的额定功率 P_r。

$$P_{\mathrm{r}} = (P_0 + \Delta P_0) K_\alpha K_{\mathrm{L}} \qquad (7\text{-}20)$$

式中，ΔP_0 为当传动比 $i \neq 1$ 时，单根普通 V 带的额定功率增量，参见表 7-5；K_α 为小带轮包角 $\alpha_1 < 180°$ 时的修正系数，参见表 7-6；K_{L} 为当带长 L_{d} 不等于试验规定的特定带长时的修正系数，参见表 7-2。

表 7-5　单根普通 V 带的额定功率增量 ΔP_0　　　　单位：kW

带型	传动比 i	小带轮转速 n_1/(r/min)									
		400	700	800	950	1200	1450	1600	2000	2400	2800
Z	1.00～1.01	0.00	0.00	0.00	0.00	0.00	0.00	0.00	0.00	0.00	0.00
	1.02～1.04	0.00	0.00	0.00	0.00	0.00	0.00	0.01	0.01	0.01	0.01
	1.05～1.08	0.00	0.00	0.00	0.00	0.01	0.01	0.01	0.01	0.02	0.02
	1.09～1.12	0.00	0.00	0.00	0.01	0.01	0.01	0.01	0.02	0.02	0.02
	1.13～1.18	0.00	0.00	0.01	0.01	0.01	0.01	0.01	0.02	0.02	0.03
	1.19～1.24	0.00	0.00	0.01	0.01	0.01	0.02	0.02	0.02	0.03	0.03
	1.25～1.34	0.00	0.01	0.01	0.01	0.02	0.02	0.02	0.02	0.03	0.03
	1.35～1.50	0.00	0.01	0.01	0.02	0.02	0.02	0.02	0.03	0.03	0.04
	1.51～1.99	0.01	0.01	0.02	0.02	0.02	0.02	0.03	0.03	0.04	0.04
	≥2.00	0.01	0.02	0.02	0.02	0.03	0.03	0.03	0.04	0.04	0.04

续表

带型	传动比 i	小带轮转速 n_1/(r/min)									
		400	700	800	950	1200	1450	1600	2000	2400	2800
A	1.00～1.01	0.00	0.00	0.00	0.00	0.00	0.00	0.00	0.00	0.00	0.00
	1.02～1.04	0.01	0.01	0.01	0.01	0.02	0.02	0.02	0.03	0.03	0.04
	1.05～1.08	0.01	0.02	0.02	0.03	0.03	0.04	0.04	0.06	0.07	0.08
	1.09～1.12	0.02	0.03	0.03	0.04	0.05	0.06	0.06	0.08	0.10	0.11
	1.13～1.18	0.02	0.04	0.04	0.05	0.07	0.08	0.09	0.11	0.13	0.15
	1.19～1.24	0.03	0.05	0.05	0.06	0.08	0.09	0.11	0.13	0.16	0.19
	1.25～1.34	0.03	0.06	0.06	0.07	0.10	0.11	0.13	0.16	0.19	0.23
	1.35～1.50	0.04	0.07	0.08	0.08	0.11	0.13	0.15	0.19	0.23	0.26
	1.51～1.99	0.04	0.08	0.09	0.10	0.13	0.15	0.17	0.22	0.26	0.30
	≥2.00	0.05	0.09	0.10	0.11	0.15	0.17	0.19	0.24	0.29	0.34
B	1.00～1.01	0.00	0.00	0.00	0.00	0.00	0.00	0.00	0.00	0.00	0.00
	1.02～1.04	0.01	0.02	0.03	0.03	0.04	0.05	0.06	0.07	0.08	0.10
	1.05～1.08	0.03	0.05	0.06	0.07	0.08	0.10	0.11	0.14	0.17	0.20
	1.09～1.12	0.04	0.07	0.08	0.10	0.13	0.15	0.17	0.21	0.25	0.29
	1.13～1.18	0.06	0.10	0.11	0.13	0.17	0.20	0.23	0.28	0.34	0.39
	1.19～1.24	0.07	0.12	0.14	0.17	0.21	0.25	0.28	0.35	0.42	0.49
	1.25～1.34	0.08	0.15	0.17	0.20	0.25	0.31	0.34	0.42	0.51	0.59
	1.35～1.50	0.10	0.17	0.20	0.23	0.30	0.36	0.39	0.49	0.59	0.69
	1.51～1.99	0.11	0.20	0.23	0.26	0.34	0.40	0.45	0.56	0.68	0.79
	≥2.00	0.13	0.22	0.25	0.30	0.38	0.46	0.51	0.63	0.76	0.89
C	1.00～1.01	0.00	0.00	0.00	0.00	0.00	0.00	0.00	0.00	0.00	0.00
	1.02～1.04	0.04	0.07	0.08	0.09	0.12	0.14	0.16	0.20	0.23	0.27
	1.05～1.08	0.08	0.14	0.16	0.19	0.24	0.28	0.31	0.39	0.47	0.55
	1.09～1.12	0.12	0.21	0.23	0.27	0.35	0.42	0.47	0.59	0.70	0.82
	1.13～1.18	0.16	0.27	0.31	0.37	0.47	0.58	0.63	0.78	0.94	1.10
	1.19～1.24	0.20	0.34	0.39	0.47	0.59	0.71	0.78	0.98	1.18	1.37
	1.25～1.34	0.23	0.41	0.47	0.56	0.70	0.85	0.94	1.17	1.41	1.64
	1.35～1.50	0.27	0.48	0.55	0.65	0.82	0.99	1.10	1.37	1.65	1.92
	1.51～1.99	0.31	0.55	0.63	0.74	0.94	1.14	1.25	1.57	1.88	2.19
	≥2.00	0.35	0.62	0.71	0.83	1.06	1.27	1.41	1.76	2.12	2.47
D	1.00～1.01	0.00	0.00	0.00	0.00	0.00	0.00	0.00	—	—	—
	1.02～1.04	0.14	0.24	0.28	0.33	0.42	0.51	0.56	—	—	—
	1.05～1.08	0.28	0.49	0.56	0.66	0.84	1.01	1.11	—	—	—
	1.09～1.12	0.42	0.73	0.83	0.99	1.25	1.51	1.67	—	—	—
	1.13～1.18	0.56	0.97	1.11	1.32	1.67	2.02	2.23	—	—	—
	1.19～1.24	0.70	1.22	1.39	1.60	2.09	2.52	2.78	—	—	—
	1.25～1.34	0.83	1.46	1.67	1.92	2.50	3.02	3.33	—	—	—
	1.35～1.50	0.97	1.70	1.95	2.31	2.92	3.52	3.89	—	—	—
	1.51～1.99	1.11	1.95	2.22	2.64	3.34	4.03	4.45	—	—	—
	≥2.00	1.25	2.19	2.50	2.97	3.75	4.53	5.00	—	—	—

表 7-6　包角修正系数 K_α

小带轮包角 $\alpha_1/(°)$	180	175	170	165	160	155	150	145
K_α	1.00	0.99	0.98	0.96	0.95	0.93	0.92	0.91
小带轮包角 $\alpha_1/(°)$	140	135	130	125	120	110	100	90
K_α	0.89	0.88	0.86	0.84	0.82	0.78	0.74	0.69

7.3.3　带传动的参数选择

1．中心距 a

中心距大，可以增加带轮的包角，减少单位时间内带的循环次数，有利于延长带的寿命。但是如果中心距过大，则会加剧带的波动，降低带传动的平稳性，同时增大带传动的整体尺寸。中心距小，则有相反的利弊。一般初选带传动的中心距为

$$0.7(d_{d1} + d_{d2}) \leqslant a_0 \leqslant 2(d_{d1} + d_{d2}) \tag{7-21}$$

式中，a_0 为初选的带传动中心距，mm。

2．传动比 i

传动比大，则小带轮的包角将减小，带传动的承载能力降低。因此，带传动的传动比不宜过大，一般为 $i \leqslant 7$，推荐值为 $i=2 \sim 5$。

3．带轮的基准直径 d_d

当带传动的功率和转速一定时，减小主动带轮的直径，则带速将减小，单根 V 带所能传递的功率减小，导致 V 带根数增加。这样不仅增大了带轮的宽度，还增大了载荷在 V 带之间分配的不均匀性。另外，如果减小带轮直径，则带的弯曲应力增大。为了避免弯曲应力过大，小带轮的基准直径就不能过小。一般情况下，应保证 $d_d \geqslant (d_d)_{min}$。推荐的 V 带轮的最小基准直径列于表 7-7。

表 7-7　V 带轮的最小基准直径

带　　型	Y	Z	A	B	C	D	E
$(d_d)_{min}/mm$	20	50	75	125	200	355	500

4．带速

当带传动的功率一定时，提高带速，则单根 V 带所传递的功率增加，相应的可减少带的根数或者减小 V 带的横截面积，使带传动的总体尺寸减小。但是，若带速过高，则带中离心力增大，使得单根 V 带所能传递的功率降低，带的寿命缩短。若带速过低，则单根 V 带所能传递的功率过小，带的根数增多，带传动的能力没有得到充分发挥。由此可见，带速不宜过高或过低，一般推荐 $v=5 \sim 25$ m/s，最高带速 $v_{max} < 30$ m/s。

根据表 7-4 中的数据可知，在大部分转速范围内，V 带的基本额定功率都是逐渐升高的，只有在极高速的情况下才会下降。所以，从充分发挥带的工作能力和减小带传动的总体尺寸考虑，在多级传动中应将带传动设置在高速级。

7.3.4　带传动的设计计算

1．已知条件和设计内容

设计 V 带传动时，已知条件包括带传动工作条件、传动位置与总体尺寸限制、所需传递的额定功率 P、小带轮转速 n_1、大带轮转速 n_2 或传动比 i。

设计内容包括选择带的型号，确定基准长度、根数、中心距、带轮材料、基准直径和结构尺寸、初拉力和压轴力、张紧及防护装置等。

2．设计步骤和方法

1）确定计算功率 P_{ca}

计算功率 P_{ca} 是根据传递的功率 P 和带的工作条件来确定的，即

$$P_{ca} = K_A P \tag{7-22}$$

式中，P_{ca} 为计算功率，kW；K_A 为工作情况系数，见表 7-8；P 为所需传递的额定功率，如电动机的额定功率或名义负载功率，kW。

表 7-8　工作情况系数 K_A

工　况		K_A					
		空、轻载启动			重载启动		
		每天工作小时数/h					
		<10	10～16	>16	<10	10～16	>16
载荷变动微小	液体搅拌机、通风机和鼓风机（≤7.5 kW）、离心式水泵和压缩机、轻载输送机	1.0	1.1	1.2	1.1	1.2	1.3
载荷变动小	带式输送机（不均匀负荷）、通风机（>7.5 kW）、旋转式水泵和压缩机（非离心式）、发电机、印刷机、金属切削机床、旋转筛、锯木机和木工机械	1.1	1.2	1.3	1.2	1.3	1.4
载荷变动较大	制砖机、斗式提升机、往复式水泵和压缩机、起重机、磨粉机、冲剪机床、振动筛、橡胶机械、纺织机械、重载输送机	1.2	1.3	1.4	1.4	1.5	1.6
载荷变动很大	破碎机（旋转式、颚式等）、磨碎机（球磨、棒磨、管磨）	1.3	1.4	1.5	1.5	1.6	1.8

注：① 空、轻载启动——电动机（交流启动、三角启动、直流并励）、四缸以上内燃机、装有离心式离合器、液力联轴器的动力机；

② 重载启动——电动机（联机交流启动、直流复励或串励）、四缸以下内燃机；

③ 反复启动、正反转频繁、工作条件恶劣等场合，K_A 应乘以 1.2；

④ 在增速传动场合，K_A 应乘以下列系数：1.05[增速比（$1/i$）为 1.25～1.74]、1.11[增速比（$1/i$）为 1.75～2.49]、1.18[增速比（$1/i$）为 2.50～3.49]、1.25[增速比（$1/i$）>3.5]。

2）选择 V 带的带型

根据计算功率 P_{ca} 和小带轮转速 n_1，从图 7-13 中选取普通 V 带的带型。当图 7-13 中对

应点位于两种型号的交界处附近，则这两种带型都可作为设计中的带型。所选带型是否符合要求，需要考虑传动的空间尺寸要求及带的根数等。

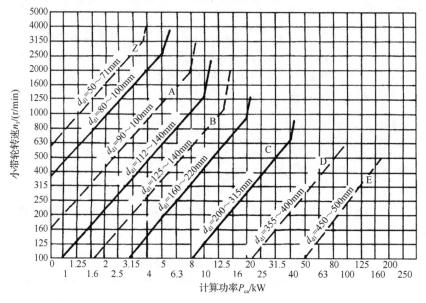

图 7-13　普通 V 带选型图

3）确定带轮的基准直径 d_d 并验算带速 v

（1）初选小带轮的基准直径 d_{d1}。

根据 V 带的带型，参考表 7-7、图 7-13 和表 7-9 确定小带轮的基准直径 d_{d1}，应使 $d_d \geqslant (d_d)_{min}$。

（2）验算带速 v。

根据式（7-13）计算带速。带速不宜过低或过高，一般应使 $v=5\sim25$ m/s，最高不超过 30 m/s。

（3）计算大带轮的基准直径 d_{d2}。

由 $d_{d2}=id_{d1}$ 计算，并根据表 7-9 加以适当圆整。

表 7-9　普通 V 带轮的基准直径系列

带　　型	基准直径 d_d/mm
Y	20，22.4，25，28，31.5，35.5，40，45，50，56，80，90，100，112，125
Z	50，56，63，71，75，80，85，90，100，112，125，132，140，150，160，180，200，224，250，280，315，355，400，500，630
A	75，80，85，90，95，100，106，112，118，125，132，140，150，160，180，200，224，250，280，315，355，400，450，500，560，630，710，800
B	125，132，140，150，160，170，180，200，224，250，280，315，355，400，450，500，560，600，630，710，750，800，900，1000，1120
C	200，212，224，236，250，265，280，300，315，355，400，450，500，560，600，630，710，750，800，900，1000，1120，1250，1400，1600，2000
D	355，375，400，425，450，475，500，560，600，630，710，750，800，900，1000，1060，1120，1250，1400，1500，1600，1800，2000
E	500，530，560，630，670，710，800，900，1000，1120，1250，1400，1500，1600，1800，2000，2240，2500

4）确定中心距 a，并选择 V 带的基准长度 L_d

（1）根据带传动总体尺寸的限制条件或要求的中心距，结合式（7-21）初定中心距 a_0。

（2）计算相应的带长 L_{d0}。

$$L_{d0} \approx 2a_0 + \frac{\pi}{2}(d_{d1} + d_{d2}) + \frac{(d_{d2} - d_{d1})^2}{4a_0} \tag{7-23}$$

带的基准长度 L_d 根据 L_{d0} 从表 7-2 中选取。

（3）计算中心距 a 及其变动范围

带传动的实际中心距近似为

$$a \approx a_0 + \frac{L_d - L_{d0}}{2} \tag{7-24}$$

考虑到带轮的制造误差、带长误差、带的弹性以及因带的松弛而产生的补充张紧需要，常给出中心距的变动范围如下：

$$\left.\begin{array}{l} a_{\min} = a - 0.015L_d \\ a_{\max} = a + 0.03L_d \end{array}\right\} \tag{7-25}$$

5）验算小带轮上的包角 α_1

通常小带轮上的包角 α_1 小于大带轮上的包角 α_2，小带轮上的临界摩擦力小于大带轮上的临界摩擦力。因此，打滑通常发生在小带轮上。为了提高带传动的工作能力，应使

$$\alpha_1 = 180° - \frac{d_{d2} - d_{d1}}{a} \times 57.3° \geqslant 120° \tag{7-26}$$

6）确定带的根数 z

$$z = \frac{P_{ca}}{P_r} = \frac{K_A P}{(P_0 + \Delta P_0)K_\alpha K_L} \tag{7-27}$$

带的根数应进行圆整，同时为了使各根 V 带受力均匀，带的根数不宜过多，一般应使 $z < 10$。否则，应选择横截面积较大的带型，以减少带的根数。

7）确定带的初拉力 F_0

初拉力 F_0 小，则带传动的传动能力小，易出现打滑；初拉力 F_0 过大，则带的疲劳寿命短，带对轴和轴承的压力也大。故在确定初拉力时，既要发挥带的传动能力，又要保证带的寿命。单根 V 带的初拉力可由下式计算：

$$F_0 = 500 \frac{(2.5 - K_\alpha)P_{ca}}{K_\alpha z v} + qv^2 \tag{7-28}$$

安装 V 带时，可采用图 7-14 所示的方法控制实际 F_0 的大小，即在 V 带与两个带轮切点的跨度中点 M 处施加一个规定的、与带边垂直的载荷 G，使带在每 100 mm 上产生的挠度 y 为 1.6 mm（挠角为 1.8°）。

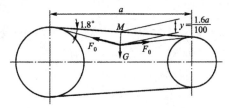

图 7-14　初拉力的测定

测定初拉力所加载荷 G 应随带的使用程度不同而改变，G 值的计算公式如下：

新安装的 V 带

$$G = \frac{1.5F_0 + \Delta F_0}{16} \tag{7-29}$$

运转后的 V 带

$$G = \frac{1.3F_0 + \Delta F_0}{16} \tag{7-30}$$

最小极限值

$$G = \frac{F_0 + \Delta F_0}{16} \tag{7-31}$$

式中，G 为垂直载荷，N；ΔF_0 为初拉力的增量，N，见表 7-10。

表 7-10　初拉力的增量 ΔF_0

带　　型	Y	Z	A	B	C	D	E
ΔF_0/N	6	10	15	20	29.4	58.8	108

8）计算压轴力 F_Q

为了设计安装在带轮的轴和轴承，需要计算 V 带对轴的压力 F_Q，忽略带两边的拉力差，则压轴力 F_Q 可近似地按带两边的初拉力 F_0 的合力来计算（见图 7-15）：

$$F_Q = 2zF_0 \sin\frac{\alpha_1}{2} \tag{7-32}$$

式中，α_1 为小带轮的包角；z 为 V 带的根数。

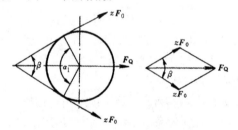

图 7-15　压轴力计算示意图

7.4　V 带轮的设计

7.4.1　V 带轮的设计内容

根据带轮的基准直径和带轮转速等已知条件，确定带轮的材料和结构形式，轮槽、轮辐和轮毂的几何尺寸，公差和表面粗糙度及相关技术要求。

7.4.2　带轮的材料

常用的带轮材料为灰铸铁、钢、轻合金或工程塑料等，以灰铸铁应用最为广泛。对带

速 $v \le 30$ m/s 的带轮，一般采用 HT150 或 HT200 制造；速度较高的带轮可采用球墨铸铁或铸钢、冲压钢板制造。小功率传动时，带轮可采用铸铝或工程塑料制造。

7.4.3 带轮的结构形式

V 带轮由轮缘、轮辐和轮毂组成。与轴相连接的部分称为轮毂，外圈环形的带轮部分称为轮缘，连接轮毂与轮缘的部分为轮辐。根据轮辐结构的不同，V 带轮可以分为实心式 [见图 7-16（a）、腹板式 [见图 7-16（b）]、孔板式 [见图 7-16（c）] 和椭圆轮辐式 [见图 7-16（d）]。

V 带轮的结构形式与带轮的基准直径有关。当带轮基准直径 $d_d \le 2.5d$（d 为安装带轮的轴的直径，mm），可采用实心式；当 $d_d \le 300$ mm 时，可采用腹板式；当 $d_d \le 300$ mm，且 $D_1 - d_1 \ge 100$ mm 时，可采用孔板式；当 $d_d > 300$ mm 时，可采用椭圆轮辐式。

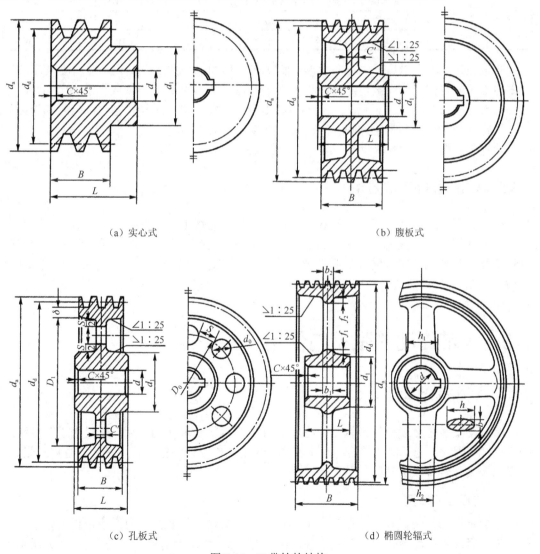

（a）实心式   （b）腹板式

（c）孔板式   （d）椭圆轮辐式

图 7-16 V 带轮的结构

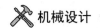

7.4.4 V带轮的轮槽

V带轮的轮槽与所选用的V带的型号相对应，见表7-11。

表7-11 轮槽截面尺寸   单位：mm

槽型	b_d	h_{amin}	h_{fmin}	e	f_{min}	δ_{min}	d_d 与 d_d 相对应的 φ			
							$\varphi=32°$	$\varphi=34°$	$\varphi=36°$	$\varphi=38°$
Y	5.3	1.60	4.7	8±0.3	6	5	≤60	—	>60	—
Z	8.5	2.00	7.0	12±0.3	7	5.5	—	≤80	—	>80
A	11.0	2.75	8.7	15±0.3	9	6	—	≤118	—	>118
B	14.0	3.50	10.8	19±0.4	11.5	7.5	—	≤190	—	>190
C	19.0	4.80	14.3	25.5±0.5	16	10	—	≤315	—	>315
D	27.0	8.10	19.9	37±0.6	23	12	—	—	≤475	>475
E	32.0	9.60	23.4	44.5±0.7	28	15	—	—	≤600	>600

V带绕在带轮上以后发生弯曲变形，使V带工作面的夹角发生变化。为了使V带的工作面与带轮的轮槽工作面紧密贴合，将V带轮轮槽的工作面的夹角做成小于40°。

V带轮安装到轮槽中以后，一般不应超出带轮外圆，也不应与轮槽底部接触。为此，规定了轮槽基准直径到带轮外圆和底部的最小高度 h_{amin} 和 h_{fmin}。

轮槽工作面的表面粗糙度为 Ra1.6 μm 或 Ra3.2 μm。

7.4.5 V带轮的技术要求

铸造、焊接或烧结的带轮在轮缘、腹板、轮辐及轮毂上不允许有砂眼、裂缝、缩孔及气泡；铸造带轮在不提高内部应力的前提下，允许对轮缘、凸台、腹板及轮毂的表面缺陷进行修补；转速低于极限转速的带轮要做静平衡，反之要做动平衡。其他条件参见 GB/T 13575.1—2008 中的规定。

7.5 V带传动的张紧与使用

7.5.1 V带传动的张紧

带传动安装时必须把带张紧在带轮上，当V带运转一段时间之后，带会由于塑性和磨损而松弛。因此，为了保证带传动正常工作，应定期检查带的松弛程度，并及时重新张紧。常见的张紧装置有以下几种。

1. 定期张紧装置

带的定期张紧装置采用定期改变中心距的方法来调节带的初拉力，使带重新张紧。带的定期张紧装置有滑道式和摆架式两种。图7-17（a）所示为滑道式，图7-17（b）所示为摆架式。

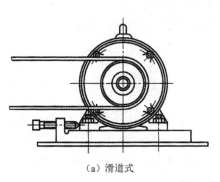
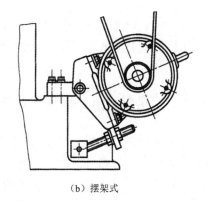

（a）滑道式　　　　　　　　　　　　（b）摆架式

图 7-17　带的定期张紧装置

2．自动张紧装置

带的自动张紧装置如图 7-18 所示，将装有带轮的电动机安装在浮动的摆架上，利用电动机的自重，使带轮随同电动机绕固定轴摆动，以自动保持初拉力。

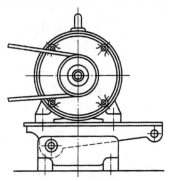

图 7-18　带的自动张紧装置

3．采用张紧轮的张紧装置

当中心距不能调节时，可采用张紧轮将带张紧，如图 7-19 所示。设置张紧轮应注意：①一般将张紧轮放在松边内侧，使带只受单向弯曲作用；②张紧轮还应尽量靠近大带轮，以减小带在小带轮上的包角；③张紧轮的轮槽尺寸与带轮的相同，且直径小于小带轮的直径。

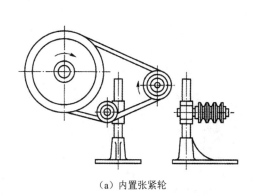
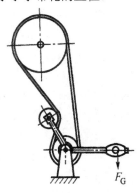

（a）内置张紧轮　　　　　　　　　　　　（b）外置张紧轮

图 7-19　采用张紧轮的张紧装置

如果中心距过小，可以将张紧轮设置在带的松边外侧，同时应靠近小带轮[见图7-19(b)]，这样可以增大小带轮上的包角，提高带的传动能力，但这种方式易使带产生反向弯曲，会缩短带的疲劳寿命。

7.5.2　V带传动使用时的注意事项

V带传动的结构应便于V带的安装与更换。为安全起见，带传动应置于铁丝网或保护罩之内，使之不外露。

各带轮轴线应相互平行，各带轮相对应的V形槽的对称面应重合，误差不得超过20′。

多根V带传动时，为避免各根V带的载荷分布不均匀，带的配组公差应在规定的范围内（参见GB/T 13575.1—2008）。若有一根带损坏，则应全部更换，其余未损坏的带应按配组允差另行组合使用。

因V带传动对轴的作用力很大，若轴的弯曲变形影响轴的正常工作（如机床主轴），可以选用卸荷带轮，结构如图11-22所示。

带传动在工作时易产生静电和电火花现象。若在易燃易爆场合下工作，应选用有抗静电性能的V带。另外，在有可能被油质污染处，应选用耐油橡胶制造的V带。

V带传动设计实例如下。

例 7-1 设计颚式矿石破碎机中电动机至飞轮之间的普通V带传动。已知电动机功率 $P = 7.5\ \text{kW}$，转速 $n_1 = 960\ \text{r/min}$，传动比 $i = 2.3$，转速误差不超过 $\pm 5\%$，两班制工作。

解：1）确定计算功率 P_{ca}

由表7-8查得工作情况系数 $K_A = 1.4$，故

$$P_{ca} = K_A P = 1.4 \times 7.5 = 10.5\ \text{kW}$$

2）选择V带型号

根据 P_{ca} 和 n_1，由图7-13选用B型V带。

3）确定带轮的基准直径 d_d 并验算带速 v

（1）初选小带轮的基准直径 d_{d1}。由表7-7查取B型V带的最小基准直径 $d_{dmin} = 125\ \text{mm}$，应使 $d_{d1} \geqslant d_{dmin}$。考虑到小带轮转速不是很高，结构尺寸又无限制，再参照图7-13和表7-9，取 $d_{d1} = 140\ \text{mm}$。

（2）验算带速 v。按式（7-13）验算带的速度：

$$v = \frac{\pi d_{d1} n_1}{60 \times 1000} = \frac{\pi \times 140 \times 960}{60 \times 1000} \approx 7.03\ \text{m/s}$$

因为带速为 $v = 5 \sim 25\ \text{m/s}$，故带速合适。

（3）计算大带轮的基准直径 d_{d2}。根据式（7-16），计算大带轮的基准直径：

$$d_{d2} = i d_{d1} = 2.3 \times 140 = 322\ \text{mm}$$

参照表7-9给出的带轮基准直径系列，取 $d_{d2} = 315\ \text{mm}$。

转速误差

$$\frac{322 - 315}{322} \times 100\% \approx 2.17\% < 5\%$$

4）确定 V 带传动的中心距 a 和基准长度 L_{d}

（1）根据式（7-21），初定中心距 $a_0 = 600$ mm。

（2）由式（7-23）计算带所需的基准长度：

$$L_{\mathrm{d0}} \approx 2a_0 + \frac{\pi}{2}(d_{\mathrm{d1}} + d_{\mathrm{d2}}) + \frac{(d_{\mathrm{d2}} - d_{\mathrm{d1}})^2}{4a_0} = 2 \times 600 + \frac{\pi}{2}(140 + 315) + \frac{(315 - 140)^2}{4 \times 600} \approx 1927 \text{ mm}$$

由表 7-2 选带的基准长度 $L_{\mathrm{d}} = 1950$ mm。

（3）按式（7-24）计算实际中心距 a：

$$a \approx a_0 + \frac{L_{\mathrm{d}} - L_{\mathrm{d0}}}{2} = 600 + \frac{1950 - 1927}{2} \approx 612 \text{ mm}$$

按式（7-25），中心距的变化范围为 $583 \sim 671$ mm。

5）验算小带轮上的包角 α_1

$$\alpha_1 \approx 180° - \frac{d_{\mathrm{d2}} - d_{\mathrm{d1}}}{a} \times 57.3° = 180° - \frac{315 - 140}{612} \times 57.3° \approx 164° > 120°$$

包角合适。

6）计算带的根数 z

（1）计算单根 V 带的额定功率 P_{r}。

由 $d_{\mathrm{d1}} = 140$ mm 和 $n_1 = 960$ r/min，查表 7-4 得 $P_0 = 2.096$ kW。

根据 $n_1 = 960$ r/min，$i = 2.3$ 和 B 型 V 带，查表 7-5 得 $\Delta P_0 = 0.303$ kW。

查表 7-6 得 $K_\alpha = 0.958$，查表 7-2 得 $K_{\mathrm{L}} = 0.97$，于是

$$P_{\mathrm{r}} = (P_0 + \Delta P_0) K_\alpha K_{\mathrm{L}} = (2.096 + 0.303) \times 0.958 \times 0.97 \approx 2.23 \text{ kW}$$

（2）计算 V 带的根数 z。

由式（7-27）计算可得带的根数：

$$z = \frac{P_{\mathrm{ca}}}{P_{\mathrm{r}}} = \frac{10.5}{2.23} \approx 4.71$$

取 $z = 5$ 根。

7）计算单根 V 带的初拉力 F_0

由表 7-3 得 B 型 V 带的单位长度质量 $q = 0.170$ kg/m，所以

$$F_0 = 500 \frac{(2.5 - K_\alpha) P_{\mathrm{ca}}}{K_\alpha z v} + q v^2 = 500 \times \frac{(2.5 - 0.958) \times 10.5}{0.958 \times 5 \times 7.03} + 0.170 \times 7.03^2 \approx 249 \text{ N}$$

8）计算压轴力 F_{Q}

$$F_{\mathrm{Q}} = 2z F_0 \sin\frac{\alpha_1}{2} = 2 \times 5 \times 249 \times \sin\frac{164°}{2} = 2466 \text{ N}$$

9）带轮结构设计

略。

10）主要设计结论

选用 B 型普通 V 带 5 根，V 带基准长度 $L_{\mathrm{d}} = 1950$ mm，带轮基准直径 $d_{\mathrm{d1}} = 140$ mm，$d_{\mathrm{d2}} = 315$ mm，中心距控制在 $a = 583 \sim 671$ mm，单根 V 带初拉力 $F_0 = 249$ N。

习　　题

7-1 V 带传动的工作原理是什么？它有哪些优缺点？

7-2 当与其他传动一起使用时，带传动应放在高速级还是低速级？为什么？

7-3 影响带传动工作能力的因素有哪些？

7-4 带传动工作时，带承受什么类型的应力？最大应力发生在什么位置？

7-5 带传动的主要失效形式有哪些？单根 V 带所能传递的功率是根据什么准则确定的？

7-6 在设计带传动时，为什么要限制带传动的中心距？

7-7 在设计带传动时，为什么要限制带速和小带轮上的包角？

7-8 带传动为什么要张紧？常用的张紧方法有哪几种？

7-9 带传动为什么会产生弹性滑动？弹性滑动与打滑有什么不同？

7-10 单根 V 带传动的初拉力 $F_0 = 354$ N，主动带轮的基准直径 $d_{d1} = 160$ mm，主动带轮转速 $n_1 = 1500$ r/min，主动带轮上的包角 $\alpha_1 = 150°$，带与带轮的摩擦因数为 $f = 0.485$。试求：

（1）V 带紧边、松边的拉力 F_1 和 F_2（忽略带的离心拉力的影响）；

（2）V 带传动能传递的最大有效拉力 F_{ec} 及最大功率 P_0。

7-11 图 7-20（a）所示为减速带传动，图 7-20（b）所示为增速带传动，中心距相同。设带轮直径 $d_{d1} = d_{d4}$，$d_{d2} = d_{d3}$，带轮 1 和带轮 3 为主动带轮，它们的转速均为 n r/min。其他条件相同的情况下，试分析：

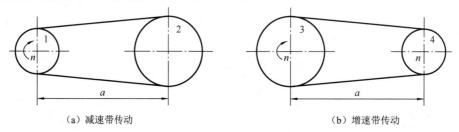

（a）减速带传动　　　　　　　　　　（b）增速带传动

图 7-20　带传动示意图

（1）哪种传动装置传递的圆周力大？为什么？

（2）哪种传动装置传递的功率大？为什么？

（3）哪种传递装置的带寿命长？为什么？

7-12 图 7-21 所示为某带式制动器示意图，已知制动轮直径 $d_d = 100$ mm，制动轮转矩 $T = 60$ N·m，制动杠杆长 $l = 250$ mm，制动带和轮间的摩擦因数 $f = 0.4$。试求：

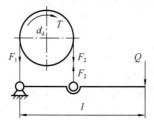

图 7-21　带式制动示意图

（1）制动力 Q。

（2）分别计算当包角 $\alpha = 210°$、$240°$ 和 $270°$ 时所要求的制动力。

（3）当转动轮转矩 T 的方向改变且 $\alpha = 180°$ 时，制动力 Q 应为多少？

7-13 有一个带式输送装置，其异步电动机与齿轮减速器之间用普通 V 带传动，电动机功率 $P = 7$ kW，转速 $n_1 = 960$ r/min，减速器输入轴的转速 $n_2 = 330$ r/min，允许误差为 ±5%。运输装置工作时有轻度冲击，两班制工作，试设计此带传动。

第8章 链传动

8.1 概述

链传动是一种挠性传动，它由主动链轮、从动链轮和绕在两个轮上的一条封闭链条组成（见图8-1）。链传动通过链轮轮齿与链条链节之间的啮合来传递运动和动力，因而也是一种具有中间挠性件的啮合传动。

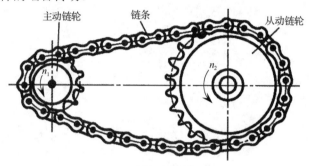

图 8-1　链传动

与摩擦型带传动相比，链传动无弹性滑动和整体打滑现象，因而能保持准确的平均传动比，传动效率较高；又因链条不需要像带那样张得很紧，所以作用于轴上的径向压轴力较小；链条采用金属材料制造，在同样的使用条件下，链传动的整体尺寸较小，结构较为紧凑；链传动能在高温和潮湿的环境中工作。

与齿轮传动相比，链传动的制造与安装精度要求较低，成本也低，在远距离传动时，它比齿轮传动轻便得多。

链传动的主要缺点是：只能实现平行轴间链轮的同向传动，运转时不能保持恒定的瞬时传动比，磨损后易发生跳齿，工作时有噪声，不宜用在载荷变化很大、高速和急速反向的传动中。

链传动主要用在要求工作可靠，两轴相距较远，低速重载，工作环境恶劣，以及其他不宜采用齿轮传动的场合。例如，在摩托车上应用了链传动，结构上大为简化，而且使用方便可靠；掘土机的运行机构也采用了链传动，它虽然经常受到土块、泥浆和瞬时过载等影响，依然能很好地工作。

链条按照用途不同可分为传动链、输送链和起重链。输送链和起重链主要用在运输和起重机械中。在一般机械传动中，常用的是传动链。

传动链又可以分为短节距精密滚子链（滚子链）、齿形链等类型。其中滚子链常用于传动系统的低速级，一般的传动功率在 100 kW 以下，链的速度不超过 15 m/s，推荐使用的最大传动比 $i_{max} = 6$。

本章主要讨论应用较广的滚子链，对应用较少的齿形链仅做简要介绍。

8.2　传动链的结构特点

8.2.1　滚子链

滚子链结构如图 8-2 所示，它由外链板 1、内链板 2、销轴 3、套筒 4 和滚子 5 组成。外链板与销轴之间、内链板与套筒之间均为过盈配合；滚子与套筒、套筒与销轴之间均为间隙配合。当内、外链板相对挠曲时，套筒可绕销轴自由转动，形成铰链。滚子活套在套筒上，工作时，滚子沿链轮齿廓滚动，这样可减轻齿廓的磨损。链的磨损主要发生在销轴与套筒的接触面上。因此，内、外链板间应留少许间隙，以便润滑油渗入销轴和套筒的摩擦面间。

内、外链板一般均制成 8 字形，以使链板各横截面的强度极限大致相等，并减小了链的质量和运动时的惯性力。

当传递大功率时，可采用双排链（见图 8-3）或多排链。多排链的承载能力与排数成正比。但由于安装与制造精度的影响，各排链承受的载荷不易均匀，会大大缩短多排链的使用寿命，故排数不宜过多，通常不超过 4 排。

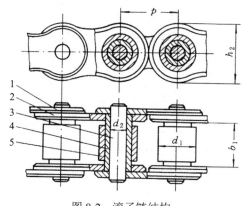

图 8-2　滚子链结构

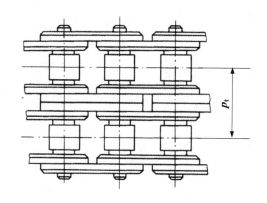

图 8-3　双排滚子链

滚子链的接头形式如图 8-4 所示。当链节数为偶数时，接头处可用开口销 [见图 8-4（a）] 或弹簧卡片 [见图 8-4（b）] 来固定，一般前者用于大节距场合，后者用于小节距场合；当链节数为奇数时，需采用图 8-4（c）所示的过渡链节。由于过渡链节的链板要受到附加弯矩的作用，其强度仅为正常链节的 80% 左右，因此在一般情况下最好不用奇数链节。

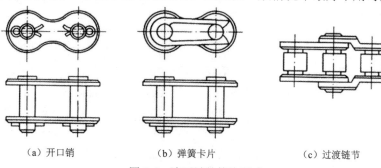

（a）开口销　　　　　　　（b）弹簧卡片　　　　　　　（c）过渡链节

图 8-4　滚子链的接头形式

滚子链和链轮啮合的基本参数是节距 p、滚子外径 d_1 和内链节内宽 b_1，如图 8-2 所示。对于多排链还有排距 p_t（见图 8-3）。其中节距 p 是滚子链的主要参数，节距增大时，链条中的各零件的尺寸也要相应增大，可传递的功率也随之增大。链的材料和热处理方法在很大程度上决定着链的使用寿命。因此，组成链的元件均需进行热处理，以提高其强度、耐磨性和耐冲击性。

滚子链已标准化，考虑到国际上许多国家的链节距均用英制单位，我国链条标准 GB/T 1243—2006 中规定节距用英制折算成米制的单位。表 8-1 列出了标准规定的几种规格的滚子链的主要尺寸和抗拉载荷，表中的链号和相应的标准链号一致，链号乘以 25.4/16 mm 即为节距值。后缀 A 或 B 分别表示 A 或 B 系列，其中 A 系列适用于以美国为中心的西半球区域，B 系列适用于欧洲区域。我国以 A 系列为主体（用于设计和出口，B 系列用于维修和出口）。

表 8-1 滚子链的规格和主要参数

链号	节距 p	滚子直径 d_1 max	内链节内宽 b_1 min	销轴直径 d_2 max	内链板高度 h_2 max	排距 p_t	抗拉载荷 单排 min	抗拉载荷 双排 min	单排单位长度质量 q
			mm					kN	kg/m
05B	8	5	3	2.31	7.11	5.64	4.4	7.8	0.18
06B	9.525	6.35	5.72	3.28	8.26	10.24	8.9	16.9	0.39
08A	12.7	7.92	7.85	3.89	12.07	14.38	13.9	27.8	0.60
08B	12.7	8.51	7.75	4.45	11.81	13.92	17.8	31.1	0.65
10A	15.875	10.16	9.4	5.09	15.09	18.11	21.8	43.6	1.00
10B	15.875	10.16	9.65	5.08	14.73	16.59	22.2	44.5	0.92
12A	19.05	11.91	12.57	5.96	18.08	22.78	31.3	62.6	1.50
12B	19.05	12.07	11.68	5.72	16.13	19.46	28.9	57.8	1.24
16A	25.4	15.88	15.75	7.94	24.13	29.29	55.6	111.2	2.60
16B	25.4	15.88	17.02	8.28	21.08	31.88	60	106	2.80
20A	31.75	19.05	18.9	9.54	30.18	35.76	87	174	3.80
20B	31.75	19.05	19.56	10.19	26.42	36.45	95	170	3.81
24A	38.1	22.23	25.22	11.11	36.2	45.44	125	250	5.60
24B	38.1	25.4	25.4	14.63	33.4	48.36	160	280	6.65
28A	44.45	25.4	25.22	12.71	42.24	48.87	170	340	7.50
28B	44.45	27.94	30.99	15.9	37.08	59.56	200	360	
32A	50.8	28.58	31.55	14.29	48.26	58.55	223	446	10.10
32B	50.8	29.21	30.99	17.81	42.29	58.55	250	450	
36A	57.15	35.71	35.48	17.46	54.31	65.84	281	562	
40A	63.5	39.68	37.85	19.85	60.33	71.55	347	694	16.10
40B	63.5	39.37	38.1	22.89	52.96	72.29	355	630	
48A	76.2	47.63	47.35	23.81	72.39	87.83	500	1000	22.60
48B	76.2	48.26	45.72	29.24	63.88	91.21	560	1000	
56B	88.9	53.98	53.34	34.32	77.85	106.6	850	1600	
64B	101.6	63.5	60.96	39.4	90.17	119.89	1120	2000	
72B	114.3	72.39	68.58	44.48	103.63	136.27	1400	2500	

注：使用过渡链节时，其极限拉伸载荷按表值的 80% 计算。

滚子链的标记为：

| 链　　号 | – | 排　　数 | – | 整链链节数 | 标准编号 |

例如，08A-1-88　GB/T 1243—2006 表示 A 系列、节距 12.7 mm、单排、88 节的滚子链。

8.2.2　齿形链

齿形链又称无声链，它由一组带有两个齿的链板左右交错并列铰接而成（见图 8-5）。每个链板的两个外侧直边为工作边，其间的夹角称为齿楔角。齿楔角一般为 60°。工作时，链齿外侧直边与链轮轮齿相啮合实现传动。

（a）内导板齿形链　　　　　　　　　　　　　　　（b）外导板齿形链

图 8-5　齿形链

为了防止齿形链在工作时发生侧向窜动，齿形链上设有导板，有内导板［见图 8-5（a）］和外导板［见图 8-5（b）］两种。对于内导板齿形链，链轮轮齿上要开导向槽。内导板齿形链导向性好，工作可靠，适用于高速及重载传动。对于外导板齿形链，不需要在链轮轮齿上开导向槽。外导板齿形链结构简单，但导向性差，外导板与销轴铆合处容易松脱。当链轮宽度大于 25～30 mm 时，一般采用内导板齿形链；当链轮宽度较小时，在链轮轮齿上开槽比较困难，可采用外导板齿形链。

与滚子链相比，齿形链传动平稳、噪声小，承受冲击载荷性能好，效率高，工作可靠，故常用于高速、大传动比和小中心距等工作条件较为严格的场合。但是，齿形链比滚子链结构复杂，难于制造，价格高。

8.3　滚子链链轮的结构和材料

链轮由轮齿、轮缘、轮辐和轮毂组成。链轮设计主要是确定其结构和尺寸，选择材料和热处理方法。

8.3.1　链轮齿形

滚子链与链轮的啮合属于非共轭啮合，其链轮齿形的设计可以有较大的灵活性。在国家标准 GB/T 1243—2006 中没有规定具体的链轮齿形，仅给出了最小和最大齿槽形状参数，见表 8-2。实际齿形取决于加工轮齿的刀具和加工方法，并应使其位于最小和最大齿形之间。

表 8-2　滚子链链轮的齿形

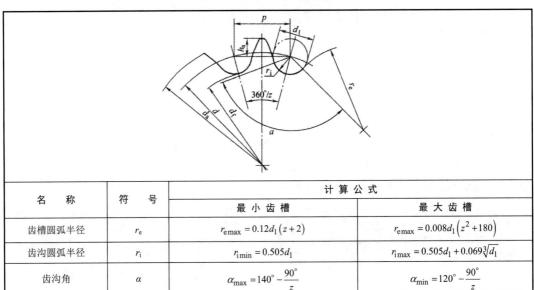

名　　称	符　号	计　算　公　式	
		最 小 齿 槽	最 大 齿 槽
齿槽圆弧半径	r_e	$r_{emax} = 0.12d_1(z+2)$	$r_{emax} = 0.008d_1(z^2+180)$
齿沟圆弧半径	r_i	$r_{imin} = 0.505d_1$	$r_{imax} = 0.505d_1 + 0.069\sqrt[3]{d_1}$
齿沟角	α	$\alpha_{max} = 140° - \dfrac{90°}{z}$	$\alpha_{min} = 120° - \dfrac{90°}{z}$

注：半径精确到 0.01 mm，角度精确到分。

8.3.2　链轮的基本参数和主要尺寸

链轮的基本参数是配用链条的节距 p、滚子直径 d_1、排距 p_t 和齿数 z。链轮的主要尺寸和计算公式见表 8-3 和表 8-4。

表 8-3　滚子链链轮的主要尺寸

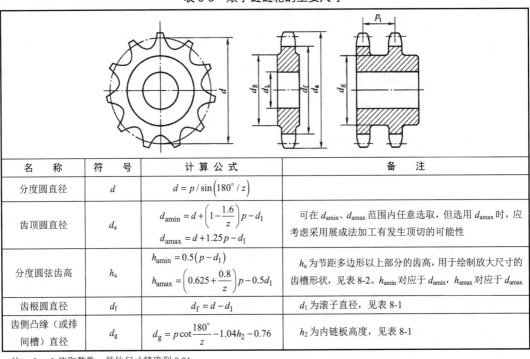

名　　称	符　号	计　算　公　式	备　　注
分度圆直径	d	$d = p/\sin(180°/z)$	
齿顶圆直径	d_a	$d_{amin} = d + \left(1 - \dfrac{1.6}{z}\right)p - d_1$ $d_{amax} = d + 1.25p - d_1$	可在 d_{amin}、d_{amax} 范围内任意选取，但选用 d_{amax} 时，应考虑采用展成法加工有发生顶切的可能性
分度圆弦齿高	h_a	$h_{amin} = 0.5(p - d_1)$ $h_{amax} = \left(0.625 + \dfrac{0.8}{z}\right)p - 0.5d_1$	h_a 为节距多边形以上部分的齿高，用于绘制放大尺寸的齿槽形状，见表 8-2。h_{amin} 对应于 d_{amin}，h_{amax} 对应于 d_{amax}
齿根圆直径	d_f	$d_f = d - d_1$	d_1 为滚子直径，见表 8-1
齿侧凸缘（或排间槽）直径	d_g	$d_g = p\cot\dfrac{180°}{z} - 1.04h_2 - 0.76$	h_2 为内链板高度，见表 8-1

注：d_a、d_g 值取整数，其他尺寸精确到 0.01 mm。

表8-4 滚子链链轮轴向齿廓尺寸

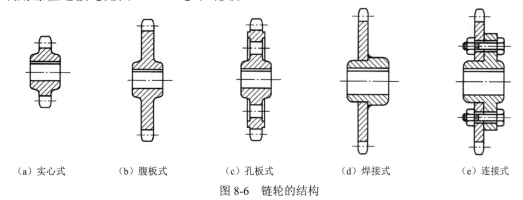

名 称		符 号	计 算 公 式		备 注
			$p \leq 12.7$	$p>12.7$	
齿宽	单排	b_{f1}	$0.93b_1$	$0.95b_1$	$p>12.7$ 时，若使用者和客户同意，也可使用 $p \leq 12.7$ 时的齿宽。b_1 为内链节内宽，见表8-1
	双排、三排		$0.91b_1$	$0.93b_1$	
齿侧倒角		$b_{a\,公称}$	$b_{a\,公称}=0.13p$		
齿侧半径		$r_{x\,公称}$	$r_{x\,公称}=p$		
齿全宽		b_{fn}	$b_{fn}=(n-1)p_t+b_{f1}$		n 为排数

8.3.3 链轮的结构

小直径的链轮可制成实心式［见图8-6（a）］；中等尺寸的链轮可制成腹板式［见图8-6（b）］或孔板式［见图8-6（c）］；大直径的链轮可将齿圈焊接［见图8-6（d）］或用螺栓连接［见图8-6（e）］在轮毂上。

（a）实心式　　　（b）腹板式　　　（c）孔板式　　　（d）焊接式　　　（e）连接式

图8-6 链轮的结构

8.3.4 链轮的材料

链轮的轮齿要具有足够的强度和耐磨性。由于小链轮的啮合次数比大链轮多，所受冲击也较大，故小链轮应采用较好的材料制造。链轮常用的材料和应用范围见表8-5。

表8-5 链轮常用的材料和应用范围

材 料	热 处 理	热处理后的硬度	应 用 范 围
15、20	渗碳、淬火、回火	50～60 HRC	$z \leq 25$，有冲击载荷的主、从动链轮
35	正火	160～200 HBW	在正常工作条件下，齿数较多（$z>25$）的链轮
40、50、ZG310-570	淬火、回火	40～50 HRC	无剧烈振动及冲击的链轮

续表

材　　料	热　处　理	热处理后的硬度	应　用　范　围
15Cr、20Cr	渗碳、淬火、回火	50～60 HRC	有动载荷及传递较大功率的重要链轮（$z<25$）
35SiMn、40Cr、35CrMo	淬火、回火	40～50 HRC	使用优质链条的重要链轮
Q235、Q275	焊接后退火	140 HBW	中速、中等功率、尺寸较大的链轮
普通灰铸铁（不低于 HT150）	淬火、回火	260～280 HBW	$z>50$ 的从动链轮
夹布胶木	—	—	功率小于 6kW、速度较高，要求传动平稳和噪声小的链轮

8.4　链传动的工作情况分析

8.4.1　链传动的运动特性

因为链由刚性链节通过销轴铰接而成，当链绕在链轮上时，其链节与相应的轮齿啮合后，这一段链条将弯折成正多边形的一部分（见图 8-7）。该正多边形的边长等于链条的节距 p，边数等于链轮齿数 z，链轮每转过一周，链条就移动正多边形周长 zp，则链条的平均速度 v（单位为 m/s）为

$$v = \frac{z_1 n_1 p}{60 \times 1000} = \frac{z_2 n_2 p}{60 \times 1000} \tag{8-1}$$

式中，z_1、z_2 为主、从动链轮的齿数；n_1、n_2 为主、从动链轮的转速，r/min；p 为链节距，mm。

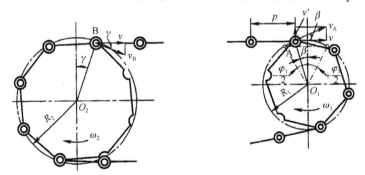

图 8-7　链传动的速度分析

由此可得链传动的平均传动比：

$$i = \frac{n_1}{n_2} = \frac{z_2}{z_1} \tag{8-2}$$

因为链传动为啮合传动，链条和链轮之间没有相对滑动，所以平均链速和平均传动比都是常数。但是，仔细考察铰链链节随同链轮转动的过程就会发现，链传动的瞬时链速和瞬时传动比并非常数。

下面来分析图 8-7 所示的链传动中，链条和链轮的速度是怎样变化的。

在主动链轮上，铰链 A 正在牵引链条沿直线运动，绕在主动链轮上的其他铰链并不直接牵引链条，因此链条的运动速度完全由铰链 A 的运动决定。由图 8-7 可见，铰链 A 随链

轮做圆周运动的线速度 $v_A = R_1\omega_1$，方向垂直于 AO_1，与链条直线运动方向的夹角为 β。因此铰链 A 实际用于牵引链条运动的速度为

$$v = v_A \cos\beta = R_1\omega_1 \cos\beta \tag{8-3}$$

式中，R_1 为主动链轮的分度圆半径，m。

因为 β 角是在 $-\dfrac{\varphi_1}{2} \sim +\dfrac{\varphi_1}{2}$ 之间变化的（φ_1 为主动链轮上一个链节所对的圆心角，即 $\varphi_1 = \dfrac{360°}{z_1}$），所以即使主动链轮转速恒定，链条的运动速度也是变化的。当 $\beta = \pm\dfrac{\varphi_1}{2} = \pm\dfrac{180°}{z}$ 时，链速最低；当 $\beta = 0$ 时，链速最高。链速的变化呈周期性，链轮转过一个链节，对应链速变化的一个周期。链速的变化程度与主动链轮的转速 n_1 和齿数 z_1 有关。转速越高、齿数越少，则链速变化范围越大。

在链速 v 变化的同时，铰链 A 还带动链条上下运动，其上下运动的链速

$$v' = v_A \sin\beta = R_1\omega_1 \sin\beta \tag{8-4}$$

也是随链节呈周期性变化的。

在主动链轮牵引链条变速运动的同时，从动链轮上也发生着类似的过程。从图 8-7 中可见，从动链轮上的铰链 B 正在被直线链条拉动，并由此带动从动链轮以 ω_2 转动。因为链速 v 的方向与铰链 B 的线速度方向之间的夹角为 γ，所以铰链沿圆周方向运动的线速度为

$$v_B = R_2\omega_2 = \frac{v}{\cos\gamma} \tag{8-5}$$

式中，R_2 为从动链轮的分度圆半径，m。

由此可知，从动链轮的角速度为

$$\omega_2 = \frac{v}{R_2 \cos\gamma} = \frac{R_1\omega_1 \cos\beta}{R_2 \cos\gamma} \tag{8-6}$$

在传动过程中，因为 γ 在 $-\dfrac{180°}{z_2} \sim +\dfrac{180°}{z_2}$ 内不断变化，再加上 β 也在变化，所以即使 ω_1 为常数，ω_2 也是周期性变化的。

由式（8-6）可得链传动的瞬时传动比为

$$i = \frac{\omega_1}{\omega_2} = \frac{R_2 \cos\gamma}{R_1 \cos\beta} \tag{8-7}$$

可见链传动的瞬时传动比是变化的，在一般情况下得不到恒定值。链传动的传动比变化与链条绕在链轮上的多边形特征有关，故将以上现象称为链传动的多边形效应。

8.4.2 链传动的动载荷

（1）链传动在工作过程中，链速和从动链轮的角速度是周期性变化的，因而会引起变化的惯性力及相应的动载荷。

链速的变化引起的惯性力为

$$F_{d1} = ma_c \tag{8-8}$$

式中，m 为紧边链条的质量，kg；a_c 为链条变速运动的加速度，m/s²。

若将主动链轮视为匀速转动，则

$$a_c = \frac{\mathrm{d}v}{\mathrm{d}t} = \frac{\mathrm{d}}{\mathrm{d}t}(R_1\omega_1\cos\beta) = -R_1\omega_1^2\sin\beta$$

当 $\beta = \pm\dfrac{\varphi_1}{2} = \pm\dfrac{180°}{z}$ 时，

$$a_{c\max} = -R_1\omega_1^2\sin\left(\pm\frac{180°}{z}\right) = \mp R_1\omega_1^2\sin\frac{180°}{z} = \mp\frac{\omega_1^2 p}{2}$$

从动链轮因角加速度引起的惯性力为

$$F_{d2} = \frac{J}{R_2}\frac{\mathrm{d}\omega_2}{\mathrm{d}t} \tag{8-9}$$

式中，J 为从动系统转化到从动链轮上的转动惯量，$kg·m^2$；ω_2 为从动链轮的角速度，rad/s。

以上分析表明，链轮的转速越高，节距越大，齿数越少，则惯性力就越大，相应的动载荷也就越大。

（2）链条沿垂直方向的分速度也在做周期性变化，将使链条发生横向振动，也会产生一定的动载荷。

（3）链节和链轮啮合瞬间的相对速度，也将引起冲击和动载荷。如图 8-8 所示，当链节啮合上链轮轮齿的瞬间，做直线运动的链节和做圆周运动的链轮轮齿，将以一定的相对速度突然啮合，从而使链条和链轮受到冲击，并产生附加动载荷。显然，节距越大，链轮转速越高，则冲击越严重。

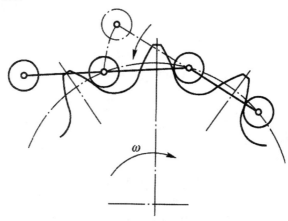

图 8-8　链节与链轮轮齿啮合瞬间的冲击

（4）若链张紧不好、链条松弛，在启动、制动、反转、载荷变化等情况下，将产生惯性力，使链传动产生很大的动载荷。

8.4.3　链传动的受力分析

链传动在安装时，应使链条受到一定的张紧力。张紧力是通过使链条保持适当的垂度所产生的悬垂拉力来获得的。链传动张紧的目的主要是使松边不至于过松，以免出现链条的不正常啮合、跳齿和脱链。因为链传动为啮合传动，所以与带传动相比，链传动所需的张紧力要小得多。

链传动在工作时，存在紧边拉力和松边拉力。如果不计传动中的动载荷，则紧边拉力和松边拉力分别为

$$\left.\begin{array}{l} F_1 = F_e + F_c + F_f \\ F_2 = F_c + F_f \end{array}\right\}$$

（8-10）

式中，F_e 为有效圆周力，N；F_c 为离心力引起的拉力，N；F_f 为悬垂拉力，N。

有效圆周力为

$$F_e = \frac{1000P}{v}$$

（8-11）

式中，P 为传递的功率，kW；v 为链速，m/s。

离心力引起的拉力为

$$F_c = qv^2$$

（8-12）

式中，q 为链条单位长度的质量，kg/m。

悬垂拉力为

$$F_f = \max(F_f', F_f'')$$

（8-13）

其中：

$$\begin{cases} F_f' = K_f qa \times 10^{-2} \\ F_f'' = \left(K_f + \sin\alpha\right)qa \times 10^{-2} \end{cases}$$

式中，a 为链传动的中心距，mm；K_f 为垂度系数，如图 8-9 所示，图中 f 为下垂度，α 为中心线与水平面的夹角。

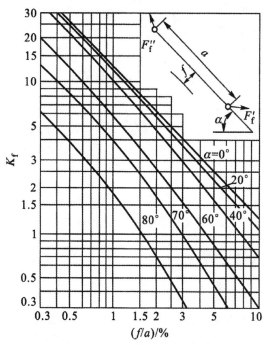

图 8-9　垂度系数

8.5 滚子链传动的设计计算

8.5.1 滚子链传动的失效形式

1．链的疲劳破坏

链在运动过程中，其上的各个元件都是在变应力作用下工作的，经过一定的循环次数后，链板将会发生疲劳断裂；滚子和套筒表面将会因冲击而出现疲劳点蚀。因此，链条的疲劳强度是决定链传动承载能力的主要因素。

2．链条铰链的磨损

链条在工作过程中，铰链中的销轴与套筒间不仅承受较大的压力，还有相对转动，导致铰链磨损，使链节距增大（见图 8-10），链条总长度增加，从而使链的松边垂度加大，同时增大了运动的不均匀性和动载荷，引起跳齿或脱链。

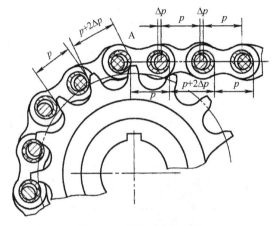

图 8-10 磨损后的链节距

3．链条铰链的胶合

当链速较高时，链节受到的冲击增大，铰链中的销轴和套筒在高压下直接接触，同时两者相对转动产生摩擦热，从而导致胶合。因此，胶合在一定程度上限制了链传动的极限转速。

4．链的静力拉断

当链速较低（$v < 0.6$ m/s）时，如果链条负载不增加而变形持续增加，即认为链条正在被破坏。导致链条变形持续增加的最小负载将限制链条能承受的最大载荷。

8.5.2 滚子链传动的额定功率

1．极限功率曲线

链传动的各种失效形式都与链速有关。图 8-11 所示为试验条件下单排链的极限功率曲线示意图，由图可见：在润滑良好、中等链速下，链传动的承载能力主要取决于链板的疲劳强度；随着转速的提高，链传动的动载荷增大，传动能力主要取决于滚子和套筒的冲击疲劳强度；当转速很高时，胶合将限制链传动的承载能力。

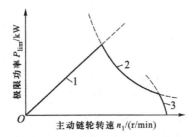

1—由链板的疲劳强度限定；2—由滚子、套筒的冲击疲劳强度限定；3—由销轴、套筒和胶合限定

图 8-11 极限功率曲线示意图

2. 额定功率曲线

为了保证链传动工作的可靠性，采用额定功率 P_c 来限制链传动的实际工作能力。

典型的额定功率曲线如图 8-12 所示，它是在下列试验条件下绘制的：①主动链轮和从动链轮安装在水平平行轴上；②主动链轮齿数 $z_1 = 19$；③传动比 $i = 3$；④无过渡链节的单排滚子链；⑤链条长 120 个链节（实际链长小于此长度，使用寿命将按比例缩短）；⑥链条的预期寿命为 15000h；⑦工作环境温度在 $-5 \sim +70℃$ 的范围内；⑧两个链轮共面，链条保持规定的张紧度；⑨平稳运转，无过载、冲击或频繁启动；⑩环境清洁，合适的润滑。

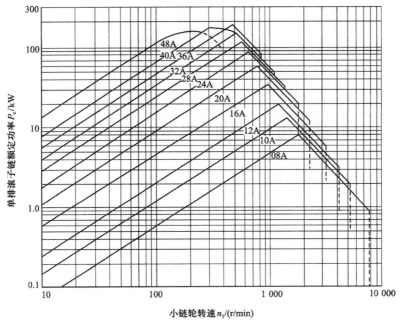

图 8-12 A 系列单排滚子链额定功率曲线

当链传动的实际工作条件与试验不同时，应对额定功率予以修正。修正时考虑的因素包括工作情况、主动链轮齿数、链传动的排数。

8.5.3 滚子链传动的参数选择

1. 链轮齿数 z_1 和 z_2

小链轮的齿数少，可减小外廓尺寸，但齿数过少，会增加运动的不均匀性和动载荷；链条在进入和退出啮合时，链节间的相对转角增大；链传动的圆周力增大，从整体上加速铰链和链轮的磨损。可见小链轮齿数不宜过少。链轮的最少齿数 $z_{min} = 9$。一般 $z_1 \geqslant 17$，对于高速传动或承受冲击载荷的链传动，z_1 不少于 25，且链轮轮齿应淬硬。

小链轮的齿数也不宜取得过多。小链轮的齿数过多，大链轮齿数也相应增多。其结果不仅增大了传动的总体尺寸，而且铰链磨损后容易引发跳链和脱链，从而限制了链条的使用寿命。

如图 8-13 所示，当给定磨损量，即链节距增长量 Δp 一定时，链轮的齿数越多，链轮上一个链节所对应的圆心角就越小，铰链所在圆的直径增加量 Δd 越大，铰链会更接近齿顶，从而增大了跳链和脱链的概率。从这个意义上讲，链轮的齿数不宜过多。通常限定链轮的最多齿数 $z_{max} \leqslant 150$，一般不大于 114。

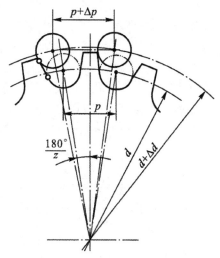

图 8-13　链节距增量和铰链外移量

由于链节数通常是偶数，为使链条和链轮磨损均匀，常取链轮齿数为奇数，并尽可能与链节数互质。优先选用的链轮齿数系列为 17、19、21、23、25、38、57、76、95 和 114。

2. 传动比 i

传动比过大，链条在小链轮上的包角就会过小，参与啮合的齿数减少，每个轮齿承受的载荷增大，加速轮齿的磨损，且易出现跳齿和脱链现象。一般链传动的传动比 $i \leqslant 6$，常取 $i=2 \sim 3.5$，链条在小链轮上的包角不应小于 120°。

3. 中心距 a

中心距 a 过小，单位时间内链条的绕转次数增多，链条曲伸次数和应力循环次数增多，因而加剧了链条的磨损和疲劳。同时，由于中心距小，链条在小链轮上的包角变小（$i \neq 1$），每个轮齿所受的载荷增大，且易出现跳齿和脱链现象；中心距 a 太大，会引起松边垂度过大，传动时造成松边颤动。因此在设计时，若中心距不受其他条件限制，一般可取初选中心距 $a=(30 \sim 50)p$。最大取 $a_{max}=80p$。有张紧装置或托板时，a_{max} 可大于 $80p$；若中心距不能调整，$a_{max}=30p$。

4. 链的节距 p 和排数

链的节距 p 越大，承载能力就越强，但总体尺寸增大，多边形效应显著，振动、冲击、噪声也越严重。所以设计链传动时，为使结构紧凑、寿命长，应尽量选取较小节距的单排链。速度高、功率大时，宜选用小节距的多排链。如果从经济上考虑，当中心距小、传动比大时，应选小节距的多排链；当中心距大、传动比小时，应选大节距的单排链。

8.5.4　滚子链传动的设计计算

1. 已知条件和设计内容

设计链传动时的已知条件包括链传动的工作条件、传动位置与总体尺寸限制、所需传递的功率 P、主动链轮的转速 n_1、从动链轮的转速 n_2 或传动比 i。

设计内容包括确定链条型号、链节数 L_p 和排数，链轮齿数 z_1、z_2，以及链轮的材料、结构和几何尺寸、链传动的中心距 a、压轴力 F_p、润滑方式和张紧装置。

2. 设计步骤和方法

1）选择链轮齿数 z_1、z_2 和确定传动比 i

一般链轮齿数为 17～114。传动比 i 按下式计算：

$$i = \frac{z_2}{z_1} \tag{8-14}$$

2）计算当量的单排链计算功率 P_{ca}

根据链传动的工作情况、主动链轮齿数和链条排数，将链传动所传递的功率修正为当量的单排链计算功率：

$$P_{ca} = \frac{K_A K_z P}{K_p} \tag{8-15}$$

式中，K_A 为工作情况系数，见表 8-6；K_z 为主动链轮齿数系数，$K_z = \left(\dfrac{19}{z_1}\right)^{1.08}$；$K_p$ 为多排链系数，双排链时 $K_p = 1.7$，三排链时 $K_p = 2.5$；P 为传递的功率，kW。

表 8-6　工作情况系数 K_A

从动机械特性		主动机械特性		
		平 稳 运 转	轻 微 冲 击	中 等 冲 击
		电动机、汽轮机和燃气轮机、带有液力耦合器的内燃机	6缸或6缸以上的带机械式联轴器的内燃机、经常启动的电动机（一日两次以上）	少于 6 缸的带机械式联轴器的内燃机
平稳运转	离心式的泵和压缩机、印刷机械、均匀加料的带式输送机、纸张压光机、自动扶梯、液体搅拌机和混料机、回转干燥炉、风机	1.0	1.1	1.3
中等冲击	3缸或3缸以上的泵和压缩机、混凝土搅拌机、载荷非恒定的输送机、固体搅拌机和混料机	1.4	1.5	1.7
严重冲击	刨煤机、电铲、轧机、球磨机、橡胶加工机械、压力机、剪床、单缸或双缸的泵和压缩机、石油钻机	1.8	1.9	2.1

3）确定链条型号和节距 p

链条型号根据当量的单排链计算功率、单排链额定功率和主动链轮转速由图 8-12 查得。查表时应保证

$$P_{ca} \leqslant P_c \tag{8-16}$$

然后由表 8-1 确定链条节距 p。

4）计算链节数 L_p 和中心距 a

初选中心距 $a_0 = (30 \sim 50)p$，按下式计算链节数 L_{p0}

$$L_{p0} = \frac{2a_0}{p} + \frac{z_2 + z_1}{2} + \frac{p}{a_0}\left(\frac{z_2 - z_1}{2\pi}\right)^2 \tag{8-17}$$

为了避免使用过渡链节，应将计算出的链节数 L_{p0} 圆整为偶数 L_p。

链传动的最大中心距为

$$a_{max} = f_1 p \left[2L_p - (z_1 + z_2)\right] \tag{8-18}$$

式中，f_1 为中心距计算系数，见表 8-7。

特别地，当两个链轮的齿数相等（$z = z_1 = z_2$）时，链传动的最大中心距为

$$a_{max} = p\left(\frac{L_p - z}{2}\right) \tag{8-19}$$

表 8-7 中心距计算系数 f_1

$\dfrac{L_p - z}{z_2 - z_1}$	f_1	$\dfrac{L_p - z}{z_2 - z_1}$	f_1	$\dfrac{L_p - z}{z_2 - z_1}$	f_1	$\dfrac{L_p - z}{z_2 - z_1}$	f_1	$\dfrac{L_p - z}{z_2 - z_1}$	f_1
8	0.24978	2.8	0.24758	1.62	0.23938	1.36	0.23123	1.21	0.22090
7	0.24970	2.7	0.24735	1.60	0.23897	1.35	0.23073	1.20	0.21990
6	0.24958	2.6	0.24708	1.58	0.23854	1.34	0.23022	1.19	0.21884
5	0.24937	2.5	0.24678	1.56	0.23807	1.33	0.22968	1.18	0.21771
4.8	0.24931	2.4	0.24643	1.54	0.23758	1.32	0.22912	1.17	0.21652
4.6	0.24925	2.00	0.24421	1.52	0.23705	1.31	0.22854	1.16	0.21526
4.4	0.24917	1.95	0.24380	1.50	0.23648	1.30	0.22893	1.15	0.21390
4.2	0.24907	1.90	02.4333	1.48	0.23588	1.29	0.22729	1.14	0.21245
4.0	0.24896	1.85	0.24281	1.46	0.23524	1.28	0.22662	1.13	0.21090
3.8	0.24883	1.80	0.24222	1.44	0.23455	1.27	0.22593	1.12	0.20923
3.6	0.24868	1.75	0.24156	1.42	0.23381	1.26	0.22520	1.11	0.20744
3.4	0.24849	1.70	0.24081	1.40	0.23301	1.25	0.22443	1.10	0.20549
3.2	0.24825	1.68	0.24048	1.39	0.23259	1.24	0.22361	1.09	0.20336
3.0	0.24795	1.66	0.24013	1.38	0.23215	1.23	0.22275	1.08	0.20104
2.9	0.24778	1.64	0.23977	1.37	0.23170	1.22	0.22185	1.07	0.19848

5）计算链速 v，确定润滑方式

平均链速按式（8-1）计算。根据链速 v，由图 8-14 选择合适的润滑方式。

6）计算链传动作用在轴上的压轴力 F_p

压轴力 F_p 可近似取为

$$F_p \approx K_{Fp} F_e \tag{8-20}$$

式中，F_e 为有效圆周力，N；K_{Fp} 为压轴力系数。对于水平传动，$K_{Fp} = 1.15$；对于垂直传动，$K_{Fp} = 1.05$。

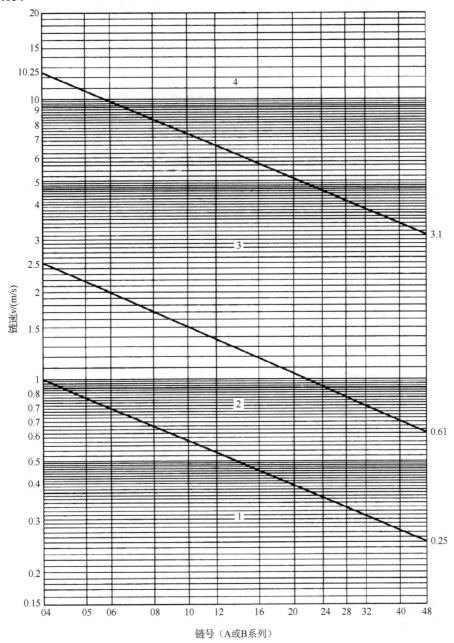

1—定期人工润滑；2—滴油润滑；3—油池润滑或油盘飞溅润滑；4—压力供油润滑

图 8-14　润滑方式选择图

8.6　链传动的使用与维护

8.6.1　链传动的布置

链传动布置时，链轮必须位于铅垂平面内，两个链轮共面。中心线可以水平，也可以倾斜，但尽量不要处于铅垂位置。一般紧边在上，松边在下，以避免松边在上时下垂量过大而阻碍链轮的顺利运转。

具体布置时，可参考表 8-8。

表 8-8　链传动的布置

i 和 a 的组合方式	合 理 布 置	不 合 理 布 置	说　　　明
$i=2\sim3$ $a=(30\sim50)p$			中心线水平，紧边在上或在下，最好在上
$i>2$ $a<30p$			中心线与水平面有夹角，松边在下
$i<1.5$ $a>60p$			中心线水平，松边在下
i、a 任意			避免中心线垂直，同时应保证： 1）中心距可调； 2）有张紧装置

8.6.2　链传动的张紧

链传动张紧的目的是避免在链条的垂度过大时出现啮合不良和链条的振动现象；同时增大链条与链轮的啮合包角。当两轮轴心连线倾斜角大于 60° 时，通常设有张紧装置。

张紧的方法很多。当链传动的中心距可调节时，可通过调节中心距来控制张紧程度；当中心距不能调节时，可设置张紧轮，如图 8-15 所示，或在链条磨损变长后从中取掉一两个链节，以恢复原来的张紧程度。张紧轮可以是链轮，也可以是滚轮。张紧轮的直径应与小链轮的直径相近。张紧可分为自动张紧 [见图 8-15（a）、（b）] 及定期张紧 [见图 8-15（c）、（d）]，前者多使用弹簧等自动张紧装置，后者可使用螺旋、偏心等调整装置，另外还可用压板和托板张紧 [见图 8-15（e）]。

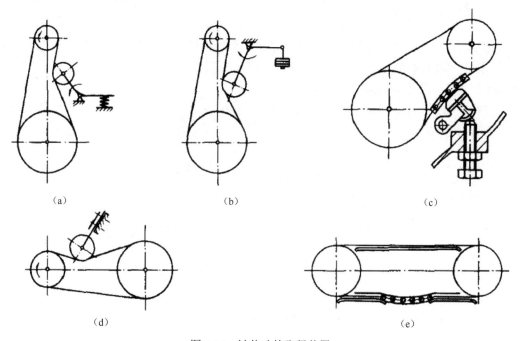

图 8-15　链传动的张紧装置

8.6.3　链传动的润滑

链传动的润滑十分重要，对高速、重载的链传动更是如此。良好的润滑可缓和冲击，减轻磨损，延长使用寿命。图 8-14 中推荐的润滑方式的说明列于表 8-9。

表 8-9　滚子链的润滑方式和供油量

润 滑 方 式	说　　明	供 油 量
定期人工润滑	用油刷或油壶定期在链条松边内、外链板间隙中注油	每班注油一次
滴油润滑	装有简单外壳，用油杯滴油	单排链，每分钟供油 5～20 滴，速度高时取大值
油池润滑	采用不漏油的外壳，使链条从油槽中通过	一般浸油深度为 6～12 mm
油盘飞溅润滑	采用不漏油的外壳，在链轮侧边安装甩油盘，飞溅润滑。甩油盘的圆周速度 $v > 3$m/s。当链条宽度大于 125mm 时，链轮两侧各装一个甩油盘	甩油盘浸油深度为 12～35 mm
压力供油润滑	采用不漏油的外壳，油泵强制供油，带过滤器，喷油口设在链条啮入处，循环油可起冷却作用	每个喷油口供油量可根据链节距及链速大小查阅有关手册

注：① 开式传动和不易润滑的链传动，可定期拆下用煤油清洗，干燥后，浸入 70～80℃ 的润滑油中，待铰链间隙中充满油后再安装使用；

② 当链传动的空间狭小，并做高速、大功率传动时，有必要使用油冷却器。

润滑油推荐采用黏度等级 32、46、68 的全损耗系统用油。对于开式传动及重载低速传动，可在润滑油中加入 MoS_2、WS_2 等添加剂。对于不便使用润滑油的场合，可采用润滑脂润滑，但应定期清洗和更换润滑脂。

8.6.4 链传动的防护

为防止工作人员无意中碰到链传动装置中的运动部件而受到伤害，应该用防护罩将其封闭。防护罩还可以将链传动与灰尘隔离，以维持正常的润滑状态。

滚子链传动设计实例如下。

例 8-1 设计一个带式输送机用的链传动，已知：电动机的额定功率 $P = 7.5$ kW，主动链轮转速 $n_1 = 720$ r/min，传动比 $i = 3$，载荷平稳，中心线水平布置。

解：1）选择链轮齿数 z_1、z_2

取小链轮的齿数 $z_1 = 21$，则大链轮的齿数 $z_2 = iz_1 = 63$。

2）确定计算功率 P_{ca}

由表 8-6 查得工作情况系数 $K_A = 1.0$，主动链轮轮齿系数 $K_z = \left(\dfrac{19}{21}\right)^{1.08} = 0.9$，单排链，则计算功率：

$$P_{ca} = K_A K_z P = 1.0 \times 0.9 \times 7.5 = 6.75 \text{ kW}$$

3）选择链条型号和节距

根据 $P_{ca} = 6.75$ kW，$n_1 = 720$ r/min 和 $P_{ca} \leqslant P_c$，查图 8-12，可选 10A。查表 8-1，链条的节距为 $p = 15.875$ mm。

4）计算中心距 a

初选中心距 $a_0 = (30 \sim 50)p = (30 \sim 50) \times 15.875$ mm $= 476.25 \sim 793.75$ mm，取 $a_0 = 600$ mm。相应的链节数为

$$L_{p0} = \frac{2a_0}{p} + \frac{z_2 + z_1}{2} + \frac{p}{a_0}\left(\frac{z_2 - z_1}{2\pi}\right)^2 = \frac{2 \times 600}{15.875} + \frac{21 + 63}{2} + \left(\frac{63 - 21}{2\pi}\right)^2 \times \frac{15.875}{600} \approx 118.8$$

取链节数 $L_p = 120$。

查表 8-7，采用线性插值计算得到中心距计算系数 $f_1 = 0.24619$，则链传动的最大中心距为

$$a_{max} = f_1 p \left[2L_p - (z_1 + z_2)\right] = 0.24619 \times 15.875 \times \left[2 \times 120 - (21 + 63)\right] \approx 610 \text{ mm}$$

5）计算链速 v，确定润滑方式

$$v = \frac{n_1 z_1 p}{60 \times 1000} = \frac{720 \times 21 \times 15.875}{60 \times 1000} \approx 4 \text{ m/s}$$

由 $v = 4$ m/s 和链号 10A，查图 8-14 可知应采用油池润滑或油盘飞溅润滑。

6）计算压轴力 F_p

有效圆周力 $F_e = 1000P/v = 1000 \times 7.5/4 = 1875$ N。

链轮水平布置时的压轴力系数 $K_{Fp} = 1.15$，则压轴力 $F_p \approx K_{Fp} F_e = 1.15 \times 1875 = 2156.25$ N。

7）主要设计结论

链条型号 10A；链轮齿数 $z_1 = 21$，$z_2 = 63$；链节数 $L_p = 120$；中心距 $a = 610$ mm。

习　题

8-1 与带传动相比，链传动有哪些优缺点？

8-2 试分析说明滚子链传动时瞬时传动比不稳定的原因，在什么特殊条件下可使瞬时传动比恒定不变？

8-3 在链传动中为何小链轮齿数 z_1 不宜过少？而大链轮齿数 z_2 不宜过多？

8-4 链传动的主要失效形式有哪几种？

8-5 链传动产生动载荷的原因及影响因素有哪些？

8-6 链传动的中心距一般取为多少？中心距过大或过小对传动有何不利影响？

8-7 某一链号为 16A 的滚子链传动，主动链轮齿数 z_1=17，转速 n_1=730 r/min，中心距 a=600 mm。求平均链速 v_1，瞬时链速的最大值 v_{max} 和最小值 v_{min}。

8-8 已知主动链轮转速 n_1=850 r/min，齿数 z_1=21，从动链轮齿数 z_2=99，中心距 a=900 mm，滚子链极限拉伸载荷为 55.6 kN，工作情况系数 K_A=1，试求链条所能传递的功率。

8-9 已知螺旋输送机用的链传动，电动机的功率 P=3 kW，转速 n_1=720 r/min，传动比 i=3，载荷平稳，水平布置，中心距可以调节。试设计此链传动。

8-10 选择并验算一输送装置用的传动链。已知链传动传递的功率 P=7.5 kW，主动链轮的转速 n_1=960 r/min，传动比 i=100，工作情况系数 K_A=1.5，中心距 a=650 mm（可以调节）。

第 9 章　齿轮传动

9.1　概述

齿轮传动是目前机械传动中应用较广泛、较常见的一种传动形式，传递的功率可达数十万千瓦，圆周速度可达 200 m/s。本章主要介绍最常用的渐开线齿轮传动。

齿轮传动主要有以下特点：

（1）齿轮传动效率高。在常用的机械传动中，齿轮传动效率最高，单级圆柱齿轮传动的效率可达 99%，这对于大功率传动十分重要，因为即使效率提高 1%，也有很大的经济意义。

（2）齿轮传动结构紧凑。在同样的使用条件下，齿轮传动所需的空间一般较小。

（3）齿轮传动工作可靠、寿命长。齿轮传动如果设计制造合理、使用维护良好，工作十分可靠，寿命可达一二十年，这也是其他机械传动所不能比拟的。

（4）传动比稳定。传动比稳定是对机械传动性能最基本的要求，和其他传动相比较，齿轮传动的传动比稳定，这也是齿轮传动获得广泛应用的原因。

但齿轮传动制造成本较高，当齿轮精度低时噪声大，是机器主要噪声源之一，且不适合在两轴中心距很大的场合应用。

齿轮传动按照工作条件分类，可分为开式齿轮传动、半开式齿轮传动及闭式齿轮传动。开式齿轮传动没有防尘罩或机壳，齿轮是完全暴露在环境中的，不能保证良好的润滑，外界杂物容易侵入，容易发生齿面磨损。半开式齿轮传动有简易防护装置，但不能严密防护外界杂物侵入，润滑条件差，同样易发生齿面磨损。闭式齿轮传动的齿轮和轴承全部封闭在刚性箱体内，可保证良好的润滑，应用广泛。

齿轮传动按照齿面硬度分类，可分为软齿面齿轮和硬齿面齿轮。齿面硬度≤350 HBW 的齿轮称为软齿面齿轮，齿面硬度>350 HBW 的齿轮称为硬齿面齿轮。

9.2　齿轮传动的失效形式和设计计算准则

齿轮传动的失效主要是指齿轮轮齿的破坏。至于齿轮的其他部分，通常按经验进行设计，所确定的尺寸对强度和刚度均较富余，在实际工程中也极少破坏。齿轮轮齿的失效形式不同，决定轮齿强度的设计准则和计算方法也不同。

9.2.1　齿轮传动的主要失效形式

1.　轮齿折断

轮齿的力学模型类似于一个悬臂梁，在承受外载荷作用时，在其轮齿根部产生的弯曲应力最大。同时，在齿根部位过渡尺寸发生急剧变化，以及加工时沿齿宽方向留下加工刀痕而造成应力集中，当轮齿重复受载时，在脉动循环或对称循环应力作用下，在轮齿根部会造成疲劳断裂，如图 9-1（a）所示。

若轮齿突然过载，齿根应力超过材料强度极限，也会发生脆断现象。

在斜齿轮传动中，轮齿的接触线为一条斜线，轮齿受载后会发生局部折断［见图 9-1（b）］；即使是直齿圆柱齿轮，若制造及安装不良或由于轴的刚度不足而产生过大的弯曲变形，也会出现轮齿局部过载，造成局部折断。

提高轮齿抗折断能力的主要措施有：①增大齿轮模数以增加齿厚、降低齿根弯曲应力；②增大齿根过渡圆角半径及提高齿面加工精度来减小齿根的应力集中；③提高齿轮转子系统的刚性及安装精度，使轮齿接触线受载均匀；④采用合适的热处理工艺使齿心材料具有韧性；⑤采用表面强化处理，如喷丸、滚压等。

轮齿折断是最危险的一种失效形式，一旦发生断齿，传动立即失效。根据轮齿齿根疲劳折断失效形式确定的设计准则及计算方法可用于齿根的弯曲疲劳强度计算。

2.　齿面磨损

在齿轮传动中，齿面随着工作条件的不同会产生多种不同的磨损形式。当啮合齿面间落入磨料性物质（如沙粒、铁屑等）时，齿面即被逐渐磨损而导致报废，这种磨损称为磨粒磨损（见图 9-2）。齿面磨损是开式齿轮传动中主要的失效形式之一，采用闭式传动是避免齿面磨损的最有效、最直接的方法。另外，改善润滑和密封条件，提高齿面质量，加大和合理配置齿面硬度，也有助于提高齿面抗磨损的能力。

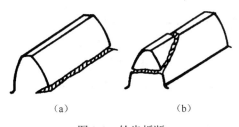

（a）　　　　　　　　（b）

图 9-1　轮齿折断

图 9-2　齿面磨损

3.　齿面点蚀

轮齿在交变接触应力的作用下，当最大接触应力超过材料的许用接触应力时，齿面产生微观疲劳裂纹，润滑油进入裂纹后，啮合过程中对封闭的润滑油进行强挤压，形成高压致使裂纹扩展，结果小块金属从齿面脱落，留下一个小坑，形成点蚀。齿面点蚀是润滑良好的闭式齿轮传动中一种常见的齿面破坏形式。

齿面点蚀一般首先出现在靠近节线的齿根面上（见图 9-3），为细小的尖状麻点，然后向其他部位扩展。其产生的原因主要有：①节线附近相对滑动速度低，润滑不良，不利于油膜形成，摩擦较大；②节线附近常为单对齿啮合，轮齿受力过大。从相对意义上说，靠近节线处的齿根面抵抗点蚀能力最差，即接触疲劳强度最低。

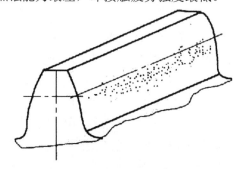

图 9-3　齿面点蚀

在闭式软齿面（硬度≤350 HBW）齿轮传动中，齿面硬度较低、塑性好，齿面经跑合后，接触应力趋于均匀，麻点不再继续扩展或反而消失，这种点蚀称为收敛性点蚀，不会导致传动失效。如果点蚀不断扩大，就发展为破坏性点蚀。这种点蚀的麻点，通常比早期点蚀的麻点大而深，一般首先出现在靠近节线处的齿根面上，并且逐渐向其他部位扩展，最后导致齿轮传动失效。其结果是往往引起强烈的振动和噪声，甚至断齿，是一种比较危险的失效形式。

在开式齿轮传动中，由于金属颗粒、灰尘等的侵入，齿面磨损较快，齿面产生的微观裂纹往往会被迅速磨掉，而不致发展为点蚀。

提高齿面抗点蚀能力的主要措施有：①增大齿轮直径或中心距以降低齿面接触应力；②提高齿面硬度和表面加工精度；③保证润滑良好，减小摩擦，从而减缓点蚀；④在合理的限度内采用黏度较高的润滑油，防止润滑油浸入疲劳裂纹，从而减缓裂纹的扩展。

根据齿面疲劳点蚀失效形式确定的设计准则和计算方法可用于齿面接触疲劳强度计算。

4．齿面胶合

齿面胶合（见图 9-4）是一种较为严重的黏附磨损现象。对于某些高速重载的齿轮传动（如航空发动机的主传动），由于齿面压力大，相对运动速度高，易使齿面油膜破裂，产生很大的摩擦热，使局部瞬时温升过高，从而使两个齿面接触线处的金属熔焊在一起，由于两个齿面间的相对滑动，熔焊在一起的部分又被撕开，在齿面上沿相对滑动的方向形成伤痕，这种现象称为胶合。

对于一些低速重载的齿轮传动，由于齿面间压力大、相对运动速度低，不易形成油膜而产生胶合，但齿面产生的摩擦热少，瞬时温升不高，故称为冷胶合。

加强润滑，采用抗胶合能力强的润滑油（如硫化油），在润滑油中加入极压添加剂，提高齿面硬度和加工精度等，均可提高齿面抗胶合的能力。

5．齿面塑性变形

若轮齿的材料较软，轮齿上的载荷所产生的应力超过了材料的屈服极限，齿面材料处于屈服状态而沿着摩擦力的方向产生塑性变形。在主动轮的轮齿上，摩擦力方向背离节线，齿面金属的流动导致节线处下凹；在从动轮的轮齿上，摩擦力方向指向节线，齿面金属的流动导致节线处凸起，如图 9-5 所示。

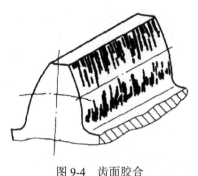

图 9-4　齿面胶合

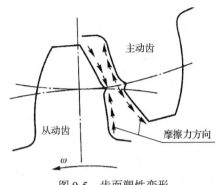

图 9-5　齿面塑性变形

提高齿面硬度，采用黏度较高或加有极压添加剂的润滑油，可减缓或防止齿面塑性变形。

以上所列举的齿轮失效的几种主要形式，都有可能在传动中发生。但在一定条件下，其中的一两种形式是主要的。

9.2.2　齿轮传动的设计计算准则

针对上述不同的齿轮传动失效形式，都应建立相应的设计计算准则。但对于齿面磨损、塑性变形，目前尚未建立起行之有效的设计计算方法。因此，在工程实际中，通常只按保证齿根弯曲疲劳强度和齿面接触疲劳强度两条准则进行计算。对于高速大功率齿轮传动（如航空发动机的主传动、汽轮发电机组的主传动等），还要根据齿面抗胶合能力的准则进行计算。

由实践得知，对于中低速的闭式齿轮传动，当一对或一个齿轮齿面为软齿面（硬度≤350 HBW 或硬度≤38 HRC）时，轮齿的主要失效形式为齿面点蚀，通常以保证齿面接触疲劳强度为主；当一对齿轮均为硬齿面（硬度>350 HBW 或硬度>38 HRC）时，齿轮的主要失效形式为轮齿折断，通常以保证齿根弯曲疲劳强度为主。

由于开式或半开式齿轮传动的主要失效形式为齿面磨损，严重磨损后齿厚变薄而发生轮齿折断，理应按齿面抗磨损能力及齿根抗折断能力两条准则进行计算，但因抗磨损能力计算尚无成熟的计算方法，故目前仅按齿根弯曲疲劳强度计算，将计算得到的模数加大10%～15%来考虑磨损的影响。

9.3　齿轮的材料及选择原则

齿轮的轮齿在传动过程中要传递力矩而承受弯曲、冲击等载荷。经过一段时间的使用，轮齿还会发生齿面磨损、齿面点蚀、齿面胶合和齿面塑性变形等情况而降低精度，产生振动和噪声等。齿轮的工作条件不同，轮齿的失效形式也不同。选取齿轮材料时，除考虑齿轮工作条件外，还应考虑齿轮的结构形状、生产数量、制造成本和材料货源等因素。

9.3.1　齿轮材料

根据对轮齿失效形式的分析可以知道，齿轮材料应具备如下性能：①齿面具有足够的硬度和耐磨性，以获得较高的抗点蚀、抗磨损、抗胶合的能力；②对于承受交变载荷和冲击载荷的齿轮，要求齿心部有足够的抗弯强度和韧性，以获得较高的抗弯曲和抗冲击载荷的能力；③具有良好的工艺性能，既要易于切削加工，也要有较好的热处理性能；④经济性好。总的要求就是：齿面硬度高、齿心韧性好。

1. 锻钢

钢材按齿轮毛坯形式可分为锻钢和铸钢两类。钢材经锻造后，材料性质得到改善，因此除尺寸较大、结构形状复杂时采用铸钢外，一般齿轮采用锻钢制造。

软齿面齿轮（齿面硬度≤350 HBW）经调质或正火处理，制造工艺简便，成本低。对于强度、速度及精度要求不高的齿轮，可采用软齿面齿轮以便于切齿，切齿后即为成品，精度等级一般为 8 级，精切时可达到 7 级。

硬齿面齿轮切齿后需经过表面淬火、渗碳淬火、氮化等表面硬化处理。轮齿淬火后变形较大，一般要经过磨齿等精加工。硬齿面齿轮承载能力高于软齿面齿轮，在相同条件下，尺寸和质量都要比软齿面齿轮小得多，通常用作高速、重载及精密机器（如精密机床、航空发动机）上的主要齿轮。

2. 铸钢

铸钢的耐磨性及强度均较好，但应经退火或常化处理，必要时可进行调质。铸钢常用于尺寸较大或结构形状复杂的齿轮。

3. 铸铁

铸铁较脆，抗冲击及耐磨性比较差，但抗胶合及抗点蚀能力较好，常用于工作平稳、速度较低、功率不大的场合。

4. 非金属材料

对高速、轻载及精度不高的场合，为了降低噪声，常用非金属材料（如夹布胶木、尼龙等）制造小齿轮，大齿轮仍然用钢或铸铁制造。

常用的齿轮材料及其力学性能，可参考表 9-1。

9.3.2　齿轮材料的选择原则

齿轮材料的种类很多，在选择时应考虑的因素也很多，下述几点可供选择材料时参考。

（1）齿轮材料必须满足工作条件的要求。如用于飞机上的齿轮，应满足质量小、传动功率大和可靠性高的要求，因此其材料必须选择力学性能高的合金钢；矿山机械中的齿轮传动，一般功率很大、工作速度较低、周围环境粉尘含量极高，因此其材料往往选择铸钢或铸铁；家用及办公用机械的功率很小，但要求传动平稳，低噪声，以及能在少润滑或无润滑状态下正常工作，因此常选用工程塑料作为齿轮材料。总之，工作条件的要求是选择齿轮材料时首先应考虑的因素。

（2）应考虑齿轮尺寸的大小、毛坯成型方法、热处理和制造工艺。大尺寸的齿轮一般采用铸造毛坯，可选择铸钢或铸铁作为齿轮材料。中等或中等以下尺寸要求较高的齿轮常选用锻造毛坯，可选用锻钢作为齿轮材料。

（3）正火处理的碳钢，只能用于制造在载荷平稳或轻度冲击载荷下工作的齿轮，调质处理的碳钢可用于制造在中等冲击载荷下工作的齿轮。

（4）合金钢常用于制造高速、重载并在冲击载荷下工作的齿轮。

（5）飞行器中的齿轮传动，要求齿轮尺寸尽可能小，应采用表面硬化处理的高强度合金钢制造。

（6）金属制的软齿面齿轮，在啮合过程中，小齿轮的啮合次数比大齿轮多，为了使大、小齿轮的寿命接近，应使小齿轮的硬度比大齿轮的硬度高 30～50 HBW。并且，当小齿轮和大齿轮的齿面有较大的硬度差且速度较高时，较硬的小齿轮齿面对较软的大齿轮齿面有显著的冷作硬化效应，从而提高大齿轮齿面的疲劳极限。

表 9-1　常用的齿轮材料及其力学性能

材 料 牌 号	热处理方法	强度极限 δ_B(MPa)	屈服极限 δ_S(MPa)	硬度（HBW）	
				齿 心 部	齿 面
HT250		250		170～241	
HT300		300		187～255	
HT350		350		197～269	
QT500-5		500		147～241	
QT600-2		600		229～302	
ZG310-570	正火	570	320	156～271	
ZG340-640		640	350	169～229	
45		580	290	162～217	
ZG340-640		700	380	241～269	
45		650	360	217～255	
30CrMnSi	调质	1100	900	310～360	
35SiMnMo		750	450	217～269	
38SiMnMo		700	550	217～269	
40Cr		700	500	241～286	
45	调质后表面淬火			217～255	40～50HRC
40Cr				241～286	48～55HRC
20Cr		650	400	300	58～62HRC
20CrMnTi	渗碳后淬火	1100	850		
12Cr2Ni4		1100	850	320	
20Cr2Ni4		1200	1100	350	
35CrAl	调质后氮化（氮化层厚 0.5 mm）	950	750	255～321	>850HV
38CrMoAl		1000	850		
夹布胶木		100		25～35	

9.4 齿轮传动的计算载荷

在齿轮传动中，由于原动机和工作机的不平稳，齿轮制造和安装误差，载荷沿齿面接触线分布不均匀以及载荷在同时啮合齿间分配不均匀等因素的影响，应对名义（公称）载荷进行修正，即名义载荷乘以一个修正系数，称为载荷系数 K，以得到用于齿轮强度计算的计算载荷，表示为

$$F_{ca} = KF_n \qquad\qquad (9\text{-}1)$$

其中

$$K = K_A K_v K_\beta K_\alpha \qquad\qquad (9\text{-}2)$$

式中，K_A 为使用系数；K_v 为动载荷系数；K_β 为齿向载荷分布系数；K_α 为齿间载荷分布系数；

1. 使用系数 K_A

使用系数 K_A 用以考虑齿轮外部工作条件所产生的动载荷。它取决于原动机和工作机的性质、联轴器的缓冲能力等因素，表 9-2 所列的使用系数 K_A 可供参考。

表 9-2 使用系数 K_A

载荷状态	工作机	原动机			
		电动机、均匀运转的蒸汽机、燃气轮机	蒸汽机，燃气轮机、液压装置	多缸内燃机	单缸内燃机
均匀平稳	发电机、均匀传送的带式输送机或板式输送机、螺旋输送机、轻型升降机、包装机、机床进给机构、通风机、均匀密度材料搅拌机	1.00	1.10	1.25	1.50
轻微冲击	不均匀传送的带式输送机或板式输送机、机床的主传动机构、重型升降机、工业与矿业风机、重型离心机、变密度材料搅拌机	1.25	1.35	1.50	1.75
中等冲击	橡胶挤压机、间歇工作的橡胶或塑料搅拌机、轻型球磨机、木工机械、钢坯初轧机、提升装置、单缸活塞泵	1.50	1.60	1.75	2.00
严重冲击	挖掘机、重型球磨机、橡胶揉合机、破碎机、重型给水泵、旋转式钻探装置、压砖机、带材冷轧机、压坯机	1.75	1.85	2.00	2.25 或更大

注：表中所列 K_A 仅适用于减速传动，若为增速传动，K_A 约为表中值的 1.1 倍。当外部机械与齿轮装置间有挠性连接时，通常 K_A 值可适当减小。

2. 动载荷系数 K_v

动载荷系数 K_v 用来表征由齿轮副本身的啮合误差引起的内部附加动载荷。由于齿轮加

工存在制造误差，轮齿承受载荷引起变形，使得齿轮的基节 p_{b1} 和 p_{b2} 不相等，如图 9-6 所示，因而轮齿不能正确地啮合，引起从动轮转速变化，产生动载荷或冲击。对于直齿轮传动，轮齿在啮合过程中，无论是由双对齿啮合过渡到单对齿啮合，还是由单对齿啮合过渡到双对齿啮合期间，啮合齿对的刚度变化都会引起动载荷。

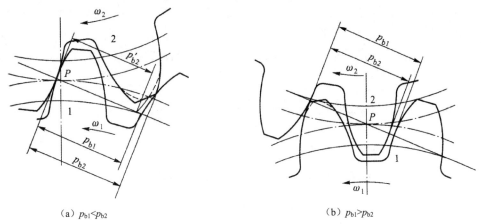

（a）$p_{b1} < p_{b2}$　　　　　　　　　　　　　　（b）$p_{b1} > p_{b2}$

图 9-6　齿轮传动基节误差和齿顶修缘对传动的影响

　　齿轮的制造精度和圆周速度对轮齿啮合过程中产生动载荷的大小影响很大，提高制造精度，减小齿轮直径以降低圆周速度，均可减小动载荷。

　　为了减小动载荷，除提高制造精度外，重要的齿轮传动还可以进行齿顶修缘，即把齿顶切去一小部分，如图 9-6（a）、图 9-6（b）中虚线所示。当 $p_{b2} > p_{b1}$ 时，对齿轮 2 进行齿顶修缘；当 $p_{b1} > p_{b2}$ 时，对齿轮 1 进行齿顶修缘。修缘后可使轮齿的基节变小，从而减小动载荷。

　　一般齿轮传动的动载荷系数 K_v 可参考图 9-7 选用。若为直齿锥齿轮传动，应按图 9-7 中低一级的精度线及锥齿轮平均分度圆处的圆周速度 v_m 查取 K_v 值。

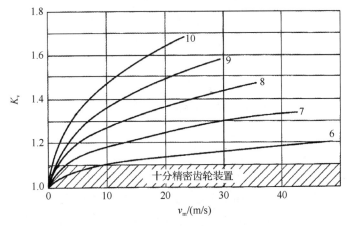

图 9-7　动载荷系数 K_v

3. 齿向载荷分布系数 K_β

　　齿向载荷分布系数 K_β 表征沿齿宽方向载荷分布不均匀对齿轮强度的影响。影响齿向载荷分布的主要因素有齿轮的制造误差（齿向偏差），齿轮的布置形式及轴、轴承、箱体的刚度，齿轮的宽度，齿面的硬度及跑合效果等。图 9-8（a）与图 9-8（b）所示为齿轮相对于两个轴承不对称布置时，由于轴的弯曲变形，轴上的齿轮随之倾斜，使作用于齿面上的载荷沿齿宽方向出现分布不均匀的情况。

为了改善载荷沿齿向分布不均匀的情况，可采取的措施有：提高齿轮的制造精度和安装精度（如减小齿向误差和两条轴线的平行度误差）；提高轴、轴承及箱体的支承刚度；选取合适的齿轮位置，悬臂布置时应尽可能减小悬臂长度；适当限制齿轮的齿宽等。另外，将轮齿做成鼓形齿（见图 9-9），可以有效地改善轮齿的载荷分布［见图 9-8（c）］。

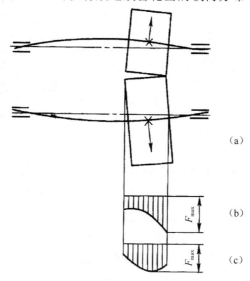

图 9-8　轴的变形引起的齿向偏载

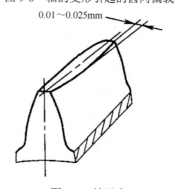

图 9-9　鼓形齿

由于小齿轮轴的弯曲及扭转变形，改变了轮齿沿齿宽的正常啮合位置，因而相应于轴的这些变形量，沿小齿轮宽度对轮齿做适当的修形，可以大大改善载荷沿接触线分布不均匀的情况。沿齿宽对轮齿进行修形的方法，多用于圆柱斜齿轮及人字形齿轮传动，故通常称为轮齿的螺旋角修形。

齿向载荷分布系数 K_β 可分为 $K_{H\beta}$ 和 $K_{F\beta}$。$K_{H\beta}$ 为按齿面接触疲劳强度计算时所用的齿向载荷分布系数，见表 9-3，若齿宽 b 与表中值不符，可用插值法查取；$K_{F\beta}$ 为按齿根弯曲疲劳强度计算时所用的系数，可根据 $K_{H\beta}$ 值、齿宽与齿高之比 $b:h$ 从图 9-10 中查得。

表9-3　按齿面接触疲劳强度计算时的齿向载荷分布系数 $K_{H\beta}$

小齿轮支承位置		软齿面齿轮									硬齿面齿轮					
		对称布置			非对称布置			悬臂布置			对称布置		非对称布置		悬臂布置	
φ_d	b/mm 精度等级	6	7	8	6	7	8	6	7	8	5	6	5	6	5	6
0.4	40	1.145	1.158	1.191	1.148	1.161	1.194	1.176	1.189	1.222	1.096	1.098	1.100	1.102	1.140	1.143
	80	1.151	1.167	1.204	1.154	1.170	1.206	1.182	1.198	1.234	1.100	1.104	1.104	1.108	1.144	1.149
	120	1.157	1.176	1.216	1.160	1.179	1.219	1.188	1.207	1.247	1.104	1.111	1.108	1.115	1.148	1.155
	160	1.163	1.186	1.228	1.168	1.188	1.231	1.194	1.216	1.259	1.108	1.117	1.112	1.121	1.152	1.162
	200	1.169	1.195	1.241	1.172	1.198	1.244	1.200	1.226	1.272	1.112	1.124	1.116	1.128	1.156	1.168
0.6	40	1.181	1.194	1.227	1.195	1.208	1.241	1.337	1.350	1.383	1.148	1.150	1.168	1.170	1.376	1.388
	80	1.187	1.203	1.240	1.201	1.217	1.254	1.343	1.359	1.396	1.152	1.156	1.172	1.177	1.380	1.396
	120	1.193	1.212	1.252	1.207	1.226	1.266	1.345	1.369	1.408	1.156	1.163	1.176	1.183	1.385	1.404
	160	1.199	1.222	1.264	1.213	1.236	1.278	1.355	1.378	1.421	1.160	1.169	1.180	1.189	1.390	1.411
	200	1.205	1.231	1.277	1.219	1.245	1.291	1.361	1.387	1.433	1.164	1.176	1.184	1.196	1.395	1.419
0.8	40	1.231	1.244	1.278	1.275	1.289	1.322	1.725	1.738	1.772	1.220	1.223	1.284	1.287	2.044	2.057
	80	1.237	1.254	1.290	1.281	1.298	1.334	1.731	1.748	1.784	1.224	1.229	1.288	1.293	2.049	2.064
	120	1.243	1.263	1.302	1.287	1.307	1.347	1.737	1.757	1.796	1.228	1.236	1.292	1.299	2.054	2.072
	160	1.249	1.272	1.313	1.293	1.316	1.359	1.743	1.766	1.809	1.232	1.242	1.296	1.306	2.058	2.080
	200	1.255	1.281	1.327	1.299	1.325	1.371	1.749	1.775	1.821	1.236	1.248	1.300	1.312	2.063	2.087
1.0	40	1.296	1.309	1.342	1.404	1.417	1.450	2.502	2.515	2.548	1.314	1.316	1.491	1.504	3.382	3.395
	80	1.302	1.318	1.355	1.410	1.426	1.462	2.508	2.524	2.561	1.318	1.323	1.496	1.511	3.387	3.402
	120	1.308	1.328	1.367	1.416	1.436	1.475	2.514	2.534	2.573	1.322	1.329	1.500	1.519	3.391	3.410
	160	1.314	1.337	1.380	1.422	1.445	1.488	2.520	2.543	2.586	1.326	1.336	1.505	1.526	3.396	3.417
	200	1.320	1.346	1.392	1.428	1.454	1.500	2.526	2.552	2.598	1.330	1.348	1.510	1.534	3.401	3.425
1.2	40	1.375	1.388	1.422	1.599	1.612	1.646	3.876	3.889	3.922	1.441	1.454	1.827	1.840	5.748	5.761
	80	1.381	1.398	1.434	1.605	1.622	1.658	3.882	3.898	3.935	1.446	1.462	1.832	1.847	5.753	5.769
	120	1.387	1.407	1.446	1.611	1.631	1.670	3.888	3.907	3.947	1.451	1.469	1.837	1.855	5.758	5.776
	160	1.393	1.416	1.459	1.617	1.640	1.683	3.894	3.917	3.960	1.456	1.477	1.841	1.863	5.763	5.784
	200	1.399	1.425	1.471	1.623	1.649	1.695	3.900	3.926	3.972	1.460	1.484	1.846	1.870	5.767	5.791

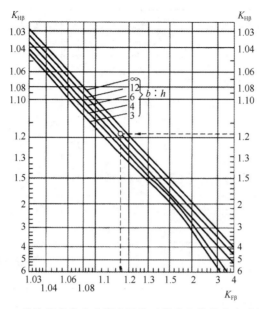

图 9-10　按齿根弯曲疲劳强度计算时的齿向载荷分布系数 $K_{F\beta}$

4. 齿间载荷分布系数 K_α

齿间载荷分布系数 K_α 是考虑同时啮合的各对轮齿之间载荷分配不均匀的影响系数。齿轮在啮合过程中，$1<\varepsilon_\alpha<2$ 时，表示一对齿和两对齿交替参与啮合。在双对齿啮合区，载荷由两对齿承担，但实际上由于轮齿制造误差和弹性变形，载荷在两对齿上的分布是不均匀的。

齿轮的精度、齿轮传动的重合度、受载后轮齿的变形、齿顶的修缘及跑合效果等均会影响齿间载荷分布。简化后的 K_α 值见表 9-4，表中的 Y_ε 值由式（9-5）计算，Z_ε 值由式（9-15）计算。

表 9-4　齿间载荷分布系数 K_α

$K_A F_t/b$（N/mm）		$\geqslant 100$					<100
精　度　等　级		5	6	7	8	9	5 级以上及 9 级以下
经表面硬化的直齿轮	弯曲 $K_{F\alpha}$		1.0	1.1	1.2	—	$1/Y_\varepsilon \geqslant 1.2$
	接触 $K_{H\alpha}$		1.0	1.1	1.2	—	$1/Z_\varepsilon^2 \geqslant 1.2$
经表面硬化的斜齿轮		1.0	1.1	1.2	1.4	—	$\varepsilon_\alpha/\cos^2\beta_b \geqslant 1.4$
未经表面硬化的直齿轮	弯曲 $K_{F\alpha}$		1.0			1.1	1.2	$1/Y_\varepsilon \geqslant 1.2$
	接触 $K_{H\alpha}$		1.0			1.1	1.2	$1/Z_\varepsilon^2 \geqslant 1.2$
未经表面硬化的斜齿轮		1.0	1.1	1.2	1.4		$\varepsilon_\alpha/\cos^2\beta_b \geqslant 1.4$

9.5　标准直齿圆柱齿轮传动的强度计算

强度计算的目的在于保证齿轮传动在工作载荷的作用下，在预定的工作条件下不发生各种失效。

直齿圆柱齿轮的强度计算方法是其他各类齿轮传动计算方法的基础，斜齿圆柱齿轮、直齿圆锥齿轮的强度计算，可以折合成当量直齿圆柱齿轮来进行计算。

由于齿轮工作情况和使用要求不同，影响齿轮强度的因素又十分复杂和难以确定，世界标准化组织及各国都制定了相应的计算标准。齿根弯曲疲劳强度的计算多以刘易斯（W.Lewis）公式为基础，而齿面接触疲劳强度的计算多以赫兹（H.Hertz）公式为基础。

9.5.1 齿轮传动的受力分析

为了计算齿轮的强度，设计轴和选用轴承，首先应对齿轮传动进行受力分析。标准齿轮标准中心距安装的外啮合齿轮传动时，轮齿的受力分析如图 9-11 所示。

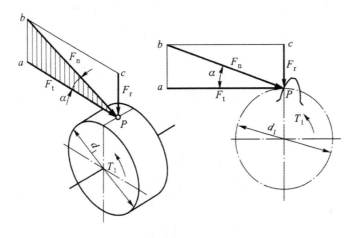

图 9-11 直齿圆柱齿轮传动的受力分析

通常齿面摩擦力很小，可忽略不计，并将沿齿宽方向的分布载荷简化为一个集中载荷，称为公称载荷，即为作用于齿面节圆法线方向上的法向载荷（或法向力）F_n。为方便计算，将小齿轮法向力 F_n 在齿轮节点处分解为两个相互垂直的分力，即圆周力 F_t 和径向力 F_r，根据力平衡关系，可得

$$\begin{cases} F_t = \dfrac{2T_1}{d_1} \\ F_r = F_t \tan\alpha \\ F_n = \dfrac{F_t}{\cos\alpha} \end{cases} \tag{9-3}$$

式中，T_1 为小齿轮传递的名义转矩，N·mm；d_1 为小齿轮分度圆直径，mm；α 为压力角，对标准齿轮传动，$\alpha = 20°$。

齿轮传动时，已知小齿轮传递的名义功率为 P_1(kW)、转速为 n_1(r / min)，则小齿轮名义转距 T_1（N·mm）为

$$T_1 = 9.55 \times 10^6 \frac{P_1}{n_1} \tag{9-4}$$

作用在主动轮和从动轮上的各分力大小相等，方向相反。各分力方向的判定方法：在主动轮上，圆周力 F_t 是阻力，与主动轮的回转方向相反；在从动轮上，圆周力 F_t 是驱动力，

与从动轮的回转方向相同，简称"主反从同"。两个轮齿所受的径向力 F_r 的方向分别指向各自的轮心。

9.5.2 齿根弯曲疲劳强度计算

直齿圆柱齿轮齿根弯曲疲劳强度计算是为了防止齿根疲劳折断破坏而进行的，其依据是材料力学中悬臂梁的应力分析。试验研究表明，当齿圈厚度足够时，可将轮齿视为齿宽为 b 的悬臂梁，齿根的危险截面通常由 30°切线法确定，作与轮齿对称中心成 30°角的两条直线，与齿根过渡曲线相切，两个切点间连线 AB 的位置即为危险截面，如图 9-12 所示。

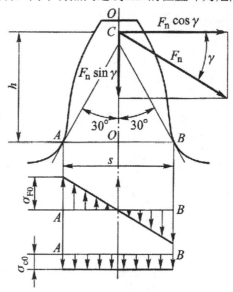

图 9-12 齿根应力图

轮齿所受的载荷与载荷作用点影响齿根最大弯矩，分析表明，当载荷作用点位于单对齿啮合区最高点时，齿根的弯矩最大。但这种算法比较复杂，对于一般齿轮传动，通常按照载荷作用于齿顶计算齿根弯曲应力，然后引入重合度系数 Y_ε 进行修正。Y_ε 可用下式计算：

$$Y_\varepsilon = 0.25 + \frac{0.75}{\varepsilon_\alpha} \tag{9-5}$$

式中，ε_α 为齿轮传动的端面重合度。

如图 9-12 所示，作用于轮齿的总载荷 F_n 沿啮合线方向，即法线方向，将 F_n 分解为切向分力 $F_n \cos\gamma$ 和径向分力 $F_n \sin\gamma$。在齿根危险截面 AB 处，切向分力使齿根产生弯曲应力 σ_{F0} 和切应力，径向分力引起压应力 σ_{c0}。由于压应力和切应力相对较小，只考虑齿根的弯曲应力。设危险截面 AB 处的齿厚为 s，弯曲力臂为 h，则载荷作用于齿顶时危险截面处的齿根弯曲应力的校核公式为

$$\sigma_{F0} = \frac{M}{W} \leqslant [\sigma_F] \tag{9-6}$$

由材料力学可知，齿宽为 b 的齿根抗弯模量为 $W = bs^2 / 6$，危险截面处的最大弯矩为 $M = F_n \cos\gamma h = F_t \cos\gamma h / \cos\alpha$，则齿根危险截面处的弯曲应力 σ_{F0} 为

$$\sigma_{F0} = \frac{M}{W} = \frac{6F_t h \cos\gamma}{bs^2 \cos\alpha} = \frac{F_t}{bm} \frac{6\left(\dfrac{h}{m}\right)\cos\gamma}{\left(\dfrac{s}{m}\right)^2 \cos\alpha} \qquad (9-7)$$

令

$$Y_{Fa} = \frac{6\left(\dfrac{h}{m}\right)\cos\gamma}{\left(\dfrac{s}{m}\right)^2 \cos\alpha} \qquad (9-8)$$

式中，Y_{Fa} 称为齿形系数，为一个无量纲的常量。它表示轮齿的几何形状对抗弯能力的影响，只与轮齿的齿廓形状有关，因此 Y_{Fa} 取决于齿数 z 和变位系数 x，如图 9-13 所示。载荷作用于齿顶时，外齿轮的齿形系数可由表 9-5 查得，则齿根弯曲应力为

$$\sigma_{F0} = \frac{F_t}{bm} Y_{Fa} \qquad (9-9)$$

式（9-9）中的 σ_{F0} 为齿根危险截面处的理论弯曲应力。实际计算时，还要考虑到齿根应力集中等因素对 σ_{F0} 的影响，引入应力修正系数 Y_{Sa}。齿根应力集中程度取决于齿根过渡曲线的曲率即齿根的形状，所以 Y_{Sa} 也与齿数和变位系数有关，其值由表 9-5 查取。

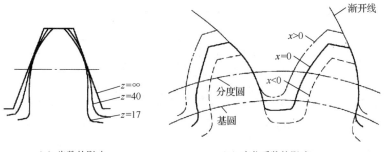

（a）齿数的影响　　　　　　　（b）变位系数的影响

图 9-13　齿数和变位系数对齿形系数的影响

表 9-5　标准外齿轮的齿形系数 Y_{Fa} 及应力修正系数 Y_{Sa} （部分表格）

z (z_v)	12	14	16	17	18	19	20	21	22	23	24	25	26
Y_{Fa}	3.47	3.22	3.03	2.97	2.91	2.85	2.81	2.76	2.75	2.69	2.65	2.62	2.60
Y_{Sa}	1.44	1.47	1.51	1.52	1.53	1.54	1.55	1.56	1.57	1.575	1.58	1.59	1.595
z (z_v)	27	28	29	30	35	40	45	50	60	70	80	90	100
Y_{Fa}	2.57	2.55	2.53	2.52	2.45	2.40	2.35	2.32	2.28	2.24	2.22	2.20	2.18
Y_{Sa}	1.60	1.61	1.62	1.625	1.65	1.67	1.68	1.70	1.73	1.75	1.77	1.78	1.79

将 $F_t = \dfrac{2T_1}{d_1} = \dfrac{2T_1}{mz_1}$ 代入式（9-9），并引入载荷系数 K，计入重合度系数 Y_ε，则危险截面处的齿根弯曲应力为

$$\sigma_F = \frac{2KT_1}{bmd_1} Y_{Fa} Y_{Sa} Y_\varepsilon \leqslant [\sigma_F] \qquad (9-10)$$

式（9-10）即为直齿圆柱齿轮齿根弯曲疲劳强度的校核公式。

式中，σ_F 为齿根弯曲应力，MPa；$[\sigma_F]$ 为许用弯曲应力，MPa；b 为齿宽，mm；T_1 为主动轮转矩，N·mm；K 为载荷系数；Y_{Fa} 为齿形系数；Y_{Sa} 为应力修正系数；m 为齿轮模数，mm；d_1 为小齿轮分度圆直径，mm。

令齿宽系数 $\varphi_d = b/d_1 = b/mz_1$，代入式（9-10）中，可得模数 m 的设计公式为

$$m \geqslant \sqrt[3]{\frac{2KT_1Y_\varepsilon}{\varphi_d z_1^2} \cdot \frac{Y_{Fa}Y_{Sa}}{[\sigma_F]}} \tag{9-11}$$

9.5.3 齿面接触疲劳强度计算

直齿圆柱齿轮齿面接触疲劳强度计算是针对齿面点蚀的失效破坏而进行的。两个齿轮在啮合时，类似于以 ρ_1、ρ_2 为半径的两个圆柱体接触，因此可将两个圆柱体接触时的赫兹公式用于计算齿面的接触应力。

如图 9-14 所示，两个圆柱体沿接触线作用法向载荷 F_n 时，接触区内将产生接触应力。未受此载荷时，两个圆柱体沿其母线相接触，称为初始线接触。在承受载荷后，由于材料的弹性变形，接触线变为矩形接触带。在此接触区内，接触应力的分布是不均匀的，在初始接触线（接触区的中线）上接触应力最大，用 σ_H 表示，根据弹性力学的赫兹公式，其最大接触应力为

$$\sigma_H = \sqrt{\frac{F_n}{\pi L} \cdot \frac{\dfrac{1}{\rho_1} \pm \dfrac{1}{\rho_2}}{\dfrac{1-\mu_1^2}{E_1} + \dfrac{1-\mu_2^2}{E_2}}} \tag{9-12}$$

式中，σ_H 为最大接触应力，MPa；F_n 为作用于两个圆柱体上的集中载荷，即法向力，N；L 为两个圆柱体接触长度，mm；ρ_1、ρ_2 分别为两个圆柱体的曲率半径，mm，"$+$" 用于外啮合，"$-$" 号用于内啮合；E_1、E_2 分别为两个圆柱体材料的弹性模量，MPa；μ_1、μ_2 分别为两个圆柱体材料的泊松比。

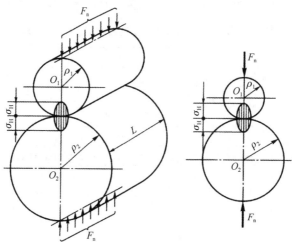

图 9-14 接触应力计算简图

令 $Z_E = \sqrt{\dfrac{1}{\pi\left(\dfrac{1-\mu_1^2}{E_1}+\dfrac{1-\mu_2^2}{E_2}\right)}}$，称为齿轮材料的弹性系数，见表 9-6，用以表征材料弹性模量

E 和泊松比 μ 对赫兹应力 σ_H 的影响。定义 $\dfrac{1}{\rho_\Sigma}=\dfrac{1}{\rho_1}\pm\dfrac{1}{\rho_2}$，$\rho_\Sigma$ 称为综合曲率，则式（9-12）

简化为

$$\sigma_H = Z_E\sqrt{\dfrac{F_n}{L}\cdot\dfrac{1}{\rho_\Sigma}} \tag{9-13}$$

式中，L 为承受法向力的接触线长度，对端面重合度 $\varepsilon_\alpha>1$ 的直齿圆柱齿轮传动，在啮合区，一般是一对齿和两对齿交替啮合，轮齿的接触线介于齿宽 b 和 $2b$ 之间，则式（9-13）中的 L 可用下式计算：

$$L = \dfrac{b}{Z_\varepsilon^2} \tag{9-14}$$

式中，Z_ε 为重合度系数，用以表征重合度对齿宽载荷的影响，表达式为

$$Z_\varepsilon = \sqrt{\dfrac{4-\varepsilon_\alpha}{3}} \tag{9-15}$$

表 9-6 齿轮材料的弹性系数 Z_E 单位：$\sqrt{\text{MPa}}$

齿 轮 材 料	配对齿轮材料				
	灰铸铁	球墨铸铁	铸钢	锻钢	夹布胶木
	弹性模量	弹性模量	弹性模量	弹性模量	弹性模量
	$E=11.8\times10^4$ MPa	$E=17.3\times10^4$ MPa	$E=20.2\times10^4$ MPa	$E=20.6\times10^4$ MPa	$E=0.785\times10^4$ MPa
锻钢	162.0	181.4	188.9	189.8	56.4
铸钢	161.4	180.5	188.0	—	—
球墨铸铁	156.6	173.9	—	—	—
灰铸铁	143.7				

注：表中所列夹布胶木的泊松比 $\mu=0.5$；其余材料 $\mu=0.3$。

由渐开线的性质可知，渐开线齿廓上各点的曲率不同。轮齿在啮合过程中，齿廓接触点不断地变化，啮合线上各点的综合曲率不同，导致赫兹应力发生变化，如图 9-15（a）、（b）所示。在小齿轮单对齿啮合区内界点 B 处的接触应力最大，如图 9-15（c）、（d）所示。因此，应该以该点的接触应力作为接触疲劳强度的依据。但因该点的位置随重合度的不同而变化，计算综合曲率比较复杂，且 B 点的接触应力与节点 P 的接触应力相差不大，所以将节点 P 处的接触应力作为计算的依据。如图 9-15（a）所示，两个轮齿齿廓在节点 P 处的曲率半径分别为

$$\rho_1 = N_1P = d_1\sin\alpha\,/2,\quad \rho_2 = N_2P = d_2\sin\alpha\,/2 = u\cdot\rho_1$$

则有

$$\dfrac{1}{\rho_\Sigma}=\dfrac{1}{\rho_1}\pm\dfrac{1}{\rho_2}=\dfrac{u\pm1}{u}\dfrac{2}{d_1\sin\alpha} \tag{9-16}$$

式中，u 为两个齿轮齿数之比，$u=z_2/z_1=d_2/d_1$。

将式（9-14）、式（9-16）代入式（9-13），又因 $F_n=F_t/\cos\alpha$，可得

$$\sigma_H = Z_E Z_\varepsilon\sqrt{\dfrac{2}{\sin\alpha\cos\alpha}}\sqrt{\dfrac{F_t}{bd_1}\dfrac{u\pm1}{u}} \tag{9-17}$$

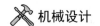
令

$$Z_H = \sqrt{\frac{2}{\sin\alpha \cdot \cos\alpha}} = \sqrt{\frac{4}{\sin 2\alpha}}$$

式中，Z_H 称为节点区域系数，用以表征节点处齿廓曲率对接触应力的影响，其值由图 9-16 查取。对于标准直齿轮，$\alpha = 20°$，$Z_H = 2.5$。

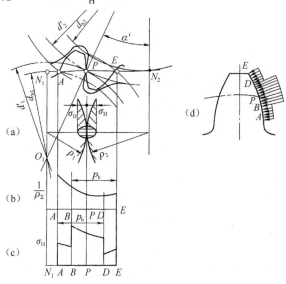

图 9-15　齿面的接触应力

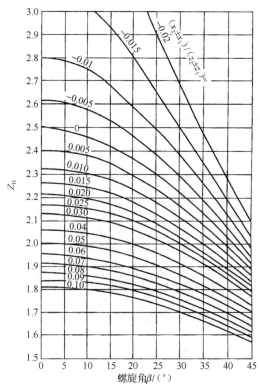

图 9-16　节点区域系数

引入载荷系数 K，且 $F_t = 2T_1/d_1$，可得齿面接触疲劳强度的校核公式为

$$\sigma_H = Z_E Z_\varepsilon Z_H \sqrt{\frac{2KT_1}{bd_1^2} \frac{u \pm 1}{u}} \leqslant [\sigma_H] \tag{9-18}$$

式中，σ_H 为齿面接触应力，MPa；$[\sigma_H]$ 为许用接触应力，MPa；K 为载荷系数；T_1 为主动轮转矩，N·mm；b 为齿宽，mm；d_1 为小齿轮分度圆直径，mm；u 为两个齿轮的齿数比；Z_E 为齿轮材料的弹性系数；Z_ε 为重合度系数；Z_H 为节点区域系数。

将齿宽系数 $\varphi_d = b/d_1$ 代入式（9-18），可得直齿圆柱齿轮齿面接触疲劳强度的设计公式为

$$d_1 = \sqrt[3]{\frac{2KT_1}{\varphi_d} \cdot \frac{u \pm 1}{u} \cdot \left(\frac{Z_E Z_\varepsilon Z_H}{[\sigma_H]}\right)^2} \tag{9-19}$$

9.5.4 对强度计算的几点说明

（1）影响齿根弯曲疲劳强度的主要参数是齿轮的模数 m。若提高轮齿的抗弯能力，优先考虑的措施是增大齿轮模数。由式（9-11）计算得到的模数 m 应圆整为标准值。

（2）相啮合的两个齿轮，如果 $z_1 \neq z_2$，则 $Y_{Fa1} Y_{Sa1} \neq Y_{Fa2} Y_{Sa2}$，即两齿轮齿根弯曲应力不相等，$\sigma_{F1} \neq \sigma_{F2}$。两个齿轮材料的许用弯曲应力一般也不相同，因此弯曲疲劳强度校核时，两齿轮应分别计算。利用式（9-11）设计齿轮模数时，应代入 $\dfrac{Y_{Fa} Y_{Sa}}{[\sigma_F]}$ 值较大的计算齿轮的模数 m。

（3）影响齿面接触疲劳强度的主要参数是齿轮直径或传动中心距。增大直径或中心距，接触点齿廓曲率半径增大，接触应力减小，接触疲劳强度提高。反之，若不改变直径 d_1，选用不同模数和齿数的组合，对接触疲劳强度的影响不大。

（4）相啮合的一对齿轮接触应力相等，即 $\sigma_{H1} = \sigma_{H2}$，而许用接触应力一般不相等，即 $[\sigma_{H1}] \neq [\sigma_{H2}]$。所以，许用接触应力小的齿轮接触疲劳强度低。设计时应选 $[\sigma_{H1}]$、$[\sigma_{H2}]$ 中的较小值代入式（9-18）或式（9-19），以设计或校核齿轮尺寸。

（5）当进行设计计算时，载荷系数 K 中的动载荷系数 K_v 不能预先确定（因速度 v 与直径 d_1 有关，d_1 有待设计）。设计计算中首先试选载荷系数，记为 K_t，一般 $K_t = 1.3 \sim 2.5$（若 K_A 较大，则 K_t 取偏大值）。将 K_t 代入设计式，设计出的直径或模数称为试算值 d_{1t} 或 m_t，然后求出齿轮圆周速度 v，查取 K_v、K_β、K_α，计算出载荷系数 K。若算得的 K 值与初选的 K_t 值相差不多，不必修正原设计。若相差较大，可按下式进行修正：

$$d_1 = d_{1t} \sqrt[3]{\frac{K}{K_t}}$$

$$m = m_t \sqrt[3]{\frac{K}{K_t}}$$

9.6　齿轮传动的精度、设计参数与许用应力

9.6.1　齿轮传动的精度等级及其选择

国家标准 GB/T 10095.1—2008 规定了渐开线圆柱齿轮 13 个精度等级，其中 0 级最高，12 级最低。根据误差的特性及误差对传动性能的影响，国家标准将齿轮的各项公差分成Ⅰ、Ⅱ、Ⅲ公差组，分别反映传动的准确性、平稳性和载荷分布的均匀性。各类机器所用齿轮传动的精度等级范围见表 9-7。

表 9-7　各类机器所用齿轮传动的精度等级范围

机 器 名 称	精 度 等 级	机 器 名 称	精 度 等 级
汽轮机	3～6	拖拉机	6～9
金属切削机床	3～8	通用减速器	6～8
航空发动机	4～8	锻压机床	6～9
轻型汽车	5～8	起重机	7～10
载重汽车	6～9	农业机械	8～11

注：主传动齿轮或重要的齿轮传动，精度等级偏上限选择；辅助传动齿轮或一般的齿轮传动，精度等级居中或偏下限选择。

齿轮传动的精度等级应根据齿轮传动的用途、使用条件、传递的功率、圆周速度及其他技术要求选择。选择时，先根据载荷和齿轮的圆周速度确定Ⅱ公差组的等级，Ⅰ公差组可比Ⅱ公差组低一级或同级，Ⅲ公差组通常与Ⅱ公差组同级。

9.6.2　齿轮传动设计参数的选择

1. 压力角 α

增大压力角，轮齿的齿厚和节点处的齿廓曲率半径都随之增加，有利于提高齿轮传动的弯曲疲劳强度和接触疲劳强度。我国对一般用途的齿轮传动规定的标准压力角为 20°。为提高航空用齿轮传动的弯曲疲劳强度及接触疲劳强度，我国航空齿轮传动标准还规定了 $\alpha = 25°$ 的标准压力角。但增大压力角并不一定都对传动有利。对重合度系数接近 2 的高速齿轮传动，推荐采用齿顶高系数为 1～1.2，压力角为 16°～18° 的齿轮，这样可以提高轮齿的柔性，降低噪声和动载荷。

2. 齿数比 u

齿数比 $u = \dfrac{z_2}{z_1} > 1$，齿轮减速传动时，齿数比等于传动比，即 $u = i$；增速传动时，$u = 1/i$。

齿数比 u 不宜过大，否则大、小齿轮尺寸悬殊，使传动装置的结构尺寸增大，大、小齿轮强度差别过大，不利于传动。对于单级闭式传动，一般取 $u \leq 5$（直齿）或 $u \leq 7$（斜齿）。当需要更大的传动比时，可采用两级或多级传动。

3. 齿数 z

对于闭式软齿面齿轮传动，传动尺寸主要取决于接触疲劳强度，在传动尺寸不变且满足齿根弯曲疲劳强度要求的前提下，小齿轮齿数取多一些以增大端面重合度系数，改善传

动平稳性；模数减小，减少切削用量，节省制造费用；降低齿高，齿顶处的滑动速度也会下降，从而减小磨损及胶合的可能性。对于闭式软齿面齿轮，通常选取 $z_1 = 20\sim40$。

对于闭式硬齿面齿轮传动，首先应具有足够大的模数以保证齿根弯曲疲劳强度，为避免模数过小，一般可取 $z_1 = 17\sim25$。

为了避免齿轮出现轮齿根切现象，对标准直齿圆柱齿轮，应取 $z_1 \geqslant 17$；为了使齿轮磨损均匀，大、小齿轮齿数应尽量互为质数。

4. 齿宽系数 φ_d

φ_d 取较大值时，齿宽 b 增加，可减小两轮分度圆直径和中心距，从而减小传动装置的径向尺寸，提高齿轮的承载能力。但齿宽增加会使载荷沿齿宽方向分布的不均匀更严重，导致偏载发生。齿宽系数 φ_d 的具体选择可参考表 9-8。

表 9-8　齿宽系数 φ_d

小齿轮相对于两轴承的位置	载荷特性	最　大　值		推　荐　值	
		工作齿面硬度			
		软 齿 面	硬 齿 面	软 齿 面	硬 齿 面
对称布置	变动小	1.8（2.4）	1.0（1.4）	0.8～1.4	0.4～0.9
	变动大	1.4（1.9）	0.9（1.2）		
非对称布置	变动小	1.4（1.9）	0.9（1.2）	结构刚性较大时	
				0.6～1.2	0.3～0.6
	变动大	1.15（1.65）	0.7（1.1）	结构刚性较小时	
				0.4～0.8	0.2～0.4
悬臂布置	变动小	0.8	0.55	0.3～0.4	0.2～0.25
	变动大	0.6	0.4		

注：① 括号内的数值用于人字形齿轮；
　　② 对于非金属齿轮，可取 $\varphi_d = 0.5\sim1.2$。

另外，对于多级齿轮传动，由于转矩从高速级向低速级增大，因此设计时应使低速级的齿宽系数比高速级的大一些，以便协调各级齿轮的尺寸。

9.6.3　许用应力

齿轮的许用应力是基于试验条件下的齿轮疲劳极限，再考虑实际齿轮与试验条件下齿轮的差别和可靠性而确定的。对一般的齿轮传动，绝对尺寸、齿面粗糙度、圆周速度及润滑等，对实际齿轮疲劳极限的影响不大，通常不予考虑（必要时可参考机械设计手册），故只考虑应力循环次数的影响。

1. 许用弯曲应力

两个齿轮的许用弯曲应力可按下式进行计算：

$$[\sigma_F] = \frac{\sigma_{Flim}}{S_{Fmin}} Y_N \qquad (9-20)$$

式中，σ_{Flim} 为齿轮的齿根弯曲疲劳极限，由图 9-17 查取；S_{Fmin} 为齿根弯曲疲劳强度的最小安全系数，对通用齿轮和多数工业用齿轮，按一般可靠度要求，取 $S_{Fmin} = 1.2\sim1.5$；重要

的传动可以取 $S_{Fmin} = 1.6 \sim 3.0$ 。 Y_N 为由齿轮弯曲疲劳强度计算的寿命系数，其值由图 9-18 查取，图中横坐标 N 为齿轮工作的应力循环次数，可按下式计算：

$$N = 60njL_h \tag{9-21}$$

式中，n 为齿轮的转速，r/min；j 为齿轮每转一圈齿面啮合的次数；L_h 为齿轮的工作寿命，h。

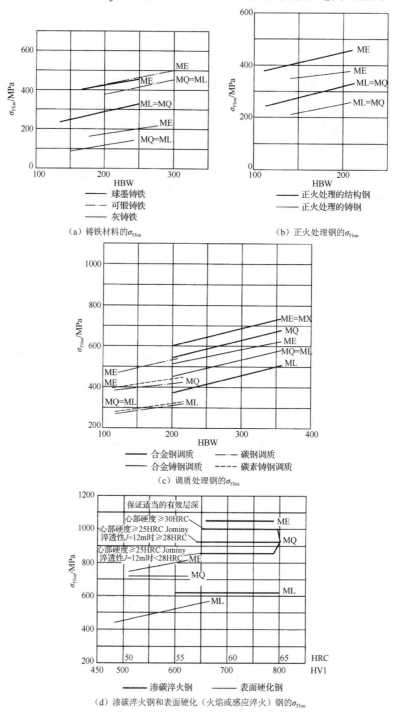

图 9-17　齿轮的弯曲疲劳极限

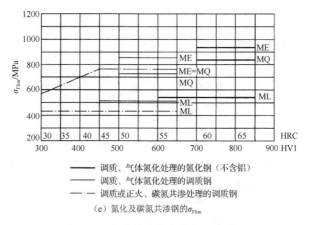

（e）氮化及碳氮共渗钢的σ_{Flim}

图 9-17 齿轮的弯曲疲劳极限（续）

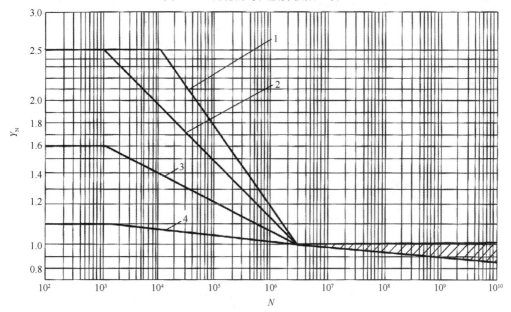

1—调质锻钢、铸钢，球墨铸铁（珠光体、贝氏体），可锻铸铁（珠光体）

2—渗碳淬火钢，火焰或感应表面淬火的锻钢和铸铁

3—正火低碳锻钢和铸铁，氮化钢，调质氮化钢，灰铸铁，球墨铸铁（铁素体）

4—碳氮共渗的调质钢

图 9-18 由齿轮弯曲疲劳强度计算的寿命系数 Y_N

　　由于齿轮材料的品质和加工过程不尽相同，疲劳极限具有一定的分散性。在图 9-17 中，将同一种材料能够达到的质量分为高、中、低三个等级，分别用 ME、MQ 和 ML 表示。MX 是对淬透性及金相组织有特殊考虑的调质合金钢的取值线。在图 9-17 中查取 σ_{Flim1}、σ_{Flim2} 时应当注意，当齿轮材质、结构及热处理要求、检验手段良好，且对机器的操作正确时，其值可取上限，一般工业用齿轮取中值，条件较差时取下限；对于对称循环变应力下工作的齿轮，在查取值的基础上乘以 0.7 作为计算依据。

2. 许用接触应力

　　许用接触应力的计算式为

$$[\sigma_{\mathrm{H}}] = \frac{\sigma_{\mathrm{Hlim}}}{S_{\mathrm{Hmin}}} Z_{\mathrm{N}} \qquad (9\text{-}22)$$

式中，σ_{Hlim} 为齿轮的接触疲劳极限，由图 9-19 查取；S_{Hmin} 为接触疲劳强度的最小安全系数，对通用齿轮和多数工业用齿轮，按一般可靠度要求，取 $S_{\mathrm{Hmin}}=1.0\sim1.2$，重要的传动取 $S_{\mathrm{Hmin}}=1.3\sim1.6$；$Z_{\mathrm{N}}$ 为由齿轮接触疲劳强度计算的寿命系数，由图 9-20 查取，图中横坐标 N 的计算同式（9-21）。

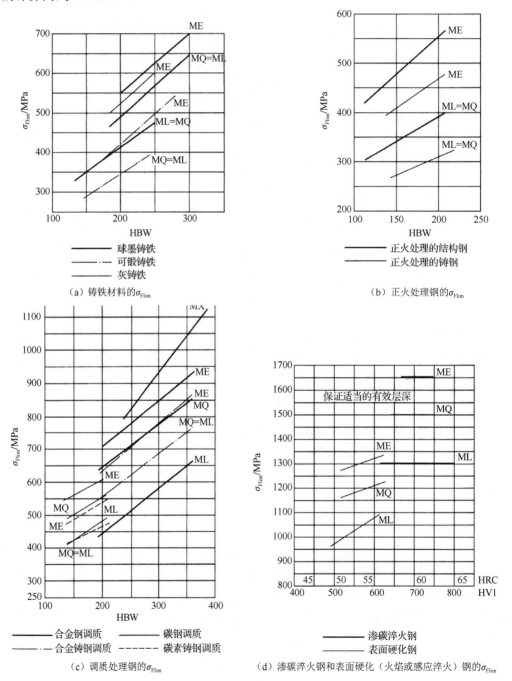

（a）铸铁材料的 σ_{Flim}

（b）正火处理钢的 σ_{Flim}

（c）调质处理钢的 σ_{Flim}

（d）渗碳淬火钢和表面硬化（火焰或感应淬火）钢的 σ_{Flim}

图 9-19　齿轮的接触疲劳极限

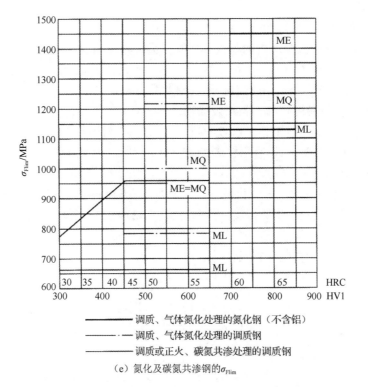

调质、气体氮化处理的氮化钢（不含铝）

调质、气体氮化处理的调质钢

调质或正火、碳氮共渗处理的调质钢

（e）氮化及碳氮共渗钢的σ_{Flim}

图 9-19　齿轮的接触疲劳极限（续）

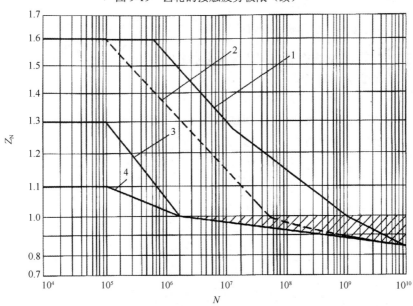

1—正火低碳锻钢和铸钢、调质锻钢和铸钢、球墨铸铁（珠光体、贝氏体）、可锻铸铁（珠光体）、渗碳钢、感应淬火或火焰淬火的锻钢或铸钢（允许一定点蚀）

2—材料同 1，不允许出现点蚀

3—灰铸铁、球墨铸铁（铁素体）、氮化钢和调质氮化钢

4—碳氮共渗调质钢

图 9-20　由齿轮接触疲劳强度计算的寿命系数 Z_N

直齿圆柱齿轮设计实例如下。

例 9-1 设计一个带式输送机的单级直齿圆柱齿轮减速器的齿轮传动。已知原动机为电动机，齿轮传动功率 P=7.5 kW，小齿轮转速 n_1=970 r/min，传动比 i=3.23，单向传动，载荷平稳，每天工作 8 小时，每年工作 300 天，预期寿命 8 年。

解：1）选择齿轮精度等级、材料及齿数

（1）带式输送机为一般工作机，参考表 9-7，选择 7 级精度。

（2）材料选择。由表 9-1，小齿轮选用 45 钢，调质，HBW_1=217～255；大齿轮选用 45 钢，正火，HBW_2=162～217。

（3）初选小齿轮 1（主动轮）齿数 z_1=27，大齿轮齿数 z_2=$i z_1$=3.23×27≈87.2，取 z_2=87，保证了大、小齿轮齿数互为质数，实际传动比 i'=87/27=3.22，传动比误差为 0.3%<3%，满足要求。

2）按齿面接触疲劳强度进行设计

由齿面接触疲劳强度设计公式（9-19）计算小齿轮直径，即

$$d_1 = \sqrt[3]{\frac{2KT_1}{\varphi_d} \cdot \frac{u \pm 1}{u} \cdot \left(\frac{Z_E Z_\varepsilon Z_H}{[\sigma_H]}\right)^2}$$

（1）确定公式中的各参数值。

① 查取表 9-2，载荷平稳，取使用系数 K_A=1.1，则初选载荷系数 K_t=1.5。

② 小齿轮传递的转矩 T_1：

$$T_1 = 9.55 \times 10^6 \times \frac{7.5}{970} \approx 73840 \text{ N} \cdot \text{mm}$$

③ 查表 9-8，齿轮对称布置，取齿宽系数 φ_d=1。

④ 计算节点区域系数 Z_H。

查图 9-16，得节点区域系数 Z_H=2.5。

⑤ 对于钢制齿轮，查表 9-6，取弹性系数 $Z_E = 189.8\sqrt{\text{MPa}}$。

⑥ 计算接触疲劳强度的重合度系数 Z_ε。

$$\alpha_{a1} = \arccos\frac{z_1\cos\alpha}{z_1 + 2h_a^*} = \arccos\frac{27 \times \cos 20°}{27 + 2} = 28.97°$$

$$\alpha_{a2} = \arccos\frac{z_2\cos\alpha}{z_2 + 2h_a^*} = \arccos\frac{87 \times \cos 20°}{87 + 2} = 23.28°$$

$$\varepsilon_\alpha = \frac{z_1\left(\tan\alpha_{a1} - \tan\alpha'\right) + z_2\left(\tan\alpha_{a2} - \tan\alpha'\right)}{2\pi}$$

$$= \frac{z_1\left(\tan\alpha_{a1} - \tan\alpha\right) + z_2\left(\tan\alpha_{a2} - \tan\alpha\right)}{2\pi}$$

$$= \frac{17\left(\tan 28.97° - \tan 20°\right) + 87\left(\tan 23.28° - \tan 20°\right)}{2\pi}$$

$$= 1.431$$

由式（9-15）计算重合度系数 $Z_\varepsilon = \sqrt{\dfrac{4 - \varepsilon_\alpha}{3}} \approx 0.925$。

⑦ 计算许用接触应力 $[\sigma_H]$。

按式（9-22）计算，即

$$[\sigma_H] = \frac{\sigma_{Hlim}}{S_{Hmin}} Z_N$$

接触疲劳极限查图 9-19，得：$\sigma_{Hlim1} = 550 \, \text{MPa}$，$\sigma_{Hlim2} = 390 \, \text{MPa}$。

取最小安全系数 $S_{Hmin} = 1.1$（一般传动）。

应力循环次数用式（9-21）计算：

$$N_1 = 60njL_h = 60 \times 970 \times 1 \times (8 \times 300 \times 8) \approx 1.12 \times 10^9$$

$$N_2 = N_1/i = 1.12 \times 10^9 / 3.22 \approx 3.46 \times 10^8$$

查图 9-20 得由接触疲劳强度计算的寿命系数 $Z_{N1} = 1.0$，$Z_{N2} = 1.1$，则

$$[\sigma_H]_1 = \frac{550}{1.1} \times 1.0 = 500 \, \text{MPa}$$

$$[\sigma_H]_2 = \frac{390}{1.1} \times 1.1 = 390 \, \text{MPa}$$

在齿面接触疲劳强度设计公式（9-19）中，代入较小的 $[\sigma_H]$，即 $[\sigma_H]_2$。

（2）试算小齿轮分度圆直径。

$$
\begin{aligned}
d_{1t} &= \sqrt[3]{\frac{2K_tT_1}{\varphi_d} \cdot \frac{u \pm 1}{u} \cdot \left(\frac{Z_E Z_\varepsilon Z_H}{[\sigma_H]_2}\right)^2} \\
&= \sqrt[3]{\frac{2 \times 1.5 \times 73840}{1} \cdot \frac{3.22 + 1}{3.22} \cdot \left(\frac{189.8 \times 0.925 \times 2.5}{390}\right)^2} \\
&\approx 71.64 \, \text{mm}
\end{aligned}
$$

（3）调整小齿轮分度圆直径。

由 $v = \dfrac{\pi d_{1t} n_1}{60 \times 1000} = 3.6 \, \text{m/s}$，查图 9-7 得动载荷系数 $K_v = 1.1$；查表 9-3 得齿向载荷分布系数 $K_{H\beta} = 1.3$。

$$F_{t1} = \frac{2T_1}{d_{1t}} = \frac{73840}{71.64} \approx 1030.7 \, \text{N}$$

$$\frac{K_A F_{t1}}{b} = \frac{1.1 \times 1030.7}{71.64} = 15.8 \, \text{N/mm} < 100 \, \text{N/mm}$$

查表 9-4 得齿间载荷分布系数 $K_\alpha = 1.0$。

则载荷系数 $K = 1.1 \times 1.1 \times 1.30 \times 1.0 \approx 1.57$；$d_1 = d_{1t} \sqrt[3]{\dfrac{K}{K_t}} = 72.7 \, \text{mm}$

3）按齿根弯曲疲劳强度计算

由式（9-11）试算模数，即

$$m \geqslant \sqrt[3]{\frac{2KT_1Y_\varepsilon}{\varphi_d z_1^2} \cdot \frac{Y_{Fa}Y_{Sa}}{[\sigma_F]}}$$

（1）确定公式中的各参数值。

① 试选 K_t=1.6。

② 由式（9-5）计算弯曲疲劳强度的重合度系数。

$$Y_\varepsilon = 0.25 + \frac{0.75}{\varepsilon_\alpha} = 0.25 + \frac{0.75}{1.431} \approx 0.774$$

③ 计算 $\dfrac{Y_{Fa}Y_{Sa}}{[\sigma_F]}$。

由表 9-5 查得齿形系数 Y_{Fa1}=2.57，Y_{Sa1}=1.60，根据插值计算得 Y_{Fa2}=2.206，Y_{Sa2}=1.777。

由图 9-17 查得小齿轮和大齿轮的齿根弯曲疲劳极限分别为 σ_{Flim1}=400 MPa，σ_{Flim2}=320 MPa。

由图 9-18 查得弯曲疲劳寿命系数 Y_{N1}=0.85，Y_{N2}=0.88。

取弯曲疲劳强度的安全系数 S=1.4，由式（9-20）得

$$[\sigma_F]_1 = \frac{\sigma_{Flim1}}{S_{Fmin}} Y_N = \frac{400}{1.4} \times 0.85 \approx 242.9\,\text{MPa}$$

$$[\sigma_F]_2 = \frac{\sigma_{Flim2}}{S_{Fmin}} Y_N = \frac{320}{1.4} \times 0.88 \approx 201.1\,\text{MPa}$$

$$\frac{Y_{Fa1}Y_{Sa1}}{[\sigma_F]_1} = \frac{2.57 \times 1.60}{242.9} \approx 0.0169$$

$$\frac{Y_{Fa2}Y_{Sa2}}{[\sigma_F]_2} = \frac{2.206 \times 1.777}{201.1} \approx 0.0195$$

因为大齿轮的 $\dfrac{Y_{Fa2}Y_{Sa2}}{[\sigma_F]_2}$ 大于小齿轮的 $\dfrac{Y_{Fa1}Y_{Sa1}}{[\sigma_F]_1}$，所以取 $\dfrac{Y_{Fa}Y_{Sa}}{[\sigma_F]} = \dfrac{Y_{Fa2}Y_{Sa2}}{[\sigma_F]_2} = 0.0195$。

（2）试算模数。

$$m_t \geqslant \sqrt[3]{\frac{2K_tT_1Y_\varepsilon}{\varphi_d z_1^2} \frac{Y_{Fa}Y_{Sa}}{[\sigma_F]}} = \sqrt[3]{\frac{2 \times 1.6 \times 73840 \times 0.774}{1 \times 27^2} \times 0.0195}$$
$$= 1.698\,\text{mm}$$

（3）调整齿轮模数。

① 圆周速度 v。

$$d_1 = m_t z_1 = 1.698 \times 27 = 45.846\,\text{mm}$$

$$v = \frac{\pi d_1 n_1}{60 \times 1000} = \frac{\pi \times 45.846 \times 970}{60 \times 1000} = 2.327\,\text{m/s}$$

② 齿宽 b。

$$b = \varphi_d d_1 = 1 \times 45.846 = 45.846\,\text{mm}$$

③ 宽高比 b/h。

$$h = (2h_a^* + c^*)m_t = (2 + 0.25) \times 1.698 = 3.821\,\text{mm}$$

$$b/h = 45.846/3.821 \approx 12.00$$

④ 计算实际载荷系数。

根据 v=2.327 m/s，7 级精度，由图 9-7 查取动载荷系数 K_v=1.1。

由

$$F_{t1}=2T_1/d_1=2\times73840/45.846=3221.2 \text{ N}$$

$$\frac{K_A F_{t1}}{b}=\frac{1.1\times3221.2}{45.846}\approx77.30 \text{ N/mm}<100 \text{ N/mm}$$

查表 9-4 得齿间载荷分布系数 $K_{F\alpha}$=1.0。

查图 9-10，得齿向载荷分布系数 $K_{F\beta}$=1.26，则载荷系数为

$$K=K_A K_v K_{F\alpha} K_{F\beta}=1.1\times1.1\times1.0\times1.26\approx1.52$$

按照实际载荷系数计算的齿轮模数

$$m=m_t\sqrt[3]{\frac{K}{K_t}}=1.698\times\sqrt[3]{\frac{1.52}{1.6}}\approx1.669 \text{ mm}$$

由于齿轮模数的大小主要取决于齿根弯曲疲劳强度，而齿轮直径的大小主要取决于齿面接触疲劳强度，可取由弯曲疲劳强度计算的模数 1.669 mm 并就近圆整为 m=2 mm，按接触疲劳强度算得分度圆直径 d_1=72.7 mm，算出小齿轮齿数 z_1=d_1/m=72.7/2≈36.4。

取 z_1=37，则大齿轮齿数 z_2=uz_1=3.22×37≈119。

4）几何尺寸计算

（1）分度圆直径。

$d_1 = m z_1 =2\times37= 74$ mm

$d_2 = m z_2 =2\times119=238$ mm

（2）中心距。

$$a=\frac{d_1+d_2}{2}=\frac{74+238}{2}=156 \text{ mm}$$

（3）齿轮宽度。

$b_2 = \varphi_d d_1 = 1\times74 =74$ mm，取 b_2=75 mm。

$b_1 = b_2 + 5 = 75 +5 = 80$ mm

5）结构设计

（略）。

9.7 标准斜齿圆柱齿轮传动的强度计算

9.7.1 斜齿圆柱齿轮的受力分析

如图 9-21 所示，标准齿轮标准中心距斜齿轮传动中，忽略啮合面间的摩擦力，作用于主动轮上的法向力 F_n 简化为集中作用于齿宽中点 P，且垂直指向齿面。小齿轮节点上的法向力 F_n 可分解为三个相互垂直的分力。

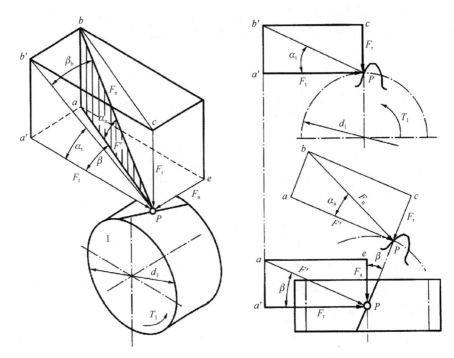

图 9-21　斜齿轮轮齿的受力分析

首先，将法向力 F_n 在法面内分解成指向轮心的径向力 F_r 和在 $Pa'ae$ 面内的 F'，再将力 F' 分解为沿齿轮周向的圆周力 F_t 及沿齿轮轴向的轴向力 F_a。由图 9-21 可得

$$\begin{cases} F_t = \dfrac{2T_1}{d_1} \\[2ex] F_r = F_t \dfrac{\tan\alpha_n}{\cos\beta} \\[2ex] F_a = F_t \tan\beta \\[2ex] F_n = \dfrac{F_t}{\cos\alpha_n \cos\beta} = \dfrac{F_t}{\cos\alpha_t \cos\beta_b} \end{cases} \quad (9\text{-}23)$$

式中，T_1 为主动齿轮上的名义转矩，$N\cdot mm$；d_1 为主动齿轮分度圆直径，mm；β 为节圆螺旋角，对标准齿轮传动即为分度圆螺旋角（°）；β_b 为斜齿轮基圆螺旋角（°）；α_n 为法面压力角，即标准压力角；α_t 为端面压力角。

斜齿圆柱齿轮的圆周力和径向力方向的判定与直齿圆柱齿轮相同。轴向力 F_a 的作用方向可以用"主动轮左、右手定则"来判定。若主动轮为右旋，则用右手，如图 9-22 所示，四指弯曲指向齿轮的旋转方向，拇指伸直，与四指垂直，即为主动轮所受轴向力的方向；若主动轮为左旋，则用左手，方法同上。必须注意的是，"左、右手定则"判断轴向力的方法只适合主动轮，从动轮轴向力的方向与主动轮轴向力的方向相反。

从动轮轮齿上的载荷也可分解为圆周力 F_t、径向力 F_r 和轴向力 F_a，它们分别与主动轮上的各力大小相等，方向相反，如图 9-23 所示。

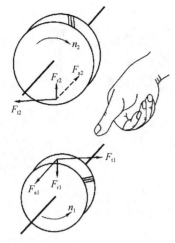

图 9-22　斜齿圆柱齿轮传动轴向力方向的判定

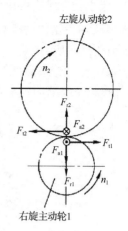

图 9-23　斜齿轮各分力的关系

9.7.2　斜齿圆柱齿轮的强度计算

1. 齿根弯曲疲劳强度计算

斜齿圆柱齿轮由于存在螺旋角 β，其在啮合传动中齿面所受载荷沿一条倾斜的接触线分布，有利于降低斜齿轮的弯曲应力和接触应力。由于斜齿轮的啮合线与轴线不平行，其轮齿折断多为局部折断，精确计算斜齿轮的齿根弯曲应力比较复杂，现通常参照直齿圆柱齿轮弯曲疲劳强度的计算方法，按法面当量直齿轮进行计算。即在直齿圆柱齿轮齿根弯曲疲劳强度校核式（9-10）中引入考虑螺旋角 β 等因素的螺旋角系数 Y_β：

$$\begin{cases} Y_\beta = 1 - \varepsilon_\beta \dfrac{\beta}{120} \geqslant Y_{\beta\min} \\ Y_{\beta\min} = 1 - 0.25\varepsilon_\beta \geqslant 0.75 \end{cases} \tag{9-24}$$

式中，β 为分度圆螺旋角，当 $\beta \geqslant 30°$ 时，取 $\beta=30°$ 代入；ε_β 为轴向重合系数，且 $\varepsilon_\beta = \dfrac{b\sin\beta}{\pi m_n}$，当 $\varepsilon_\beta > 1$ 时，取 $\varepsilon_\beta = 1$ 代入式（9-24）；当 $Y_\beta < 0.75$ 时，取 $Y_\beta = 0.75$。

则斜齿圆柱齿轮齿根弯曲疲劳强度校核式为

$$\sigma_F = \frac{2KT_1}{bm_n d_1} Y_{Fa} Y_{Sa} Y_\varepsilon Y_\beta = \frac{2KT_1}{bm_n^2 z_1} Y_{Fa} Y_{Sa} Y_\varepsilon Y_\beta \cos\beta \leqslant [\sigma_F] \tag{9-25}$$

其中，重合度系数 $Y_\varepsilon = 0.25 + \dfrac{0.75}{\varepsilon_{\alpha v}}$，当量齿轮的端面重合度 $\varepsilon_{\alpha v} = \dfrac{\varepsilon_\alpha}{\cos^2 \beta_b}$。取齿宽系数 $\varphi_d = b/d_1$（$d_1 = m_n z_1/\cos\beta$）代入式（9-25）中，可得模数 m_n 的设计计算公式：

$$m_n \geqslant \sqrt[3]{\frac{2KT_1}{\varphi_d z_1^2} \cdot \frac{Y_{Fa} Y_{Sa} Y_\varepsilon Y_\beta}{[\sigma_F]} \cos^2 \beta} \tag{9-26}$$

式中，齿形系数 Y_{Fa} 和应力修正系数 Y_{Sa} 按当量齿数 $z_v = z/\cos^3\beta$ 由表 9-5 查取；m_n 为法面模数，mm。其他关于弯曲疲劳强度的注意事项与直齿轮相同。

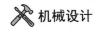

2．齿面接触疲劳强度计算

斜齿圆柱齿轮传动齿面接触应力计算点的选择与直齿轮相同，用式（9-13）来计算节点 P 处的齿面接触应力。

斜齿圆柱齿轮节点处的曲率半径应按法面计算。如图 9-24 所示，P 点的法面曲率半径 ρ_n 与齿轮基本参数的关系为

$$\frac{1}{\rho_n}=\frac{\rho_t}{\cos\beta_b}=\frac{d_1'\sin\alpha_t'}{2\cos\beta_b}=\frac{d_1\cos\alpha_t}{2\cos\beta_b}\tan\alpha_t'$$

则：

$$\frac{1}{\rho_\Sigma}=\frac{1}{\rho_{n1}}\pm\frac{1}{\rho_{n2}}=\frac{u\pm1}{\rho_{n1}u}=\frac{2\cos\beta_b}{d_1\cos\alpha_t\tan\alpha_t'}\frac{u\pm1}{u}\tag{9-27}$$

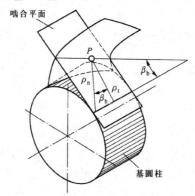

图 9-24　斜齿圆柱齿轮法面曲率半径

由于斜齿圆柱齿轮啮合时，接触线与轴线倾斜 β_b，每一条全齿宽的接触线长度为 $\dfrac{b}{\cos\beta_b}$，考虑重合度，接触线总长为

$$L=\frac{b}{\cos\beta_b Z_\varepsilon^2}\tag{9-28}$$

式中，Z_ε 为斜齿轮接触疲劳强度重合度系数，按下式计算：

$$Z_\varepsilon=\sqrt{\frac{4-\varepsilon_\alpha}{3}\left(1-\varepsilon_\beta\right)+\frac{\varepsilon_\beta}{\varepsilon_\alpha}}\tag{9-29}$$

当 $\varepsilon_\beta>1$ 时按 $\varepsilon_\beta=1$ 代入式（9-29）。将式（9-23）、式（9-27）、式（9-28）代入式（9-13），同时引入载荷系数 K，整理可得：

$$\sigma_H=\sqrt{\frac{KF_t}{bd_1}\cdot\frac{u\pm1}{u}\cdot\frac{2\cos\beta_b\cos\alpha_t'}{\cos^2\alpha_t\sin\alpha_t'}}Z_EZ_\varepsilon=\sqrt{\frac{KF_t}{bd_1}\cdot\frac{u\pm1}{u}}Z_HZ_EZ_\varepsilon$$

其中 Z_H 为斜齿轮的节点区域系数，由图 9-16 查取。

将 $F_t=2T_1/d_1$，$\varphi_d=b/d_1$ 代入上式，考虑螺旋角的影响引入螺旋角系数 Z_β，可得斜齿轮接触疲劳强度的条件为

$$\sigma_H=\sqrt{\frac{2KT_1}{\varphi_d d_1^3}\cdot\frac{u\pm1}{u}}Z_HZ_EZ_\varepsilon Z_\beta\leqslant[\sigma_H]\tag{9-30}$$

式中，Z_β 为由斜齿轮接触疲劳强度计算的螺旋角系数，按下式计算：

$$Z_\beta = \sqrt{\cos\beta} \tag{9-31}$$

由式（9-30）整理可得斜齿轮的齿面接触疲劳强度设计公式为

$$d_1 = \sqrt[3]{\frac{2KT_1}{\varphi_d} \cdot \frac{u\pm1}{u} \cdot \left(\frac{Z_H Z_E Z_\varepsilon Z_\beta}{[\sigma_H]}\right)^2} \tag{9-32}$$

因中心距 $a = \dfrac{d_1+d_2}{2} = \dfrac{m_t}{2}(z_1+z_2) = \dfrac{m_n}{2\cos\beta}(z_1+z_2)$，故 $m_n = \dfrac{2a\cos\beta}{z_1+z_2}$。因 z_1、z_2 应为整数，m_n 为标准值，若中心距已给定或需圆整，则可调整螺旋角 β，即 $\beta = \arccos\dfrac{m_n(z_1+z_2)}{2a}$。斜齿轮接触疲劳强度计算注意事项同直齿轮。

斜齿圆柱齿轮设计实例如下。

例 9-2 按例 9-1 的数据，改用标准斜齿圆柱齿轮传动，试设计此传动。

解：1）选择齿轮精度等级、材料及齿数

（1）带式输送机为一般工作机，参考表 9-7，选择 7 级精度。

（2）材料选择。由表 9-1，小齿轮选用 45 钢，调质，$HBW_1 = 217\sim255$；大齿轮选用 45 钢，正火，$HBW_2 = 162\sim217$。

（3）初选小齿轮 1（主动轮）齿数 $z_1 = 27$，大齿轮齿数 $z_2 = iz_1 = 3.23\times27 = 87.2$，取 $z_2 = 87$，保证了大、小齿轮齿数互为质数，实际传动比 $i' = 87/27 = 3.22 = u$，传动比误差为 0.3% < 3%，满足要求。

（4）初选螺旋角 $\beta = 15°$，法面压力角为标准值 $\alpha_n = 20°$。

2）按齿面接触疲劳强度进行设计

由齿面接触疲劳强度设计公式（9-32）计算小齿轮直径，即

$$d_1 = \sqrt[3]{\frac{2KT_1}{\varphi_d} \cdot \frac{u\pm1}{u} \cdot \left(\frac{Z_H Z_E Z_\varepsilon Z_\beta}{[\sigma_H]}\right)^2}$$

（1）确定公式中的各参数值。

① 查取表 9-2，载荷平稳，取使用系数 $K_A = 1.1$，则初选载荷系数 $K_t = 1.5$。

② 小齿轮传递的转矩 T_1。

$$T_1 = 9.55\times10^6\times\frac{7.5}{970} \approx 73840\ \text{N}\cdot\text{mm}$$

③ 查表 9-8，齿轮对称布置，取齿宽系数 $\varphi_d = 1$。

④ 计算节点区域系数 Z_H。

查图 9-16 及螺旋角 $\beta = 15°$，得节点区域系数 $Z_H = 2.42$。

⑤ 对于钢制齿轮，查表 9-6，取弹性系数 $Z_E = 189.8\sqrt{\text{MPa}}$。

⑥ 计算接触疲劳强度的重合度系数 Z_ε。

由 $\tan\alpha_n = \tan\alpha_t \cdot \cos\beta$，得 $\alpha_t = \arctan(\tan\alpha_n/\cos\beta) = 20.647°$

$$\alpha_{at1} = \arccos\frac{z_1\cos\alpha_t}{z_1+2h_{at}^*} = \arccos\frac{z_1\cos\alpha_t}{z_1+2h_{an}^*\cos\beta} = \arccos\frac{27\times\cos20.647°}{27+2\cos15°} = 29.157°$$

$$\alpha_{at2} = \arccos \frac{z_2 \cos \alpha_t}{z_2 + 2h_{at}^*} = \arccos \frac{z_2 \cos \alpha_t}{z_2 + 2h_{an}^* \cos \beta} = \arccos \frac{87 \times \cos 20.647°}{87 + 2\cos 15°} = 23.731°$$

$$\varepsilon_\alpha = \frac{z_1 (\tan \alpha_{at1} - \tan \alpha_t') + z_2 (\tan \alpha_{at2} - \tan \alpha_t')}{2\pi}$$

$$= \frac{27(\tan 29.157° - \tan 20.647°) + 87(\tan 23.731° - \tan 20.647°)}{2\pi}$$

$$= 1.648$$

$$\varepsilon_\beta = \frac{b \sin \beta}{\pi \cdot m_n} = \frac{\varphi_d d_1 \sin \beta}{\pi \cdot m_n} = \frac{\varphi_d m_t z_1 \sin \beta}{\pi \cdot m_t \cos \beta} = \frac{\varphi_d z_1 \tan \beta}{\pi} = \frac{27 \times \tan 15°}{\pi} = 2.303$$

由式（9-29）计算重合度系数：

$$Z_\varepsilon = \sqrt{\frac{4 - \varepsilon_\alpha}{3}(1 - \varepsilon_\beta) + \frac{\varepsilon_\beta}{\varepsilon_\alpha}} = \sqrt{\frac{4 - 1.648}{3}(1 - 2.303) + \frac{2.303}{1.648}} = 0.613$$

⑦ 螺旋角系数 $Z_\beta = \sqrt{\cos \beta} = \sqrt{\cos 15°} \approx 0.983$

⑧ 计算许用接触应力 $[\sigma_H]$。

按式（9-22）计算，即

$$[\sigma_H] = \frac{\sigma_{Hlim}}{S_{Hmin}} Z_N$$

接触疲劳极限查图 9-19，得：$\sigma_{Hlim1} = 550\,\text{MPa}$；$\sigma_{Hlim2} = 390\,\text{MPa}$。

取最小安全系数 $S_{Hmin} = 1.1$（一般传动）。

应力循环次数用式（9-21）计算：

$$N_1 = 60njL_h = 60 \times 970 \times 1 \times (8 \times 300 \times 8) \approx 1.12 \times 10^9$$

$$N_2 = N_1/i = 1.12 \times 10^9/3.22 = 3.48 \times 10^8$$

查图 9-20 得接触疲劳强度的寿命系数 $Z_{N1} = 1.0$，$Z_{N2} = 1.1$；则

$$[\sigma_H]_1 = \frac{550}{1.1} \times 1.0 = 500\,\text{MPa}$$

$$[\sigma_H]_2 = \frac{390}{1.1} \times 1.1 = 390\,\text{MPa}$$

在齿面接触疲劳强度设计公式（9-32）中，代入较小的 $[\sigma_H]$，即 $[\sigma_H]_2$。

（2）试算小齿轮分度圆直径：

$$d_{1t} = \sqrt[3]{\frac{2K_t T_1}{\varphi_d} \cdot \frac{u \pm 1}{u} \cdot \left(\frac{Z_H Z_E Z_\varepsilon Z_\beta}{[\sigma_H]_2}\right)^2}$$

$$= \sqrt[3]{\frac{2 \times 1.5 \times 73840}{1} \cdot \frac{3.22 + 1}{3.22} \cdot \left(\frac{2.42 \times 189.8 \times 0.613 \times 0.983}{390}\right)^2}$$

$$= 52.682\,\text{mm}$$

（3）调整小齿轮分度圆直径。

由 $v = \frac{\pi d_{1t} n_1}{60 \times 1000} = 2.67\,\text{m/s}$，查取图 9-7，动载荷系数 $K_v = 1.08$。

由

$$F_{t1} = \frac{2T_1}{d_{1t}} = 2 \times \frac{73840}{52.682\text{N}} = 2803.2\ \text{N}$$

$$\frac{K_A F_{t1}}{b} = \frac{1.1 \times 2803.2}{52.682} \approx 58.53\ \text{N/mm} < 100\ \text{N/mm}$$

查表 9-4，齿间载荷分布系数 $K_{H\alpha} = 1.4$。

查表 9-3，齿向载荷分布系数 $K_{H\beta} = 1.31$。

则载荷系数 $K_H = K_A K_v K_{H\alpha} K_{H\beta} = 1.1 \times 1.08 \times 1.4 \times 1.31 \approx 2.178$

$$d_1 = d_{1t} \sqrt[3]{\frac{K}{K_t}} = 52.682 \times \sqrt[3]{\frac{2.178}{1.5}} = 59.66\ \text{mm}$$

3）按齿根弯曲疲劳强度计算

由式（9-26）试算模数，即

$$m_n \geqslant \sqrt[3]{\frac{2K T_1 Y_\varepsilon Y_\beta \cos^2 \beta}{\varphi_d z_1^2} \cdot \frac{Y_{Fa} Y_{Sa}}{[\sigma_F]}}$$

（1）确定公式中的各参数值。

① 试选 $K_t = 1.6$。

② 计算弯曲疲劳强度的重合度系数 Y_ε。

$$\beta_b = \arctan(\tan\beta \cos\alpha_t) = \arctan(\tan 15° \cos 20.647°) = 14.076°$$

$$\varepsilon_{\alpha v} = \frac{\varepsilon_\alpha}{\cos^2 \beta_b} = \frac{1.648}{\cos^2 14.076°} = 1.752$$

$$Y_\varepsilon = 0.25 + \frac{0.75}{\varepsilon_{\alpha v}} = 0.25 + \frac{0.75}{1.752} \approx 0.678$$

③ 计算弯曲疲劳强度的螺旋角系数 Y_β：

$$Y_\beta = 1 - \varepsilon_\beta \frac{\beta}{120} = 1 - 2.303 \times \frac{15}{120} \approx 0.712$$

④ 计算 $\dfrac{Y_{Fa} Y_{Sa}}{[\sigma_F]}$。

由当量齿数 $z_{v1} = \dfrac{z_1}{\cos^3 \beta} = \dfrac{27}{\cos^3 15°} = 29.96$，$z_{v2} = \dfrac{z_2}{\cos^3 \beta} = \dfrac{87}{\cos^3 15°} = 96.54$，查表 9-5 插值

计算得齿形系数 $Y_{Fa1} = 2.52$，$Y_{Fa2} = 2.19$，应力修正系数 $Y_{Sa1} = 1.625$，$Y_{Sa2} = 1.785$。

由图 9-17 查得小齿轮和大齿轮的齿根弯曲疲劳极限分别为 $\sigma_{Flim1} = 400\ \text{MPa}$，$\sigma_{Flim2} = 320\ \text{MPa}$。

由图 9-18 查得弯曲疲劳寿命系数 $Y_{N1} = 0.85$，$Y_{N2} = 0.88$。

取弯曲疲劳强度的安全系数 $S = 1.4$，由式（9-20）得

$$[\sigma_F]_1 = \frac{\sigma_{Flim1}}{S_{Fmin}} Y_N = \frac{400}{1.4} \times 0.85 \approx 242.9\ \text{MPa}$$

$$[\sigma_F]_2 = \frac{\sigma_{Flim2}}{S_{Fmin}} Y_N = \frac{320}{1.4} \times 0.88 \approx 201.1\ \text{MPa}$$

$$\frac{Y_{Fa1}Y_{Sa1}}{[\sigma_F]_1} = \frac{2.52 \times 1.625}{242.9} \approx 0.0169$$

$$\frac{Y_{Fa2}Y_{Sa2}}{[\sigma_F]_2} = \frac{2.19 \times 1.785}{201.1} \approx 0.0194$$

因为大齿轮的 $\dfrac{Y_{Fa2}Y_{Sa2}}{[\sigma_F]_2}$ 大于小齿轮的 $\dfrac{Y_{Fa1}Y_{Sa1}}{[\sigma_F]_1}$，所以取 $\dfrac{Y_{Fa}Y_{Sa}}{[\sigma_F]} = \dfrac{Y_{Fa2}Y_{Sa2}}{[\sigma_F]_2} = 0.0194$。

（2）试算模数：

$$m_{nt} \geqslant \sqrt[3]{\frac{2K_t T_1 Y_\varepsilon Y_\beta \cos^2\beta}{\varphi_d z_1^2} \cdot \frac{Y_{Fa}Y_{Sa}}{[\sigma_F]}} = \sqrt[3]{\frac{2 \times 1.6 \times 73840 \times 0.678 \times 0.712 \times \cos^2 15^\circ}{1 \times 27^2} \times 0.0194} = 1.415 \text{ mm}$$

（3）调整齿轮模数。

① 圆周速度 v。

$$d_1 = m_{nt}z_1 / \cos\beta = 1.415 \times 27 / \cos 15^\circ = 39.553 \text{ mm}$$

$$v = \frac{\pi d_1 n_1}{60 \times 1000} = \frac{\pi \times 38.798 \times 970}{60 \times 1000} = 1.97 \text{ m/s}$$

② 齿宽 b。

$$b = \varphi_d d_1 = 1 \times 39.553 = 39.553 \text{ mm}$$

③ 宽高比 b/h。

$$h = (2h_{an}^* + c_n^*)m_{nt} = (2 + 0.25) \times 1.415 = 3.184 \text{ mm}$$

$$b/h = 39.553/3.184 \approx 12.422$$

④ 计算实际载荷系数。

根据 $v=1.97$ m/s，7 级精度，由图 9-7 查取动载荷系数 $K_v=1.1$。

由

$$F_{t1} = \frac{2T_1}{d_1} = 2 \times \frac{73840}{39.553} = 3733.7 \text{ N}$$

$$\frac{K_A F_{t1}}{b} = \frac{1.1 \times 3733.7}{39.553} \approx 103.837 \text{ N/mm} > 100 \text{ N/mm}$$

查表 9-4，得齿间载荷分布系数 $K_{F\alpha}=1.1$。

查图 9-10，得齿向载荷分布系数 $K_{F\beta}=1.28$。

则载荷系数为

$$K = K_A K_v K_{F\alpha} K_{F\beta} = 1.1 \times 1.1 \times 1.1 \times 1.28 \approx 1.704$$

按照实际载荷系数计算的齿轮模数

$$m_n = m_{nt}\sqrt[3]{\frac{K}{K_t}} = 1.415 \times \sqrt[3]{\frac{1.704}{1.6}} \approx 1.445 \text{ mm}$$

对比计算结果，为满足弯曲疲劳强度要求，法面模数 m_n 应大于 1.445 mm，取标准值 $m_n=2$ mm。

为了同时满足接触疲劳强度要求，需按分度圆直径 $d_1=59.66$ mm 来计算小齿轮齿数，即 $z_1 = d_1\cos\beta/m_n = 59.66 \times (\cos 15^\circ)/2 = 28.8$，取 $z_1=29$。

则大齿轮齿数 $z_2 = uz_1 = 3.23 \times 29 = 93.67$，取 $z_2=94$，齿数互为质数。

4）几何尺寸计算

（1）中心距。

$$a = \frac{m_n}{2\cos\beta}(z_1 + z_2) = \frac{2(29+94)}{2\cos 15°} = 127.339 \text{ mm}$$

将中心距圆整为 130 mm。

（2）修正螺旋角。

$$\beta = \arccos\left[\frac{m_n}{2a}(z_1 + z_2)\right] = \arccos\left[\frac{2\times(29+94)}{2\times 130}\right] = 18.888° \text{ 即 } 18°53'17''。$$

（3）分度圆直径。

$d_1 = m_n z_1/\cos\beta = 2\times 29/\cos 18.888° = 61.301 \text{ mm}$

$d_2 = m_n z_2/\cos\beta = 2\times 94/\cos 18.888° = 198.699 \text{ mm}$

（4）齿轮宽度。

$b = \varphi_d d_1 = 61.301 \text{ mm}$，取 $b_2 = 65 \text{ mm}$。

$b_1 = b_2 + 5 = 65 + 5 = 70 \text{ mm}$

5）结构设计

（略）。

9.8 标准直齿圆锥齿轮传动的强度计算

标准直齿圆锥齿轮（简称直齿锥齿轮）以大端模数作为标准模数，轮齿从大端到小端逐渐收缩，轮齿沿齿宽方向截面大小不等，轮齿刚度变化大，使得轮齿的强度计算变得复杂。目前，通常先近似地将它转化为一对齿宽与锥齿轮宽度相等，直径相当于在齿宽中点处的当量直齿圆柱齿轮，如图 9-25 所示，然后利用直齿轮的强度计算方法进行计算。

9.8.1 几何尺寸计算

将直齿锥齿轮按齿宽中点处的背锥展开，可得宽度为 b，直径分别为 d_{v1} 和 d_{v2} 的两个当量直齿圆柱齿轮，由图 9-25 可得

齿数比：

$$u = \frac{z_2}{z_1} = \frac{d_2}{d_1} = \cot\delta_1 = \tan\delta_2$$

锥顶距：

$$R = \sqrt{\left(\frac{d_1}{2}\right)^2 + \left(\frac{d_2}{2}\right)^2} = d_1\frac{\sqrt{u^2+1}}{2}$$

齿宽中点分度圆直径：

$$d_{m1} = d_1\left(1 - 0.5\varphi_R\right)$$
$$d_{m2} = d_2\left(1 - 0.5\varphi_R\right)$$

当量齿轮分度圆直径：

$$d_{v1} = \frac{d_{m1}}{\cos\delta_1} = d_1\left(1 - 0.5\varphi_R\right)\frac{\sqrt{1+u^2}}{u}$$

$$d_{v2} = \frac{d_{m2}}{\cos\delta_2} = d_2\left(1 - 0.5\varphi_R\right)\sqrt{1+u^2}$$

当量齿轮模数：

$$m_m = \frac{d_{m1}}{z_1} = m\left(1 - 0.5\varphi_R\right)$$

当量齿轮齿数：

$$z_{v1} = \frac{z_1}{\cos\delta_1}$$

$$z_{v2} = \frac{z_2}{\cos\delta_2}$$

当量齿轮齿数比：

$$u_v = \frac{z_{v2}}{z_{v1}} = \frac{z_2\cos\delta_1}{z_1\cos\delta_2} = u^2$$

式中，d_1、d_2 为锥齿轮大端分度圆直径；δ_1、δ_2 为分度圆锥角；φ_R 为锥齿轮齿宽系数，$\varphi_R = \dfrac{b}{R}$，b 为齿宽，R 为锥顶距，一般取 $\varphi_R = 0.25\sim0.3$。

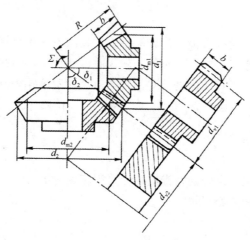

图 9-25　直齿锥齿轮传动齿宽中点处当量直齿圆柱齿轮

9.8.2　受力分析

假设直齿锥齿轮齿面间的法向载荷 F_n 集中作用在齿宽中点处的法向平面内，如图 9-26 所示。先将法向载荷 F_n 分解为切于分度圆锥面的圆周力 F_{t1} 及垂直于分度圆锥母线的分力 F'，再将 F' 分解为指向锥齿轮轮心的径向力 F_{r1} 及沿轴线方向的轴向力 F_{a1}。

根据几何和平衡关系，有

$$\begin{cases} F_{t1} = \dfrac{2T_1}{d_{m1}} = F_{t2} \\[2mm] F_{r1} = F_{a2} = F_t \tan\alpha \cos\delta_1 \\[2mm] F_{a1} = F_{r2} = F_t \tan\alpha \sin\delta_1 \\[2mm] F_n = \dfrac{F_{t1}}{\cos\alpha} \end{cases} \tag{9-33}$$

式中，T_1 为小锥齿轮（主动轮）传递的转矩，N·mm；d_{m1} 为小锥齿轮的平均节圆直径，mm；α 为压力角；δ_1 为小锥齿轮分度圆锥角。

各分力方向的判定：圆周力和径向力的判定方法和直齿轮相同，轴向力 F_a 的方向由小端指向大端。如图 9-27 所示，对于轴交角 $\varSigma = 90°$ 的锥齿轮传动，由力平衡条件，F_{t1} 与 F_{t2}、F_{a1} 与 F_{r2}、F_{r1} 与 F_{a2} 大小相等，方向相反。

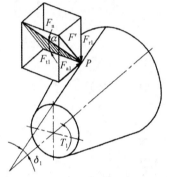

图 9-26　直齿圆锥齿轮受力分析

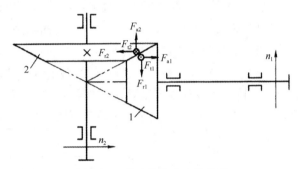

图 9-27　锥齿轮各分力的关系

9.8.3　齿根弯曲疲劳强度计算

直齿锥齿轮传动的齿根弯曲疲劳强度计算按照齿宽中点处的当量直齿圆柱齿轮进行，故可直接沿用直齿圆柱齿轮的齿根弯曲疲劳强度公式（9-10），引入当量齿轮的有关参数，得直齿锥齿轮齿根弯曲疲劳强度的校核和设计公式为

$$\sigma_F = \frac{4KT_1 Y_{Fa} Y_{Sa} Y_\varepsilon}{\varphi_R \left(1 - 0.5\varphi_R\right)^2 m^3 z_1^2 \sqrt{u^2 + 1}} \leqslant [\sigma]_F \tag{9-34}$$

$$m \geqslant \sqrt[3]{\frac{4KT_1 Y_\varepsilon}{\varphi_R \left(1 - 0.5\varphi_R\right) z_1^2 \sqrt{u^2 + 1}} \frac{Y_{Fa} Y_{Sa}}{[\sigma]_F}} \tag{9-35}$$

9.8.4　齿面接触疲劳强度计算

直齿锥齿轮齿面接触疲劳强度也按齿宽中点处当量直齿圆柱齿轮计算，用直齿轮接触疲劳强度计算式（9-18），引入当量齿轮参数，得直齿锥齿轮齿面接触疲劳强度的校核和设计公式分别为

$$\sigma_H = \sqrt{\frac{4KT_1}{\varphi_R \left(1 - 0.5\varphi_R\right)^2 d_1^3 u}} Z_H Z_E Z_\varepsilon \leqslant [\sigma]_H \tag{9-36}$$

$$d_1 \geqslant \sqrt[3]{\frac{4KT_1}{\varphi_R \left(1-0.5\varphi_R\right)^2 u}\left(\frac{Z_H Z_E Z_\varepsilon}{[\sigma]_H}\right)^2} \qquad (9\text{-}37)$$

式中，各符号的意义与单位均与直齿圆柱齿轮类似。大、小齿轮的齿形系数 Y_{Fa} 和应力修正系数 Y_{Sa} 要利用当量齿数查取，重合度系数 Z_ε 按当量齿轮计算。

锥齿轮设计计算中载荷系数 K 的计算，其中使用系数 K_A 由表 9-2 查取，动载荷系数 K_v 按图 9-7 中低一级精度查取，齿向载荷分布系数由表 9-3 或图 9-10 查取，齿间载荷分布系数由表 9-4 查取。

直齿锥齿轮设计实例如下。

例 9-3 试设计一个减速器中的直齿锥齿轮传动。已知小齿轮为主动轮，悬臂布置，大齿轮为从动轮，非对称布置，轴交角为 90°，其他工作要求同例 9-1。

解：1）选定齿轮类型、精度等级、材料及齿数

（1）选用标准直齿锥齿轮传动，压力角取 20°。

（2）齿轮精度和材料同例 9-1。

（3）小齿轮齿数 $z_1=23$，大齿轮齿数 $z_2=uz_1=3.23\times23\approx74.3$，取 $z_2=74$。

2）按齿面接触疲劳强度设计

（1）由式（9-37）试算小齿轮分度圆直径，即

$$d_1 \geqslant \sqrt[3]{\frac{4KT_1}{\varphi_R \left(1-0.5\varphi_R\right)^2 u}\left(\frac{Z_H Z_E Z_\varepsilon}{[\sigma]_H}\right)^2}$$

确定公式中的各参数值。

① 试选 $K_t=1.3$。

② 选择齿宽系数 $\varphi_R=0.3$。

③ 计算重合度系数 Z_ε。

由分锥角

$$\delta_1 = \arctan\frac{z_1}{z_2} = \arctan\frac{23}{74} = 17.266°$$

$$\delta_2 = 90 - \delta_1 = 72.734°$$

可得当量齿数

$$z_{v1} = \frac{z_1}{\cos\delta_1} = \frac{23}{\cos17.266°} = 24.085$$

$$z_{v2} = \frac{z_2}{\cos\delta_2} = \frac{74}{\cos72.734°} = 249.319$$

由此得当量齿轮的重合度

$$\alpha_{a1} = \arccos\frac{z_{v1}\cos\alpha}{z_{v1}+2h_a^*} = \arccos\frac{24.085\times\cos20°}{24.085+2\times1} = 29.814°$$

$$\alpha_{a2} = \arccos\frac{z_{v2}\cos\alpha}{z_{v2}+2h_a^*} = \arccos\frac{249.319\times\cos20°}{249.319+2\times1} = 21.217°$$

$$\varepsilon_{\alpha v} = \frac{z_{v1}\left(\tan\alpha_{a1} - \tan\alpha'\right) + z_{v2}\left(\tan\alpha_{a2} - \tan\alpha'\right)}{2\pi}$$

$$= \frac{24.085\left(\tan 29.814° - \tan 20°\right) + 249.319\left(\tan 21.217° - \tan 20°\right)}{2\pi} \approx 1.764$$

重合度系数为

$$Z_\varepsilon = \sqrt{\frac{4-\varepsilon_{\alpha v}}{3}} = \sqrt{\frac{4-1.764}{3}} = 0.863$$

公式中的其他参数值与例 9-1 相同。

试算小齿轮分度圆直径：

$$d_{1t} \geqslant \sqrt[3]{\frac{4K_t T_1}{\varphi_R\left(1-0.5\varphi_R\right)^2 u}\left(\frac{Z_H Z_E Z_\varepsilon}{[\sigma]_H}\right)^2}$$

$$= \sqrt[3]{\frac{4\times 1.3\times 73840}{0.3\times\left(1-0.5\times 0.3\right)^2\times\left(74/23\right)}\left(\frac{2.5\times 189.8\times 0.863}{390}\right)^2}$$

$$= 84.671\ \text{mm}$$

（2）调整小齿轮分度圆直径。

计算实际载荷系数所需数据。

① 圆周速度 v。

$$d_{m1} = d_1\left(1-0.5\varphi_R\right) = 84.671\times\left(1-0.5\times 0.3\right) \approx 71.970\ \text{mm}$$

$$v = \frac{\pi d_{m1} n_1}{60\times 1000} = \frac{\pi\times 71.970\times 970}{60\times 1000} = 3.65\ \text{m/s}$$

② 当量齿轮的齿宽系数 φ_d。

$$b = \frac{\varphi_R d_1\sqrt{u^2+1}}{2} = \frac{0.3\times 84.671\times\sqrt{\left(74/23\right)^2+1}}{2} \approx 42.791\ \text{m}$$

$$\varphi_d = \frac{b}{d_{m1}} = \frac{42.791}{71.970} \approx 0.595$$

计算实际载荷系数。

① 由表 9-2 查得使用系数 $K_A=1$。

② 根据 v=3.65m/s，8 级精度（降低了一级精度），由图 9-7 查得动载荷系数 K_v=1.13。

③ 由表 9-4，取齿间载荷分布系数 $K_{H\alpha}=1$。

④ 由表 9-3 用插值法查得 7 级精度、小齿轮悬臂时，齿向载荷分布系数 $K_{H\beta}=1.350$。

由此，得实际载荷系数

$$K = K_A K_v K_{H\alpha} K_{H\beta} = 1\times 1.13\times 1\times 1.350 \approx 1.526$$

按实际载荷系数算得的分度圆直径：

$$d_1 = d_{1t}\sqrt[3]{\frac{K}{K_t}} = 84.671\times\sqrt[3]{\frac{1.526}{1.3}} = 89.318\ \text{mm}$$

3）按齿根弯曲疲劳强度设计

（1）由式（9-35）计算模数，即

$$m \geqslant \sqrt[3]{\frac{4KT_1Y_\varepsilon}{\varphi_R\left(1-0.5\varphi_R\right)z_1^2\sqrt{u^2+1}}\frac{Y_{Fa}Y_{Sa}}{[\sigma]_F}}$$

确定公式中的各参数值。

① 试选 K_t=1.3。

② 重合度系数 Y_ε：

$$Y_\varepsilon = 0.25 + \frac{0.75}{\varepsilon_{\alpha v}} = 0.25 + \frac{0.75}{1.764} \approx 0.675$$

③ 计算 $\dfrac{Y_{Fa}Y_{Sa}}{[\sigma]_F}$。

由表 9-5 查得齿形系数 Y_{Fa1}=2.65，Y_{Fa2}=2.11，应力修正系数 Y_{Sa1}=1.58，Y_{Sa2}=1.89。
齿根弯曲疲劳极限和弯曲疲劳寿命系数与例 9-1 相同。

取弯曲疲劳强度的安全系数 S=1.4，由式（9-20）得

$$[\sigma_F]_1 = \frac{\sigma_{Flim1}}{S_{Fmin}}Y_N = \frac{400}{1.4} \times 0.85 \approx 242.9\ \text{MPa}$$

$$[\sigma_F]_2 = \frac{\sigma_{Flim2}}{S_{Fmin}}Y_N = \frac{320}{1.4} \times 0.88 \approx 201.1\ \text{MPa}$$

$$\frac{Y_{Fa1}Y_{Sa1}}{[\sigma]_{F1}} = \frac{2.65 \times 1.58}{242.9} \approx 0.0172$$

$$\frac{Y_{Fa2}Y_{Sa2}}{[\sigma]_{F2}} = \frac{2.11 \times 1.89}{201.1} \approx 0.0198$$

因为大齿轮的 $\dfrac{Y_{Fa2}Y_{Sa2}}{[\sigma]_{F2}}$ 大于小齿轮的 $\dfrac{Y_{Fa1}Y_{Sa1}}{[\sigma]_{F1}}$，所以取 $\dfrac{Y_{Fa}Y_{Sa}}{[\sigma]_F} = \dfrac{Y_{Fa2}Y_{Sa2}}{[\sigma]_{F2}} = 0.0198$

公式中其他参数均与例 9-1 相同。

试算模数：

$$m_t \geqslant \sqrt[3]{\frac{4K_tT_1Y_\varepsilon}{\varphi_R\left(1-0.5\varphi_R\right)z_1^2\sqrt{u^2+1}}\frac{Y_{Fa}Y_{Sa}}{[\sigma]_F}}$$

$$= \sqrt[3]{\frac{4 \times 1.3 \times 73840 \times 0.675}{0.3 \times \left(1-0.5 \times 0.3\right) \times 23^2 \times \sqrt{\left(74/23\right)^2+1}} \times 0.0198}$$

$$= 2.243\ \text{mm}$$

（2）调整齿轮模数。

计算实际载荷系数所需数据。

① 圆周速度 v：

$$d_1 = m_t z_1 = 2.243 \times 23 = 51.589\ \text{mm}$$

$$d_{m1} = d_1\left(1 - 0.5\varphi_R\right) = 51.589 \times \left(1 - 0.5 \times 0.3\right) \approx 43.851\,\text{mm}$$

$$v_m = \frac{\pi d_{m1} n_1}{60 \times 1000} = \frac{\pi \times 43.851 \times 970}{60 \times 1000} = 2.227\,\text{m/s}$$

② 齿宽 b:

$$b = \frac{\varphi_R d_1 \sqrt{u^2 + 1}}{2} = \frac{0.3 \times 51.589 \times \sqrt{\left(74/23\right)^2 + 1}}{2} \approx 26.072\,\text{mm}$$

齿宽系数:

$$\varphi_d = \frac{b}{d_{m1}} = \frac{26.072}{43.851} \approx 0.595$$

齿宽与中点齿高之比:

$$m_m = m_t\left(1 - 0.5\varphi_R\right) = 2.243 \times \left(1 - 0.5 \times 0.3\right) \approx 1.907\,\text{mm}$$

$$h_m = \left(2h_a^* + c^*\right)m_m = \left(2 \times 1 + 0.25\right) \times 1.907 \approx 4.291\,\text{mm}$$

$$\frac{b}{h_m} = \frac{29.072}{4.291} \approx 6.775$$

计算实际载荷系数 K。

① 根据 $v_m = 2.186\,\text{m/s}$，由图 9-7 低一级精度查得动载荷系数 K_v=1.12。

② 由表 9-4，取齿间载荷分布系数 $K_{F\alpha}$=1。

③ 由表 9-3 用插值法查得 $K_{H\beta}$=1.350，于是 $K_{F\beta}$=1.265，则载荷系数为

$$K = K_A K_v K_{F\alpha} K_{F\beta} = 1 \times 1.12 \times 1 \times 1.265 \approx 1.417$$

可得按实际载荷系数算得的齿轮模数

$$m = m_t \sqrt[3]{\frac{K}{K_t}} = 2.243 \times \sqrt[3]{\frac{1.417}{1.3}} = 2.308\,\text{mm}$$

按照与例 9-1 类似的做法，由齿根弯曲疲劳强度计算的模数 m=2.308 mm，就近选择标准模数 m=2.75 mm，按照齿面接触疲劳强度所得的分度圆直径 d_1=89.318 mm，算出小齿轮齿数。

$$z_1 = \frac{d_1}{m} = \frac{89.318}{2.75} \approx 32.479$$

取 z_1=33，则大齿轮齿数 z_2=uz_1=3.23×33=106.59，取 z_2=107。

4）几何尺寸计算

（1）计算分度圆直径。

$$d_1 = z_1 m = 33 \times 2.75 = 90.75\,\text{mm}$$

$$d_2 = z_2 m = 107 \times 2.75 = 294.25\,\text{mm}$$

（2）计算分锥角。

$$\delta_1 = \arctan \frac{z_1}{z_2} = \arctan \frac{33}{107} = 17.1403° = 17°08'25''$$

$$\delta_2 = 90° - 17°08'25'' = 72°51'35''$$

（3）计算齿轮宽度。

$$R = \sqrt{r_1^2 + r_2^2} = \sqrt{\left(\frac{90.75}{2}\right)^2 + \left(\frac{294.25}{2}\right)^2} \approx 154.2021\,\text{mm}$$

$$b = \varphi_R R = 0.3 \times 154.2021 \approx 46.261\,\text{mm}$$

或

$$b = \frac{\varphi_R d_1 \sqrt{u^2 + 1}}{2} = \frac{0.3 \times 90.75 \times \sqrt{(107/33)^2 + 1}}{2} \approx 46.189\,\text{mm}$$

取 $b_1 = b_2 = 47\,\text{mm}$。

5）结构设计及零件图绘制

（略）。

9.9 齿轮的结构设计

前面各节中介绍的齿轮强度计算，只能确定齿轮的主要参数及尺寸，而齿轮的具体结构，包括轮缘、轮毂、轮辐等的结构形式及尺寸，通常由结构设计来确定。

齿轮的结构形式主要由轮坯材料、几何尺寸、加工工艺、生产批量和经济因素等确定。对于中等模数的齿轮传动，其尺寸一般由经验公式来确定。

9.9.1 锻造齿轮

对于齿轮齿顶圆直径小于 500 mm 的齿轮，一般采用锻造毛坯，并根据齿轮直径的大小常采用以下几种结构形式。

当齿轮的直径和轴径相差不多时，如果齿轮与轴分开制造，齿轮键槽底部到齿根圆的距离 e（见图 9-28）就会很小，使得齿轮轮体的强度得不到保证。若齿根圆到键槽底部的距离 $e < 2m_t$（m_t 为端面模数），对锥齿轮，按齿轮小端尺寸计算 $e < 1.6m$ 时，均应将齿轮和轴做成一体，称为齿轮轴，如图 9-29 所示。齿轮与轴的材料相同，会造成材料的浪费和增加加工工艺的难度。若 e 值超过上述尺寸，无论是从制造还是从节约贵重材料考虑，都应把齿轮与轴分开。

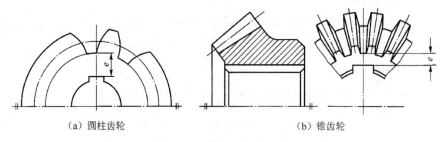

（a）圆柱齿轮　　　　　　　　（b）锥齿轮

图 9-28　齿轮的结构尺寸 e

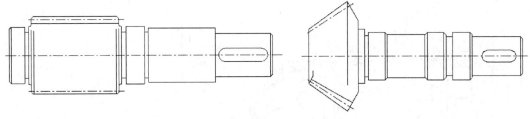

图 9-29　齿轮轴

将齿轮与轴分开制造时，根据齿轮的大小，可将齿轮做成多种形式。当齿顶圆直径 $d_a \leqslant$ 160 mm 时，可以做成实心式齿轮（见图 9-30）；当齿顶圆直径 $d_a \leqslant 500$ mm 时，可做成腹板式齿轮（见图 9-31）。

图 9-30　实心式齿轮

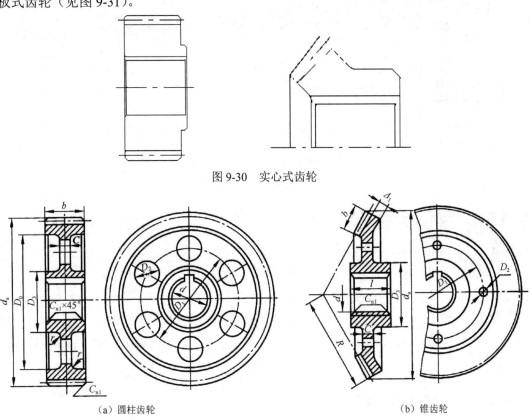

（a）圆柱齿轮　　　　　　　　　　　　　　（b）锥齿轮

圆柱齿轮：$D_1 = 0.5(D_0 + D_3)$；$D_2 = (0.25 \sim 0.35)(D_0 - D_3)$；$D_3 = 1.6d$；$C_{n1} = 0.5m_n$；$r = 5$mm

圆柱齿轮：$D_0 = d_a - (10 \sim 14)m_n$；$C = (0.2 \sim 0.3)b \geqslant 10$mm

锥齿轮：$l = (1 \sim 1.2)d$；$C = (0.1 \sim 0.17)l \geqslant 10$mm；$\Delta_1 = (3 \sim 4)m_n \geqslant 10$mm

图 9-31　腹板式齿轮

9.9.2　铸造齿轮

对直径大于 500 mm 或虽直径小于 500 mm 但形状复杂，不便于锻造的齿轮，常采用铸造毛坯。当 400 mm < d_a（齿顶圆直径）< 1000 mm 时，可做成轮辐截面为"十"字形的轮辐式齿轮，如图 9-32 所示。

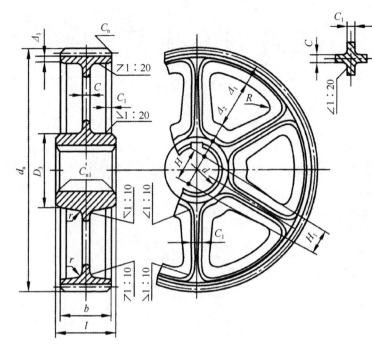

$D_3=1.6d$（铸钢）
$D_3=1.8d$（铸铁）
$H=0.8d$
$H_1=0.8H$
$C=0.25H \geqslant 10mm$
$C_1=H/6$
$l=(1.2 \sim 1.5)d \geqslant b$
$\Delta_1=(2.5 \sim 4)m_n \geqslant 8mm$
$\Delta_2=(1 \sim 1.2)\Delta_1$
$C_n=0.5m_n$，$C_{n1}=0.5m_t$
$R=0.5H$
r由结构确定，轮辐数常取6

图 9-32　轮辐式齿轮

9.10　齿轮传动的润滑

齿轮在传动时，相啮合的齿面间有相对滑动，因此会发生摩擦和磨损，增加动力消耗，降低传动效率。特别是高速传动，更需要考虑齿轮的润滑。

轮齿啮合面间加注润滑剂，可以避免金属直接接触，减少摩擦损失，还可以散热及防锈蚀。因此，对齿轮传动进行适当的润滑，可以有效改善轮齿的工作状况，确保齿轮运转正常。

9.10.1　齿轮传动的润滑方式

开式及半开式齿轮传动，或速度较低的闭式齿轮传动，通常用人工周期性加润滑剂润滑。

通用的闭式齿轮传动，其润滑方法根据齿轮的圆周速度大小而定。当齿轮的圆周速度 $v<12$ m/s 时，常将大齿轮的轮齿浸入油池进行浸油润滑（见图 9-33）。齿轮在传动时，把润滑油带到啮合的齿面上，同时将油甩到箱壁上，借以散热。齿轮浸入油中的深度可根据齿轮圆周速度的大小而定，对圆柱齿轮，通常不宜超过一个齿高，但一般也不应小于 10 mm；对锥齿轮，应浸入全齿宽，至少应浸入齿宽的一半。在多级齿轮传动中，可借带油轮将油带到未浸入油池的齿轮的齿面上（见图 9-34）。

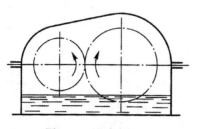

图 9-33　浸油润滑

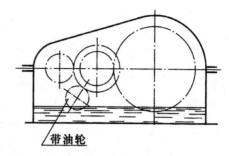

图 9-34　用带油轮带油

油池中油量的多少，取决于齿轮传递功率的大小。对单级齿轮，每传递 1 kW 的功率，需油量为 0.35～0.7L。对于多级传动，需油量按级数成倍增加。

当齿轮的圆周速度 $v>12$ m/s 时，应采用喷油润滑（见图 9-35），即由油泵或中心供油站以一定的压力供油，借喷嘴将润滑油喷到轮齿的啮合面上。当 $v≤25$ m/s 时，喷嘴位于轮齿啮入边或啮出边均可；当 $v>25$ m/s 时，喷嘴应位于轮齿啮出的一边，以便借润滑油及时冷却刚啮合过的轮齿，同时对轮齿进行润滑。

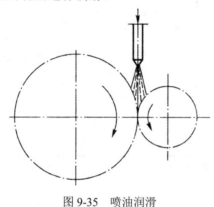

图 9-35　喷油润滑

9.10.2　润滑剂的选择

齿轮传动的润滑剂为润滑油或润滑脂。齿轮传动润滑油的黏度按表 9-9 选取，所用润滑油或润滑脂的牌号按表 9-10 选取。

表 9-9　齿轮传动润滑油黏度荐用值

齿 轮 材 料	强度极限 σ_B /MPa	圆周速度 v/(m/s)						
		<0.5	0.5～1	1～2.5	2.5～5	5～12.5	12.5～25	>25
		运动黏度 v /cSt（40℃）						
塑料、铸铁、青铜	—	350	220	150	100	80	55	—
钢	450～1000	500	350	220	150	100	80	55
	1000～1250	500	500	350	220	150	100	80
渗碳或表面淬火的钢	1250～1600	1000	500	500	350	220	150	100

注：① 对多级齿轮传动，采用各级传动圆周速度的平均值来选取润滑油黏度；

② 对于 σ_B >800 MPa 的镍铬钢制齿轮（不渗碳）的润滑油黏度应取高一级的数值。

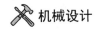

表 9-10　齿轮传动常用的润滑油

名　称	牌　号	运动黏度 v/cSt（40℃）	应　用
重负荷工业闭式齿轮油 （GB 5903—2011）	100	90～110	适用于工业设备齿轮的润滑
	150	135～165	
	220	198～242	
	320	299～352	
中负荷工业闭式齿轮油 （GB 5903—2011）	68	61.2～74.8	适用于煤炭、水泥和冶金等工业部门的大型闭式齿轮传动
	100	90～110	
	150	135～165	
	220	198～242	
	320	288～352	
	460	414～506	
普通开式齿轮油 （SH/T 0363—1992）		100℃	主要适用于开式齿轮、链条和钢丝绳的润滑
	68	60～75	
	100	90～110	
	150	135～165	
Pinnacle 极压齿轮油	150	150	用于润滑采用极压润滑剂的各种车用及工业设备齿轮
	220	216	
	320	316	
	460	451	
	680	652	
钙钠基润滑脂 （SH/T 0363—1992）	1 号		适用于 80～100℃，在水中或较潮湿的环境中工作的齿轮传动，但不适于低温工作情况
	2 号		

注：表中所列仅为齿轮油的一部分，必要时可参阅有关资料。

9.11　圆弧齿轮传动简介

圆弧圆柱齿轮简称圆弧齿轮，因其轮齿工作齿廓曲线为圆弧而得名。圆弧齿轮分为单圆弧齿轮和双圆弧齿轮。单圆弧齿轮轮齿的工作齿廓曲线为一段圆弧，相啮合的一对齿轮副，一个齿轮的轮齿制成凸齿，配对的另一个齿轮的轮齿制成凹齿，凸齿的工作齿廓在节圆柱以外，凹齿的工作齿廓在节圆柱以内。为了不降低小齿轮的强度和刚度，通常把配对的小齿轮制成凸齿，把大齿轮制成凹齿。双圆弧齿轮轮齿的工作齿廓曲线为凹、凸两段圆弧。工作时，从一个端面看，先是主动轮轮齿的凹部推动从动轮轮齿的凸部，离开时，再以主动轮轮齿的凸部推动从动轮轮齿的凹部，故双圆弧齿轮在理论上同时有两个接触点，经跑合后，这种传动实际上有两条接触线，因此可以实现多对齿和多点啮合。此外，由于其齿根厚度较大，双圆弧齿轮传动不仅承载能力比单圆弧齿轮传动高 30%，而且传动较平稳，振动和噪声较小，并且可用同一把滚刀加工相配对的两个齿轮。因此，高速重载时，双圆弧齿轮传动有取代单圆弧齿轮传动的趋势。

单圆弧齿轮传动已用于高速重载的汽轮机、压缩机和低速重载的轧钢机等设备；双圆弧齿轮传动常用作大型轧钢机的主传动。

圆弧齿轮传动与渐开线齿轮传动相比有下列特点：

（1）当圆弧齿轮和渐开线齿轮的几何尺寸相同时，由于圆弧齿轮的综合曲率半径比渐开线齿轮的综合曲率半径大数十倍，因此其接触应力将大幅度下降，接触疲劳强度将大大提高。

（2）圆弧齿轮传动具有良好的磨合性能。经磨合之后，圆弧齿轮传动相啮合的齿面能紧密贴合，实际啮合面积较大。而且轮齿在啮合过程中主要存在滚动摩擦，啮合点又以相当高的速度沿啮合线移动，易于形成轮齿间的动力润滑，因而啮合齿面间的油膜较厚，这不仅有助于提高齿面的接触疲劳强度及耐磨性，而且啮合摩擦损失也大为减少，传动效率高。

（3）圆弧齿轮传动中，轮齿没有根切现象，故齿数可少至 6～8，但应视小齿轮轴的强度及刚度而定。

（4）圆弧齿轮不能做成直齿，并为确保传动的连续性，必须具有一定的齿宽。但是对不同的要求（如承载能力、效率、磨损、噪声等），可通过选取不同的参数，设计出不同的齿形来实现。

（5）圆弧齿轮传动的中心距及切齿深度的偏差对轮齿沿齿高的正常接触影响很大，因而这种传动对中心距及切齿深度的精度要求较高。

习　题

9-1 齿轮传动的主要优点有哪些？

9-2 齿轮传动的主要失效形式有哪些？开式齿轮与闭式齿轮各以产生何种失效形式为主？设计准则分别是什么？

9-3 齿轮为什么会产生齿面点蚀？点蚀首先发生在什么部位？为什么？

9-4 齿轮在什么情况下容易发生胶合？采取哪些措施可以提高齿面抗胶合能力？

9-5 齿轮计算载荷中的载荷系数 K 由哪几部分组成？各考虑什么因素的影响？

9-6 齿轮设计中，为什么引入动载荷系数？试述减小动载荷的方法。

9-7 影响齿轮啮合时载荷分布不均匀的因素有哪些？采取什么措施可使载荷分布均匀？

9-8 在齿根弯曲疲劳强度计算中，齿根危险点及危险截面是如何确定的？

9-9 齿形系数 Y_{Fa} 和应力修正系数 Y_{Sa} 的含义是什么？它与哪些参数有关？

9-10 选择齿宽系数、螺旋角时应考虑哪些因素的影响？

9-11 在直齿圆柱齿轮传动中，小齿轮的齿宽为什么要加宽 5～10 mm？直齿锥齿轮传动中，小齿轮是否也应加宽，为什么？

9-12 在设计齿轮时，选择齿数应考虑哪些因素？

9-13 一对齿轮传动中，大、小齿轮的接触应力是否相等？接触疲劳强度是否相同？

9-14 现有一对标准直齿圆柱齿轮传动，齿轮参数：$m=2$ mm，$z_1=40$，$z_2=90$，齿宽 $b_1=60$ mm，$b_2=55$ mm，其他条件分别相同，试比较两个齿轮的接触疲劳强度、弯曲疲劳强度的高低。

9-15 有一对标准直齿圆柱齿轮，已知齿轮的模数 $m=5$ mm，小齿轮和大齿轮的参数分

别为 $z_1=25$，$z_2=60$，齿形系数 $Y_{Fa1}=2.72$，$Y_{Fa2}=2.32$，应力修正系数 $Y_{Sa1}=1.58$，$Y_{Sa2}=1.58$，重合度系数 $Y_\varepsilon=0.7$，齿宽 $b_1=65$ mm，$b_2=60$ mm，许用弯曲应力 $[\sigma_F]_1=320$ MPa，$[\sigma_F]_2=300$ MPa。问：

（1）哪个齿轮容易发生轮齿折断？

（2）取载荷系数 $K_F=1$，根据齿轮弯曲疲劳强度计算该对齿轮传动可传递的最大转矩 T_1。

9-16 图 9-36 所示为双级斜齿圆柱齿轮减速器，第一级斜齿轮螺旋角的旋向已经给出。为使轴承所受的轴向力较小，试确定第二级斜齿轮螺旋角的旋向，并标注齿轮 2 和齿轮 3 所受的轴向力、径向力和圆周力的方向；若已知第一级齿轮的参数：$z_1=19$，$z_2=85$，$m_n=5$ mm，$\alpha_n=20°$，中心距 $a=265$ mm，齿轮 1 的传动功率 $P=6.25$ kW，$n_1=275$ r/min，试求轮 1 上所受三个分力的大小。

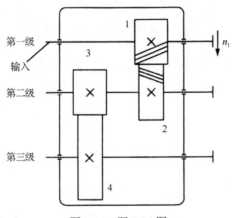

图 9-36 题 9-16 图

9-17 图 9-37 所示为直齿锥齿轮-斜齿圆柱齿轮减速器，齿轮 1 主动，转向如图所示。锥齿轮的参数为 $m=2$ mm，$z_1=20$，$z_2=40$，$\varphi_R=0.3$；斜齿圆柱齿轮的参数为 $m=3$ mm，$z_3=20$，$z_4=60$。

（1）为使轴Ⅱ所受的轴向力最小，画出齿轮 3、4 的螺旋线方向；

（2）画出轴Ⅱ上齿轮 2、3 所受各力的方向；

（3）若要求轴Ⅱ上的轴向力为零，则齿轮 3 的螺旋角应取多大（忽略摩擦力）？

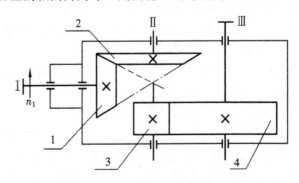

图 9-37 题 9-17 图

9-18 试设计单级标准直齿圆柱齿轮减速器（外啮合，闭式），已知小齿轮（主动轮）z_1=25，材料为 45 钢，调质处理，大齿轮 $z_2 = 73$，材料为 45 钢，正火处理，传动功率 $P_1 =$ 10 kW，$n_1 = 742$ r/min，正反运转，两班工作制，要求工作寿命为 10 年（每年工作 300 天），齿轮对称布置，中等冲击，电动机驱动。

9-19 试设计某两级闭式斜齿轮减速器的高速级齿轮传动。已知电动机为 Y 系列三相异步电动机，型号为 Y180L-6，额定功率 $P =$ 20 kW，满载转速为 $n_1 = 970$ r/min，高速级齿轮 1 传动的功率 P_1=18.7 kW，传动比 i=4.6。该减速器的工作状况为：两班工作制，要求工作寿命为 10 年（每年工作 300 天），单向连续运转，载荷平稳，工作可靠，体积尽可能小些，齿轮精度为 7 级。

9-20 试设计一个用 Y160M-6 型电动机驱动的单级闭式直齿锥齿轮减速器。已知：电动机功率 P_1=7.5 kW，转速 n_1=970 r/min，传动比 $i = 2.5$，单向连续运转，载荷较平稳，小批量生产。要求小齿轮的材料为 35SiMn 钢，调质处理，大齿轮的材料为 45 钢，调质处理，大、小齿轮的齿数互为质数。

第10章 蜗杆传动

10.1 概述

10.1.1 蜗杆传动的结构及特点

蜗杆传动由蜗杆和蜗轮组成（见图10-1），用于传递空间两个交错轴之间的运动和动力，通常两个轴在空间交错相互垂直，轴交错角 $\Sigma=90°$，一般蜗杆为主动件。

图 10-1 蜗杆传动

蜗杆传动具有以下特点：

（1）结构紧凑，传动比大。在传递动力时单级传动比一般为5～80，常用传动比为15～50；只传递运动时，传动比可达1000。

（2）传动平稳，噪声小。由于蜗杆上的齿是连续的螺旋齿，与蜗轮轮齿逐渐进入和退出啮合，同时啮合的齿数多，故传动平稳，噪声小。

（3）具有自锁性。当蜗杆的导程角小于轮齿间的当量摩擦角时，蜗轮不能带动蜗杆转动，呈自锁状态。

（4）传动效率低。蜗杆传动具有较大的相对滑动趋势，齿面摩擦剧烈，发热量大，传动效率低。

（5）制造成本高。为减轻齿面磨损和防止胶合，蜗轮齿圈常用贵重的青铜合金制造，材料成本较高。

10.1.2 蜗杆传动的类型

按照蜗杆形状的不同，蜗杆传动可分为圆柱蜗杆传动、环面蜗杆传动、锥蜗杆传动三类，如图10-2所示，本章主要介绍圆柱蜗杆传动。

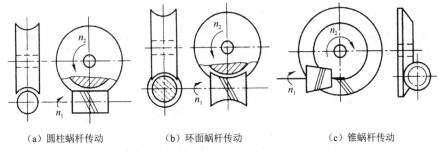

（a）圆柱蜗杆传动　　　　（b）环面蜗杆传动　　　　（c）锥蜗杆传动

图 10-2　蜗杆传动的类型

按照蜗杆齿廓曲线形状，圆柱蜗杆传动又可分为阿基米德蜗杆（ZA 蜗杆）传动、渐开线蜗杆（ZI 蜗杆）传动、法向直廓蜗杆（ZN 蜗杆）传动等。

（1）阿基米德蜗杆（ZA 蜗杆）如图 10-3 所示，加工时，车刀切削刃的顶平面通过蜗杆轴线。蜗杆在轴向剖面 $A—A$ 内齿廓为直线，在法向剖面 $N—N$ 内齿廓为外凸线，端面上齿廓为阿基米德螺旋线。阿基米德蜗杆易车削，应用较广泛，但因不易磨削，齿的精度和表面质量不高，传动效率较低，齿面磨损较快，常用于低速轻载或不太重要的传动。

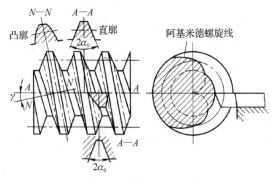

图 10-3　阿基米德蜗杆（ZA 蜗杆）

（2）渐开线蜗杆（ZI 蜗杆）如图 10-4 所示，加工时，车刀刀刃平面与基圆柱相切，被切出的蜗杆端面上齿廓为渐开线。渐开线蜗杆可以磨削，制造精度较高，效率较高，适用于转速较高、功率较大的精密传动。

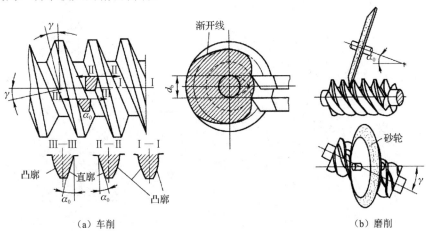

（a）车削　　　　　　　　　　（b）磨削

图 10-4　渐开线蜗杆（ZI 蜗杆）

（3）法向直廓蜗杆（ZN 蜗杆）如图 10-5 所示，车制时刀刃顶面置于螺旋线的法面上，蜗杆在法面上齿廓为直线，在端面上齿廓为延伸渐开线。这种蜗杆可用砂轮磨削，加工较简单，常用于机床的精密蜗杆传动。

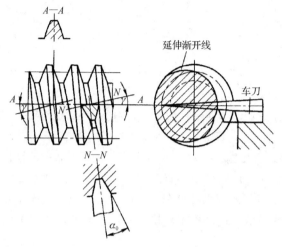

图 10-5　法向直廓蜗杆（ZN 蜗杆）

由于普通圆柱蜗杆传动加工制造简单，应用较广泛，本章着重介绍以阿基米德蜗杆传动为代表的普通圆柱蜗杆传动。

10.2　普通圆柱蜗杆传动的主要参数及几何尺寸计算

如图 10-6 所示，通过蜗杆轴线并垂直于蜗轮轴线的平面，称为中间平面。蜗杆和蜗轮啮合时，在中间平面内普通圆柱蜗杆传动就相当于齿条与齿轮的啮合传动，所以在设计蜗杆传动时，均取中间平面上的参数（如模数、压力角等）和尺寸（如齿顶圆、分度圆等）为基准，并沿用齿轮传动的计算关系。

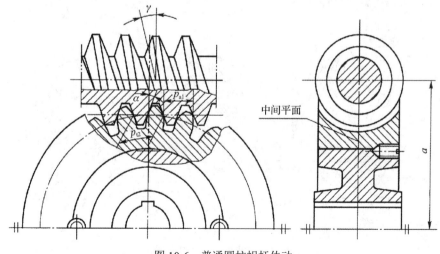

图 10-6　普通圆柱蜗杆传动

10.2.1　蜗杆传动的主要参数

1．模数 m 和压力角 α

蜗杆传动的尺寸计算与齿轮传动一样，也以模数作为主要计算参数。在中间平面内蜗杆传动相当于齿条与齿轮的啮合传动，蜗杆的轴面模数和轴面压力角分别与蜗轮的端面模数和端面压力角相等，即

$$\begin{cases} m_{a1} = m_{t2} \\ \alpha_{a1} = \alpha_{t2} \end{cases} \tag{10-1}$$

标准模数值见表 10-1，标准压力角 $\alpha = 20°$。

2．蜗杆分度圆柱导程角

蜗杆螺旋线的形成原理与螺纹相同，有左旋和右旋之分，除特殊情况外，一般采用右旋蜗杆。如图 10-7 所示，将蜗杆分度圆柱展开，其螺旋线和端平面的夹角 γ 称为蜗杆的导程角，可得

$$\tan\gamma = \frac{p_{z1}}{\pi d_1} = \frac{z_1 p_{a1}}{\pi d_1} = \frac{z_1 m}{d_1} \tag{10-2}$$

式中，p_{z1} 为蜗杆的导程，mm；p_{a1} 为蜗杆的轴向齿距，mm；d_1 为蜗杆的分度圆直径，mm，z_1 为蜗杆的头数。

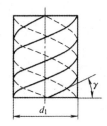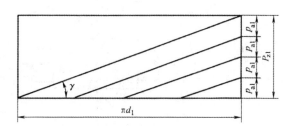

图 10-7　蜗杆的导程角与导程的关系

蜗杆传动的效率随导程角的增大而提高。为提高效率，应采用多头蜗杆，但导程角过大时效率提高不明显，且蜗杆加工困难。如果导程角小，则传动效率低，但可以形成自锁，这时采用单头蜗杆。

当蜗杆传动时的两轴交角为 90°时，为保证蜗杆与蜗轮的正确啮合，蜗杆的导程角 γ 应等于蜗轮的螺旋角 β，即 $\gamma = \beta$。

3．蜗杆分度圆直径 d_1 与直径系数 q

在切制蜗轮轮齿时，所用滚刀的几何参数必须与蜗杆相同。由式（10-2）可以看出，蜗杆分度圆直径 d_1 不仅与模数有关，还与 $z_1/\tan\gamma$ 有关。在同一模数下，会有很多直径不同的蜗杆，即要求配有相应数目的蜗轮滚刀。为了减少蜗轮滚刀的型号，便于刀具的标准化，将蜗杆分度圆直径 d_1 规定为标准值，即对应于每个标准模数 m，规定了一定数量的蜗杆分度圆直径 d_1（见表 10-1），并把 d_1 与 m 的比值称为蜗杆直径系数 q，即

$$q = \frac{d_1}{m} \tag{10-3}$$

d_1 与 m 均为标准值，q 是 d_1、m 的导出值，不一定是整数。

4. 蜗杆头数 z_1

蜗杆头数 z_1 即为蜗杆螺旋线的个数，蜗杆头数少，易实现大传动比，但导程角小，效率低，故大功率传动一般选用多头蜗杆。蜗杆头数过多则导致导程角过大，蜗杆制造困难。另外，当传动比较大时，z_1 过多会使蜗轮齿数 z_2 增多，导致蜗杆跨度增大，影响蜗杆的刚度。蜗杆头数一般取 z_1=1、2、4、6。

5. 传动比 i 和蜗轮齿数 z_2

蜗杆传动的轴交角为 90°时，运动关系如图 10-8 所示，蜗杆圆周速度 v_1 与蜗轮圆周速度 v_2 的关系为 $v_2 = v_1 \tan \gamma$，v_s 为齿面滑动速度。

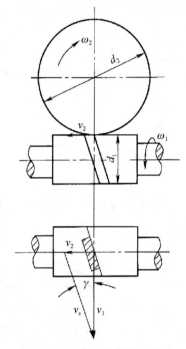

图 10-8　蜗杆传动的运动关系

通常蜗杆为主动件，蜗杆与蜗轮之间的传动比为

$$i_{12} = \frac{\omega_1}{\omega_2} = \frac{v_1/d_1}{v_2/d_2} = \frac{z_2}{z_1} \tag{10-4}$$

蜗轮齿数根据传动比及蜗杆头数确定。传递动力时，为增加传动平稳性，通常规定蜗轮的齿数 $z_{2\min} > 28$，一般取 $z_2 = 29 \sim 83$。z_2 过小，会产生根切；z_2 过大，蜗轮直径增大，相应的蜗杆变长，导致刚度下降，因此，在动力传动中，蜗轮齿数一般不超过 80，蜗杆传动 z_1、z_2 的推荐值见表 10-2，若用于运动传递，如分度机构，可以不受此限制。

6. 蜗杆传动的中心距 a

标准蜗杆传动的中心距为

$$a = \frac{d_1 + d_2}{2} = \frac{m(q + z_2)}{2} \tag{10-5}$$

圆柱蜗杆传动的基本尺寸和参数列于表 10-1。设计圆柱蜗杆传动时，按照齿面接触疲劳强度或齿根弯曲疲劳强度确定 $m^2 d_1$ 后，一般按照表 10-1 确定蜗杆与蜗轮的尺寸和参数。

表 10-1　圆柱蜗杆的基本尺寸和参数（GB 10085—1988）

模数 m/mm	分度圆直径 d_1/mm	蜗杆头数 z_1	直径系数 q	$m^2 d_1$/mm³	模数 m/mm	分度圆直径 d_1/mm	蜗杆头数 z_1	直径系数 q	$m^2 d_1$/mm³
1	18	1（自锁）	18.000	18	6.3	(80)	1,2,4	12.698	3 475
1.25	20	1	16.000	31.25		112	1（自锁）	17.778	4 445
	22.4	1（自锁）	17.920	35	8	(63)	1,2,4	7.875	4 032
1.6	20	1,2,4	12.500	51.2		80	1,2,4,6	10.000	5 120
	28	1	17.500	71.68		(100)	1,2,4	12.500	6 400
2	(18)	1,2,4	9.000	72		140	1（自锁）	17.500	8 960
	22.4	1,2,4,6	11.200	89.6	10	(71)	1,2,4	7.100	7 100
	(28)	1,2,4	14.000	112		90	1,2,4,6	9.000	9 000
	35.5	1（自锁）	17.750	142		(112)	1,2,4	11.200	11 200
2.5	(22.4)	1,2,4	8.960	140		160	1（自锁）	16.000	16 000
	28	1,2,4,6	11.200	175	12.5	(90)	1,2,4	7.200	14 062
	(35.5)	1,2,4	14.200	221.9		112	1,2,4	8.960	17 500
	45	1（自锁）	18.000	281		(140)	1,2,4	11.200	21 875
3.15	(28)	1,2,4	8.889	277.8		200	1（自锁）	16.000	31 250
	35.5	1,2,4,6	11.270	352.2	16	(112)	1,2,4	7.000	28 672
	(45)	1,2,4	14.286	446.5		140	1,2,4	8.750	35 840
	56	1（自锁）	17.778	556		(180)	1,2,4	11.250	46 080
4	(31.5)	1,2,4	7.875	504		250	1（自锁）	15.625	64 000
	40	1,2,4,6	10.000	640	20	(140)	1,2,4	7.000	56000
	(50)	1,2,4	12.500	800		160	1,2,4	8.000	64000
	71	1（自锁）	17.750	1 136		(224)	1,2,4	11.200	89600
5	(40)	1,2,4	8.000	1 000		315	1（自锁）	15.750	126000
	50	1,2,4,6	10.000	1 250	25	(180)	1,2,4	7.200	112500
	(63)	1,2,4	12.600	1 575		200	1,2,4	8.000	125000
	90	1（自锁）	18.000	2 250		(280)	1,2,4	11.200	175000
6.3	(50)	1,2,4	7.936	1 985		400	1（自锁）	16.000	250000
	63	1,2,4,6	10.000	2500					

注：① 本表中导程角 $\gamma \leqslant 3°30'$ 的圆柱蜗杆均为自锁蜗杆。

　　② 括号中的数字尽可能不采用。

表 10-2　蜗杆头数 z_1 和蜗轮齿数 z_2 的推荐值

传动比 i	5～8	7～16	15～32	30～83
蜗杆头数 z_1	6	4	2	1
蜗轮齿数 z_2	29～48	29～64	30～64	30～83

10.2.2 蜗杆传动的几何尺寸计算

普通圆柱蜗杆传动的基本几何尺寸及关系，如图 10-9 和表 10-3 所示。

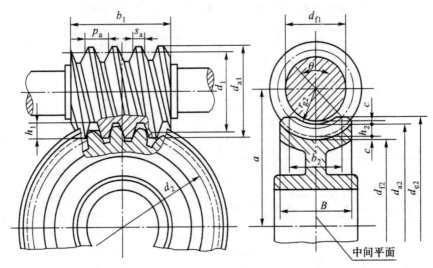

图 10-9 普通圆柱蜗杆传动的基本几何尺寸

表 10-3 普通圆柱蜗杆传动的基本几何尺寸的关系

名　　称	计　算　公　式	
	蜗　杆	蜗　轮
分度圆直径	$d_1=mq$，按强度计算取标准值	$d_2=mz_2$
齿顶高	$h_{a1}=m$	$h_{a2}=m$
齿根高	$h_{f1}=1.2m$	$h_{f2}=1.2m$
齿顶圆直径	$d_{a1}=d_1+2h_{a1}=d_1+2m$	$d_{a2}=d_2+2h_{a2}=d_2+2m$（喉圆直径）
齿根圆直径	$d_{f1}=d_1-2h_{f1}=d_1-2.4m$	$d_{f2}=d_2-2h_{f2}=d_2-2.4m$
径向间隙	$c=0.2m$	
中心距	$a=0.5(d_1+d_2)=0.5m(q+z_2)$	
蜗杆轴向齿距 p_{a1} 蜗轮端面周节 p_{t2}	$p_{a1}=p_{t2}=\pi m$	
蜗杆齿宽 b_1	$z_1=1$、2 时，$b_1=(12+0.1z_2)m$；$z_1=3$、4 时，$b_1=(13+0.1z_2)m$ 磨削蜗杆加长量：$m<10$ mm 时，加长 25 mm；$m=10\sim16$ mm 时，加长 35 mm； $m>16$ mm 时，加长 $45\sim50$ mm	
蜗轮顶圆直径 d_{e2} （也称外圆直径）	$z_1=1$ 时，$d_{e2}\leqslant d_{a2}+2m$ ；$z_1=2\sim3$ 时，$d_{e2}\leqslant d_{a2}+1.5m$； $z_1=4\sim6$ 时，$d_{e2}\leqslant d_{a2}+m$	
蜗轮咽喉母圆半径 r_{g2}	$r_{g2}=a-\dfrac{1}{2}d_{a2}$	
蜗轮齿宽 b_2	$z_1\leqslant3$ 时，$b_2\leqslant0.75d_{a1}$；$z_1=4\sim6$ 时，$b_2\leqslant0.67d_{a1}$	
蜗轮齿顶圆弧半径 R_{a2}	$R_{a2}=0.5d_1-m$	
蜗轮齿根圆弧半径 R_{f2}	$R_{f2}=0.5d_{a1}+0.2m$	
蜗轮齿宽角 θ	$\theta=2\arcsin(b_2/d_1)$	

10.3　蜗杆传动的失效形式和材料选择

10.3.1　蜗杆传动的失效形式和设计准则

　　和齿轮传动一样，蜗杆传动的失效形式也有齿面点蚀、轮齿折断、齿面胶合及过度磨损等。由于材料和结构的原因，蜗杆螺旋齿的强度总是高于蜗轮轮齿的强度，失效通常发生在蜗轮上，因此一般只针对蜗轮轮齿进行承载能力的计算。

　　在闭式传动中，由于蜗杆传动齿面滑动速度高，效率低，发热量大，致使润滑油黏度下降，润滑效果变差，容易发生磨损、胶合和点蚀。在开式传动中，蜗轮轮齿的主要失效形式是磨损。

　　由于目前缺乏可靠的蜗杆传动胶合、磨损的计算方法和数据，对一般用途的蜗杆传动，通常是按齿面接触疲劳强度准则和齿根弯曲疲劳强度准则进行计算（或条件性计算）的，通过适当选择蜗杆传动副的配对材料，采用良好的润滑和散热方式以及合理选择传动参数，以改善胶合和磨损的情况。此外，在确定许用应力时应适当考虑胶合和磨损因素的影响。因此，对闭式蜗杆传动，通常按齿面接触疲劳强度设计，再校核齿根弯曲疲劳强度，对连续工作的闭式蜗杆传动还要进行热平衡计算；对开式传动，只需按齿根弯曲疲劳强度进行设计即可。

　　此外，如果蜗杆传动参数选择不当（如蜗杆直径过小或支承跨距过大），可能会出现蜗杆刚度不足的情况。因此，必要时需验算蜗杆刚度。

10.3.2　蜗杆传动的材料选择及许用应力

　　针对蜗杆受力易产生弯曲变形的特点，蜗杆一般采用碳素钢或合金钢制造，并经淬火处理获得较高的齿面硬度。高速重载、载荷变化时，可采用低碳合金钢渗碳淬火，如 20Cr、20CrMnTi、12CrNi3A 等；高速重载、载荷平稳时，可采用中碳钢、中碳合金钢表面淬火，如 40Cr、45、40CrNi、42SiMn 等；一般不太重要的低速中载蜗杆传动，可采用 40 或 45 钢，调质处理。

　　蜗轮一般采用青铜类材料制造。在高速或重要的蜗杆传动中，蜗轮材料常采用铸造锡青铜，这种材料减摩性和耐磨性好，抗胶合能力强，但其强度较低，价格较高，一般铸锡磷青铜（ZCuSn10P1）允许滑动速度 $v_s \leqslant 25\,\mathrm{m/s}$，铸锡锌铅青铜（ZCuSn5Pb5Zn5）允许滑动速度 $v_s \leqslant 12\,\mathrm{m/s}$。在滑动速度 $v_s \leqslant 4\,\mathrm{m/s}$ 的蜗杆传动中，可采用铸铝铁青铜（ZCuAl10Fe3），其抗胶合能力远比铸造锡青铜差，但强度较高，价格低。在低速轻载、滑动速度 $v_s \leqslant 2\,\mathrm{m/s}$时，可采用灰铸铁（HT150 或 HT200）制造。

10.4　蜗杆传动的受力分析和强度计算

10.4.1　蜗杆传动的受力分析

　　蜗杆传动的受力分析与斜齿圆柱齿轮的受力分析相似，图 10-10 所示为右旋蜗杆逆时针方向转动时蜗杆传动的受力情况。作用在工作面节点 P 处的法向力 F_n，可分解为三个相互垂直的分力：圆周力 F_{t1}、径向力 F_{r1} 和轴向力 F_{a1}。由于蜗杆和蜗轮的轴线相互垂直交错，根据力的作用原理，可得

$$\begin{cases} F_{t1} = \dfrac{2T_1}{d_1} = F_{a2} \\[2mm] F_{t2} = \dfrac{2T_2}{d_2} = F_{a1} \\[2mm] F_{r2} = F_{t2} \tan\alpha = F_{r1} \\[2mm] F_n = \dfrac{F_{t2}}{\cos\alpha_n \cos\gamma} = \dfrac{2T_2}{d_2 \cos\alpha_n \cos\gamma} \end{cases} \qquad (10\text{-}6)$$

式中，T_1、T_2 分别为蜗杆及蜗轮上的工作转矩，N·mm，$T_2 = T_1 i\eta$，i 为传动比，η 为蜗杆传动的效率；d_1、d_2 分别为蜗杆及蜗轮的分度圆直径，mm；α_n 为蜗杆的法面压力角，$\alpha_n = 20°$；γ 为蜗杆的导程角。

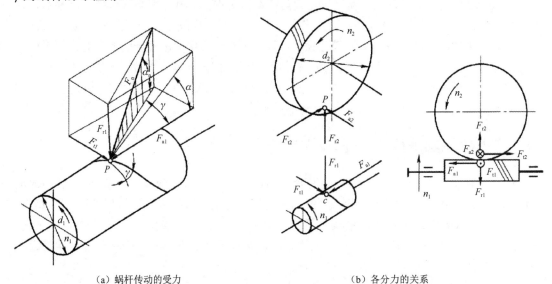

(a) 蜗杆传动的受力　　　　　　　　　(b) 各分力的关系

图 10-10　蜗杆传动的受力分析（右旋蜗杆逆时针方向转动）

蜗杆传动各分力方向的判定与斜齿圆柱齿轮传动类似。因蜗杆是主动件，故其所受的圆周力 F_{t1} 的方向与它的旋转方向相反；径向力 F_{r1} 的方向总是沿半径指向轴心；轴向力 F_{a1} 的方向用主动蜗杆左（右）手定则判定。蜗轮所受的三个力，F_{a2} 与 F_{t1} 大小相等、方向相反，F_{t2} 与 F_{a1} 大小相等、方向相反，F_{r2} 与 F_{r1} 大小相等、方向相反。

10.4.2　蜗轮齿面接触疲劳强度计算

如前所述，圆柱蜗杆传动可以近似看作齿条与斜齿轮传动，故蜗轮齿面接触疲劳强度计算的原则也和斜齿轮相似，也是以节点啮合处的相应参数代入赫兹公式，并做一些假定（如一般 $\gamma = 5°\sim25°$，取中间值 $\gamma = 20°$，青铜蜗轮或铸铁蜗轮与钢蜗杆配对时取材料弹性系

数 $Z_E = 160^{1/2} \text{MPa}$ 等），代入蜗杆传动的有关参数，引入载荷系数 K，得蜗轮齿面接触疲劳强度的校核公式为

$$\sigma_H = 480 \sqrt{\frac{KT_2}{m^2 d_1 z_2^2}} \leqslant [\sigma_H] \qquad (10\text{-}7)$$

式中，K 为载荷系数，$K = K_A K_\beta K_v$，其中 K_A 为使用系数，可查表 10-4；K_β 为齿向载荷分布系数，当蜗杆传动在平稳载荷下工作时，载荷分布不均匀现象由于工作表面良好的磨合得到改善，此时可取 $K_\beta = 1$；当载荷变化较大或有冲击、振动时，可取 $K_\beta = 1.3 \sim 1.6$；K_v 为动载荷系数，由于蜗杆传动一般比较平稳，动载荷要比齿轮传动小得多，故 K_v 可取如下值：对于精确制造，当蜗轮圆周速度 $v_2 \leqslant 3 \text{ m/s}$ 时，取 $K_v = 1.0 \sim 1.1$；当 $v_2 > 3 \text{ m/s}$ 时，取 $K_v = 1.1 \sim 1.2$。

$[\sigma_H]$ 为蜗轮齿面的许用接触应力，MPa。若蜗轮材料为强度极限 $\sigma_B < 300 \text{ MPa}$ 的锡青铜，因蜗轮的主要失效形式为接触疲劳失效，故应先从表 10-5 中查出蜗轮的基本许用接触应力 $[\sigma_H']$，再按 $[\sigma_H] = K_{HN}[\sigma_H']$ 计算许用接触应力值。式中，K_{HN} 为接触疲劳强度的寿命系数，$K_{HN} = \sqrt[8]{\dfrac{10^7}{N}}$，其中应力循环次数 $N = 60jn_2 L_h$（n_2 为蜗轮的转速，r/min；L_h 为工作寿命，h；j 为蜗轮每转一周，每个轮齿啮合的次数）。

表 10-4　使用系数 K_A

载 荷 性 质	均匀、无冲击	不均匀、小冲击	不均匀、大冲击
每小时启动次数	<25	25～50	>50
启动载荷	小	较大	大
K_A	1	1.15	1.2

表 10-5　铸锡青铜蜗轮的基本许用接触应力 $[\sigma_H']$ 　　　　　　　　　单位：MPa

蜗 轮 材 料	铸 造 方 法	蜗杆螺旋面硬度	
		≤45HRC	>45HRC
铸锡磷青铜	砂模铸造	150	180
ZCuSn10P1	金属模铸造	220	268
铸锡锌铅青铜	砂模铸造	113	135
ZCuSn5Pb5Zn5	金属模铸造	128	140

注：锡青铜的基本许用接触应力为应力循环次数 $N = 10^7$ 时的值，当 $N \neq 10^7$ 时，需将表中数值乘以寿命系数 K_{HN}，当 $N > 25 \times 10^7$ 时，取 $N = 25 \times 10^7$；当 $N < 2.6 \times 10^6$ 时，取 $N = 2.6 \times 10^6$。

当齿轮材料为灰铸铁或高强度青铜（$\sigma_B \geqslant 300 \text{ MPa}$）时，蜗杆传动的承载能力主要取决于齿面胶合强度。但因目前尚无完善的胶合强度计算公式，故采用齿面接触疲劳强度进行条件性计算，在查取蜗轮齿面的许用接触应力时，要考虑相对滑动速度的大小。由于胶合不属于疲劳失效，$[\sigma_H]$ 的值与应力循环次数 N 无关，从表 10-6 中查取许用接触应力 $[\sigma_H]$ 的值。

表 10-6 灰铸铁及铸铝青铜的许用接触应力 $[\sigma_{\text{H}}]$ 单位：MPa

材 料		滑动速度 v_{s}/(m/s)						
蜗杆	蜗轮	<0.25	0.25	0.5	1	2	3	4
20 或 20Cr 渗碳、淬火	灰铸铁 HT150	206	166	150	127	95	—	—
45 钢淬火，齿面硬度大于	灰铸铁 HT200	250	202	182	154	115	—	—
45HRC	铸铝铁青铜 ZCuAl10Fe3	—	—	250	230	210	180	160
45 钢或 Q275	灰铸铁 HT150	172	139	125	106	79	—	—
	灰铸铁 HT200	208	168	152	128	96	—	—

由式（10-7）可得蜗轮齿面接触疲劳强度的设计公式为

$$m^2 d_1 \geqslant KT_2 \left(\frac{480}{z_2 [\sigma_{\text{H}}]} \right)^2 \tag{10-8}$$

按式（10-8）算出蜗杆传动 $m^2 d_1$ 值后，可按表 10-1 确定相应的 m 和 d_1 后选取标准值。再按表 10-3 中公式计算蜗杆和蜗轮的主要尺寸、中心距等。

10.4.3 蜗轮齿根弯曲疲劳强度计算

由于蜗轮的齿形及载荷分布较复杂，因此齿根弯曲疲劳强度计算带有很大的近似性。通常把蜗轮视为斜齿轮来考虑，斜齿圆柱齿轮齿根弯曲疲劳强度校核式（9-25），经简化（取重合度系数 $Y_{\varepsilon} = 0.667$，应力修正系数 Y_{Sa2} 在许用应力中考虑），得蜗轮齿根弯曲疲劳强度校核公式为

$$\sigma_{\text{F}} = \frac{1.53 KT_2}{m^2 d_1 z_2} Y_{\text{Fa2}} Y_{\beta} \leqslant [\sigma_{\text{F}}] \tag{10-9}$$

根据式（10-9），得蜗轮齿根弯曲疲劳强度的设计公式为

$$m^2 d_1 \geqslant \frac{1.53 KT_2}{z_2 [\sigma_{\text{F}}]} Y_{\text{Fa2}} Y_{\beta} \tag{10-10}$$

式中，σ_{F} 为蜗轮的齿根弯曲应力；Y_{Fa2} 为蜗轮的齿形系数，由蜗轮的当量齿数 $z_{\text{v2}} = \dfrac{z_2}{\cos^3 \gamma}$ 从表 10-7 中查取；$[\sigma_{\text{F}}]$ 为蜗轮的许用弯曲应力，MPa，$[\sigma_{\text{F}}] = K_{\text{FN}} [\sigma'_{\text{F}}]$，$K_{\text{FN}}$ 为寿命系数，$K_{\text{FN}} = \sqrt[9]{\dfrac{10^6}{N}}$，其中应力循环次数 N 的计算方法同前，$[\sigma'_{\text{F}}]$ 为计入齿根应力修正系数 Y_{Sa2} 后蜗轮的基本许用弯曲应力，由表 10-8 中查取；Y_{β} 为螺旋角影响系数，$Y_{\beta} = 1 - \dfrac{\gamma}{140°}$。

表 10-7 蜗轮的齿形系数

z_{v2}	18	19	20	21	22	23	24	25	26	27	28	29	30
Y_{Fa2}	2.97	2.92	2.87	2.83	2.78	2.75	2.72	2.69	2.67	2.64	2.62	2.59	2.57
z_{v2}	35	40	45	50	60	70	80	90	100	200	300	400	∞
Y_{Fa2}	2.49	2.44	2.39	2.36	2.31	2.27	2.25	2.23	2.21	2.17	2.14	2.12	2.06

10.4.4 蜗杆的刚度计算

蜗杆受力后若产生过大的变形，会影响轮齿的啮合状态和接触线分布，所以必要时需进行蜗杆的刚度校核。校核蜗杆刚度时，通常把蜗杆螺旋部分看作以蜗杆齿根圆直径为直径的轴段，校核其弯曲刚度，最大挠度 y（单位：mm）应满足下列条件：

$$y = \frac{\sqrt{F_{t1}^2 + F_{r1}^2}}{48EI} L'^3 \leqslant [y] \tag{10-11}$$

式中，F_{t1} 为蜗杆的圆周力，N；F_{r1} 为蜗杆的径向力，N；E 为蜗杆材料的弹性模量，MPa；I 为蜗杆危险截面的惯性矩，$I = \frac{\pi d_{f1}^4}{64}$，mm⁴，其中 d_{f1} 为蜗杆齿根圆直径，mm；L' 为蜗杆两端支承间的跨距，mm，视具体结构要求而定，初步确定时可取 $L' \approx 0.9d_2$（d_2 为蜗轮分度圆直径；$[y]$ 为许用最大挠度，$[y] = \frac{d_1}{1000}$（d_1 为蜗杆分度圆直径，mm）。

表 10-8 蜗轮的基本许用弯曲应力 $[\sigma_F']$ 单位：MPa

蜗轮材料		铸造方法	单侧工作 $[\sigma_{0F}']$	双侧工作 $[\sigma_{-1F}']$
铸锡磷青铜 ZCuSn10P1		砂模铸造	40	29
		金属模铸造	56	40
铸锡锌铅青铜 ZCuSn5Pb5Zn5		砂模铸造	26	22
		金属模铸造	32	26
铸铝铁青铜 ZCuAl10Fe3		砂模铸造	80	57
		金属模铸造	90	64
灰铸铁	HT150	砂模铸造	40	28
	HT200	砂模铸造	48	34

注：表中各种材料的基本许用弯曲应力为应力循环次数 $N=10^6$ 时之值，当 $N \neq 10^6$ 时，需将表中数据乘以 K_{FN}；当 $N > 25 \times 10^7$ 时，取 $N = 25 \times 10^7$；当 $N < 10^5$ 时，取 $N = 10^5$。

10.4.5 普通圆柱蜗杆传动的精度等级及其选择

GB/T 10089—2018 对蜗杆传动规定了 12 个精度等级；1 级精度最高，依次降低，常用精度等级为 6～9 级。蜗杆传动精度等级的选择，主要考虑传递功率、蜗轮圆周速度及使用条件等因素，可参考表 10-9。与齿轮传动的公差类似，蜗杆传动的公差也分为三个公差组。

表 10-9 蜗杆传动常用精度等级及应用

精 度 等 级	6	7	8	9
蜗轮圆周速度 v_2/(m/s)	≥5	≤7.5	≤3	≤1.5
应用	1）中等精度机床分度机构 2）高精度机床进给传动系统 3）工业用高速或重载系统调速器 4）一般读数装置	1）一般机床的进给传动系统 2）工业用一般调速器 3）动力传动装置	圆周速度较小、每天工作时间较短的传动	1）低速、不重要的传动 2）手动机构

10.5 蜗杆传动的效率、润滑和热平衡计算

10.5.1 蜗杆传动的效率

闭式蜗杆传动的功率损耗一般包括三部分，即啮合摩擦损耗、轴承摩擦损耗和浸入油池零件搅油时的溅油损耗，因此蜗杆传动的总效率为

$$\eta = \eta_1 \eta_2 \eta_3 \tag{10-12}$$

式中，η_1、η_2、η_3 分别为单独考虑啮合摩擦损耗、轴承摩擦损耗及溅油损耗时的效率。

啮合效率 η_1 是总效率的主要部分，当蜗杆为主动件时，η_1 可近似按螺旋副的效率计算，即

$$\eta_1 = \frac{\tan\gamma}{\tan(\gamma + \rho_v)} \tag{10-13}$$

取轴承效率与搅油效率之积 $\eta_2\eta_3 = 0.95 \sim 0.97$，则蜗杆传动的总效率为

$$\eta = (0.95 \sim 0.97)\frac{\tan\gamma}{\tan(\gamma + \rho_v)} \tag{10-14}$$

式中，γ 为蜗杆导程角；ρ_v 为当量摩擦角，$\rho_v = \arctan f_v$，其中 f_v 为当量摩擦因数，其值可根据滑动速度由表 10-10 查取。

滑动速度 v_s 由图 10-8 可得

$$v_s = \frac{v_1}{\cos\gamma} = \frac{\pi d_1 n_1}{60 \times 1000 \cos\gamma} \tag{10-15}$$

式中，v_1 为蜗杆分度圆的圆周速度，m/s；d_1 为蜗杆分度圆直径，mm；n_1 为蜗杆的转速，r/min。

表 10-10　普通圆柱蜗杆传动的 f_v、ρ_v 值

蜗轮齿圈材料	锡 青 铜				无 锡 青 铜		灰 铸 铁			
蜗杆齿面硬度	≥45HRC		其他		≥45HRC		≥45HRC		其他	
滑动速度 v_s[1]/(m/s)	f_v[2]	ρ_v[2]	f_v	ρ_v	f_v[2]	ρ_v[2]	f_v[2]	ρ_v[2]	f_v	ρ_v
0.01	0.110	6°17′	0.120	6°51′	0.180	10°12′	0.180	10°12′	0.190	10°45′
0.05	0.090	5°09′	0.100	5°43′	0.140	7°58′	0.140	7°58′	0.160	9°05′
0.10	0.080	4°34′	0.090	5°09′	0.130	7°24′	0.130	7°24′	0.140	7°58′
0.25	0.065	3°43′	0.075	4°17′	0.100	5°43′	0.100	5°43′	0.120	6°51′
0.50	0.055	3°09′	0.065	3°43′	0.090	5°09′	0.090	5°09′	0.100	5°43′
1.0	0.045	2°35′	0.055	3°09′	0.070	4°00′	0.070	4°00′	0.090	5°09′
1.5	0.040	2°17′	0.050	2°52′	0.065	3°43′	0.065	3°43′	0.080	4°34′
2.0	0.035	2°00′	0.045	2°35′	0.055	3°09′	0.055	3°09′	0.070	4°00′
2.5	0.030	1°43′	0.040	2°17′	0.050	2°52′				
3.0	0.028	1°36′	0.035	2°00′	0.045	2°35′				
4	0.024	1°22′	0.031	1°47′	0.040	2°17′				
5	0.022	1°16′	0.029	1°40′	0.035	2°00′				
8	0.018	1°02′	0.026	1°29′	0.300	1°43′				
10	0.016	0°55′	0.024	1°22′						
15	0.014	0°48′	0.020	1°09′						
24	0.013	0°45′								

① 滑动速度与表中数值不一致时，可用插值法求得 f_v 和 ρ_v。

② 蜗杆齿面经磨削或抛光并仔细磨合、正确安装，以及采用黏度合适的润滑油进行充分润滑时。

在设计之初，为了近似求出蜗轮轴上的转矩 T_2，蜗杆传动的效率可近似取下列数值：

（1）闭式传动，当 z_1=1 时，η=0.7～0.75；z_1=2 时，η=0.75～0.82；z_1=4 时，η=0.87～0.92；自锁时，η<0.50。

（2）开式传动，当 z_1=1、2 时，η=0.60～0.70。

10.5.2 蜗杆传动的润滑

由于蜗杆传动时的相对滑动速度 v_s 较高，效率低，发热量大，故润滑特别重要。若润滑不良，会进一步导致效率显著降低，并且会带来剧烈的磨损，甚至出现胶合，故需选择合适的润滑油及润滑方式。

对于开式蜗杆传动，采用黏度较高的润滑油或润滑脂。对于闭式蜗杆传动，根据工作条件和滑动速度 v_s，参考表 10-11 选定润滑油黏度和给油方式。当采用油池润滑时，在搅油损失不大的情况下，应有适当的油量，以利于形成动压油膜，且有助于散热。对于下置式或侧置式蜗杆传动，浸油深度应为蜗杆的一个齿高；当蜗杆的圆周速度 v_1>4 m/s 时，为减少搅油损失，常将蜗杆上置，其浸油深度约为蜗轮外径的 1/3。

表 10-11 蜗杆传动的润滑油黏度及润滑方法

滑动速度 v_s /(m/s)	<1	<2.5	<5	5～10	10～15	15～25	>25
工 作 条 件	重载	重载	中载	—	—	—	—
运动黏度 v_{40}/(cSt)	900	500	350	220	150	100	68
润 滑 方 式	浸油润滑			浸油或喷油润滑	喷油润滑，油压/MPa		
					0.7	2	3

10.5.3 蜗杆传动的热平衡计算

蜗杆传动由于效率低，发热量大，若产生的热量不能及时散逸，将会使润滑油温度升高、黏度下降，油膜破坏、磨损加剧，甚至导致齿面胶合。因此，对连续工作的闭式蜗杆传动应进行热平衡计算，将润滑油温度控制在许可范围内。

在单位时间内，蜗杆传动由于摩擦而产生的热量 Q_1 为

$$Q_1 = 1000P_1(1-\eta) \qquad (10\text{-}16)$$

式中，P_1 为蜗杆传动的输入功率，kW；η 为蜗杆传动的效率。

自然冷却时单位时间内经箱体外壁散逸到周围空气中的热量 Q_2 为

$$Q_2 = K_t A(t_1 - t_0) \qquad (10\text{-}17)$$

式中，K_t 为散热系数，W/(m²·℃)，一般取 K_t=8.15～17.45W/(m²·℃)，通风良好时取大值；A 为箱体的散热面积，m²，指箱体外壁与空气接触而内壁被油飞溅到的箱壳面积，散热片的面积按其表面积的 50%计算；t_1 为箱体内的油温，一般限制在 60～70℃，最高不超过 80℃；t_0 为周围空气的温度，常温下可取 t_0=20℃。

按热平衡条件 $Q_1 = Q_2$，可得既定工作条件下润滑油的温度为

$$t_1 = t_0 + \frac{1000P(1-\eta)}{K_t A} \qquad (10\text{-}18)$$

或在既定工作条件下，保持正常工作温度所需要的散热面积 A 为

$$A = \frac{1000P(1-\eta)}{K_t(t_1 - t_0)} \qquad (10\text{-}19)$$

若实测（或计算）温度 $t_1 > 80℃$ 或散热面积不足，可采取下述冷却散热措施：

（1）在箱体壳外铸出散热片，以增加散热面积；

（2）在蜗杆轴上装风扇［见图 10-11（a）］，提高散热系数，此时 $K_t = 20 \sim 28 W/(m^2 \cdot ℃)$；

（3）加冷却装置，在箱体油池内加蛇形冷却管［见图 10-11（b）］，或用循环油冷却［见图 10-11（c）］。

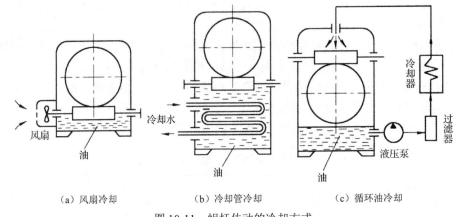

（a）风扇冷却　　　　　（b）冷却管冷却　　　　　（c）循环油冷却

图 10-11　蜗杆传动的冷却方式

10.6　蜗杆传动的结构

蜗杆往往与轴做成一体，称为蜗杆轴。按蜗杆螺旋齿面的加工方法不同，蜗杆轴可分为车制蜗杆轴和铣制蜗杆轴两类。图 10-12（a）所示为车制蜗杆轴，轴上有退刀槽，削弱了蜗杆的刚度。图 10-12（b）所示为铣制蜗杆轴，在轴上直接铣出螺旋部分，不需要退刀槽，刚度较好。

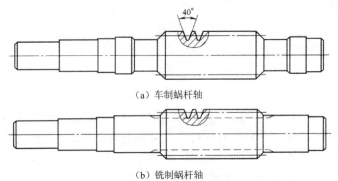

（a）车制蜗杆轴

（b）铣制蜗杆轴

图 10-12　蜗杆轴的结构形式

蜗轮的结构形式分为整体式和组合式两种，如图 10-13 所示。

铸铁蜗轮及直径小于 100 mm 的青铜蜗轮可做成整体式，如图 10-13（a）所示。

直径大的蜗轮，为了节约贵重有色金属，常采用组合结构，即齿圈用有色金属制造，而轮芯用钢或铸铁制成，组合形式有以下三种。

（1）齿圈式，如图 10-13（b）所示。齿圈采用青铜材料，两者采用过盈配合（H7/s6 或 H7/r6），并沿配合面安装 4～6 个紧定螺钉，该结构多用于尺寸不大或工作温度变化较小的场合。

（2）螺栓连接式，如图 10-13（c）所示。齿圈和轮芯用普通螺栓或铰制孔螺栓连接，常用于尺寸较大或磨损后需更换齿圈的场合。

（3）组合浇铸式，如图 10-13（d）所示。先在铸铁轮芯上预制出榫槽，浇铸上青铜轮缘，然后切齿，适用于中等尺寸、批量生产的蜗轮。

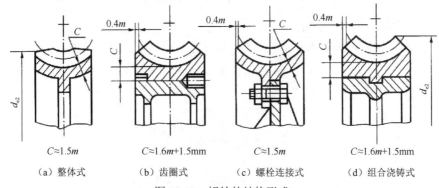

（a）整体式	（b）齿圈式	（c）螺栓连接式	（d）组合浇铸式
$C \approx 1.5m$	$C \approx 1.6m + 1.5mm$	$C \approx 1.5m$	$C \approx 1.6m + 1.5mm$

图 10-13　蜗轮的结构形式

蜗杆传动设计实例如下。

例 10-1 已知带式输送机（传动示意图如图 10-14 所示）中电动机的功率 $P = 4$ kW，转速 $n_1 = 960$ r/min，带式输送机主动滚筒的转速 $n_2 = 62$ r/min，在仓库内工作，载荷较平稳，采用阿基米德蜗杆。试设计此蜗杆传动，要求寿命为 12000 h。

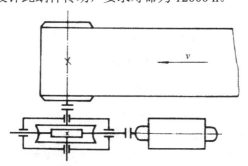

图 10-14　带式输送机传动示意图

解：1）选材料，确定许用接触应力 $[\sigma_H]$

蜗杆用 45 钢，表面淬火 45～55 HRC；蜗轮用铸锡磷青铜 ZCuSn10P1，金属模铸造。为节约贵重金属，仅齿圈用青铜制造，而轮芯用灰铸铁 HT100 制造。

2）选蜗杆头数 z_1，确定蜗轮齿数 z_2

因传动比 $i = n_1/n_2 = 960/62 \approx 15.5$，由表 10-2 取 $z_1 = 2$，则 $z_2 = i z_1 = 15.5 \times 2 = 31$。

3）蜗轮轮齿齿面接触疲劳强度计算

根据闭式蜗杆传动的设计准则，先按齿面接触疲劳强度进行计算，再校核齿根弯曲疲

劳强度。由式（10-8）得

$$m^2 d_1 \geqslant K T_2 \left(\frac{480}{z_2 [\sigma_H]} \right)^2$$

（1）确定作用在蜗轮上的转矩 T_2。因 $z_1 = 2$，故初步选取 $\eta = 0.80$，则

$$T_2 = 9.55 \times 10^6 \times \frac{P_1 \eta}{n_2} = 9.55 \times 10^6 \times \frac{4 \times 0.8}{62} \approx 492903 \text{ N} \cdot \text{mm}$$

（2）确定载荷系数 K。由表 10-4 选取使用系数 $K_A = 1.15$；因工作载荷较平稳，取齿向载荷分布系数 $K_\beta = 1$；转速不高，冲击不大，取 $K_v = 1.05$。则

$$K = K_A K_\beta K_v = 1.15 \times 1 \times 1.05 \approx 1.21$$

（3）确定许用接触应力 $[\sigma_H]$。

由表 10-5 查取蜗轮的基本许用应力 $[\sigma_H'] = 268 \text{ MPa}$，应力循环次数

$$N = 60 j n_2 L_h = 60 \times 1 \times 62 \times 12000 = 4.464 \times 10^7$$

寿命系数

$$K_{HN} = \sqrt[8]{\frac{10^7}{4.464 \times 10^7}} \approx 0.829$$

则

$$[\sigma_H] = K_{HN} [\sigma_H'] = 0.829 \times 268 \approx 222.2 \text{ MPa}$$

（4）计算 $m^2 d_1$

$$m^2 d_1 \geqslant 1.21 \times 492903 \times \left(\frac{480}{31 \times 222.2} \right)^2 \approx 2896.1 \text{ mm}^3$$

查表 10-1，取 $m = 6.3 \text{ mm}$，蜗杆分度圆直径 $d_1 = 80 \text{ mm}$。

4）计算主要几何尺寸

（1）中心距。

$$a = \frac{1}{2}(d_1 + d_2) = 0.5 \times (80 + 124) = 102 \text{ mm}$$

（2）蜗杆。

蜗杆轴向齿距 $p_{a1} = \pi m = \pi \times 6.3 \approx 19.79 \text{ mm}$

蜗杆齿顶圆直径 $d_{a1} = d_1 + 2 h_{a1} = 80 + 2 \times 6.3 = 92.6 \text{ mm}$

蜗杆齿根圆直径 $d_{f1} = d_1 - 2 h_{f1} = 80 - 2 \times 1.2 \times 6.3 = 64.88 \text{ mm}$

蜗杆分度圆导程角：

$$\tan \gamma = \frac{z_1 m}{d_1} = \frac{2 \times 6.3}{80} = 0.1575$$

$$\gamma = 8.95°$$

轴向齿厚 $s_{a1} = \frac{\pi m}{2} = \frac{\pi \times 6.3}{2} \approx 9.895 \text{ mm}$

（3）蜗轮。

蜗轮分度圆直径 $d_2 = m z_2 = 6.3 \times 31 = 195.3 \text{ mm}$

蜗轮喉圆直径 $d_{a2} = m(z_2 + 2) = 6.3 \times (31 + 2) = 207.9$ mm

蜗轮齿根圆直径 $d_{f2} = m(z_2 - 2.4) = 6.3 \times (31 - 2.4) = 180.18$ mm

蜗轮咽喉母圆半径 $r_{g2} = a - \dfrac{1}{2} d_{a2} = \left(204 - \dfrac{1}{2} \times 207.9\right) = 100.05$ mm

5）校核齿根弯曲疲劳强度

$$\sigma_{F} = \frac{1.53 K T_2}{m^2 d_1 z_2} Y_{Fa2} Y_{\beta} \leqslant [\sigma_{F}]$$

当量齿数 $z_{v2} = \dfrac{z_2}{\cos^3 \gamma} = \dfrac{31}{(\cos 8.95°)^3} = 32.2$

根据 $z_{v2} = 32.2$，由表 10-7 中可查得齿形系数 Y_{Fa2}=2.535。

螺旋角系数 $Y_{\beta} = 1 - \dfrac{\gamma}{140°} = 1 - \dfrac{8.95°}{140°} \approx 0.936$

$$\sigma_{F} = \frac{1.53 \times 1.21 \times 492903}{6.3^2 \times 80 \times 31} \times 2.535 \times 0.936 \approx 22.0 \text{ MPa}$$

许用弯曲应力 $[\sigma_{F}] = [\sigma'_{F}] K_{FN}$

由表 10-8 查得蜗轮的基本许用弯曲应力 $[\sigma'_{F}] = 56$ MPa。

寿命系数

$$K_{FN} = \sqrt[9]{\frac{10^6}{4.464 \times 10^7}} \approx 0.656$$

$$[\sigma_{F}] = [\sigma'_{F}] K_{FN} = 56 \times 0.644 \approx 36.1 \text{ MPa}$$

弯曲疲劳强度满足要求。

6）验算效率

$$\eta = (0.95 \sim 0.96) \frac{\tan \gamma}{\tan(\gamma + \varphi_{v})}$$

已知 γ=8.95°，$\rho_{v} = \arctan f_{v}$，与相对滑动速度 v_{s} 有关。

$$v_{s} = \frac{\pi d_1 n_1}{60 \times 1000 \times \cos \gamma} = \frac{\pi \times 80 \times 960}{60 \times 1000 \times \cos 8.95°} = 4.07 \text{ m/s}$$

从表 10-10 中用插值法查得 f_{v}=0.0239，ρ_{v}=1.3694°，η=0.82，大于原估计值，因此应根据 η =0.82，重新计算 T_2=505226 N·mm，$m^2 d_1 \geqslant 2968.5$ mm³。已经选定的 m=6.3 mm，d_1=80 mm，$m^2 d_1 \geqslant 3175.2$ mm³，齿面接触疲劳强度满足要求。重算齿根弯曲应力 $\sigma_{F} =$ 22.55 MPa，弯曲疲劳强度满足要求。

7）精度等级公差和表面粗糙度的确定

考虑所设计的蜗杆传动是动力传动，从 GB/T 10089—2018 圆柱蜗杆、蜗轮精度中选择 8 级精度，侧隙种类为 f，标注为 8fGB/T 10089—2018，由有关手册查得要求的公差项目及表面粗糙度（略）。

8）热平衡计算

（略）。

9）其他几何尺寸计算

（略）。

10）绘制蜗杆和蜗轮零件工作图

（略）。

习　题

10-1　与齿轮传动比较，说明蜗杆传动的特点和应用范围。

10-2　与齿轮传动比较，蜗杆传动的失效形式有何特点？为什么？

10-3　蜗杆传动的正确啮合条件是什么？自锁条件是什么？

10-4　试说明蜗杆传动效率低的原因，蜗杆头数 z_1 对效率有何影响？为什么？

10-5　蜗杆传动的设计计算中有哪些主要参数？如何选择？为何规定蜗杆分度圆直径 d_1 为标准值？

10-6　为什么蜗杆传动的传动比只能表达为 $i=z_2/z_1$，而不能表达为 $i=d_2/d_1$？

10-7　为什么蜗杆传动要进行热平衡计算？计算原理是什么？当热平衡不能满足要求时，应采取什么措施？

10-8　试标注图 10-15 所示双级蜗杆传动中各轴的回转方向，以及蜗轮 2 和蜗杆 3 的受力方向。

10-9　图 10-16 所示为一个简易手动起重设备，按图示方向转动手柄提升重物。试确定：

（1）蜗杆与蜗轮的旋向；

（2）蜗杆和蜗轮在啮合点三个分力的方向；

（3）若蜗杆自锁，手柄反转使重物下降，求蜗轮上各分力的变化。

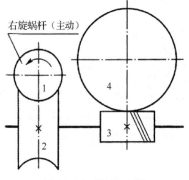

图 10-15　题 10-8 图

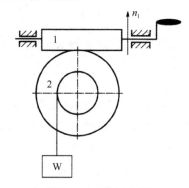

图 10-16　题 10-9 图

10-10　试设计一个搅拌机用的闭式蜗杆减速器中的圆柱蜗杆传动。已知：输入功率 $P_1=$ 9 kW，蜗杆转速 $n_1=1450$ r/min，传动比 $i_{12}=20$，搅拌机为大批量生产，传动不反向，工作载荷较稳定，有不大的冲击，要求工作寿命 $L_h=12000$ h。

第四篇

轴系零部件

第 11 章 轴

11.1 概述

轴是机器的重要零件之一，主要用来支撑做回转运动的机械零件（如齿轮、蜗轮、带轮、链轮和联轴器等），并传递运动和动力。

11.1.1 轴的分类

根据承受载荷的不同，轴可分为转轴、心轴和传动轴三类。工作中既承受弯矩又承受转矩的轴称为转轴（见图 11-1），转轴在各种机器中最为常见。只承受弯矩而不承受转矩的轴称为心轴，心轴又分为转动心轴（见图 11-2）和固定心轴（见图 11-3）两类。只承受转矩而不承受弯矩的轴称为传动轴（见图 11-4）。

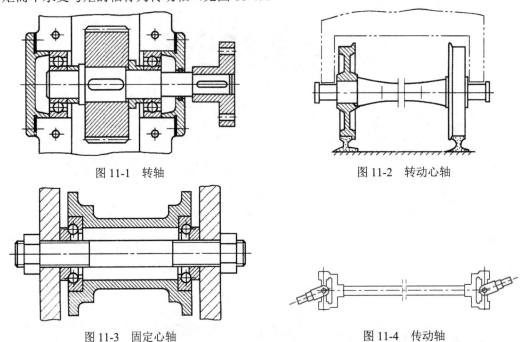

图 11-1 转轴

图 11-2 转动心轴

图 11-3 固定心轴

图 11-4 传动轴

根据轴线形状的不同，轴还可以分为曲轴（见图 11-5）和直轴两类。通过曲轴连杆可以将旋转运动改变为往复直线运动，或做相反的运动变换。直轴按其外形不同，分为光轴［见图 11-6（a）］和阶梯轴［见图 11-6（b）］两种。光轴形状简单，加工容易，应力集中源少，但轴上零件不易装配和定位；阶梯轴则正好与光轴相反。因此，光轴主要用作心轴和传动轴，阶梯轴则常用作转轴。

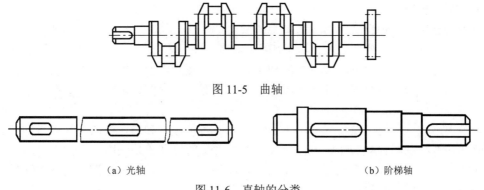

图 11-5　曲轴

（a）光轴　　　　　　　　　　　（b）阶梯轴

图 11-6　直轴的分类

直轴一般制成实心的，但在某些特殊场合，如根据机器结构的要求，需要在轴中装设其他零件或为了减轻轴的质量，则将轴制成空心的（见图 11-7）。空心轴的内、外径比值通常为 0.5～0.6，以保证轴的刚度及扭转稳定性。

此外，还有一种钢丝软轴（见图 11-8），也称钢丝挠性轴。它是由多组钢丝分层卷绕而成的，具有良好的挠性，可以把回转运动灵活地传到不开敞的空间位置。

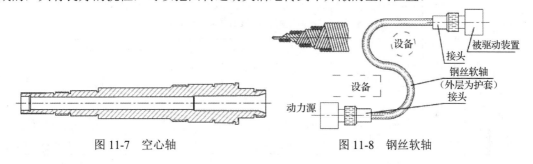

图 11-7　空心轴　　　　　　　　　图 11-8　钢丝软轴

11.1.2　轴设计的主要内容

轴的设计和其他零件的设计相似，包括结构设计和工作能力计算两方面的内容。

轴的结构设计是指根据轴上零件的安装、定位及轴制造工艺等方面的要求，合理确定轴的结构形式和尺寸。轴的结构设计不合理，会影响轴的工作能力和轴上零件的工作可靠性，还会增加轴的制造成本和轴上零件装配的难度等。因此，轴的结构设计是轴设计中的重要内容。

轴的工作能力计算包括轴的强度、刚度和振动稳定性等方面的计算。多数情况下，轴的工作能力主要取决于轴的强度。进行轴的强度计算，可保证轴有足够的强度，防止轴断裂和出现过大的塑性变形。而对有刚度要求的轴（如机床主轴）和受力大的细长轴，应进行刚度计算，以防工作时产生过大的弹性变形。对高速运转的轴，为避免共振，还应进行振动稳定性计算。

11.1.3　轴的材料

轴工作时产生的应力多为循环变应力，所以轴的失效形式常为疲劳破坏。因此，轴的材料应具有足够的疲劳强度，对应力集中敏感性小，还应具有良好的刚度、耐磨性、耐腐蚀性和工艺性等。轴的材料主要是碳钢和合金钢。钢轴的毛坯多数采用锻件和轧制圆钢，有的则直接用圆钢。

由于碳钢比合金钢价廉，对应力集中的敏感性较低，同时可以用热处理或化学处理的方法提高其耐磨性和抗疲劳强度，故采用碳钢制造轴尤为广泛，其中最常用的是45钢。

合金钢比碳钢具有更高的力学性能和更好的淬火性能，但对应力集中比较敏感。价格较贵，多用于受载大而要求尺寸小及质量小及对强度和耐磨性要求较高的场合。常采用的合金钢有40Cr、20Cr、40CrNi、38SiMnMo等。

必须指出：在一般工作温度下（低于200℃），各种碳钢和合金钢的弹性模量均相差不多，因此在选择钢的种类和决定钢的热处理方法时，所根据的是强度与耐磨性，而不是轴的弯曲或扭转刚度。但也应当注意，在既定条件下，有时也可以选择强度较低的钢材，而用适当增大轴的截面面积的方法来提高轴的刚度。

各种热处理（如高频淬火、渗碳、氮化、氰化等）及表面强化处理（如喷丸、滚压等），对提高轴的抗疲劳强度都有显著的效果。

高强度铸铁和球墨铸铁容易做成复杂的形状，且具有价廉，良好的吸振性和耐磨性，以及对应力集中的敏感性较低等优点，可用于制造外形复杂的轴。

表11-1列出了轴的常用材料及其主要力学性能。

表11-1 轴的常用材料及其主要力学性能

材料牌号	热处理	毛坯直径/mm	硬度/HBW	抗拉强度极限 σ_B	屈服强度极限 σ_S	弯曲疲劳极限 σ_{-1}	剪切疲劳极限 τ_{-1}	许用弯曲应力 $[\sigma_{-1}]$	备注
				MPa					
Q235A	热轧或锻后空冷	≤100		400～420	225	170	105	40	用于不重要及受载荷不大的轴
		>100～250		375～390	215				
45	正火	≤100	170～217	590	295	255	140	55	应用广泛
		>100～300	162～217	570	285	245	135		
	调质	≤200	217～255	640	355	275	155	60	
40Cr	调质	≤100	241～286	735	540	355	200	70	用于载荷较大而无很大冲击的轴
		>100～300		685	490	335	185		
40CrNi	调质	≤100	270～300	900	735	430	260	75	用于很重要的轴
		>100～300	240～270	785	570	370	210		
38SiMnMo	调质	≤100	229～286	735	590	365	210	70	用于重要轴，性能接近40CrNi
		>100～300	217～269	685	540	345	195		
38CrMoAlA	调质	≤60	293～321	930	785	440	280	75	用于要求高磨性、高强度且热处理（氮化）变形很小的轴
		>60～100	277～302	835	685	410	270		
		>100～160	241～277	785	590	375	220		
20Cr	渗碳淬火回火	≤60	渗碳56～62HRC	640	390	305	160	60	用于强度及韧性要求均较高的轴
3Cr13	调质	≤100	≥214	835	635	395	230	75	用于腐蚀条件下的轴

续表

材料牌号	热处理	毛坯直径/mm	硬度/HBW	抗拉强度极限 σ_B	屈服强度极限 σ_S	弯曲疲劳极限 σ_{-1}	剪切疲劳极限 τ_{-1}	许用弯曲应力 $[\sigma_{-1}]$	备注
				MPa					
1Cr18Ni9Ti	淬火	≤100	≤192	530	195	190	115	45	用于高、低温及腐蚀条件下的轴
		>100~200		490		180	110		
QT600-3			190~270	600	370	215	185		用于制造外形复杂的轴
QT800-2			245~335	800	480	290	250		

注：① 表中所列疲劳极限值 σ_{-1} 是按下列关系计算的，供设计时参考。碳钢：$\sigma_{-1} \approx 0.43\sigma_B$。合金钢：$\sigma_{-1} \approx 0.2(\sigma_B + \sigma_S) + 100$。不锈钢：$\sigma_{-1} \approx 0.27(\sigma_B + \sigma_S)$，$\tau_{-1} \approx 0.156(\sigma_B + \sigma_S)$。球墨铸铁：$\sigma_{-1} \approx 0.3\sigma_B$，$\tau_{-1} \approx 0.31\sigma_B$。

② 1Cr18Ni9Ti 可选用，但不推荐。

11.2　轴的结构设计

轴的结构设计包括定出轴的合理外形和全部尺寸。

轴的结构主要取决于以下因素：①轴在机器中的安装位置及形式；②轴上安装的零件类型、尺寸、数量及与轴连接的方法；③载荷的性质、大小、方向及分布情况；④轴的加工工艺等。由于影响轴的结构的因素较多，且其结构形式又要随着具体情况的不同而异，因此轴没有标准的结构形式。设计时，必须针对轴的不同情况进行具体的分析。但是，无论何种情况，轴的结构都应满足以下要求：轴和装在轴上的零件有准确的工作位置；轴上的零件便于装拆和调整；轴有良好的制造工艺性等。

现以图 11-9 所示的圆锥-圆柱齿轮减速器的输出轴为例，将轴的结构设计中有关问题加以介绍。

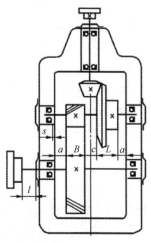

a、c 的推荐值为 10~20 mm；轴承油润滑时 s 的推荐值为 3~5 mm；脂润滑时 s 的推荐值为 8~12 mm；l 根据轴承端盖和联轴器的装拆要求确定；B 为大斜齿轮轮毂长度；L 为大锥齿轮轮毂长度

图 11-9　圆锥-圆柱齿轮减速器简图

11.2.1 拟定轴上零件装配方案

轴上零件的装配方案，就是预定出轴上主要零件的装配方向、顺序和相互关系。拟定轴上零件的装配方案是进行轴的结构设计的前提，它决定着轴的基本形式。在拟定装配方案时，应考虑轴上零件装拆方便，轴上零件的尺寸、数量及质量等。

图 11-9 所示的减速器输出轴，根据轴上零件的相对位置，提出两种装配方案。按图 11-10（a）所示方案装配时，应先在安装有齿轮的轴段上装入平键，再从轴左端逐一装入齿轮、套筒、左端轴承，然后从轴右端装入右端轴承，至此箱体内轴上零件已安装完毕。再将轴置于减速器轴承孔中，装上左、右轴承端盖，最后装上联轴器的平键，并从轴左端装入半联轴器。图 11-10（b）所示的装配方案与图 11-10（a）所示的装配方案进行比较，很显然多了一个用于轴向定位的长套筒，使机器的零件增多，质量增大，因此图 11-10（a）所示的装配方案较为合理。

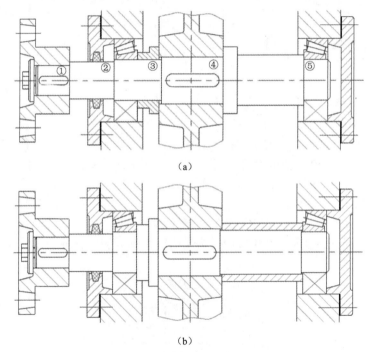

（a）

（b）

图 11-10 输出轴的两种结构方案

由上述分析可知，根据不同的装配方案可以设计出不同的结构形式，所以必须拟定几种不同的装配方案，通过综合评价，确定较优的方案。

11.2.2 轴上零件的定位

为了防止轴上零件受力时发生沿轴向或周向的相对运动，除了有游动或空转的要求，轴上零件都必须进行轴向和周向定位，以保证其准确的工作位置。

1. 零件的轴向定位

零件在轴上的轴向定位方法，主要取决于它所受轴向力的大小。定位的方法很多，常用的有轴肩、套筒、轴端挡圈、轴承端盖和圆螺母等。

轴肩分为定位轴肩［图 11-10（a）中的轴肩①、④、⑤］和非定位轴肩［图 11-10（a）中的轴肩②、③］两类。利用轴肩定位是最方便的方法，但采用轴肩就必然会使轴的直径加大，而且轴肩处将因截面突变而引起应力集中。另外，轴肩过多也不利于加工。因此，轴肩定位多用于轴向力较大的场合。为了使零件能紧靠轴肩而得到准确、可靠的定位，轴肩处的过渡圆角半径 r 必须小于与之配合的零件毂孔端部的倒角 C 或圆角半径 R，如图 11-11（a）、（b）所示［图 11-10（a）中④、⑤处的局部放大图］。轴和零件上的倒角 C 与圆角半径 R 的推荐值见表 11-2。定位轴肩高度 h 一般取 $(2\sim3)C$ 或 $(2\sim3)R$。滚动轴承的定位轴肩高度必须低于轴承内圈端面的高度，以便拆卸轴承［见图 11-11（b）］，轴肩的高度可查手册中轴承的安装尺寸。非定位轴肩是为了加工和装配方便而设置的，其高度 h 无严格的规定，一般取 $1\sim2\ \mathrm{mm}$，如图 11-11（c）所示［图 11-10（a）中③处的局部放大图］。

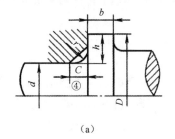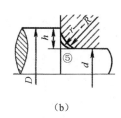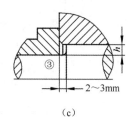

（a）　　　　　　　　　　（b）　　　　　　　　　　（c）

图 11-11　轴肩和轴环

表 11-2　零件倒角 C 与圆角半径 R 的推荐值（mm）

直径 d	>6～10		>10～18	>18～30	>30～50		>50～80	>80～120	>120～180
C 或 R	0.5	0.6	0.8	1.0	1.2	1.6	2.0	2.5	3.0

轴环［见图 11-11（a）］的功用与轴肩相同，轴环宽度 $b\geqslant1.4h$。

套筒定位（见图 11-12）结构简单，定位可靠，轴上不需开槽、钻孔和切制螺纹，因而不影响轴的疲劳强度，一般用于轴上两个零件之间的定位。若两零件的间距较大，则不宜采用套筒定位，以免增大套筒的质量及材料用量。因套筒与轴的配合较松，若轴的转速很高，也不宜采用套筒定位。

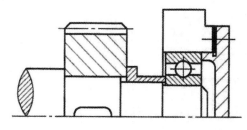

图 11-12　套筒定位

轴端挡圈适用于固定轴端零件，可以承受较大的轴向力。轴端挡圈可采用单螺钉固定［见图 11-10（a）］，为了防止轴端挡圈转动造成螺钉松脱，可加圆柱销锁定轴端挡圈［见图 11-13（a）］，也可采用双螺钉加止动垫片［见图 11-13（b）］的固定方法。

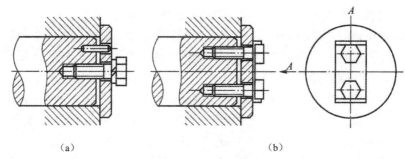

（a） （b）

图 11-13 轴端挡圈

圆螺母定位（见图 11-14）可承受较大轴向力，但轴上螺纹处会有较大应力集中，会削弱轴的疲劳强度，故一般用于固定轴端的零件，有双圆螺母［见图 11-14（a）］和圆螺母与止动垫圈［见图 11-14（b）］两种形式。当轴上两个零件间距离较大、不宜使用套筒定位时，也常采用圆螺母定位。

轴承端盖用螺钉或榫槽与箱体连接而使滚动轴承的外圈得到轴向定位。在一般情况下，整个轴的轴向定位也常利用轴承端盖来实现（见图 11-10）。

利用弹性垫圈（见图 11-15）、紧定螺钉（参见图 5-6）及锁紧挡圈（见图 11-16）等进行轴向定位，只适用于零件上的轴向力不大之处。紧定螺钉和锁紧挡圈常用于光轴上零件的定位。此外，对于承受冲击载荷和对同心度要求较高的轴端零件，也可采用圆锥面定位（见图 11-17）。

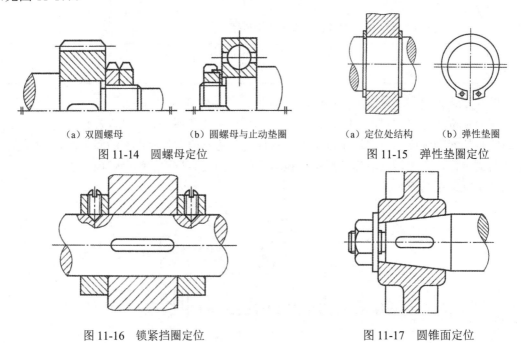

（a）双圆螺母 （b）圆螺母与止动垫圈
图 11-14 圆螺母定位

（a）定位处结构 （b）弹性垫圈
图 11-15 弹性垫圈定位

图 11-16 锁紧挡圈定位

图 11-17 圆锥面定位

2. 零件的周向定位

周向定位的目的是防止轴上零件与轴发生相对转动。常用周向定位方法有键连接、花键连接、型面连接、弹性环连接、销连接和过盈连接等（见图 11-18）。

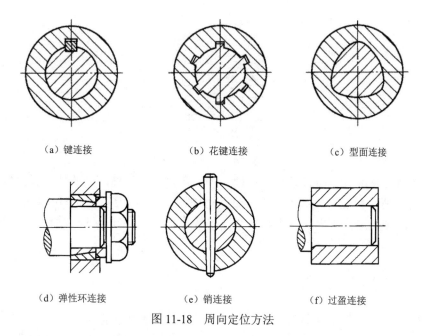

（a）键连接　　　　　　（b）花键连接　　　　　　（c）型面连接

（d）弹性环连接　　　　　（e）销连接　　　　　（f）过盈连接

图 11-18　周向定位方法

11.2.3　各轴段直径和长度的确定

零件在轴上的定位和装拆方案确定后，轴的形状便大体确定。各轴段所需的直径与轴上的载荷大小有关。初步确定轴的直径时，通常还不知道支反力的作用点，不能确定弯矩的大小与分布情况，因而还不能按轴所受的具体载荷及其引起的应力来确定轴的直径。但在进行轴的结构设计前，通常已能求得轴所受的转矩。因此，可按轴所受的转矩初步估算轴所需的直径（见 11.3 节）。将初步求出的直径作为承受转矩的轴段的最小直径 d_{min}，再按轴上零件的装配方案和定位要求，从 d_{min} 处起逐一确定各段轴的直径。在实际设计中，轴的直径也可凭设计者的经验确定，或参考同类机器用类比的方法确定。

有配合要求的轴段，应尽量采用标准直径。安装标准件（如滚动轴承、联轴器、密封圈等）部位的轴径，应取为相应的标准值及所选配合的公差。

为了使齿轮、轴承等有配合要求的零件装拆方便，并减少配合表面的擦伤，在配合轴段前应采用较小的直径［如图 11-10（a）中轴肩②、③左侧的直径］。为了使与轴做过盈配合的零件易于装配，相配轴段的压入端应制出锥度（见图 11-19）；或在同一轴段的两个部位上采用不同的尺寸公差（见图 11-20）。

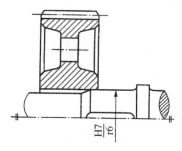

图 11-19　轴的装配锥度

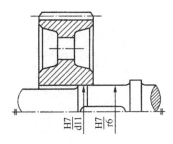

图 11-20 采用不同的尺寸公差

确定各轴段长度时，应尽可能使结构紧凑，还要保证零件所需的装配或调整空间。轴的各段长度主要是根据各零件与轴配合部分的轴向尺寸和相邻零件间必要的空隙来确定的。为了保证轴向定位可靠，与齿轮和联轴器等零件相配合部分的轴段长度一般应比轮毂长度短 2～3 mm［见图 11-11（c）］。

11.2.4　轴的结构工艺性

轴的结构工艺性是指轴的结构形式应便于加工和装配轴上的零件，并且生产率高，成本低。一般来说，轴的结构越简单，工艺性越好。因此，在满足使用要求的前提下，轴的结构形式应尽量简化。

为了便于装配零件并去掉毛刺，轴端应制出 45°的倒角；需要磨削加工的轴段，应留有砂轮越程槽［见图 11-21（a）］；需要切制螺纹的轴段，应留有退刀槽［见图 11-21（b）］。它们的尺寸可看标准或手册。

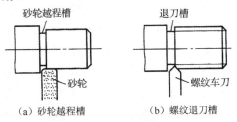

（a）砂轮越程槽　　　　（b）螺纹退刀槽

图 11-21　砂轮越程槽和螺纹退刀槽

为了减少装夹工件的时间，同一轴上不同轴段的键槽应布置（或投影）在轴的同一条母线上。为了减少加工刀具种类和提高劳动生产率，轴上直径相近处的圆角、倒角、键槽宽度、砂轮越程槽宽度和退刀槽宽度等应尽可能采用相同的尺寸。

11.2.5　提高轴强度的措施

轴和轴上零件的结构、工艺及轴上零件的安装布置等对轴的强度有很大的影响，所以应在这些方面进行充分考虑，以提高轴的承载能力，减小轴的尺寸和机器的质量，降低制造成本。

1．改进轴上零件的结构以减小轴的载荷

车床主轴箱的卸荷带轮如图 11-22 所示，带轮上的拉力通过滚动轴承和卸荷套筒作用于箱体上，使得轴端不受径向载荷作用，转矩通过与带轮固连的端盖输入，使轴只承受转矩，而不承受弯矩。

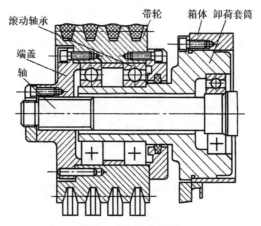

图 11-22　卸荷带轮

图 11-23 所示为起重卷筒的两种安装方案。图 11-23（a）所示的方案是大齿轮和卷筒连在一起，转矩经大齿轮直接传给卷筒，卷筒轴只受弯矩而不受转矩；而图 11-23（b）所示的方案是大齿轮将转矩通过轴传给卷筒，因而卷筒轴既受弯矩又受转矩。在同样的载荷 F 作用下，图 11-23（a）中轴的直径显然可比图 11-23（b）中轴的直径小。

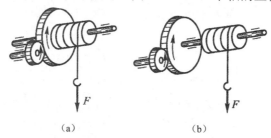

（a）　　　　　　　　　（b）

图 11-23　起重卷筒的两种安装方案

2. 合理布置轴上零件以减小轴的载荷

为了减小轴所承受的弯矩，传动件应尽量靠近轴承，并尽可能不采用悬臂的支承形式，力求缩短支承跨距及悬臂长度等。

当转矩由一个传动件输入，而由几个传动件输出时，为了减小轴上的转矩，应将输入件放在中间，而不要置于一端。如图 11-24 所示，输入转矩为 $T_1=T_2+T_3+T_4$，轴上各轮按图 11-24（a）所示的布置方式，轴所受最大转矩为 $T_2+T_3+T_4$，如改为图 11-24（b）所示的布置方式，最大转矩仅为 T_3+T_4。

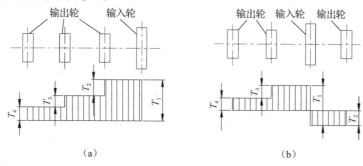

（a）　　　　　　　　　（b）

图 11-24　轴上零件的布置

3．改进轴的结构以减小应力集中的影响

轴通常是在变应力条件下工作的，轴的截面尺寸发生突变处会产生应力集中，轴的疲劳破坏往往在此处发生。为了提高轴的疲劳强度，应尽量减少应力集中源和降低应力集中的程度。为此，轴肩处应采用较大的过渡圆角半径 r。但对定位轴肩，还必须保证零件得到可靠的定位。当靠轴肩定位的零件的圆角半径很小时（如滚动轴承内圈的圆角），为了增大轴肩处的圆角半径，可采用内凹圆角［见图 11-25（a）］或加装隔离环［见图 11-25（b）］。

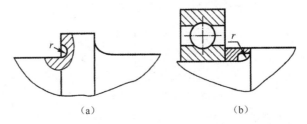

（a）　　　　　　　　　（b）

图 11-25　轴肩过渡结构

当轴与轮毂为过盈配合时，配合边缘处会产生较大的应力集中［见图 11-26（a）］。为了减小应力集中，可在轮毂上或轴上开减载槽［见图 11-26（b）、（c）］；或者增大配合部分的直径［见图 11-26（d）］。由于配合的过盈量越大，引起的应力集中越严重，因而在设计中应合理选择零件与轴的配合。

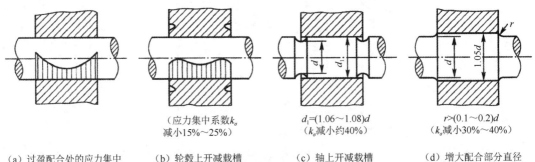

	（应力集中系数k_σ 减小15%～25%）	$d_1=(1.06～1.08)d$ （k_σ减小约40%）	$r>(0.1～0.2)d$ （k_σ减小30%～40%）
（a）过盈配合处的应力集中	（b）轮毂上开减载槽	（c）轴上开减载槽	（d）增大配合部分直径

图 11-26　轮毂配合处的应力集中及其降低方法

用盘铣刀加工的键槽比用键槽铣刀加工的键槽在过渡处对轴的截面削弱更平缓［参见图 6-1（b）、（c）］，因而应力集中较小；渐开线花键比矩形花键在齿根处的应力集中小，在做轴的结构设计时应加以考虑。此外，由于切制螺纹处的应力集中较大，故应尽可能避免在轴上受载较大的区段切制螺纹。

4．改善轴的表面质量以提高轴的疲劳强度

轴的表面粗糙度和表面强化处理方法也会对轴的疲劳强度产生影响。轴的表面越粗糙，疲劳强度越低。因此，应合理减小轴的表面及圆角处的加工粗糙度。当采用对应力集中甚为敏感的高强度材料制作轴时，表面质量尤应予以注意。

表面强化处理的方法有表面高频淬火等热处理，表面渗碳、氰化、氮化等化学热处理，碾压、喷丸等强化处理。通过碾压、喷丸进行表面强化处理时，可使轴的表层产生预压应力，从而提高轴的疲劳强度。

11.3 轴的计算

在初步完成轴的结构设计后，通常还要进行轴的强度校核计算，此外，某些轴（如机床主轴）还需满足刚度要求，对高速轴还应校核轴的振动稳定性。

11.3.1 轴的强度计算

进行轴的强度校核计算时，应根据轴的具体受载及应力情况，采取相应的计算方法，并恰当地选取其许用应力。对于仅（或主要）承受转矩的轴（传动轴），应按扭转强度条件计算；对于只承受弯矩的轴（心轴），应按弯曲疲劳强度条件计算；对于既承受弯矩又承受转矩的轴（转轴），应按弯扭合成强度条件进行计算，需要时还应按疲劳强度条件进行精确校核。此外，对于瞬时过载很大或应力循环不对称性较为严重的轴，还应按峰值载荷校核其静强度，以免产生过量的塑性变形。下面介绍几种常用的计算方法。

1. 按扭转强度条件计算

这种方法指只按轴所受的转矩来计算轴的强度；如果还承受不大的弯矩，则可降低许用扭转切应力。在做轴的结构设计时，通常用这种方法初步估算轴径，对于不太重要的轴，也可作为最后计算结果。轴的扭转强度条件为

$$\tau_T = \frac{T}{W_T} \approx \frac{9550000\dfrac{P}{n}}{0.2d^3} \leqslant [\tau_T] \tag{11-1}$$

式中，τ_T 为扭转切应力，MPa；T 为轴所受的转矩，N·mm；W_T 为轴的抗扭截面系数，mm³；P 为轴传递的功率，kW；n 为轴的转速，r/min；d 为轴的直径，mm；$[\tau_T]$ 为许用扭转切应力，MPa，见表 11-3。

由式（11-1）可得轴的直径为

$$d \geqslant \sqrt[3]{\frac{9550000\dfrac{P}{n}}{0.2[\tau_T]}} = \sqrt[3]{\frac{9550000}{0.2[\tau_T]}}\sqrt[3]{\frac{P}{n}} = A_0\sqrt[3]{\frac{P}{n}} \tag{11-2}$$

式中，$A_0 = \sqrt[3]{\dfrac{9550000}{0.2[\tau_T]}}$，可查表 11-3。对于空心轴，则

$$d \geqslant A_0\sqrt[3]{\frac{P}{n(1-\beta^4)}} \tag{11-3}$$

式中，$\beta = \dfrac{d_1}{d}$，即空心轴的内径 d_1 与外径 d 之比，通常取 $\beta = 0.5 \sim 0.6$。

表 11-3　轴常用材料的 $[\tau_T]$ 和 A_0 值

轴的材料	Q235A、20	Q275、35（1Cr18Ni9Ti）	45	40Cr、35SiMn、38SiMnMo、3Cr13
$[\tau_T]$/MPa	15~25	20~35	25~45	35~55
A_0	149~126	135~112	126~103	112~97

注：① 表中 $[\tau_T]$ 值是考虑了弯矩影响而降低了的许用扭转切应力；

② 当弯矩较小或只受转矩作用、载荷较平稳、无轴向载荷或只有较小的轴向载荷，减速器的低速轴只做单向旋转运动时，$[\tau_T]$ 取较大值，A_0 取较小值；反之，$[\tau_T]$ 取较小值，A_0 取较大值。

应当指出，当轴截面上开有键槽时，应增大轴径以考虑键槽对轴的强度的削弱，见表 11-4，且按表中所述求出的轴径，只能作为承受转矩作用的轴段的最小直径 d_{min}。

表 11-4　有键槽时轴径的修正方式

轴径/mm	轴径修正方式	
	有一个键槽	有两个键槽
$d>100$	轴径增大 3%	轴径增大 7%
$d\leqslant100$	轴径增大 5%～7%	轴径增大 10%～15%

2. 按弯扭合成强度条件计算

轴的结构设计，轴的主要结构尺寸，轴上零件的位置及外载荷和支反力的作用位置均已确定，轴上的载荷（弯矩和转矩）也可以求得，因而可按弯扭合成强度条件对轴进行强度校核计算。一般的轴用这种方法计算即可，其计算步骤如下。

1）绘制轴的计算简图（力学模型）

轴所受的载荷是从轴上零件传来的。计算时，常将轴上的分布载荷简化为集中力，其作用点取为载荷分布段的中点。作用在轴上的转矩，一般从传动件轮毂宽度的中点算起。通常把轴当作置于铰链支座上的梁，支反力的作用点与轴承的类型和布置有关，可按图 11-27 来确定。图 11-27（b）中的 a 值可查滚动轴承手册，图 11-27（d）中的 e 值可根据滑动轴承的宽径比 B/d 确定。当 $B/d\leqslant1$ 时，$e=0.5B$；当 $B/d>1$ 时，$e=0.5d$，但不小于$(0.25～0.35)B$；对于调心轴承，$e=0.5B$。

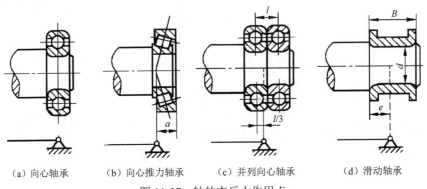

（a）向心轴承　　（b）向心推力轴承　　（c）并列向心轴承　　（d）滑动轴承

图 11-27　轴的支反力作用点

在作计算简图时，应先求出轴上受力零件的载荷（若为空间力系，应先把空间力分解为圆周力、径向力和轴向力，然后把它们全部转化到轴上），如图 11-28（a）所示。接着将其分解为水平分力和垂直分力，如图 11-28（b）、（d）所示。然后求出各支撑处的水平分力 F_{NH} 和垂直分力 F_{NV}（轴向反力可表示在适当的面上，图 11-28（d）中表示在垂直面上，故标以 F'_{NV1}）。

2）绘制轴的弯矩图

根据上述计算简图，首先分别按水平面和垂直面计算各力产生的弯矩，并按计算结果作水平面上的弯矩图 M_H［见图 11-28（c）］和垂直面上的弯矩图 M_V［见图 11-28（e）］；然后按下式计算总弯矩并作总弯矩图 M［见图 11-28（f）］。

$$M = \sqrt{M_{\mathrm{H}}^2 + M_{\mathrm{V}}^2}$$

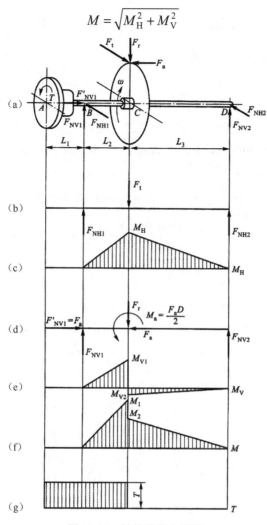

图 11-28　轴的载荷分析图

3）绘制轴的转矩图

转矩图如图 11-28（g）所示。

4）校核轴的强度

已知轴的弯矩图和转矩图后，可以针对某些危险截面（弯矩和转矩大而轴径可能不足的截面）做弯扭合成强度校核计算。根据第三强度理论，可得计算应力

$$\sigma_{\mathrm{ca}} = \sqrt{\sigma^2 + 4\tau^2}$$

式中，σ 为弯矩 M 所产生的弯曲应力，通常是对称循环变应力；τ 为转矩 T 所产生的扭转切应力，常常不是对称循环变应力。为了考虑两者循环特性不同的影响，引入折合系数 α，则计算应力为

$$\sigma_{\mathrm{ca}} = \sqrt{\sigma^2 + 4(\alpha\tau)^2} \tag{11-4}$$

当扭转切应力为静应力时，取 $\alpha \approx 0.3$；当扭转切应力为脉动循环变应力时，取 $\alpha \approx 0.6$；当扭转切应力为对称循环变应力时，取 $\alpha = 1$。

对于直径为 d 的圆轴，弯曲应力 $\sigma = \dfrac{M}{W}$，扭转切应力 $\tau = \dfrac{T}{W_T} = \dfrac{T}{2W}$，将 σ、τ 代入式（11-4）得轴的弯扭合成强度条件为

$$\sigma_{ca} = \sqrt{\left(\frac{M}{W}\right)^2 + 4\left(\frac{\alpha T}{2W}\right)^2} = \frac{\sqrt{M^2 + (\alpha T)^2}}{W} \leqslant [\sigma_{-1}] \tag{11-5}$$

式中，σ_{ca} 为轴的计算应力，MPa；M 为轴所受的弯矩，N·mm；T 为轴所受的转矩，N·mm；W 为轴的抗弯截面系数，mm³，计算公式见表 11-5；$[\sigma_{-1}]$ 为对称循环变应力下轴的许用弯曲应力，MPa，其值按表 11-1 选用。

表 11-5 抗弯截面系数和抗扭截面系数计算公式

截 面 形 状	抗弯截面系数 W	抗扭截面系数 W_T
	$\dfrac{\pi d^3}{32} \approx 0.1 d^3$	$\dfrac{\pi d^3}{16} \approx 0.2 d^3$
	$\dfrac{\pi d^3}{32}(1-\beta^4) \approx 0.1 d^3(1-\beta^4)$ $\beta = \dfrac{d_1}{d}$	$\dfrac{\pi d^3}{16}(1-\beta^4) \approx 0.2 d^3(1-\beta^4)$ $\beta = \dfrac{d_1}{d}$
	$\dfrac{\pi d^3}{32} - \dfrac{bt(d-t)^2}{2d}$	$\dfrac{\pi d^3}{16} - \dfrac{bt(d-t)^2}{2d}$
	$\dfrac{\pi d^3}{32} - \dfrac{bt(d-t)^2}{d}$	$\dfrac{\pi d^3}{16} - \dfrac{bt(d-t)^2}{d}$
	$\dfrac{\pi d^3}{32}\left(1-1.54\dfrac{d_1}{d}\right)$	$\dfrac{\pi d^3}{16}\left(1-\dfrac{d_1}{d}\right)$
	$\dfrac{\pi d^4 + zb(D-d)(D+d)^2}{32D}$ z——花键齿数	$\dfrac{\pi d^4 + zb(D-d)(D+d)^2}{16D}$ z——花键齿数

注：近似计算时，单、双键槽一般可忽略，花键轴截面可视为直径等于平均直径的圆截面。

由于心轴工作时只承受弯矩而不承受转矩，因此在应用式（11-5）时，应取 $T=0$。转动心轴的弯矩在轴截面上引起的应力是对称循环变应力。对于固定心轴，考虑停车、启动的影响，弯矩在轴截面上引起的应力可视为脉动循环变应力，所以在应用式（11-5）时，固定心轴的许用应力应为$[\sigma_0]$（$[\sigma_0]$ 为脉动循环变应力时的许用应力），对于碳钢材料，$[\sigma_0] \approx 1.7[\sigma_{-1}]$。

3．按疲劳强度条件进行精确校核

这种校核计算的实质在于确定变应力情况下轴的安全程度。在已知轴的外形、尺寸及载荷的基础上，即可通过分析确定出一个或几个危险截面（这时不仅要考虑弯曲应力和扭转切应力的大小，而且要考虑应力集中和绝对尺寸等因素影响的程度），按式（3-30）求出计算安全系数 S_{ca}，并应使其稍大于或至少等于设计安全系数 S，即

$$S_{ca} = \frac{S_\sigma S_\tau}{\sqrt{S_\sigma^2 + S_\tau^2}} \geqslant S \qquad (11\text{-}6)$$

仅有法向应力时，应满足

$$S_\sigma = \frac{\sigma_{-1}}{K_\sigma \sigma_a + \varphi_\sigma \sigma_m} \geqslant S \qquad (11\text{-}7)$$

仅有扭转切应力时，应满足

$$S_\tau = \frac{\tau_{-1}}{K_\tau \tau_a + \varphi_\tau \tau_m} \geqslant S \qquad (11\text{-}8)$$

以上诸式中的符号及有关数据已在第 3 章说明，此处不再重复。设计安全系数值可按下述情况选取：

$S=1.3\sim1.5$，用于材料均匀、载荷与应力计算精确时；

$S=1.5\sim1.8$，用于材料不够均匀、计算精确度较低时；

$S=1.8\sim2.5$，用于材料均匀性很差及计算精确度很低，或轴的直径 $d\geqslant120$ mm 时。

4．按静强度条件进行校核

静强度校核的目的在于评定轴对塑性变形的抵抗能力。这对那些瞬时过载很大，或应力循环的不对称性较为严重的轴是很必要的。轴的静强度是根据轴上作用的最大瞬时载荷来校核的。静强度校核时的强度条件是

$$S_{S_{ca}} = \frac{S_{S_\sigma} S_{S_\tau}}{\sqrt{S_{S_\sigma}^2 + S_{S_\tau}^2}} \geqslant S_S \qquad (11\text{-}9)$$

式中，$S_{S_{ca}}$ 为危险截面静强度的计算安全系数；S_{S_σ} 为只考虑弯矩和轴向力时的安全系数[见式（11-10）]；S_{S_τ} 为只考虑转矩时的安全系数 [见式（11-11）]；S_S 为屈服强度的设计安全系数。对高塑性材料（$\sigma_S/\sigma_B \leqslant 0.6$）制成的钢轴，$S_S=1.2\sim1.4$；对中等塑性材料（$\sigma_S/\sigma_B=0.6\sim0.8$）制成的钢轴，$S_S=1.4\sim1.8$；对低塑性材料制成的钢轴，$S_S=1.8\sim2.0$；对铸造轴，$S_S=2.0\sim3.0$。

$$S_{S_\sigma} = \frac{\sigma_S}{\dfrac{M_{max}}{W} + \dfrac{F_{a\,max}}{A}} \qquad (11\text{-}10)$$

$$S_{S_\tau} = \frac{\tau_S}{\dfrac{T_{max}}{W_T}} \tag{11-11}$$

式中，σ_S、τ_S 为材料的抗弯和抗扭屈服极限，单位为 MPa，其中 $\tau_S = (0.5 \sim 0.6)\sigma_S$；$M_{max}$、$T_{max}$ 为轴的危险截面上所受的最大弯矩和最大转矩，单位为 N·mm；F_{max} 为轴的危险截面上所受的最大轴向力，N；A 为轴的危险截面的面积，mm^2；W、W_T 分别为轴的危险截面的抗弯截面系数和抗扭截面系数，mm^3，见表 11-5。

11.3.2 轴的刚度计算

轴受弯矩作用会产生弯曲变形（见图 11-29），受转矩作用会产生扭转变形（见图 11-30）。变形过大将影响轴的正常工作及机器的性能。例如，机床主轴变形过大则影响加工零件的精度，电动机主轴变形过大则改变转子与定子的间隙而影响电动机的性能等。对这些刚度要求较高的轴，必须进行刚度校核，即

$$y \leqslant [y] \tag{11-12}$$
$$\theta \leqslant [\theta] \tag{11-13}$$
$$\varphi \leqslant [\varphi] \tag{11-14}$$

式中，y、$[y]$ 为轴的挠度和许用挠度，mm，见表 11-6；θ、$[\theta]$ 为轴的偏转角和许用偏转角，rad，见表 11-6；φ、$[\varphi]$ 为轴的扭转角和许用扭转角，(°)/m，见表 11-6。

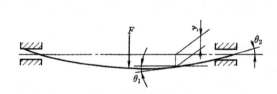

图 11-29　轴的弯曲变形图

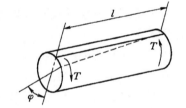

图 11-30　轴的扭转变形图

表 11-6　轴的许用挠度、许用偏转角和许用扭转角

应 用 场 合	$[y]$/mm	应 用 场 合	$[\theta]$/rad	应 用 场 合	$[\varphi]$/(°/m)
一般用途的轴	$(0.0003 \sim 0.0005)l$	滑动轴承	$\leqslant 0.001$	一般传动	$0.5 \sim 1$
刚度要求较严格的轴	$\leqslant 0.0002l$	向心球轴承	$\leqslant 0.005$	较精密的传动	$0.25 \sim 0.5$
安装齿轮的轴	$(0.01 \sim 0.03)m_n$	调心球轴承	$\leqslant 0.05$	重要传动	0.25
安装蜗轮的轴	$(0.02 \sim 0.05)m_t$	圆柱滚子轴承	$\leqslant 0.0025$	l 为轴的跨距，mm；$\varDelta$ 为电动机定子与转子间的间隙，mm；m_n 为齿轮法面模数，mm；m_t 为蜗轮轴面模数，mm
蜗杆轴	$(0.01 \sim 0.02)m_t$	圆锥滚子轴承	$\leqslant 0.0016$	
电动机轴	$\leqslant 0.1\varDelta$	安装齿轮处	$\leqslant 0.002$	

1. 轴的弯曲刚度计算

常见的轴大多可视为简支梁。若是光轴，可直接用材料力学中的公式计算其挠度或偏转角；若是阶梯轴，如果对计算精度要求不高，则可用当量直径法做近似计算。即先把阶梯轴看成当量直径为 d_v 的光轴，再按材料力学中的公式计算。当量直径 d_v（单位为 mm）为

$$d_v = \sqrt[4]{\frac{L}{\sum\limits_{i=1}^{z}\frac{l_i}{d_i^4}}} \tag{11-15}$$

式中，l_i 为阶梯轴第 i 段的长度，mm；d_i 为阶梯轴第 i 段的直径，mm；L 为阶梯轴的计算长度，mm；z 为阶梯轴计算长度内的轴段数。

当载荷作用于两支承端之间时，$L=l$（l 为支承跨距）；当载荷作用于悬臂端时，$L=l+K$（K 为轴的悬臂长度，单位为 mm）。

2．轴的扭转刚度校核计算

轴的扭转变形用每米长的扭转角 φ 来表示。圆轴扭转角 φ（单位为(°)/m）的计算公式为

光轴：

$$\varphi = 5.73 \times 10^4 \frac{T}{GI_p} \tag{11-16}$$

阶梯轴：

$$\varphi = 5.73 \times 10^4 \frac{1}{LG}\sum_{i=1}^{z}\frac{T_i l_i}{I_{pi}} \tag{11-17}$$

式中，T 为轴所受的转矩，N·mm；G 为轴的材料的剪切弹性模量，MPa，对于钢材，$G=8.1\times10^4$ MPa；I_p 为轴截面的极惯性矩，mm^4，对于圆轴，$I_p=\dfrac{\pi d^4}{32}$；L 为阶梯轴受转矩作用的长度，mm；T_i、l_i、I_{pi} 分别代表阶梯轴第 i 段上所受转矩、长度和极惯性矩，单位同前；z 为阶梯轴受转矩作用的轴段数。

11.3.3 轴的振动稳定性计算

随着机器不断地向高转速、高精度和自动化、智能化的方向发展，轴的振动问题便显得更加重要。由于轴和轴上零件的材质分布不均匀，制造、安装误差等因素的影响，零件的重心很难与回转轴线重合，从而产生离心力，引起轴的振动。如果离心力随轴转动的变化频率与轴的固有频率相同或接近，就会出现共振现象，产生共振时轴的转速称为临界转速。如果轴的转速在临界转速附近，轴的变形将迅速增大，使轴或轴上零件甚至整个机器遭到破坏。因此，高转速轴或受周期性外载荷作用的轴，必须计算临界转速，使轴的工作转速避开临界转速以防共振。

轴的临界转速有多个，最低的一个称为一阶临界转速，依次为二阶、三阶……工作转速低于一阶临界转速的轴称为刚性轴，超过一阶临界转速的轴称为挠性轴。一般情况下，对于刚性轴，应使工作转速 $n<0.85n_{c1}$；对于挠性轴，应使 $1.15n_{c1}<n<0.85n_{c2}$（此处 n_{c1}、n_{c2} 分别为轴的一阶、二阶临界转速）。临界转速的具体计算可参考有关设计手册。

轴的设计实例如下。

例 11-1 某化工设备中的输送装置运转平稳，工作转矩变化很小，以圆锥-圆柱齿轮减速器作为减速装置，试设计该减速器的输出轴。装置简图如图 11-9 所示。输入轴与电动机相连，输出轴通过弹性柱销联轴器与工作机相连；输出轴单向旋转（从装有半联轴器的一

端看为顺时针方向）。已知电动机的功率 $P=10$ kW，转速 $n_1=1450$ r/min，齿轮机构参数列于表 11-7。

表 11-7　齿轮机构参数

级　　别	z_1	z_2	m_n/mm	m_t/mm	β	α_n	h_α^*	齿宽/mm
高速级	20	75		3.5		20°	1	大锥齿轮轮毂长 $L=50$
低速级	23	95	4	4.04	8°06′34″			$B_1=85$，$B_2=80$

解：1）确定输出轴的功率 P_3、转数 n_3 和转矩 T_3

若取每级齿轮传动和每对轴承效率共计为 $\eta=0.97$，则输出轴的输入功率

$$P_3 = P\eta^2 = 10\times0.97^2 \approx 9.41\,\text{kW}$$

又输出轴转速

$$n_3 = n_1\frac{1}{i} = 1450\times\frac{20}{75}\times\frac{23}{95} \approx 93.61\,\text{r/min}$$

于是，输出轴的转矩

$$T_3 = 9.55\times10^6\frac{P_3}{n_3} \approx 9.6\times10^5\,\text{N·mm}$$

2）求作用在齿轮上的力

已知低速级大齿轮的分度圆直径为

$$d_2 = m_t z_2 = 4.040\times95 = 383.8\,\text{mm}$$

各分力为

$$F_t = \frac{2T_3}{d_2} = \frac{2\times9.6\times10^5}{383.8} \approx 5002\,\text{N}$$

$$F_r = F_t\frac{\tan\alpha_n}{\cos\beta} = 5002\times\frac{\tan\alpha_n}{\cos\beta} = 1839\,\text{N}$$

$$F_a = F_t\tan\beta = 5002\times\tan\beta = 713\,\text{N}$$

三个分力的方向如图 11-28 所示。

3）初步确定轴的最小直径

选择轴的材料为 45 钢，调质处理。根据表 11-3，取 $A_0=112$，按式（11-2）初步估算轴的最小直径

$$d_{\min} = A_0\sqrt[3]{\frac{P_3}{n_3}} = 112\times\sqrt[3]{\frac{9.41}{93.61}} \approx 52.08\,\text{mm}$$

因输出轴最小直径处安装联轴器需开键槽，对轴的强度有削弱，应将轴径增大约 5%，即最小轴径取 54.705 mm。但考虑到此处需安装联轴器（见图 11-9），为了使所选轴径与联轴器孔径相配合，故需同时选取联轴器型号并协调轴孔直径。

联轴器的计算转矩 $T_{ca}=K_A T$，查表 14-1，考虑到转矩变化小，取 $K_A=1.3$，于是

$$T_{ca} = K_A T = 1.3\times960000 = 1.248\times10^6\,\text{N·mm}$$

按照联轴器计算转矩小于其公称转矩的选择标准，查阅 GB/T 5014—2017 可知，选用 LX4 型弹性柱销联轴器，其公称转矩为 2.5×10^6 N·mm。半联轴器的孔径为 55 mm，故取 $d_{\text{I-II}} = 55$ mm，半联轴器轮毂孔长 $L_1=84$ mm，半联轴器长度 $L=112$ mm。

4）轴的结构设计

（1）拟定轴上零件的装配方案。

本题方案已在前面进行分析比较，现选用图 11-10（a）所示的装配方案。

（2）根据轴向定位的要求确定轴的各段直径及长度。

① 为保证联轴器轴向定位可靠，Ⅰ-Ⅱ轴端右端需制出一轴肩，故取Ⅱ-Ⅲ段的轴直径 $d_{\text{Ⅱ-Ⅲ}}=62$ mm；半联轴器左端用轴端挡圈定位，按轴端直径选用挡圈直径 $D=65$ mm。由于半联轴器轮毂孔长 $L_1=84$ mm，为了保证轴端挡圈只压在半联轴器而不压在轴的端面上，故Ⅰ-Ⅱ段的长度应比 L_1 略短一些，现取 $l_{\text{Ⅰ-Ⅱ}}=82$ mm。

② 初选滚动轴承的类型及型号。因轴既受径向力又受轴向力作用，故选用单列圆锥滚子轴承，参照工作要求并根据 $d_{\text{Ⅱ-Ⅲ}}=62$ mm，查滚动轴承样本初步选用 30313，其尺寸为 $d×D×T=65×140×36$ mm，故取 $d_{\text{Ⅲ-Ⅳ}}=d_{\text{Ⅶ-Ⅷ}}=65$ mm，从而取 $l_{\text{Ⅶ-Ⅷ}}=36$ mm。

左端轴承采用套筒定位；右端轴承采用轴肩定位，由滚动轴承样本查得 30313 型轴承的定位轴肩高度 $h=6$ mm，故 $d_{\text{Ⅵ-Ⅷ}}=77$ mm。

③ 低速级大齿轮的定位及安装齿轮处轴段尺寸的确定。取安装齿轮处轴段直径 $d_{\text{Ⅳ-Ⅴ}}=70$ mm；齿轮的左端与左轴承之间采用套筒定位。已知低速级大齿轮轮毂宽度 $B_2=80$ mm，为使套筒端面可靠地压紧齿轮，此轴段应略小于齿轮轮毂宽度，故取 $l_{\text{Ⅳ-Ⅴ}}=76$ mm。齿轮的右端采用轴肩定位，轴肩的高度 $h=(2\sim3)C$，取 $h=6$ mm，则取轴环直径 $d_{\text{Ⅴ-Ⅵ}}=82$ mm；轴环宽度 $b\geqslant1.4h$，则取轴环的宽度 $l_{\text{Ⅴ-Ⅵ}}=12$ mm。

④ 轴承端盖的总宽度为 20 mm（由减速器及轴承端盖的设计而定）。为满足轴承端盖的拆装及便于轴承添加润滑脂的要求，取端盖的外端面与半联轴器右端面间的距离 $l=30$ mm（参看图 11-9），故取 $l_{\text{Ⅱ-Ⅲ}}=50$ mm。

⑤ 取齿轮距箱体内壁的距离 $a=16$ mm，锥齿轮与圆柱齿轮之间的距离 $c=20$ mm（参看图 11-9）。考虑到箱体的铸造误差，在确定滚动轴承位置时，应距箱体内壁一段距离 s，取 $s=5$ mm（轴承油润滑），已知滚动轴承宽度 $T=36$ mm，大锥齿轮轮毂宽度 $L=50$ mm，则轴段Ⅲ-Ⅳ、Ⅵ-Ⅶ长度分别为

$$l_{\text{Ⅲ-Ⅳ}}=T+s+a+(B-l_{\text{Ⅳ-Ⅴ}})=36+5+16+4=61\text{ mm}$$
$$l_{\text{Ⅵ-Ⅶ}}=L+c+a+s-l_{\text{Ⅴ-Ⅵ}}=50+20+16+5-12=79\text{ mm}$$

至此，已初步确定了轴的各段直径和长度。

（3）轴向零件的周向定位。

齿轮、半联轴器与轴的周向定位均采用普通平键连接。齿轮与轴的连接，按 $d_{\text{Ⅳ-Ⅴ}}$ 查表 6-1 得平键的截面尺寸为 $b×h=20$ mm×12 mm，键槽用键槽铣刀加工，长度取 63 mm，同时为保证齿轮和轴的配合有良好的对中性，选其配合为 H7/n6。同理，半联轴器与轴的连接，选用平键的尺寸为 $b×h×L=16$ mm×10 mm×70 mm，选其配合为 H7/k6。滚动轴承与轴的周向定位由较紧的过渡配合来保证，此处选轴的直径尺寸公差为 m6。

（4）确定轴上圆角和倒角尺寸。

参考表 11-2，取轴端倒角为 $C2$，各轴肩处的圆角半径如图 11-31 所示，且键槽位于轴的同一条母线上。

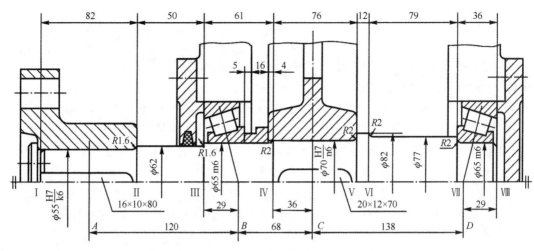

图 11-31　轴的结构与装配

5）求轴上的载荷

首先根据轴的结构图（见图 11-31）作轴的受力简图（见图 11-28）。在确定轴承的支点位置时，应从手册查取支反力作用点的位置即 a 值（参见图 11-27）。对于 30313 圆锥滚子轴承，查手册 $a=29$ mm。因此，作为简支梁的轴的支撑跨距为 $L_2+L_3=206$ mm。其中：齿宽中点距左支点距离 $L_2=(80/2-4+61-29)$ mm=68 mm，齿宽中点距右支点距离 $L_3=(80/2+12+79+36-29)$ mm=138 mm。根据轴的受力简图作轴的弯矩图和转矩图（见图 11-28），从轴的结构图及弯矩图、转矩图中可以看出截面 C 是轴的危险截面。现将计算出的截面 C 处的支反力、弯矩、转矩列于表 11-8（参见图 11-28）。

表 11-8　截面 C 处的支反力、弯矩、转矩

载　荷	水平面 H	铅垂面 V
支反力	$F_{NH1}=3351$ N，$F_{NH2}=1651$ N	$F_{NV1}=1934$ N，$F_{NV2}=-95$ N[①]
弯矩	$M_H=227868$ N·mm	$M_{V1}=131512$ N·mm，$M_{V2}=-5327$ N·mm
总弯矩	$M_1=\sqrt{M_H^2+M_{V1}^2}=\sqrt{227868^2+131512^2}\approx 263095$ N·mm $M_2=\sqrt{M_H^2+M_{V2}^2}=\sqrt{227868^2+(-4140)^2}\approx 228055$ N·mm	
转矩	$T_3=9.6\times10^5$ N·mm	

注：① 支反力 F_{NV2} 的计算结果为负值，与图 11-28（d）中支反力的假设方向相反，因此本例题中垂直面弯矩图的右端应当为正弯矩。

6）按弯扭合成应力校核轴的强度

通常只校核轴上承受最大弯矩和转矩的截面（危险截面 C）的强度，必要时也对其他危险截面（弯矩较大且轴径较小的截面）进行强度校核。根据式（11-5）及表 11-8 中的数据，以及轴单向旋转，将扭转切应力视为脉动循环变应力，取 $\alpha=0.6$，则轴的计算应力

$$\sigma_{ca}=\frac{\sqrt{M_1^2+(\alpha T_3)^2}}{W}=\frac{\sqrt{263095^2+(0.6\times9.6\times10^5)^2}}{0.1\times70^3}\approx18.46\,\text{MPa}$$

前已选定轴的材料为 45 钢，调质处理，查表 11-1 得 $[\sigma_{-1}]=60$ MPa。因此 $\sigma_{ca}\leqslant[\sigma_{-1}]$，说明设计的轴有足够的强度，故安全。

7）精确校核轴的疲劳强度

（1）判断危险截面。

截面 A、Ⅱ、Ⅲ、B 只承受转矩，虽然键槽、轴肩及过渡配合所引起的应力集中均会削弱轴的疲劳强度，但由于轴的最小直径是按扭转强度较为宽裕确定的，因此截面 A、Ⅱ、Ⅲ、B 均无须校核。

从应力集中对轴的疲劳强度的影响来看，截面Ⅳ和Ⅴ处过盈配合引起的应力集中最严重；从受载的情况来看，截面 C 上的应力最大。截面Ⅴ的应力集中的影响因素和截面Ⅳ的相近，但截面Ⅴ不受转矩作用，同时轴径也较大，故不必做强度校核。截面 C 上虽然应力最大，但应力集中不大（过盈配合及键槽引起的应力集中均在两端），而且这里轴的直径最大，故截面 C 也不必校核。截面Ⅵ和Ⅶ显然更不必校核。由第 3 章附录可知，键槽的应力集中系数比过盈配合的小，因而该轴只需校核截面Ⅳ左右两侧即可。

（2）截面Ⅳ左侧。

抗弯截面系数

$$W = 0.1d^3 = 0.1 \times 65^3 \approx 27463 \text{ mm}^3$$

抗扭截面系数

$$W_{\text{T}} = 0.2d^3 = 0.2 \times 65^3 = 54925 \text{ mm}^3$$

截面Ⅳ左侧的弯矩

$$M = 263095 \times \frac{68-36}{68} = 123809 \text{ N} \cdot \text{mm}$$

截面Ⅳ上的转矩

$$T_3 = 9.6 \times 10^5 \text{ N} \cdot \text{mm}$$

截面上的弯曲应力

$$\sigma_{\text{b}} = \frac{M}{W} = \frac{123809}{27463} \approx 4.51 \text{ MPa}$$

截面上的扭转切应力

$$\tau_{\text{T}} = \frac{M}{W_{\text{T}}} = \frac{9.6 \times 10^5}{54925} \approx 17.48 \text{ MPa}$$

轴的材料为 45 钢，调质处理。由表 11-1 查得 $\sigma_{\text{B}} = 640$ MPa，$\sigma_{-1} = 275$ MPa，$\tau_{-1} = 155$ MPa。

截面上由轴肩而形成的理论应力集中系数 α_σ 及 α_τ 按附表 3-2 查取。因 $\dfrac{r}{d} = \dfrac{2.0}{65} \approx 0.031$，$\dfrac{D}{d} = \dfrac{70}{65} \approx 1.08$，经插值后可查得

$$\alpha_\sigma = 2.0, \quad \alpha_\tau = 1.31$$

又由附图 3-1 可得轴的材料的敏性系数为

$$q_\sigma = 0.82, \quad q_\tau = 0.85$$

故有效应力集中系数按式（附 3-4）为

$$k_\sigma = 1 + q_\sigma(\alpha_\sigma - 1) = 1 + 0.82 \times (2.0 - 1) \approx 1.82$$

$$k_\tau = 1 + q_\tau(\alpha_\tau - 1) = 1 + 0.85 \times (1.31 - 1) \approx 1.26$$

由附图 3-2 得尺寸系数 $\varepsilon_\sigma = 0.67$；由附图 3-3 得扭转尺寸系数 $\varepsilon_\tau = 0.82$。

轴按磨削加工，由附图 3-4 得表面质量系数为

$$\beta_\sigma = \beta_\tau = 0.92$$

轴未经表面强化处理，即 $\beta_q = 1$，则按式（3-6）及式（3-7）得到的综合系数为

$$K_\sigma = \frac{k_\sigma}{\varepsilon_\sigma} + \frac{1}{\beta_\sigma} - 1 = \frac{1.82}{0.67} + \frac{1}{0.92} - 1 \approx 2.80$$

$$K_\tau = \frac{k_\tau}{\varepsilon_\tau} + \frac{1}{\beta_\tau} - 1 = \frac{1.26}{0.82} + \frac{1}{0.92} - 1 \approx 1.62$$

又由 3.2 节得碳钢的特性系数为

$\psi_\sigma = 0.1 \sim 0.2$，取 $\psi_\sigma = 0.1$。

$\psi_\tau = 0.05 \sim 0.1$，取 $\psi_\tau = 0.05$。

于是，计算安全系数 S_{ca} 值，按式（11-6）～式（11-8）可得

$$S_\sigma = \frac{\sigma_{-1}}{K_\sigma \sigma_a + \varphi_\sigma \sigma_m} = \frac{275}{2.80 \times 4.51 + 0.1 \times 0} \approx 21.78$$

$$S_\tau = \frac{\sigma_{-1}}{K_\tau \tau_a + \varphi_\tau \tau_m} = \frac{155}{1.62 \times \dfrac{17.48}{2} + 0.05 \times \dfrac{17.48}{2}} \approx 10.62$$

$$S_{ca} = \frac{S_\sigma S_\tau}{\sqrt{S_\sigma^2 + S_\tau^2}} = \frac{21.78 \times 10.62}{\sqrt{21.78^2 + 10.62^2}} \approx 9.55 \geqslant S = 1.5$$

故可知安全。

（3）截面Ⅳ右侧。

由表 11-5 可计算

抗弯截面系数

$$W = 0.1d^3 = 0.1 \times 70^3 = 34300 \text{ mm}^3$$

抗扭截面系数

$$W_T = 0.2d^3 = 0.2 \times 70^3 = 68600 \text{ mm}^3$$

截面Ⅳ右侧的弯矩

$$M = 263095 \times \frac{68 - 36}{68} \approx 123809 \text{ N} \cdot \text{mm}$$

截面Ⅳ上的转矩

$$T_3 = 9.6 \times 10^5 \text{ N} \cdot \text{mm}$$

截面上的弯曲应力

$$\sigma_b = \frac{M}{W} = \frac{123809}{34300} \approx 3.61 \text{ MPa}$$

截面上的扭转切应力

$$\tau_T = \frac{M}{W_T} = \frac{9.6 \times 10^5}{68600} \approx 13.99 \text{ MPa}$$

过盈配合处的 $\dfrac{k_\sigma}{\varepsilon_\sigma}$，由附表 3-8 用插值法求出，并取 $\dfrac{k_\tau}{\varepsilon_\tau} = 0.8 \dfrac{k_\sigma}{\varepsilon_\sigma}$，于是得

$$\frac{k_\sigma}{\varepsilon_\sigma} = 3.16, \quad \frac{k_\tau}{\varepsilon_\tau} = 0.8 \frac{k_\sigma}{\varepsilon_\sigma} = 0.8 \times 3.16 \approx 2.53$$

轴按磨削加工，由附图 3-4 得表面质量系数

$$\beta_\sigma = \beta_\tau = 0.92$$

故得综合系数为

$$K_\sigma = \frac{k_\sigma}{\varepsilon_\sigma} + \frac{1}{\beta_\sigma} - 1 = 3.16 + \frac{1}{0.92} - 1 \approx 3.25$$

$$K_\tau = \frac{k_\tau}{\varepsilon_\tau} + \frac{1}{\beta_\tau} - 1 = 2.53 + \frac{1}{0.92} - 1 \approx 2.62$$

所以轴在截面Ⅳ右侧的安全系数为

$$S_\sigma = \frac{\sigma_{-1}}{K_\sigma \sigma_a + \varphi_\sigma \sigma_m} = \frac{275}{3.25 \times 3.61 + 0.1 \times 0} = 23.44$$

$$S_\tau = \frac{\sigma_{-1}}{K_\tau \tau_a + \varphi_\tau \tau_m} = \frac{155}{2.62 \times \frac{13.99}{2} + 0.05 \times \frac{13.99}{2}} \approx 8.30$$

$$S_{ca} = \frac{S_\sigma S_\tau}{\sqrt{S_\sigma^2 + S_\tau^2}} = \frac{23.44 \times 8.30}{\sqrt{23.44^2 + 8.30^2}} \approx 7.82 \geqslant S = 1.5$$

故该轴在截面Ⅳ右侧的强度也是足够的。本题因无大的瞬时过载及严重的应力循环不对称性，故可略去静强度校核，至此，轴的设计计算即告结束（当然，当有更高的要求时，还可做进一步的研究）。

8）绘制轴的工作图

轴的工作图如图 11-32 所示。

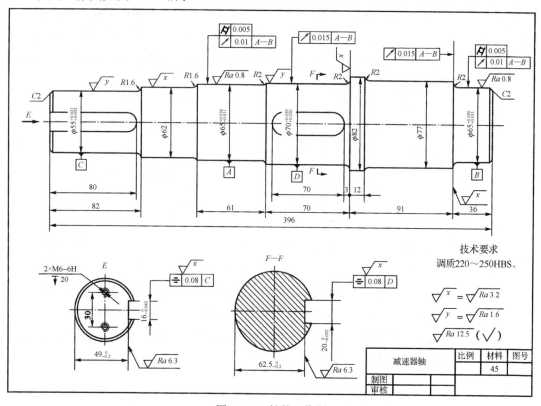

图 11-32　轴的工作图

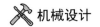

习　题

11-1 根据承受载荷的不同，轴可分为哪几类？自行车的前轴、中轴、后轴各是什么轴？为什么？

11-2 若轴的强度不足或刚度不足，可分别采取哪些措施？

11-3 为什么要进行轴的静强度校核计算？校核计算时为什么不考虑应力集中等因素的影响？

11-4 轴的强度计算方法有哪几种？各适用于何种情况？

11-5 轴上零件为什么要做轴向固定和周向固定？试说明轴上零件常用的轴向定位方式。

11-6 图 11-33 所示为某减速器输出轴系结构，齿轮为油润滑，轴承为脂润滑，试指出其设计错误，并在中心线下方画出正确的结构图。

图 11-33　输出轴系结构

11-7 指出图 11-34 所示轴系中的错误结构或不合理之处，并在中心线下方画出正确的结构图。（齿轮和轴承均为油润滑）

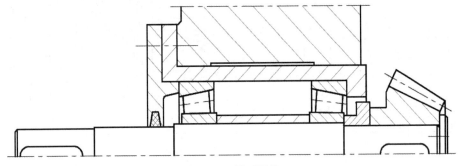

图 11-34　轴系结构

11-8 有一台离心式水泵，由电动机带动，传递的功率 $P=3$ kW，轴的转速 $n=960$ r/min，轴的材料为 45 钢，试按强度要求计算轴所需的最小直径。

11-9 设计某搅拌机用的单级斜齿圆柱齿轮减速器中的低速轴（包括选择两端的轴承及外伸端的联轴器），如图 11-35 所示。

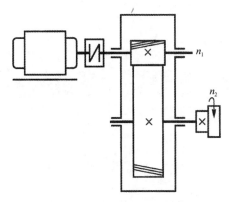

图 11-35　减速器中的低速轴

已知：电动机额定功率 $P=4\ \text{kW}$，转速 $n_1=750\ \text{r/min}$，低速轴转速 $n_2=130\ \text{r/min}$，大齿轮节圆直径 $d_2=300\ \text{mm}$，宽度 $B_2=90\ \text{mm}$，齿轮螺旋角 $\beta=12°$，法向压力角 $\alpha_\text{n}=20°$。

要求：（1）完成轴的全部结构设计；（2）根据弯扭合成理论验算轴的强度；（3）精确校核轴的危险截面是否安全。

第 12 章　滚动轴承

12.1　概述

　　滚动轴承是现代机器中广泛应用的部件之一，它是依靠主要元件间的滚动接触来支承转动零件的。滚动轴承绝大多数已经标准化，专业工厂大量制造及供应各种常用规格的轴承。滚动轴承具有启动所需力矩小、旋转精度高、选用方便等优点。

　　滚动轴承的基本结构如图 12-1 所示，它由内圈、外圈、滚动体和保持架四个部分组成。内圈与轴颈装配，外圈与轴承座孔装配。通常内圈随轴颈回转，外圈固定，但也有外圈回转而内圈不动，或是内、外圈同时回转的情况。当内、外圈相对转动时，滚动体即在内、外圈的滚道间滚动。常见的滚动体按形状不同可分为球、圆柱滚子、圆锥滚子、球面滚子、非对称球面滚子和滚针等，如图 12-2 所示。轴承内、外圈上的滚道，有限制滚动体沿轴向位移的作用。

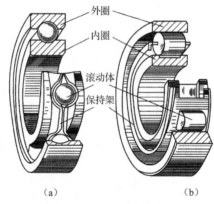

图 12-1　滚动轴承的基本结构

(a) 球　　(b) 圆柱滚子　　(c) 圆锥滚子　　(d) 球面滚子　　(e) 非对称球面滚子　　(f) 滚针

图 12-2　常见的滚动体

　　保持架的主要作用是均匀地隔开滚动体。如果没有保持架，则相邻滚动体转动时将会由于接触处产生较大速度的相对滑动而引起磨损。保持架有冲压的 [见图 12-1 (a)] 和实体的 [见图 12-1 (b)] 两种。冲压保持架一般用低碳钢板冲压制成，它与滚动体间有较大的间隙。实体保持架常用铜合金、铝合金或塑料切削加工制成，有较好的定心作用。

　　轴承的内、外圈和滚动体，一般是用高铬轴承钢（如 GCr15）或渗碳轴承钢（如 G20Cr2Ni4A）制造的，热处理后硬度一般不低于 60HRC。由于一般轴承的这些元件都经过

150℃的回火处理，所以通常当轴承的工作温度不高于 120℃时，元件的硬度不会下降。

当滚动体是圆柱滚子或滚针时，在某些情况下，可以没有内圈、外圈或保持架，这时的轴颈或轴承座就要起到内圈或外圈的作用，因而工作表面应具备相应的硬度和粗糙度。此外，还有一些轴承，除了以上四种基本零件，还有其他特殊零件，如带密封盖或在外圈上加止动环等。

由于滚动轴承属于标准件，所以本章主要介绍滚动轴承的主要类型和特点，介绍相关的标准，讨论如何根据具体工作条件正确选择轴承的类型和尺寸、验算轴承的承载能力，以及轴承的安装、调整、润滑、密封等有关轴承装置设计问题。

12.2　滚动轴承的主要类型和选择

12.2.1　滚动轴承的主要类型

如果仅按轴承承受的外载荷不同来分类，滚动轴承可以概括地分为向心轴承、推力轴承两大类。主要承受径向载荷 F_r 的轴承称为向心轴承，主要承受轴向载荷 F_a 的轴承称为推力轴承。轴承的滚动体与外圈滚道接触点（线）处的法线 N—N 与半径方向的夹角 α 称为轴承的接触角［见图 12-3（c）］。按接触角的不同，向心轴承又分为径向接触轴承（$\alpha=0°$）和角接触向心轴承（$0°<\alpha<45°$）；推力轴承又分为轴向接触轴承（$\alpha=90°$）和角接触推力轴承（$45°<\alpha<90°$）。图 12-3 所示为不同类型轴承的承载情况示意图。轴向接触轴承中与轴颈配合在一起的元件称为轴圈，与机座孔配合的元件称为座圈。角接触向心（推力）轴承实际所承受的径向载荷 F_r 与轴向载荷 F_a 的合力与半径方向的夹角 β，称为轴承的载荷角［见图 12-3（c）］。

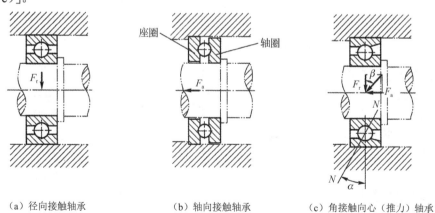

（a）径向接触轴承　　　（b）轴向接触轴承　　　（c）角接触向心（推力）轴承

图 12-3　不同类型的轴承的承载情况示意图

滚动轴承的类型很多，现将常用各类滚动轴承的性能和特点列于表 12-1 中。

除了表 12-1 中介绍的滚动轴承，标准的滚动轴承还有双列深沟球轴承（类型代号 4）、双列角接触球轴承（类型代号 0）及各类组合轴承等。目前，国内外滚动轴承在品种规格越来越趋向多样化的同时，还趋向于专用化、轻型化、部件化和微型化。例如，装有传感器的车辆轮毂轴承单元，便于对轴承工况进行监测与控制。

表 12-1　常用滚动轴承的类型、主要性能和特点

类型代号	简图	类型名称	结构代号	基本额定动载荷比[①]	极限转速比[②]	轴向承载能力	轴向限位能力[③]	性能和特点
1		调心球轴承	10000	0.6～0.9	中	少量	I	因外圈滚道表面是以轴承中点为中心的球面，故能自动调心，允许内圈（轴）对外圈（机座孔）轴线偏斜量≤2°～3°。一般不宜承受纯轴向载荷
2		调心滚子轴承	20000	1.8～4	低	少量	I	性能、特点与调心球轴承相同，但具有较强的径向承载能力，允许内圈对外圈轴线偏斜量≤1.5°～2.5°
		推力调心滚子轴承	29000	1.6～2.5	低	很大	II	用于承受以轴向载荷为主的轴向、径向联合载荷，但径向载荷不得超过轴向载荷的55%。运转中滚动体受离心力矩作用，滚动体与滚道间产生滑动，并导致轴圈与座圈分离。为保证正常工作，需施加一定的轴向预载荷。允许轴圈对座圈轴线偏斜量≤1.5°～2.5°
3		圆锥滚子轴承 $\alpha=10°～18°$	30000	1.5～2.5	中	较大	II	可以同时承受径向载荷及轴向载荷（30000型以径向载荷为主，30000B型以轴向载荷为主）。外圈可分离，安装时可调整轴承的游隙。一般成对使用
		大锥角圆锥滚子轴承 $\alpha=27°～30°$	30000B	1.1～2.1	中	很大		
5		推力球轴承	51000	1	低	只能承受单向的轴向载荷	II	只能承受轴向载荷。高速时离心力大，钢球与保持架磨损，发热严重，寿命降低，故极限转速很低。为了防止钢球与滚道之间的滑动，工作时必须加有一定的轴向载荷。轴线必须与轴承座底面垂直，载荷必须与轴线重合，以保证钢球载荷的均匀分配
		双向推力球轴承	52000	1	低	能承受双向的轴向载荷	I	

续表

类型代号	简图	类型名称	结构代号	基本额定动载荷比[①]	极限转速比[②]	轴向承载能力	轴向限位能力[③]	性能和特点
6		深沟球轴承	60000	1	高	少量	I	主要承受径向载荷，也可同时承受小的轴向载荷。当量摩擦因数最小。在高转速时，可用来承受纯轴向载荷。工作中允许内、外圈轴线偏斜量≤8′～16′，大量生产，价格最低
7		角接触球轴承	70000C（α=15°）	1.0～1.4	高	一般	II	可以同时承受径向载荷及轴向载荷，也可以单独承受轴向载荷。能在较高转速下正常工作。由于一个轴承只能承受单向的轴向力，因此一般成对使用。承受轴向载荷的能力与接触角 α 有关。接触角大的，承受轴向载荷的能力也大
			70000AC（α=25°）	1.0～1.3		较大		
			70000B（α=40°）	1.0～1.2		更大		
N		外圈无挡边的圆柱滚子轴承	N0000	1.5～3.0	高	无	III	有较强的径向承载能力。外圈（或内圈）可以分离，故不能承受轴向载荷。滚子由内圈（或外圈）的挡边轴向定位，工作时允许内、外圈有少量的轴向错动。内、外圈轴线的允许偏斜量很小（2′～4′）。这一类轴承还可以不带外圈或内圈
		内圈无挡边的圆柱滚子轴承	NU0000					
		外圈有单挡边的圆柱滚子轴承	NJ0000			少量	II	
NA		滚针轴承	NA0000	—	低	无	III	在同样的内径条件下，与其他类型轴承相比，其外径最小，内圈（或外圈）可以分离，工作时允许内、外圈有少量的轴向错动。有较强的径向承载能力。一般不带保持架。摩擦因数大

类型代号	简　图	类型名称	结构代号	基本额定动载荷比①	极限转速比②	轴向承载能力	轴向限位能力③	性能和特点
UC	 	带顶丝外球面轴承	UC000	1	中	少量	I	内部结构与深沟球轴承相同，但外圈具有球形外表面，与带有凹球面的轴承座相配，能自动调心。常用紧定螺钉、偏心套或紧定套将轴承内圈固定在轴上。轴心线允许偏斜5°。 按结构还有带偏心套轴承（UEL型、UE型）、带紧定套轴承（UK型、UK+H型）、两端平头轴承（UD型）等

注：① 基本额定动载荷比：指同一尺寸系列（直径及宽度）各种类型和结构形式的轴承的基本额定动载荷与单列深沟球轴承（推力轴承与单列推力球轴承）的基本额定动载荷之比。

　　② 极限转速比：指同一尺寸系列普通级公差的各类轴承脂润滑时的极限转速与单列深沟球轴承脂润滑时极限转速之比。高、中、低的意义为：高为单列深沟球轴承极限转速的90%～100%；中为单列深沟球轴承极限转速的60%～90%；低为单列深沟球轴承极限转速的60%以下。

　　③ 轴向限位能力：I为轴的双向轴向位移限制在轴承的轴向游隙范围内；II为限制轴的单向轴向位移；III为不限制轴的轴向位移。

12.2.2 滚动轴承的代号

滚动轴承的类型很多，每种类型又有不同的结构、尺寸和公差等级，以便适用于不同的技术要求。为了统一表征各类轴承的特点，便于组织生产和选用，GB/T 272—2017规定了轴承代号的表示方法。

滚动轴承的代号由基本代号、前置代号和后置代号构成，用字母和数字等表示。滚动轴承代号的构成见表12-2。

表 12-2 　滚动轴承代号的构成

前置代号	基本代号					后置代号							
	五	四	三	二	一								
轴承分部件代号	类型代号	尺寸系列代号		内径代号		内部结构代号	密封与防尘结构代号	保持架及其材料代号	特殊轴承材料代号	公差等级代号	游隙代号	多轴承配置代号	其他代号
		宽度系列代号	直径系列代号										

注：基本代号下面的一至五表示代号自右向左的位置序数。

1. 基本代号

基本代号用来表示轴承的内径、直径系列、宽度系列和类型，现分述如下：

（1）轴承内径是指轴承内圈的内径，常用 d 表示。基本代号右起第一、二位数字为内径代号。对常用内径 d=20～480 mm 的轴承，内径一般为 5 的倍数，这两位数字表示轴承内径尺寸被 5 除得的商数，如 04 表示 d=20 mm，12 表示 d=60 mm 等。内径代号还有一些例外的，如对于内径为 10 mm、12 mm、15 mm 和 17 mm 的轴承，内径代号依次为 00、01、02 和 03。此处介绍的内径代号仅适用于常规的滚动轴承，对于 $d{\geqslant}500$ mm 的特大型轴承和 d<10 mm 的微型轴承，其内径代号可查阅轴承手册。

（2）轴承的直径系列（结构、内径相同的轴承在外径和宽度方面的变化系列）用基本代号右起第三位数字表示。直径系列代号有 7、8、9、0、1、2、3、4 和 5，对应于相同内径轴承的外径尺寸依次递增。一般根据轴承的外径大小可分为特轻、轻、中、重等不同的直径系列。例如，对于向心轴承，0、1 表示特轻系列；2 表示轻系列；3 表示中系列；4 表示重系列。部分直径系列之间的尺寸对比如图 12-4 所示。

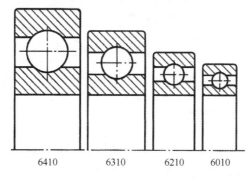

6410　　　6310　　　6210　　　6010

图 12-4　部分直径系列之间的尺寸对比

（3）轴承的宽度系列（结构、内径和直径系列都相同的轴承在宽度方面的变化系列；对于推力轴承，是指高度系列）用基本代号右起第四位数字表示。向心轴承宽度系列代号用 8、0、1、2、3、4、5 和 6 表示，对应同一直径系列的轴承，其宽度依次递增；对于推力轴承，其高度系列代号用 7、9、1 和 2 表示，对应同一直径系列的轴承，其高度依次递增。多数轴承在代号中不标出宽度系列代号 0，但对于调心滚子轴承和圆锥滚子轴承，宽度系列代号 0 应标出。

直径系列代号和宽度系列代号统称为尺寸系列代号。

（4）轴承类型代号用基本代号右起第五位数字（或字母）表示，其表示方法见表 12-1。

2．后置代号

轴承的后置代号是用字母和数字等来表示轴承的结构、公差及材料的特殊要求等等。后置代号的内容很多，下面介绍几个常用的代号。

（1）内部结构代号表示同一类型轴承的不同内部结构，用字母紧跟着基本代号表示。如接触角为 15°、25°和 40°的角接触球轴承分别用 C、AC 和 B 表示其内部结构的不同。

（2）轴承的公差等级分为 2 级、4 级、5 级、6 级（或 6X 级）和 N 级，共 5 个级别，依次由高级到低级。N 级为普通级（在轴承代号中不标出），是常用的轴承公差等级。其余公差等级代号用/P2、/P4、/P5、/P6（/P6X）表示。公差等级中的 6X 级仅适用于圆锥滚子轴承。

（3）常用的轴承径向游隙系列分为 1 组、2 组、N 组、3 组、4 组和 5 组，共 6 个组别，径向游隙依次由小到大。N 组游隙是常用的游隙组别，在轴承代号中不标出，其余的游隙组别在轴承代号中分别用/C1、/C2、/C3、/C4、/C5 表示。

3．前置代号

轴承的前置代号用于表示轴承的分部件，用字母表示。如用 L 表示可分离轴承的可分离套圈，K 表示轴承的滚动体与保持架组件等。

实际应用中，标准的滚动轴承类型是很多的，其中有些轴承的代号也是比较复杂的。以上介绍的代号是轴承代号中最基本、最常用的部分。熟悉了这部分代号，就可以识别和查选常用的轴承。关于滚动轴承详细的代号可查阅 GB/T 272—2017。

4．代号举例

6208——内径为 40 mm 的深沟球轴承，尺寸系列为 02，普通级公差，N 组游隙。

7312C——内径为 60 mm 的角接触球轴承，尺寸系列 03，接触角 15°，普通级公差，N 组游隙。

N408/P5——内径为 40 mm 的外圈无挡边圆柱滚子轴承，尺寸系列为 04，5 级公差，N 组游隙。

12.2.3　滚动轴承类型的选择

选用轴承时，首先是选择轴承类型。常用的标准轴承的基本特点已在表 12-1 中说明，下面归纳出合理选择轴承类型时所应考虑的主要因素。

1．轴承的载荷

轴承所受载荷的大小、方向和性质，是选择轴承类型的主要依据。

在根据载荷的大小选择轴承类型时，由于滚子轴承中主要元件间是线接触，宜用于承受较大的载荷，承载后的变形也较小。而球轴承中则主要为点接触，宜用于承受较轻的或中等的载荷，故在载荷较小时，应优先选用球轴承。

在根据载荷的方向选择轴承类型时，对于纯轴向载荷，一般选用轴向接触轴承。对较小的纯轴向载荷，可选用角接触推力球轴承；对较大的纯轴向载荷，可选用角接触推力滚子轴承。对于纯径向载荷，一般选用径向接触轴承，如深沟球轴承、圆柱滚子轴承或滚针轴承。当轴承在承受径向载荷的同时，还承受不大的轴向载荷时，可选用深沟球轴承或接触角不大的角接触球轴承或圆锥滚子轴承；当轴向载荷较大时，可选用接触角较大的角接触球轴承或圆锥滚子轴承，或者选用径向接触轴承与轴向接触轴承组合在一起的结构，分别承担径向载荷和轴向载荷（参见图 12-17）。

2．轴承的转速

各类轴承都有规定的极限转速，一般球轴承的极限转速高于滚子轴承，所以转速较高、载荷较小或要求旋转精度较高时，宜选用球轴承；转速较低、载荷较大或有冲击载荷时，宜选用滚子轴承。在转速更高的情况下，为减少滚动体离心力的影响，宜选用轻系列、特轻系列或超轻系列的轴承。

保持架的材料与结构对轴承的转速影响极大。实体保持架比冲压保持架允许高一些的转速，青铜实体保持架允许更高的转速。

轴向接触轴承的极限转速均很低。当工作转速高时，若轴向载荷不十分大，可以采用角接触球轴承承受纯轴向力。

若工作转速略超过规定的极限转速，可以采用提高轴承的公差等级，或者适当地加大轴承的径向游隙，采用循环润滑或油雾润滑，加强对循环油的冷却等措施来改善轴承的高速性能。

3．支承限位要求

能承受双向轴向载荷的轴承，可以用来进行双向固定支承。只承受单向轴向载荷的轴承可以用来进行单向限位支承。游动支承轴向不限位，可使轴在支承上自由伸缩游动，例如内、外圈不可分离的向心轴承在座孔内游动；内、外圈可分离的圆柱滚子轴承，内、外圈可相对游动。

4．轴承的调心性能

当轴的中心线与轴承座中心线不重合而有角度误差时，或因轴受力而弯曲或倾斜时，会造成轴承的内、外圈轴线发生偏斜。这时，应采用有一定调心性能的调心轴承或带座外球面球轴承（见图 12-5）。这类轴承在轴与轴承座孔的轴线有不大的相对偏斜时仍能正常工作。

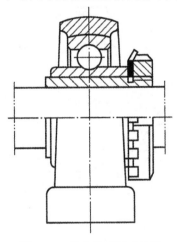

图 12-5　带座外球面球轴承

滚子轴承对偏斜最为敏感，这类轴承在偏斜状态下的承载能力可能低于球轴承。因此当轴的刚度和轴承座孔的支承刚度较低时，或有较大偏转力矩作用时，应尽量避免使用滚子轴承。

5．轴承的安装与拆卸

便于装拆，是在选择轴承类型时应考虑的一个因素。在轴承座没有剖分面而必须沿轴向安装和拆卸轴承部件时，应优先选用内、外圈可分离的轴承（如 N0000、NA0000、30000 等）。当轴承在长轴上安装时，为了便于装拆，可以选用内圈孔为锥度为 1∶12 的圆锥孔（用以安装在紧定衬套上）的轴承（见图 12-5）。

此外，轴承类型的选择还应考虑轴承装置整体设计的要求，如轴承的配置使用要求、游动要求等，详见 12.5 节。

12.3 滚动轴承的工作情况

所选出的轴承，是否满足工程实际要求，是不是最优的方案，还需要进行校核。为此，必须了解轴承工作时其有关元件所受载荷和应力的情况，并按计算准则校核轴承工作能力。

12.3.1 轴承工作时轴承元件上的载荷分布

以径向接触轴承为例。当轴承工作的某一瞬间，滚动体处于图 12-6 所示的位置时，径向载荷 F_r 通过轴颈作用于内圈，位于上半圈的滚动体不受此载荷作用，而由下半圈的滚动体将此载荷传到外圈上。假定内、外圈除了与滚动体接触处共同产生局部接触变形，它们的几何形状并不改变。这时在载荷 F_r 的作用下，内圈的下沉量 δ_0 就是在 F_r 作用线上的接触变形量。按变形协调关系，不在载荷 F_r 作用线上的其他各点的径向变形量为 $\delta_i = \delta_0 \cos(i\gamma)$，$i = 1，2，3，\cdots$。也就是说，真实的变形量的分布是中间最大，向两边逐渐减小，如图 12-6 所示。可以进一步判断，接触载荷也是在 F_r 作用线上的接触点处最大，向两边逐渐减小。各滚动体从开始受力到受力终止所对应的区域称为承载区。

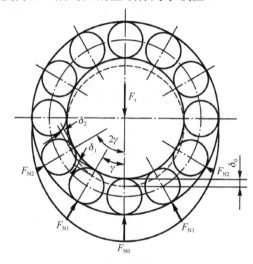

图 12-6 径向接触轴承中的径向载荷分布

根据力的平衡原理，所有滚动体作用在内圈上的反力 F_{Ni} 的向量和必定等于径向载荷 F_r。

应该指出，实际上由于轴承内存在游隙，故由径向载荷 F_r 产生的承载区的角度范围将小于 $180°$。也就是说，不是下半部滚动体全部受载。这时，如果同时作用一定的轴向载荷，则可以使承载区扩大。

12.3.2 轴承工作时轴承元件上的载荷及应力的变化

轴承工作时，各个元件上所受的载荷及产生的应力是时时变化的。根据上面的分析，当滚动体进入承载区后，所受载荷即先由零逐渐增加到 F_{N2}、F_{N1} 直至最大值 F_{N0}，再逐渐降低到 F_{N1}、F_{N2} 而至零（见图 12-6）。就滚动体上某一点而言，它的载荷及应力是周期性不稳定变化的 [见图 12-7（a）]。

滚动轴承工作时，可以是外圈固定、内圈转动，也可以是内圈固定、外圈转动。对于固定套圈，处在承载区内的各接触点，按其所在位置的不同，将受到不同的载荷。处于 F_r 作用线上的点将受到最大的接触载荷。对于每一个具体的点，每当一个滚动体滚过时，便承受一次载荷，其大小是不变的，也就是承受稳定的脉动循环载荷作用，如图 12-7（b）所示。载荷变动的频率取决于滚动体中心的圆周速度，当内圈固定、外圈转动时，滚动体中心的运动速度较大，故作用在固定套圈上载荷的变化频率也较高。

　　转动套圈上各点的受载情况，类似于滚动体的受载情况，可用图 12-7（a）示意描述。

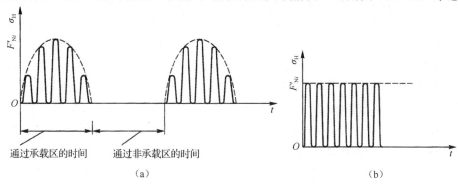

图 12-7　轴承元件上的载荷及应力变化

12.3.3　轴向载荷对载荷分布的影响

　　当角接触球轴承或圆锥滚子轴承（现以圆锥滚子轴承为例）承受径向载荷 F_r 时，如图 12-8 所示，由于滚动体与滚道的接触线与轴承轴线之间夹一个接触角 α，因而各滚动体的反力 F'_{Ni} 并不指向半径方向，它可以分解为一个径向分力和一个轴向分力。用 F_{Ni} 代表某一个滚动体反力的径向分力 ［见图 12-8（b）］，则相应的轴向分力 F_{di} 应等于 $F_{Ni}\tan\alpha$。所有径向分力 F_{Ni} 的向量和与径向载荷 F_r 相平衡。所有的轴向分力 F_{di} 之和组成轴承的派生轴向力 F_d，它迫使轴颈（连同轴承内圈和滚动体）有向右移动的趋势，这应由轴向力 F_a 来与之平衡 ［见图 12-8（a）］。

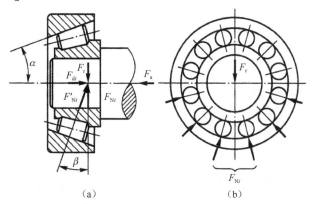

图 12-8　圆锥滚子轴承的受力

当只有最下面一个滚动体受载时，

$$F_a = F_d = F_r \tan\alpha \tag{12-1}$$

当受载的滚动体数目增多时，虽然在同样的径向载荷 F_r 的作用下，但派生的轴向力 F_d 将增大，且满足下式：

$$F_d = \sum_{i=1}^{n} F_{di} = \sum_{i=1}^{n} F_{Ni} \tan\alpha > F_r \tan\alpha \qquad (12\text{-}2)$$

式中，n 为受载的滚动体数目；F_{di} 是作用于各滚动体上的派生的轴向力；F_{Ni} 是作用于各滚动体上的径向分力；尾部的不等式也表明了 n 个 F_{Ni} 的代数和大于它们的向量和。由式（12-2）可得出这时为平衡派生轴向力 F_d 所需施加的轴向力 F_a 为

$$F_a = F_d > F_r \tan\alpha \qquad (12\text{-}3)$$

上面的分析说明：①角接触球轴承及圆锥滚子轴承总是在径向力 F_r 和轴向力 F_a 的联合作用下工作。为了使较多的滚动体同时受载，应使 F_a 比 $F_r\tan\alpha$ 大一些；②对于同一个轴承（设 α 不变），在同样的径向载荷作用下，当轴向力 F_a 由最小值（$F_r\tan\alpha$，即一个滚动体受载时）逐步增大时，同时受载的滚动体数目逐渐增多，与轴向力 F_a 平衡的派生轴向力 F_d 也随之增大。根据研究，当 $F_a \approx 1.25 F_r\tan\alpha$ 时，会有约半数的滚动体同时受载［见图 12-9（b）］；当 $F_a \approx 1.7 F_r\tan\alpha$ 时，开始使全部滚动体同时受载 ［见图 12-9（c）］。

应该指出，对于实际工作的角接触球轴承或圆锥滚子轴承，为了保证它能可靠地工作，应使它至少达到下半圈的滚动体全部受载。因此，在安装这类轴承时，不能有较大的轴向窜动量。

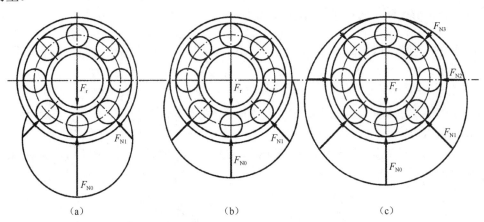

图 12-9　轴承中受载滚动体数目的变化

12.3.4　滚动轴承的失效形式

滚动轴承常见的失效形式有以下几种。

1. 疲劳点蚀

由轴承受载情况分析可知，滚动体和套圈受到脉动循环接触应力作用。因此，当轴承工作一段时间后（或当应力循环次数超过一定数值后），滚动体和内、外圈滚道工作面上就会出现疲劳点蚀，如图 12-10 所示。点蚀发生后，噪声和振动加剧，发热严重，轴承失去运动精度。制造、安装精度高和使用、维护良好的绝大多数轴承会产生这种正常的失效形式。

（a）滚道上的点蚀破坏

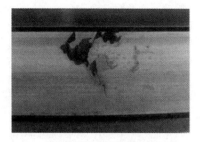

（b）滚道上的严重点蚀破坏

图 12-10　轴承滚道上的疲劳点蚀

2．塑性变形

在过大的静载荷或冲击载荷作用下，滚动体和套圈滚道接触处的局部应力超过材料的屈服极限时，滚动体被压扁或滚道出现凹坑，使轴承的运转精度下降，产生振动和噪声，导致轴承不能正常工作。这种失效多发生在低速、重载或做往复摆动的轴承中。

3．磨损

在润滑不充分、密封不好或润滑油不清洁及工作环境多尘的条件下，一些金属屑或磨粒性灰尘进入相对运动的表面间使表面擦伤或磨损，造成轴承游隙增大、振动加剧及精度降低而报废。

另外，滚动轴承由于配合、安装、拆卸及使用维护不当，还会引起轴承元件断裂、胶合和锈蚀等失效形式。

12.3.5　滚动轴承的计算准则

（1）对于一般转速（$n_{lim}>n>10$ r/min）的轴承，主要失效形式是疲劳点蚀，故应以疲劳强度计算为依据，进行轴承的寿命计算，必要时进行静强度校核。

（2）对于不转动、摆动或转速低（$n \leqslant 10$ r/min）的轴承，主要失效形式是塑性变形，故应做静强度校核。

（3）对于高速轴承，主要失效形式为由发热引起的磨损、烧伤等，除进行寿命计算外，还需校核其极限转速 n_{lim}。

12.4　滚动轴承的校核计算

12.4.1　滚动轴承寿命计算的基本概念

1．滚动轴承的基本额定寿命

轴承寿命是指一套轴承中一个轴承套圈或滚动体的材料出现疲劳点蚀前所经历的总转数或一定转速下工作的小时数。

大量试验证明，滚动轴承的疲劳寿命是相当离散的。由于制造精度、材料的均质程度等的差异，即使是同样材料、同样尺寸及同一批生产出来的轴承，在完全相同的条件下工作，它们的寿命也会极不相同。图 12-11 所示为典型的滚动轴承的寿命分布曲线，从图中可以看出，轴承的最长工作寿命与最早破坏的轴承的寿命可相差几倍，甚至几十倍。

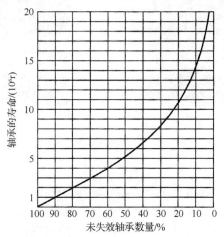

图 12-11　典型的滚动轴承的寿命分布曲线

　　轴承的寿命，不能以同一批试验轴承中的最长寿命或者最短寿命作为标准。因为前者过于不安全，在实际使用中，提前破坏的可能性几乎为 100%；而后者又过于保守，使几乎100% 的轴承都可以超过标准寿命继续工作。国家标准规定：一组在相同条件下运转的近于相同的轴承，将其可靠度为 90% 时的寿命作为标准寿命，即按一组轴承中 10% 的轴承发生点蚀破坏，而 90% 的轴承不发生点蚀破坏前的转数 L_{10}［以 10^6r（转）为单位］或工作小时数 L_h［以 h（小时）为单位］作为轴承的寿命，并把这个寿命称为基本额定寿命。

　　由于基本额定寿命与破坏概率有关，所以在实际上按基本额定寿命计算而选出的轴承中，可能有 10% 的轴承发生提前破坏；同时，可能有 90% 的轴承超过基本额定寿命后还能继续工作，甚至相当多的轴承还能再工作一个、两个或更多个基本额定寿命期。对每个轴承来说，它能顺利地在基本额定寿命期内正常工作的概率为 90%，而在基本额定寿命期未达到之前即发生点蚀破坏的概率仅为 10%。在做轴承的寿命计算时，必须先根据机器的类型、使用条件及对可靠性的要求，确定一个恰当的预期计算寿命（设计机器时所要求的轴承寿命，通常可参照机器的大修期限确定）。表 12-3 中给出了根据对机器的使用经验推荐的预期计算寿命 L_h'，可供参考。

表 12-3　推荐的轴承预期计算寿命 L_h'

机 器 类 型	预期计算寿命 L_{10h}'/h
不常使用的仪器或设备，如闸门开闭装置等	300～3000
短期或间断使用的机械，中断使用不致引起严重后果，如手动机械等	3000～8000
间断使用的机械，中断使用后果严重，如发动机的辅助设备、流水作业线自动传送装置、升降机、车间吊车、不常使用的机床等	8000～12000
每日 8 h 工作的机械（利用率不高），如一般的齿轮传动、某些固定电动机等	12000～20000
每日 8 h 工作的机械（利用率较高），如金属切削机床、连续使用的起重机、木材加工机械、印刷机械等	20000～30000
24 h 连续工作的机械，如矿山升降机、纺织机械、泵、电动机等	40000～60000
24 h 连续工作的机械，中断使用后果严重，如纤维生产或造纸设备、发电站主电动机、矿井水泵、船舶螺旋桨轴等	100000～200000

2．滚动轴承的基本额定动载荷

轴承的寿命与所受载荷的大小有关，工作载荷越大，引起的接触应力也就越大。因而在发生点蚀破坏前所能经受的应力变化次数也就越少，即轴承的寿命越短。所谓轴承的基本额定动载荷，就是使轴承的基本额定寿命恰好为 10^6r（转）时轴承能承受的载荷，用字母 C 代表。这个基本额定动载荷，对径向接触轴承，指的是纯径向载荷，并称为径向基本额定动载荷，具体用 C_r 表示；对轴向接触轴承，指的是纯轴向载荷，并称为轴向基本额定动载荷，具体用 C_a 表示；对角接触球轴承或圆锥滚子轴承，指的是使套圈间产生纯径向位移的载荷的径向分量。

不同型号的轴承有不同的基本额定动载荷值，它表征了不同型号轴承的承载特性。在滚动轴承样本中对每个型号的轴承都给出了它的基本额定动载荷值，需要时可从滚动轴承样本中查取。轴承的基本额定动载荷值是在大量的试验研究基础上，通过理论分析而得出来的。

12.4.2　计算滚动轴承寿命的基本公式

滚动轴承的基本额定寿命与承受的载荷有关，图 12-12 所示为在大量试验研究基础上得出的代号为 6207 的轴承的载荷-寿命曲线，曲线上相应于寿命 $L_{10}=1\times10^6$r 的载荷（25.5 kN），即为 6207 轴承的基本额定动载荷 C。其他型号的轴承也有与此类似的曲线。此曲线的公式如下：

$$L_{10}=\left(\frac{C}{P}\right)^{\varepsilon} \tag{12-4}$$

实际计算时，用小时数表示寿命比较方便，这时可将式（12-4）改写为

$$L_{\mathrm{h}}=\frac{10^6}{60n}\left(\frac{C}{P}\right)^{\varepsilon} \tag{12-5}$$

式中，P 为当量动载荷，N；ε 为寿命指数，对于球轴承，$\varepsilon=3$；对于滚子轴承，$\varepsilon=\dfrac{10}{3}$。$n$ 为轴承的转速，r/min。

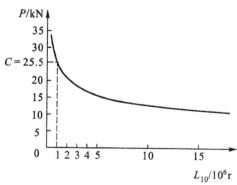

图 12-12　轴承的载荷-寿命曲线

滚动轴承样本中的基本额定动载荷 C 是对一般工作条件下的轴承而言的，当轴承温度高于 120℃时，因金属组织、硬度和润滑条件等变化，轴承的承载能力有所降低，故引入温

度系数 f_t（见表 12-4）对 C 值进行修正，则式（12-4）和式（12-5）变为

$$L_{10} = \left(\frac{f_t C}{P}\right)^{\varepsilon} \qquad (12\text{-}6)$$

$$L_h = \frac{10^6}{60n}\left(\frac{f_t C}{P}\right)^{\varepsilon} \qquad (12\text{-}7)$$

表 12-4 温度系数 f_t

轴承工作温度/℃	≤120	125	150	175	200	225	250	300	350
温度系数 f_t	1.00	0.95	0.90	0.85	0.80	0.75	0.70	0.60	0.50

如果当量动载荷 P 和转速 n 已知，预期计算寿命 L_h' 也已确定，则所需轴承应具有的基本额定动载荷 C' 可由式（12-7）计算得出

$$C' = \frac{P}{f_t}\sqrt[\varepsilon]{\frac{60nL_h'}{10^6}} \qquad (12\text{-}8)$$

根据由式（12-8）计算得到的 C' 值，从机械设计手册中选择轴承，使所选轴承的 $C \geqslant C'$。

12.4.3 滚动轴承的当量动载荷

滚动轴承的基本额定动载荷是在一定的运转条件下确定的，如载荷条件为：径向接触轴承仅承受纯径向载荷 F_r，轴向接触轴承仅承受纯轴向载荷 F_a。实际上，轴承在许多应用场合，常常同时承受径向载荷 F_r 和轴向载荷 F_a。因此，在进行轴承寿命计算时，必须把实际载荷转换为与确定基本额定动载荷的载荷条件相一致的当量动载荷，用字母 P 表示。这个当量动载荷，对于承受以径向载荷为主的轴承，称为径向当量动载荷，常用 P_r 表示；对于承受以轴向载荷为主的轴承，称为轴向当量动载荷，常用 P_a 表示。当量动载荷（P_r 或 P_a）的一般计算公式为

$$P = XF_r + YF_a \qquad (12\text{-}9)$$

式中，X、Y 分别为径向动载荷系数和轴向动载荷系数，其值见表 12-5。

表 12-5 径向动载荷系数 X 和轴向动载荷系数 Y

轴承类型		相对轴向载荷	$F_a/F_r \leqslant e$		$F_a/F_r > e$		判断系数 e
名　称	代　号	F_a/C_0	X	Y	X	Y	
调心球轴承	10000	—	1	(Y_1)	0.65	(Y_2)	(e)
调心滚子轴承	20000	—	1	(Y_1)	0.67	(Y_2)	(e)
圆锥滚子轴承	30000	—	1	0	0.40	(Y)	(e)
深沟球轴承	60000	0.025	1	0	0.56	2.0	0.22
		0.040				1.8	0.24
		0.070				1.6	0.27
		0.130				1.4	0.31
		0.250				1.2	0.37
		0.500				1.0	0.44

轴承类型		相对轴向载荷	$F_a/F_r \leqslant e$		$F_a/F_r > e$		判断系数 e
名　称	代　号	F_a/C_0	X	Y	X	Y	
角接触球轴承	70000C （$\alpha=15°$）	0.015	1	0	0.44	1.47	0.38
		0.029				1.40	0.40
		0.058				1.30	0.43
		0.087				1.23	0.46
		0.120				1.19	0.47
		0.170				1.12	0.50
		0.290				1.02	0.55
		0.440				1.00	0.56
		0.580				1.00	0.56
	70000AC （$\alpha=25°$）	—	1	0	0.41	0.87	0.68
	70000B （$\alpha=40°$）	—	1	0	0.35	0.57	1.14

注：① C_0 是轴承基本额定静载荷；α 是接触角。

② 表中括号内的系数 Y、Y_1、Y_2 和 e 的详值应查轴承手册，对不同型号的轴承，有不同的值。

③ 深沟球轴承的 X、Y 值仅适用于 N 组游隙的轴承，对应其他游隙组轴承的 X、Y 值可查轴承手册。

④ 对于深沟球轴承和 70000C 型角接触球轴承，先根据算得的相对轴向载荷值 F_a/C_0 查出对应的 e 值，再得出相应的 X、Y 值。对于表中未列出的 F_a/C_0 值，可按线性插值法求出相应的 e、X、Y 值。

⑤ 两套相同的角接触球轴承可在同一支点上"背对背""面对面"或"串联"安装作为一个整体使用，这种轴承可由生产厂选配组合成套提供，其基本额定动载荷及 X、Y 值可查轴承手册。

对只能承受纯径向载荷 F_r 的轴承（如 N、NA 类轴承）：

$$P = F_r \tag{12-10}$$

对只能承受纯轴向载荷 F_a 的轴承（如 5 类轴承）：

$$P = F_a \tag{12-11}$$

按式（12-9）～式（12-11）求得的当量动载荷仅为一个理论值。实际上，在许多支承中还会出现一些附加载荷，如冲击力、不平衡作用力、惯性力及轴挠曲或轴承座变形产生的附加力等，这些因素很难从理论上精确计算。为了计及这些影响，可对当量动载荷乘上一个根据经验而定的载荷系数 f_P，其值参见表 12-6。故实际计算时，轴承的当量动载荷应为

$$P = f_p(XF_r + YF_a) \tag{12-12}$$

$$P = f_p F_r \tag{12-13}$$

$$P = f_p F_a \tag{12-14}$$

表 12-6　滚动轴承的载荷系数 f_P

载荷性质	f_P	设备举例
无冲击或轻微冲击	1.0～1.2	电动机、汽轮机、通风机、水泵等
中等冲击或中等惯性冲击	1.2～1.8	车辆、动力机械、起重机、造纸机、冶金机械、选矿机、卷扬机、机床等
强烈冲击	1.8～3.0	破碎机、轧钢机、钻探机、振动筛等

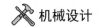

12.4.4 角接触轴承的径向载荷 F_r 与轴向载荷 F_a 的计算

角接触轴承承受径向载荷时，要产生派生的轴向力，为了保证这类轴承正常工作，通常这类轴承是成对使用的，如图 12-13 所示，图中表示了角接触球轴承两种不同的安装方式。

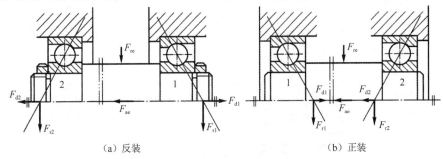

（a）反装　　　　　　　　　　　　　（b）正装

图 12-13　角接触球轴承轴向载荷分析

在按式（12-12）计算各轴承的当量动载荷 P 时，其中的径向载荷 F_r 即为由外界作用到轴上的径向力 F_{re} 在各轴承上产生的径向载荷；但其中的轴向载荷 F_a 并不完全由外界的轴向作用力 F_{ae} 产生，而是应该根据整个轴上的轴向载荷（包括因径向载荷 F_r 产生的派生轴向力 F_d）之间的平衡条件得出。下面来分析这个问题。

根据力的径向平衡条件，很容易由外界作用到轴上的径向力 F_{re} 计算出两个轴承上的径向载荷 F_{r1}、F_{r2}，当 F_{re} 的大小及作用位置确定时，径向载荷 F_{r1}、F_{r2} 也就确定了。由 F_{r1}、F_{r2} 派生的轴向力 F_{d1}、F_{d2} 的大小可按照表 12-7 中的公式计算。计算所得的 F_d 值，相当于正常的安装情况，即大致相当于下半圈的滚动体全部受载的情况（轴承实际的工作情况不允许比这样更坏）。

表 12-7　约有半数滚动体接触时派生轴向力 F_d 的计算公式

圆锥滚子轴承	角接触球轴承		
	70000C（$\alpha=15°$）	70000AC（$\alpha=25°$）	70000B（$\alpha=40°$）
$F_d=\dfrac{F_r}{2Y}$ [①]	$F_d=eF_r$ [②]	$F_d=0.68F_r$	$F_d=1.14F_r$

注：① Y 是对应表 12-5 中 $F_a/F_r>e$ 的 Y 值。

　　② e 值由表 12-5 查出。

如图 12-13 所示，把派生轴向力的方向与外加轴向载荷 F_{ae} 的方向一致的轴承标为轴承 2，另一端轴承标为轴承 1。取轴和轴承内圈及滚动体一起为分离体，达到轴向平衡时，应满足

$$F_{ae}+F_{d2}=F_{d1}$$

此时轴承外圈对分离体的轴向力即轴承的轴向载荷

$$F_{a1}=F_{d1}，\quad F_{a2}=F_{d2}$$

如果按表 12-7 中的公式求得的 F_{d1} 和 F_{d2} 不满足上述关系式，就会出现下面两种情况：

（1）当 $F_{ae}+F_{d2}>F_{d1}$ 时，轴有向左窜动的趋势，相当于轴承 1 被压紧，轴承 2 被放松，但实际上轴必须处于平衡位置（轴承座必然要通过轴承元件施加一个附加的轴向力来阻止轴的窜动），所以被压紧的轴承 1 的轴向力 F_{a1} 必须与 $F_{ae}+F_{d2}$ 相平衡，即

$$F_{a1}=F_{ae}+F_{d2}$$

而被放松的轴承 2 的轴向力 F_{a2} 即为其派生的轴向力 F_{d2}，则

$$F_{a2} = F_{d2}$$

（2）当 $F_{ae}+F_{d2}<F_{d1}$ 时，轴有向右窜动的趋势，则轴承 2 被压紧，轴承 1 被放松，同理，轴承 2 的轴向力 F_{a2} 必须与 $F_{d1}-F_{ae}$ 相平衡，即

$$F_{a2} = F_{d1} - F_{ae}$$

而被放松的轴承 1 的轴向力 F_{a1} 即为其派生的轴向力 F_{d1}，则

$$F_{a1} = F_{d1}$$

综上可知，对于角接触轴承轴向力的计算，可归纳如下：

（1）通过计算和分析轴上全部轴向力（包括外界轴向载荷和轴承内部轴向力）的合力的方向，判定被压紧和被放松的轴承；

（2）被压紧轴承的轴向力等于除自身的内部轴向力外其余各轴向力的代数和；

（3）被放松轴承的轴向力等于它自身的内部轴向力。

12.4.5　不稳定载荷和不稳定转速时轴承的寿命计算

工作过程中载荷和转速有变化的滚动轴承，应根据疲劳损伤累积假说求出平均当量转速 n_m（r/min）和平均当量动载荷 P_m（N），代入轴承寿命公式进行计算。

设轴承的当量动载荷依次为 P_1、P_2、P_3、…、P_k，相应的转速为 n_1、n_2、n_3、…、n_k，在各种载荷下运转的时间与总运转时间之比为 q_1、q_2、q_3、…、q_k，则

$$n_m = n_1 q_1 + n_2 q_2 + n_3 q_3 + \cdots + n_k q_k = \sum_{i=1}^{k} n_i q_i \tag{12-15}$$

$$P_m = \sqrt[\varepsilon]{\frac{n_1 q_1 P_1^{\varepsilon} + n_2 q_2 P_2^{\varepsilon} + n_3 q_3 P_3^{\varepsilon} + \cdots + n_k q_k P_k^{\varepsilon}}{n_m}} = \sqrt[\varepsilon]{\frac{\sum_{i=1}^{k} n_i q_i P_i^{\varepsilon}}{n_m}} \tag{12-16}$$

将式（12-15）和式（12-16）代入式（12-7），得轴承寿命计算公式为

$$L_h = \frac{10^6}{60 n_m} \left(\frac{f_t C}{P_m} \right)^{\varepsilon} \tag{12-17}$$

式中各符号的意义和单位同前。

12.4.6　不同可靠度时滚动轴承的寿命计算

前已说明，滚动轴承样本中所列的基本额定动载荷是在不破坏的概率（可靠度 R）为 90% 时的数据。但在实用中，由于使用轴承的各类机械的要求不同，对轴承可靠度的要求也不同。为了把样本中的基本额定动载荷用于可靠度要求不等于 90% 的情况，需引入可靠度寿命修正系数 a_1，于是修正额定寿命为

$$L_{nh} = a_1 L_h \tag{12-18}$$

式中，L_{nh} 为可靠度 $R=(100-n)\%$（破坏率为 $n\%$）时的寿命，即修正额定寿命；a_1 为可靠度寿命修正系数，其值见表 12-8。

表 12-8　可靠度寿命修正系数 a_1

可靠度/%	90	95	96	97	98	99
L_{nh}	L_{10h}	L_{5h}	L_{4h}	L_{3h}	L_{2h}	L_{1h}
a_1	1	0.64	0.55	0.47	0.37	0.25

将式（12-7）代入式（12-18），得

$$L_{nh} = \frac{10^6 a_1}{60n} \left(\frac{f_t C}{P} \right)^{\varepsilon} \qquad (12\text{-}19)$$

式中，修正额定寿命 L_{nh} 的单位为 h。

12.4.7　滚动轴承的静强度计算

对于那些在工作载荷下基本上不旋转的轴承（如起重机吊钩上用的推力轴承），或者缓慢摆动及转速极低的轴承，为防止滚动体与滚道接触处产生过大的塑性变形，以保证轴承能轻快、平稳地工作，应按轴承的静强度来选择轴承的尺寸。为此，必须对每个型号的轴承规定一个不能超过的外载荷界限。GB/T 4662—2012 规定，使受载最大的滚动体与滚道接触中心处产生总永久变形量约为滚动体直径的万分之一时的载荷，作为轴承静强度的界限，称为基本额定静载荷，用 C_0（C_{0r} 或 C_{0a}）表示。实践证明，在上述接触应力作用下所产生的永久接触变形量，除对那些要求转动灵活和振动低的轴承外，一般不会影响其正常工作。

滚动轴承样本中列有各型号轴承的基本额定静载荷值，以供选择轴承时查用。

轴承上作用的径向载荷 F_r 和轴向载荷 F_a，应折合成一个当量静载荷 P_0，即

$$P_0 = X_0 F_r + Y_0 F_a \qquad (12\text{-}20)$$

式中，X_0、Y_0 分别为当量静载荷的径向载荷系数和轴向载荷系数，其值可查轴承手册。

按轴承静载能力选择轴承的公式为

$$C_0 \geqslant S_0 P_0 \qquad (12\text{-}21)$$

式中，S_0 称为轴承静强度安全系数。S_0 的值取决于轴承的使用条件，当要求轴承转动很平稳时，S_0 应取大于 1 的值，以尽量避免轴承滚动表面的局部塑性变形量过大；当对轴承转动平稳要求不高，又无冲击载荷，或轴承仅做摆动运动时，S_0 可取 1 或小于 1 的值，以尽量使轴承在正常运行条件下发挥最大的静载能力。S_0 的选择可参考表 12-9。

表 12-9　滚动轴承静强度安全系数 S_0 推荐值（GB/T 4662—2012）

工　作　条　件		S_0	
		球轴承	滚子轴承
运转条件平稳：运转平稳、无振动、旋转精度高		2	3
运转条件正常：运转平稳、无振动、旋转精度正常		1	1.5
承受冲击载荷条件：有显著的冲击载荷	冲击载荷大小可精确确定	1.5	3
	冲击载荷大小未知	>1.5	>3

12.5　滚动轴承的组合结构设计

滚动轴承的组合结构设计主要是正确解决轴承的固定、调整、配合、预紧、装拆、润滑和密封等问题。

12.5.1　滚动轴承的配置

一般来说，一根轴需要两个支点，每个支点可由一个或一个以上的轴承组成。合理的轴承配置应考虑轴在机器中有正确的位置、防止轴向窜动，以及轴受热膨胀后不致将轴承卡死等因素。常用的轴承配置方法有以下三种。

1. 双支点各单向固定

这种轴承配置方法适用于工作温度变化不大的短轴（跨距 $L<400$ mm），支点常采用一对深沟球轴承［见图 12-14（a）］、一对角接触球轴承［见图 12-14（b）］或一对圆锥滚子轴承。两个支点分别限制轴沿着一个方向的轴向移动，合起来就限制轴的双向移动。为了补偿轴的受热伸长，对于深沟球轴承组合，外圈端面与轴承盖之间应留有 $0.25\sim0.4$ mm 的补偿间隙 c，间隙值可通过改变轴承盖和箱体之间垫片的厚度来调整，如图 12-14（a）所示。而对于角接触球轴承组合（或圆锥滚子轴承组合），则在装配时调整内、外圈的轴向相对位置，如图 12-14（b）所示。

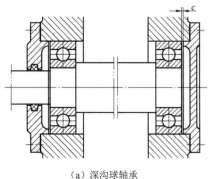
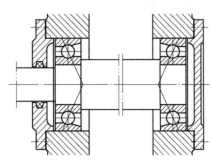

（a）深沟球轴承　　　　　　　　　　　　　　（b）角接触球轴承

图 12-14　双支点各单向固定

2. 一个支点双向固定，另一个支点游动

对于跨距较大且工作温度较高的轴，其热伸长量大，应采用一支点双向固定，另一支点游动的支承结构。固定支承的轴承应能承受双向轴向载荷，故内、外圈在轴向都要固定。作为补偿轴的热膨胀的游动支承，若使用的是内、外圈不可分离型轴承，只需固定内圈，其外圈在座孔内应可以轴向游动，如图 12-15 所示；若使用的是可分离型圆柱滚子轴承或滚针轴承，则内、外圈都要固定，如图 12-16 所示。当轴向载荷较大时，作为固定的支点可以采用径向接触轴承和轴向接触轴承组合在一起的结构，如图 12-17 所示；也可以采用两个角接触球轴承（或圆锥滚子轴承）"背对背"或"面对面"组合在一起的结构，如图 12-18 所示（左端两个轴承"面对面"安装）。

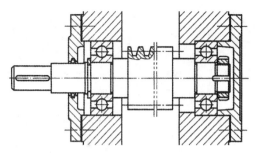

图 12-15　一个支点双向固定，另一个支点游动
支承方案之一

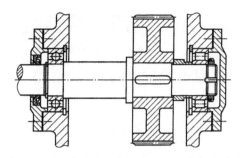

图 12-16　一个支点双向固定，另一个支点游动
支承方案之二

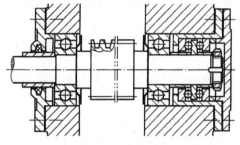

图 12-17　一个支点双向固定，另一个支点
游动支承方案之三

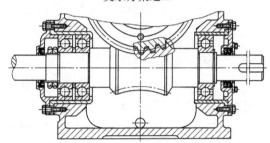

图 12-18　一个支点双向固定，另一个支点游动
支承方案之四

3．两端游动支承

如图 12-19 所示，人字齿轮中的小齿轮轴两端轴承均为游动形式。由于人字齿轮螺旋角加工精度的原因，两个轴向力不完全相等，齿轮啮合时，轴将左右窜动，为使轮齿受力均匀，应采用允许轴系轴向双向游动的支承形式，两端都选用圆柱滚子轴承。但是为确保轴系有确定的位置，与其相啮合的大齿轮轴系采用两端固定支承。若小齿轮轴的轴向位置也固定，将会发生干涉以致卡死。

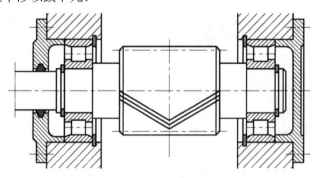

图 12-19　两端游动支承方案

12.5.2　滚动轴承游隙与部件组合的调整

1．轴承游隙的调整

为保证轴承正常运转，在轴承内一般要留有适当的游隙。有的轴承在制造装配以后，其游隙就确定了，称为固定游隙轴承，如 1 类、2 类、6 类和 N 类轴承；有的轴承可以在安

装机器时调整其游隙，称为可调游隙轴承，如 3 类、5 类和 7 类轴承。游隙的大小对轴承的寿命、效率、旋转精度、温升和噪声都有很大影响。

调整轴承游隙的方法如下：

（1）通过增加或减少轴承盖与轴承座之间的垫片组来调整轴承游隙，如图 12-20（a）所示；

（2）通过螺钉和碟形零件来调整轴承游隙，如图 12-20（b）所示。

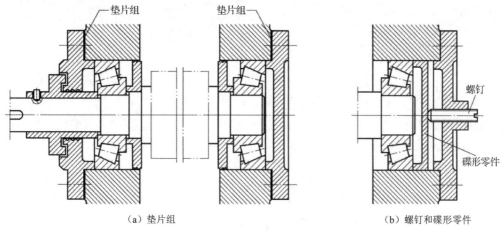

（a）垫片组　　　　　　　　　　　　　（b）螺钉和碟形零件

图 12-20　轴承游隙的调整

2．轴承部件组合的调整

由于轴承部件组合的各个零件尺寸都会有一定的公差，装配后可能使轴上的传动零件（如齿轮、蜗轮等）不能处于正确的啮合位置，因此需要进行调整。有些传动件，如带轮、圆柱齿轮等，对轴向位置要求不高，一般不需要严格地调整，但对于锥齿轮，为了保证正确啮合，要求两个节锥顶点重合，因此必须使轴承部件组合结构能向如图 12-21（a）所示的水平和垂直两个方向进行调整。对于蜗杆传动，要求蜗轮中间端面通过蜗杆轴线，因此必须使蜗轮轴上的轴承部件组合结构能向如图 12-21（b）所示的方向进行调整。其实现方法如图 12-22 和图 12-23 所示。

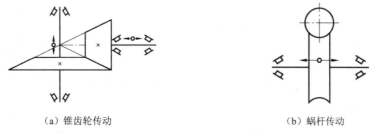

（a）锥齿轮传动　　　　　　　　　　　　（b）蜗杆传动

图 12-21　轴承部件组合的调整

图 12-22 所示为锥齿轮轴承部件组合的调整。图 12-22（a）中套杯与机体之间的调整垫片组 1 用来调整锥齿轮的轴向位置，轴承盖和套杯之间的垫片组 2 用来调整轴承的游隙。图 12-22（b）中锥齿轮轴向位置的调整仍是靠套杯与机体之间的垫片组来实现的，而轴承的游隙却是靠轴上的圆螺母来调整的，操作不是很方便，而且在轴上加工螺纹，会使应力集中较严重，削弱了轴的强度。但在轴承安装间距 L 相同的条件下，载荷作用中心之间的

距离 $L_b > L_a$，且图 12-22（b）中的齿轮悬臂较图 12-22（a）中的短，支承刚性好，因此适用于温度变化较大的场合。

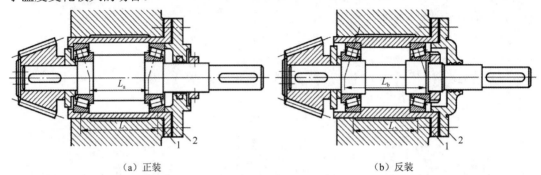

（a）正装 　　　　　　　　　　　　　　（b）反装

图 12-22　锥齿轮轴承部件组合的调整

如图 12-23 所示，轴承端盖与轴承座之间的调整垫片组 1 主要用来调整轴的游隙，而轴承座与机体之间的调整垫片组 2 主要用来调整蜗轮的轴向位置。

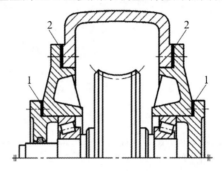

图 12-23　蜗轮轴承部件组合的调整

12.5.3　滚动轴承支承结构的刚度

增强轴系的支承刚度，可以提高轴的旋转精度，减小振动、噪声，保证轴承使用寿命。对刚度要求高的轴系部件，设计时可采用下列措施以提高支承刚度。

1. 选择合理的轴承配置方式

同样的轴承配置方式不同，支承的刚度也不同。一对并列的角接触向心轴承（图 12-24 所示为一对圆锥滚子轴承），当其反装时，两轴承载荷作用中心间的距离 B_2 较正装时 B_1 大，支承刚度大。这种方案常见于机床主轴的前支承中。一般机器多采用正装，因为正装时的安装和调整都比较方便。

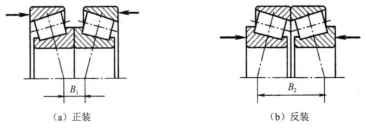

（a）正装 　　　　　　　　　　　　　　（b）反装

图 12-24　角接触向心轴承并列组合支点

2．滚动轴承的预紧

滚动轴承的预紧是指将轴承装入轴承座和轴上后，采取一定措施使轴承中的滚动体和内、外圈之间产生一定的预变形，以保持内、外圈处于压紧状态。滚动轴承预紧的目的是提高支承的刚度和旋转精度，降低轴系的振动和噪声，防止滚动体与内、外圈滚道之间产生相对滑动，延长轴承的寿命。例如机床的主轴轴承，要求较高的支承刚度和旋转精度，就必须预紧。

常用的预紧措施有：①夹紧一对正装的圆锥滚子轴承的外圈［见图 12-25（a）］；②用弹簧预紧，可以得到稳定的预紧力［见图 12-25（b）］；③一对角接触球轴承成对安装，通过套圈间加金属垫片［见图 12-25（c）］或磨窄套圈［见图 12-25（d）］来预紧；④在一对轴承中间装入长度不等的套筒而预紧，预紧力可由两套筒的长度差控制［见图 12-25（e）］。

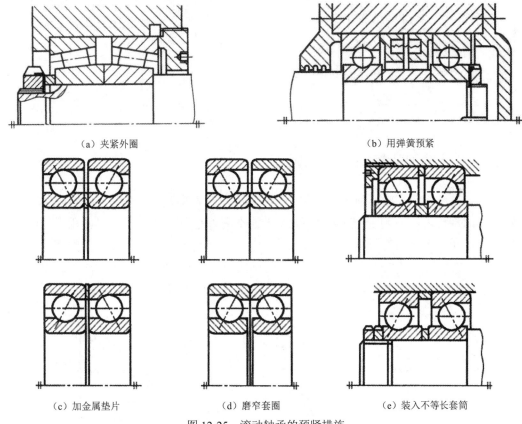

（a）夹紧外圈　　　　　　　　　　　　　　　　（b）用弹簧预紧

（c）加金属垫片　　　　　　（d）磨窄套圈　　　　　　（e）装入不等长套筒

图 12-25　滚动轴承的预紧措施

3．支承部分的刚度和同心度

轴和安装轴承的外壳或轴承座，以及轴承装置中的其他受力零件，必须有足够的刚度，因为这些零件的变形都会阻滞滚动体的滚动而使轴承提前损坏。外壳及轴承座孔壁均应有足够的厚度，外壳上轴承座的悬臂应尽可能短，并用肋板来增强支承部位的刚度（见图 12-26）。如果外壳是用轻合金或非金属制成的，安装轴承处应采用钢或铸铁制成的套杯（见图 12-17）。

对于一根轴上两个轴承的座孔，应尽可能保持同心，以免轴承内、外圈间产生过大的偏斜。最好的方法是采用整体结构的外壳，并把安装轴承的两个孔一次镗出。当在一根轴上装有不同尺寸的轴承时，外壳上的轴承座孔仍应一次镗出，这时可利用套杯来安装尺寸较小的轴承（见图 12-27）。当两个轴承座孔分布在两个外壳上时，应把两个外壳组合在一起进行镗孔。

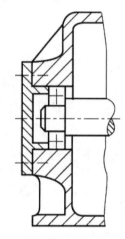

图 12-26 通过肋板增强支承部位的刚度

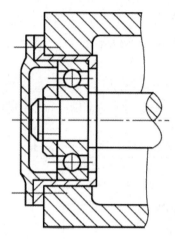

图 12-27 使用套杯的轴承座孔

12.5.4 滚动轴承的轴向定位与紧固

轴承内圈一端常用轴肩或套筒定位，另一端常用的轴向紧固方法有：①将轴用弹性挡圈嵌在轴的沟槽内，主要用于轴向力不大及转速不高时［见图 12-28（a）］；②用螺钉固定轴端挡圈，可用于在高转速下承受大的轴向力的情况［见图 12-28（b）］；③用圆螺母和止动垫圈紧固，主要用于轴承转速高、承受较大的轴向力的情况［见图 12-28（c）］；④用紧定衬套、止动垫圈和圆螺母紧固，用于光轴上的、轴向力和转速都不大的、内圈为圆锥孔的轴承（见图 12-5）。

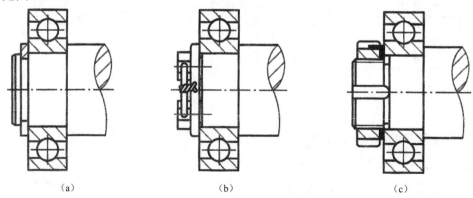

| (a) | (b) | (c) |

图 12-28 内圈轴向定位与紧固的常用方法

外圈轴向定位与紧固的常用方法有：①用外壳孔内的凸肩定位，用嵌入外壳沟槽内的孔用弹性挡圈紧固，用于轴向力不大且需减小轴承装置的尺寸时［见图 12-29（a）］；②将轴用弹性挡圈嵌入轴承外圈的止动槽内紧固，用于带有止动槽的深沟球轴承，当外壳不便设凸肩且外壳为剖分式结构时［见图 12-29（b）］；③用轴承端盖紧固，用于高转速及很大轴向力时的各类向心、推力轴承［见图 12-29（c）］；④用螺纹环紧固，用于轴承转速高、轴向载荷大，而不适于使用轴承端盖紧固的情况［见图 12-29（d）］。

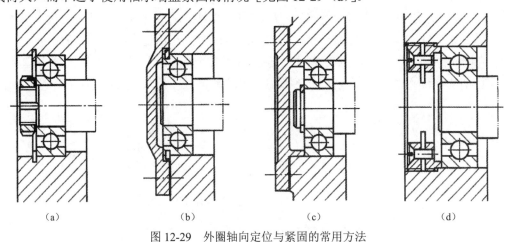

（a）　　　　　　　（b）　　　　　　　（c）　　　　　　　（d）

图 12-29　外圈轴向定位与紧固的常用方法

12.5.5　滚动轴承的配合

　　轴承的配合是指内圈与轴颈及外圈与外壳孔的配合。轴承的内、外圈，按其尺寸比例一般可认为是薄壁零件，容易变形。当轴承装入外壳孔或装到轴上后，其内、外圈的不圆度将受到外壳孔及轴颈形状的影响。因此，除对轴承的内、外径规定了直径公差外，还规定了平均内径和平均外径（用 d_m 或 D_m 表示）的公差，后者相当于轴承在正确制造的轴上或外壳孔中装配后，它的外径或内径的尺寸公差。国家标准规定，N、6、5、4、2 各公差等级的轴承的内径 d_m 和外径 D_m 的公差带均为单向制，而且统一采用上偏差为零，下偏差为负值的分布（见图 12-30）。详细内容见国家标准 GB/T 307.1—2017。

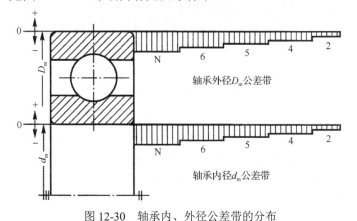

图 12-30　轴承内、外径公差带的分布

　　滚动轴承是标准件，为使轴承便于互换和大量生产，轴承内孔与轴的配合采用基孔制，即以轴承内孔的尺寸为基准；轴承外径与外壳孔的配合采用基轴制，即以轴承的外径尺寸

为基准。与内圈相配合的轴的公差带及与外圈相配合的外壳孔的公差带，均按圆柱公差与配合的国家标准选取。由于 d_m 的公差带在零线之下，而圆柱公差标准中基准孔的公差带在零线之上，因此轴承内圈与轴的配合比圆柱公差标准中规定的基孔制同类配合要紧得多。图 12-31 中表示了滚动轴承配合和它的基准面（内圈内径、外圈外径）偏差与轴颈或座孔尺寸偏差的相对关系，由图中可以看出，对轴承内圈与轴的配合而言，圆柱公差标准中的许多过渡配合在这里实际成为过盈配合，而有的间隙配合，在这里实际变为过渡配合。轴承外圈与外壳孔的配合与圆柱公差标准中规定的基轴制同类配合相比较，配合的类别基本一致，但由于轴承外径的公差值较小，因而配合也较紧。

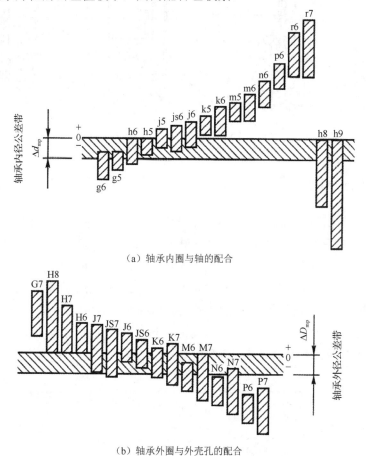

（a）轴承内圈与轴的配合

（b）轴承外圈与外壳孔的配合

图 12-31　滚动轴承与轴及与外壳孔的配合

轴承配合类别的选取，应根据轴承的类型和尺寸、载荷的大小和方向及载荷的性质等来确定。选择的轴承配合应保证轴承正常运转，防止内圈与轴、外圈与外壳孔在工作时发生相对转动。一般来说，当工作载荷的方向不变时，转动圈应比不动圈有更紧一些的配合，因为转动圈承受旋转的载荷，而不动圈承受局部载荷。当转速越高、载荷越大、振动越强烈时，应选用越紧的配合。当轴承安装在薄壁外壳或空心轴上时，应采用较紧的配合。但是过紧的配合是不利的，因为内圈的弹性膨胀和外圈的收缩可能使轴承内部的游隙减小甚至完全消失，也可能由于相配合的轴和轴承座孔表面的不规则形状或不均匀的刚性而导致轴承内、外圈不规则的变形，这些都将影响轴承的正常工作。过紧的配合还会使装拆困难，尤其对于重型机械。

对开式的外壳与轴承外圈的配合，宜采用较松的配合。当要求轴承的外圈在运转中能沿轴向游动时，该外圈与外壳孔的配合也应较松，但不应让外圈在外壳孔内转动。过松的配合对提高轴承的旋转精度、减小振动是不利的。

如果机器工作时有较大的温度变化，那么工作温度将使配合性质发生变化。轴承运转时，对于一般工作机械来说，套圈的温度常高于其相邻零件的温度。这时，轴承内圈可能因热膨胀而与轴松动，外圈可能因热膨胀而与外壳孔胀紧，从而可能使原来需要外圈有轴向游动性能的支承丧失游动性。所以，在选择配合时必须仔细考虑轴承装置各部分的温差和热传导的方向。

以上介绍了选择轴承配合的一般原则，具体选择时可结合机器的类型和工作情况，参照同类机器的使用经验进行。各类机器所使用的轴承配合及各类配合的配合公差、配合表面粗糙度和几何形状允许偏差等可查阅有关设计手册。

12.5.6　滚动轴承装置的装拆

安装和拆卸轴承必须按照正确的方法，否则会影响轴承的正常工作，甚至损坏轴承。对于内、外圈不可分离的轴承，通常先安装配合较紧的套圈。安装小尺寸轴承时，可以用铜锤轻而均匀地敲击配合套圈装入，安装尺寸较大的轴承或大批量安装轴承时，应采用压力机，禁止用重锤直接敲击轴承。对于尺寸较大且配合较紧的轴承，安装阻力很大，必须将轴冷却或座孔加热，也可将轴承加热或冷却，形成适当的间隙后再进行装配。

安装轴承时，应把力加在要装配的套圈上，如在安装内圈时，应该用套筒直接把力作用在内圈端面上，如图 12-32 所示。当要把轴承内、外圈同时安装在轴颈和座孔中时，可以采用图 12-33 所示的安装工具。拆卸轴承的原则与安装时相同，用专用工具加力于内圈以拆卸轴承，如图 12-34 所示。为便于拆卸轴承，定位轴肩的高度应低于轴承内圈的高度。加力于外圈拆卸轴承时，其要求也相同，座孔的结构应留出拆卸高度 h 和拆卸宽度 b，如图 12-35（a）所示；对于盲孔，可在壳体上加工供拆卸用的螺纹孔，如图 12-35（b）所示。

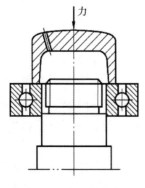

图 12-32　安装轴承内圈

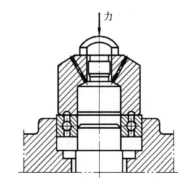

图 12-33　同时安装轴承内、外圈

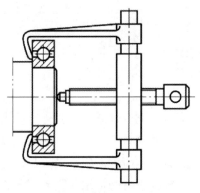

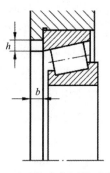 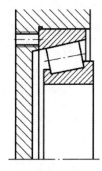

（a）拆卸高度和拆卸宽度 （b）拆卸用螺纹孔

图 12-34　用钩爪器拆卸轴承　　　　图 12-35　拆卸轴承的轴承座孔结构

12.5.7　滚动轴承的润滑

润滑对滚动轴承具有重要的意义。轴承中的润滑剂不仅可以降低摩擦阻力，还可以起散热、减小接触应力、吸收振动和防止锈蚀等作用。

滚动轴承常用的润滑方式有油润滑和脂润滑两类。此外，在特殊条件下也可以采用固体润滑剂。润滑方式的选择与轴承的速度有关，一般用滚动轴承的 dn 值（d 为滚动轴承的内径，单位为 mm；n 为滚动轴承的转速，单位为 r/min）来表示滚动轴承的速度大小。适用于脂润滑和油润滑的 dn 值界限见表 12-10，可作为选择润滑方式时的参考。

表 12-10　适用于脂润滑和油润滑的 dn 值界限（表值×10^4mm·r/min）

轴承类型	脂 润 滑	油 润 滑			
		油浴润滑	滴油润滑	喷油润滑	油雾润滑
深沟球轴承	≤16	25	40	60	>60
调心球轴承	≤16	25	40	50	
角接触球轴承	≤16	25	40	60	>60
圆柱滚子轴承	≤16	25	40	60	>60
圆锥滚子轴承	≤16	16	23	30	
调心滚子轴承	≤16	12	20	25	
推力球轴承	≤16	6	12	15	

1．脂润滑

润滑脂的润滑膜强度高，能承受较大的载荷，不易流失，容易密封，一次加脂可以维持相当长的一段时间。对于那些不便经常添加润滑剂的地方，或那些不允许润滑油流失而污染产品的工业机械来说，这种润滑方式十分适宜。但它只适用于较低的 dn 值。滚动轴承的装脂量不宜过多，一般为轴承内部空间容积的 1/3～2/3，否则，易引起摩擦发热，影响轴承的正常工作。

润滑脂的主要性能指标为锥入度和滴点（参见 4.3 节）。轴承的 dn 值大、载荷小时，应选锥入度较大的润滑脂；反之，应选用锥入度较小的润滑脂。此外，轴承的工作温度应比润滑脂的滴点低，对于矿物油润滑脂，应低 10～20℃；对于合成润滑脂，应低 20～30℃。

2．油润滑

在高速高温的条件下，通常采用油润滑。润滑油的主要性能指标是黏度，转速越高，应选用黏度越低的润滑油，载荷越大，应选用黏度越高的润滑油。根据工作温度及 dn 值，参考图 12-36，可选出润滑油应具有的黏度值，然后按黏度值从润滑油产品目录中选出相应的润滑油牌号。

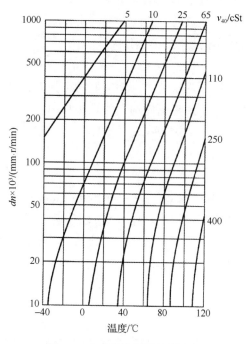

图 12-36　润滑剂选择用线图

油润滑时，常用的润滑方法有以下几种。

1）油浴润滑

油浴润滑时，把轴承局部浸入润滑油中，当轴承静止时，油面应不高于最低滚动体的中心（见图 12-37）。这个方法不适于高速轴承，因为搅动油液剧烈时会造成很大的能量损失，引起油液和轴承的严重过热。

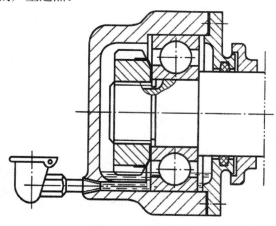

图 12-37　油浴润滑

2）滴油润滑

滴油润滑适用于需要定量供应润滑油的轴承部件，滴油量应适当控制，过多的油量将引起轴承温度的升高。为使滴油通畅，常使用黏度较小（黏度等级不高于15）的润滑油。

3）飞溅润滑

这是一般闭式齿轮传动装置中的轴承常用的润滑方法，即先利用齿轮的转动把润滑齿轮的油甩到四周壁面上，然后通过适当的沟槽把油引入轴承。这种润滑方法所用装置的结构形式较多，可参考现有机器的使用经验来设计。

4）喷油润滑

这种润滑方法适用于转速高，载荷大，要求润滑可靠的轴承。用油泵将润滑油增压，通过油管或机体上特制的油孔，经喷嘴将油喷射到轴承中；流过轴承后的润滑油，经过滤冷却后再循环使用。为了保证油能进入高速转动的轴承，喷嘴应对准内圈和保持架之间的间隙。

5）油雾润滑

当轴承滚动体的线速度很高（如 $dn \geqslant 6 \times 10^5$ mm·r/min）时，常采用油雾润滑。因为其他润滑方法供油过多，油的内摩擦增大而使轴承的工作温度升高。润滑油在油雾发生器中变成油雾，其温度较液体润滑油的温度低，这对冷却轴承来说是有利的。但润滑轴承的油雾，可能部分地随空气散逸，从而污染环境。故在必要时，宜用油气分离器收集油雾，或者采用通风装置排除废气。

3．固体润滑

常用的固体润滑剂有二硫化钼、石墨和聚四氟乙烯等，主要用于润滑高温、真空等特殊条件下或不允许污染、不易维护的场合中工作的轴承。常用的固体润滑方法有：①用黏结剂将固体润滑剂黏结在滚道和保持架上；②把固体润滑剂加入工程塑料和粉末冶金材料中，制成有自润滑功能的轴承零件；③用电镀、高频溅射、离子镀层、化学沉积等技术使固体润滑剂或软金属（金、银、铟、铅等）在轴承零件表面形成一层均匀致密的薄膜。

12.5.8　滚动轴承的密封装置

滚动轴承的密封主要是指轴承所支承的转动轴与相邻的静止元件（如轴承端盖）间的密封。密封的目的是阻止灰尘、水分和其他杂质进入轴承，并防止润滑剂从轴承中流失。密封装置可分为接触式和非接触式两大类。

1．接触式密封

在轴承端盖内放置软材料与转动轴直接接触而起密封作用。常用的软材料有毛毡、橡胶、皮革、软木等，或者放置减摩性好的硬质材料（如加强石墨、青铜、耐磨铸铁等）与转动轴直接接触以进行密封。下面是几种常用的结构形式。

1）毡圈油封

在轴承端盖上开出梯形槽，将毛毡按标准制成环形（尺寸不大时）或带形（尺寸较大时），放置在梯形槽中以与轴密合接触［见图 12-38（a）］；或者先在轴承端盖上开缺口放置毡圈油封，然后用另外一个零件压在毡圈油封上，以调整毛毡与轴的密合程度［见图 12-38（b）］，从而提高密封效果。这种密封主要用于脂润滑的场合，它的结构简单，但摩擦较大，只用于滑动速度小于 4～5 m/s 的地方。当与毡圈油封相接触的轴表面经过抛光且毛毡质量高时，可用到滑动速度为 7～8 m/s 处。

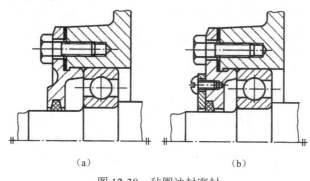

（a）　　　　　　　　　　（b）

图 12-38　毡圈油封密封

2）唇形密封圈

在轴承端盖中放置一个用耐油橡胶制成的唇形密封圈，靠弯折了的橡胶的弹力和附加的环形螺旋弹簧的扣紧作用而紧套在轴上，以起密封作用。有的唇形密封圈还装在一个钢套内，可与端盖较精确地装配。唇形密封圈密封唇的方向朝向密封的部位。即如果主要是为了封油，密封唇应对着轴承（朝内）；如果主要是为了防止外物侵入，则密封唇应背着轴承［朝外，见图 12-39（a）］，如果两个作用都要有，最好使用密封唇反向放置的两个唇形密封圈［见图 12-39（b）］。它可用到接触面滑动速度小于 10 m/s（轴颈是精车的）或小于 15 m/s（轴颈是磨光的）处。轴颈与唇形密封圈接触处最好经过表面硬化处理，以增强耐磨性。

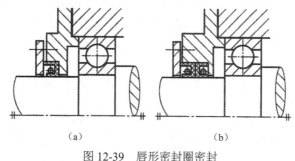

（a）　　　　　　　　　　（b）

图 12-39　唇形密封圈密封

3）密封环

密封环是一种带有缺口的环状密封件，把它放置在套筒的环槽内（见图 12-40），套筒与轴一起转动，密封环靠缺口被压拢后所具有的弹性而抵紧在静止件的内孔壁上，即可起到密封的作用。各个接触表面均需经硬化处理并磨光。密封环用含铬的耐磨铸铁制造，可用于滑动速度小于 100 m/s 处。若滑动速度为 60～80 m/s，也可以用锡青铜制造密封环。

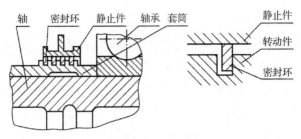

图 12-40　密封环密封

2．非接触式密封

使用接触式密封，总要在接触处产生滑动摩擦。使用非接触式密封，就能避免此缺点。常用的非接触式密封有以下几种。

1）隙缝密封

在轴和轴承端盖的通孔壁之间留一个极窄的隙缝 [见图 12-41（a）]，间隙半径通常为 0.1～0.3mm，这对使用脂润滑的轴承来说，已具有一定的密封效果。如果在轴承端盖上车出环槽 [见图 12-41（b）]，在槽中填以润滑脂，可以提高密封效果。

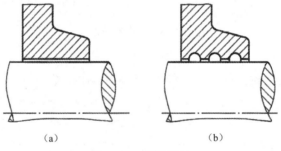

（a）　　　　　　　　　　　（b）

图 12-41　隙缝密封

2）甩油密封

油润滑时，在轴上开出沟槽 [见图 12-42（a）]，或装入一个环 [见图 12-42（b）]，都可以先把欲向外流失的油沿径向甩开，再经过轴承端盖的集油腔及与轴承腔相通的油孔流回。或者在紧贴轴承处装一个甩油环，在轴上车有螺旋式送油槽 [见图 12-42（c）]，可有效地防止油外流，但这时轴只能按一个方向旋转，以便把欲向外流失的润滑油借螺旋的输送作用而送回到轴承腔内。

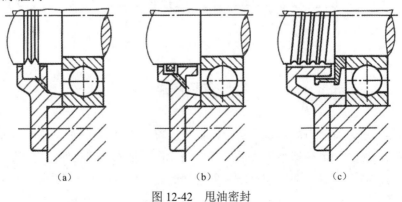

（a）　　　　　　　　（b）　　　　　　　　（c）

图 12-42　甩油密封

3）曲路密封

当环境比较脏和比较潮湿时，采用曲路密封是相当可靠的。曲路密封是由旋转的和固定的密封零件之间拼合成的曲折的隙缝所形成的。隙缝中填入润滑脂，可增强密封效果。根据部件的结构，曲路的布置可以是径向的［见图 12-43（a）］或轴向的［见图 12-43（b）］。采用轴向曲路时，端盖应为剖分式。当轴因温度变化而伸缩或采用调心轴承作为支承时，都有使旋转片与固定片相接触的可能，设计时应加以考虑。

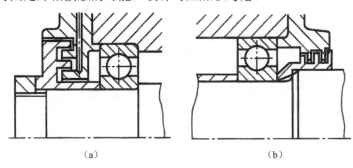

（a） （b）

图 12-43　曲路密封

4）组合密封

在重要的机器中，为了获得可靠的密封效果，常将多种密封形式合理地组合在一起使用。例如，毡圈式与曲路式的组合密封，如图 12-44（a）所示，隙缝式与曲路式的组合密封，如图 12-44（b）所示。

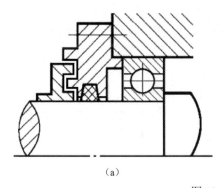 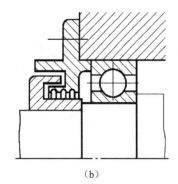

（a） （b）

图 12-44　组合密封

以上各种密封方法都是对箱体内外之间进行的密封，而当滚动轴承采用脂润滑，箱体内齿轮等传动件采用浸油润滑时，为了防止齿轮运转时飞溅出来的热油冲刷、稀释润滑脂，以致流入箱内，应在轴承的内侧设置挡油盘。

润滑、密封的方法多种多样，其他有关润滑、密封方法及装置可参考有关设计手册。

滚动轴承寿命计算实例如下。

例 12-1 根据工作条件决定在轴的两端正装两个角接触球轴承，如图 12-45（a）所示。已知轴上齿轮受圆周力 F_{te}=2200 N，径向力 F_{re}=900 N，轴向力 F_{ae}=400 N，齿轮分度圆直径 d=314 mm，齿轮的转速 n=1440 r/min，运转中有中等冲击载荷，轴承的预期寿命 L_h'=15000 h。设初选两个轴承，型号均为 7207C，试验算轴承是否可达到预期寿命。

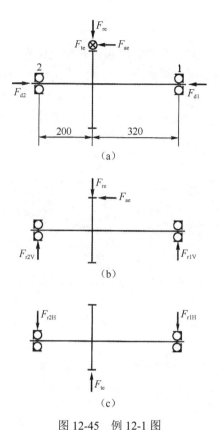

图 12-45 例 12-1 图

解：查滚动轴承样本可知角接触球轴承 7207C 的基本额定动载荷 $C=30.5$ kN，基本额定静载荷 $C_0=20$ kN。

1）求两轴承受到的径向载荷 F_{r1} 和 F_{r2}

将轴系部件受到的空间力系分解为铅垂面［见图 12-45（b）］和水平面［见图 12-45（c）］两个平面力系。其中，图 12-45（c）中的 F_{te} 通过另加转矩平移到指向轴线；图 12-45（a）中的 F_{ae} 也应通过另加弯矩作用于轴线上（上述两步转化，图中均未画出）。由力分析可知：

$$F_{r1V} = \frac{F_{re} \times 200 - F_{ae} \times \dfrac{d}{2}}{200 + 320} = \frac{900 \times 200 - 400 \times \dfrac{314}{2}}{520} \approx 225.38 \text{ N}$$

$$F_{r2V} = F_{re} - F_{r1V} = 900 - 225.38 = 674.62 \text{ N}$$

$$F_{r1H} = \frac{200}{200 + 320} F_{te} = \frac{200}{520} \times 2200 \approx 846.15 \text{ N}$$

$$F_{r2H} = F_{te} - F_{r1H} = 2200 - 846.15 = 1353.85 \text{ N}$$

$$F_{r1} = \sqrt{F_{r1V}^2 + F_{r1H}^2} = \sqrt{225.38^2 + 846.15^2} \approx 875.65 \text{ N}$$

$$F_{r2} = \sqrt{F_{r2V}^2 + F_{r2H}^2} = \sqrt{674.62^2 + 1353.85^2} \approx 1512.62 \text{ N}$$

2）求两轴承受到的轴向载荷 F_{a1} 和 F_{a2}

对于 7207C 型轴承，按表 12-7，轴承派生轴向力 $F_d = eF_r$，其中，e 为表 12-5 中的判断系数，其值由 $\dfrac{F_a}{C_0}$ 的大小来确定，但现在轴承轴向力 F_a 未知，故先初选 $e=0.4$，因此可估算：

$F_{d1} = 0.4F_{r1} = 0.4 \times 875.65 = 350.26 \text{ N}$; $F_{d2} = 0.4F_{r2} = 0.4 \times 1512.62 \approx 605.05 \text{ N}$

因为 $F_{d1} + F_{ae} = 350.26 + 400 = 750.26 \text{ N} > F_{d2} = 605.05 \text{ N}$ ，所以轴承 2 被压紧，轴承 1 被放松，则可得：

$F_{a1} = F_{d1} = 350.26 \text{ N}$; $F_{a2} = F_{d1} + F_{ae} = 350.26 + 400 = 750.26 \text{ N}$

由此 $\dfrac{F_{a1}}{C_0} = \dfrac{350.26}{20000} \approx 0.0175$ ，在表 12-5 中，该值介于 0.015 与 0.029 之间，对应的 e 值为 $0.38 \sim 0.40$ 。可用线性插值法求得与轴承 1 的相对轴向载荷值 0.0175 相对应的 e_1 值：

$$e_1 = 0.38 + \frac{(0.40 - 0.38) \times (0.0175 - 0.015)}{0.029 - 0.015} \approx 0.384$$

同理，$\dfrac{F_{a2}}{C_0} = \dfrac{750.26}{20000} \approx 0.0375$ ，在表 12-5 中，该值介于 0.029 与 0.058 之间，对应的 e 值为 $0.40 \sim 0.43$ 。可用线性插值法求得与轴承 2 的相对轴向载荷值 0.0375 相对应的 e_2 值：

$$e_2 = 0.40 + \frac{(0.43 - 0.40) \times (0.0375 - 0.029)}{0.058 - 0.029} \approx 0.409$$

由此再计算：

$F_{d1} = e_1 F_{r1} = 0.384 \times 875.65 \approx 336.25 \text{ N}$

$F_{d2} = e_2 F_{r2} = 0.409 \times 1512.62 \approx 618.66 \text{ N}$

$F_{a1} = F_{d1} = 336.25 \text{ N}$; $F_{a2} = F_{d1} + F_{ae} = 336.25 + 400 = 736.25 \text{ N}$

$\dfrac{F_{a1}}{C_0} = \dfrac{336.25}{20000} \approx 0.0168$; $\dfrac{F_{a2}}{C_0} = \dfrac{736.25}{20000} \approx 0.0368$

两次计算的 $\dfrac{F_a}{C_0}$ 值相差不大，因此确定 $e_1 = 0.384$，$e_2 = 0.409$，$F_{a1} = 336.25 \text{ N}$，$F_{a2} = 736.25 \text{ N}$。

3）求轴承当量动载荷 P_1 和 P_2

因为

$$\frac{F_{a1}}{F_{r1}} = \frac{336.25}{875.65} = 0.384 = e_1 \; ; \quad \frac{F_{a2}}{F_{r2}} = \frac{736.25}{1512.62} = 0.487 > e_2$$

查表 12-5 或进行插值计算得径向动载荷系数和轴向动载荷系数为

对轴承 1：$X_1 = 1$；$Y_1 = 0$

对轴承 2：$X_2 = 0.44$；$Y_2 = 1.37$

因轴承运转中有中等冲击载荷，按表 12-6，$f_p = 1.2 \sim 1.8$，取 $f_p = 1.5$。则

$P_1 = f_p (X_1 F_{r1} + Y_1 F_{a1}) = 1.5 \times (1 \times 875.65 + 0 \times 336.25) \approx 1313.48 \text{ N}$

$P_2 = f_p (X_2 F_{r2} + Y_2 F_{a2}) = 1.5 \times (0.44 \times 1512.62 + 1.37 \times 736.25) \approx 2511.32 \text{ N}$

4）验算轴承的寿命

因为 $P_1 < P_2$，所以按轴承 2 的受力大小验算：

$$L_h = \frac{10^6}{60n} \left(\frac{C}{P_2} \right)^{\varepsilon} = \frac{10^6}{60 \times 1440} \times \left(\frac{30500}{2511.32} \right)^3 = 20733.83 \text{h} > L'_h$$

故所选轴承满足寿命要求。

习　题

12-1 滚动轴承基本额定动载荷 C 的含义是什么？当滚动轴承上作用的当量动载荷 P 不超过 C 值时，轴承是否就不会发生点蚀破坏？为什么？

12-2 什么类型的滚动轴承在安装时需要调整轴承游隙？常用的调整轴承游隙的方法有哪些？

12-3 滚动轴承失效的主要形式有哪些？设计准则是什么？

12-4 在锥齿轮传动中，小锥齿轮的轴系常支承在套杯里，这种结构形式有何优点？

12-5 接触式密封有哪几种常用的结构形式？分别适用于什么速度范围？

12-6 滚动轴承常用的润滑方式有哪些？具体选用时应如何考虑？

12-7 如图 12-46 所示，安装有两个斜齿圆柱齿轮的转轴由一对代号为 7210AC 的轴承支承，已知两个齿轮上的轴向分力分别为 $F_{A1}=3000$ N，$F_{A2}=5000$ N。轴承所受径向载荷 $F_{r1}=8600$ N，$F_{r2}=12500$ N。求两个轴承的轴向力 F_{A1} 和 F_{A2}。

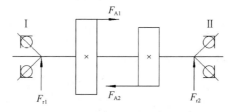

图 12-46　习题 12-7 图

12-8 某轴用一对 7307AC 轴承支承，如图 12-47 所示。已知该轴的转速 $n=1500$ r/min，外加轴向力 $F_A=1800$ N，轴承的径向载荷 $F_{r1}=2500$ N，$F_{r2}=2200$ N，工作在常温条件下，载荷平稳。试计算该轴承的寿命。

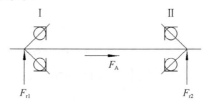

图 12-47　习题 12-8 图

12-9 某农用水泵，决定选用深沟球轴承。轴颈直径 $d=35$ mm，转速 $n=2900$ r/min。已知径向载荷 $F_r=1810$ N，轴向载荷 $F_a=740$ N，预期计算寿命 $L_h'=6000$ h，试选择轴承的型号。

12-10 若将图 12-45（a）中的两个轴承换为圆锥滚子轴承，代号为 30207，其他条件同例 12-1，试验算轴承的寿命。

第 13 章　滑动轴承

13.1　概述

滑动轴承与滚动轴承的功能相同，同属支承件。滑动轴承启动摩擦阻力较大，维护也较麻烦，故多被滚动轴承所取代。但在某些情况下，滑动轴承具有滚动轴承不可比拟的一些独特优势，故在机械设计中仍占有重要地位。滑动轴承主要用于高速、高精度、重载、强冲击、安装受限、径向结构尺寸小、特殊工作条件等场合。

滑动轴承的类型很多，按其承受载荷方向的不同，可分为径向轴承（承受径向载荷）和止推轴承（承受轴向载荷）；根据其滑动表面间润滑状态的不同，可分为流体润滑轴承、不完全流体润滑轴承（指滑动表面间处于边界润滑或混合润滑状态）和自润滑轴承（指工作时不加润滑剂）；根据流体润滑承载机理的不同，又可分为流体动力润滑轴承（简称流体动压轴承）和流体静力润滑轴承（简称流体静压轴承）。本章主要讨论流体动压轴承。

滑动轴承的主要设计内容包括以下几个方面：①轴承的形式和结构设计；②轴瓦的结构和材料选择；③轴承结构参数的确定；④轴承的润滑；⑤轴承的工作能力及热平衡计算。

13.2　滑动轴承的主要结构

滑动轴承的结构形式与摩擦状态和受载方向有关，下面介绍几种典型结构。

13.2.1　径向滑动轴承

1. 整体式

图 13-1 所示为整体式径向滑动轴承，它由轴承座 1 和由减磨材料制成的整体轴套 2 组成。轴承座用螺栓与机座连接，顶部设有安装润滑油杯的螺纹孔 4。轴套上开有油孔 3，并在轴套的内表面开有油槽。这种轴承的优点是结构简单、成本低廉。它的缺点是轴套磨损后，轴承间隙过大时无法调整；另外，只能从轴颈端部装拆，对于重型机器的轴或具有中间轴颈的轴，装拆很不方便或无法安装。所以这种轴承多用于低速、轻载或间歇性工作的机器，如某些农业机械、手动机械等。

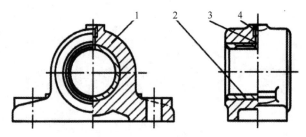

图 13-1　整体式径向滑动轴承

2. 剖分式

剖分式径向滑动轴承的结构形式如图 13-2 所示，它由轴承座 1、轴承盖 2、剖分式轴瓦 3 和双头螺柱 4 等组成。图 13-2（a）所示为正剖分式结构，主要用于径向载荷方向垂直于轴承安装基准面的场合。图 13-2（b）所示为斜剖分式结构，用于径向载荷方向与轴承安装基准面呈一定角度（通常倾斜 45°）的场合。轴承盖上部有螺纹孔用以安装油杯或油管供给润滑油，轴承座和轴承盖的剖分面常做成阶梯形，以便加工和安装时定位并防止工作时错动。在轴瓦剖分面间，一般装上一些薄垫片，当轴瓦磨损后，可通过减小垫片的厚度来调整轴承的径向间隙（调整后应修刮轴瓦内孔）。

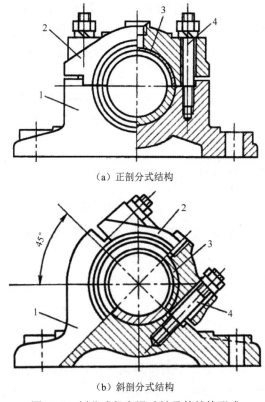

（a）正剖分式结构

（b）斜剖分式结构

图 13-2　剖分式径向滑动轴承的结构形式

3. 自动调心式

轴的弯曲变形或安装误差较大，将会造成轴颈与轴瓦两端的局部接触（见图 13-3），从而引起剧烈的磨损和发热。轴承宽度 B 越大，上述现象越严重。因此，宽径比 $B/d > 1.5$ 时，宜采用自动调心式轴承。这种轴承的结构如图 13-4 所示，其特点是轴瓦 2 的外支承面做成凸球面，与轴承座 1 和轴承盖 3 上的凹球面相配合，轴瓦可随轴的弯曲或倾斜而自动调位，以保证轴颈与轴瓦的均匀接触。

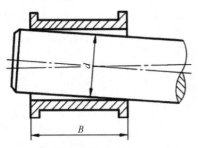

图 13-3　轴颈与轴瓦两端的局部接触

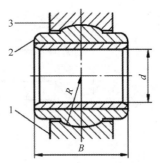

图 13-4　自动调心式轴承

4．间隙可调式

工作时轴瓦与轴颈表面必然产生磨损，轴承间隙也会随之逐渐增大，当达到一定程度时，将影响机器的正常工作和运转精度。因此，对于运转精度要求高的轴承，要采用间隙可调式滑动轴承。图 13-5（a）所示为常用的一种结构，它的轴瓦外表面是锥形，与一个具有内锥形表面的轴套配合，轴瓦上开有一条纵向切槽，利用轴套两端的螺母调整轴颈与轴瓦的间隙。图 13-5（b）所示为用于圆锥形轴颈的结构，它的轴瓦做成与圆锥轴颈相配的内锥孔，从而省略了轴套。它是通过两端螺母改变轴与轴瓦的轴向相对位置来调整轴承间隙的。

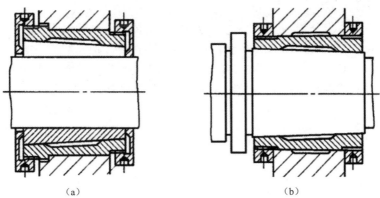

（a）　　　　　　　　　　　　　　　　（b）

图 13-5　间隙可调式滑动轴承

13.2.2　止推滑动轴承

止推滑动轴承由轴承座和止推轴颈组成。常用的结构有空心式、单环式和多环式，其基本结构形式及尺寸见表 13-1。通常不使用实心式轴颈，因其端面上的压力分布极不均匀，靠近中心处的压力很高，对润滑极为不利。空心式轴颈接触面上压力分布较均匀，润滑条件较实心式轴颈有所改善。单环式止推滑动轴承利用轴颈的环形端面止推，而且可以利用纵向油槽输入润滑油，结构简单，润滑方便，广泛用于低速、轻载的场合。多环式止推滑动轴承不仅能承受较大的轴向载荷，还可承受双向轴向载荷。

表 13-1　止推滑动轴承结构基本形式及尺寸

空 心 式	单 环 式		多 环 式
d_2 由轴的结构设计确定； $d_1=(0.4\sim0.6)d_2$； 若结构上无限制，应取 $d_1=0.5d_2$	d_1、d_2 由轴的结构设计确定		d 由轴的结构设计确定； $d_2=(1.2\sim1.6)d$； $d_1=1.1d$； $h=(0.12\sim0.15)d$； $h_0=(2\sim3)h$

13.3　滑动轴承的失效形式和轴承材料

13.3.1　滑动轴承的失效形式

1. 磨粒磨损

进入轴承间隙的硬质颗粒（如灰尘、砂粒等）有的嵌入轴承表面，有的游离于间隙中并随轴一起转动，它们将对轴颈和轴承表面起到研磨作用，构成磨粒磨损。在启动、停止或轴颈和轴承发生边缘接触时，这种情况会加剧轴承的磨损，从而导致轴承几何形状发生改变，轴承间隙加大和精度丧失，使轴承性能在预期寿命前急剧恶化。

2. 刮伤

进入轴承间隙中的硬颗粒或轴颈表面粗糙的轮廓峰，在轴承上划出线状伤痕，导致轴承因刮伤而失效。

3. 胶合（咬黏）

转速过高、载荷过大、轴承温升过高，会导致油膜破裂，或在润滑油供应不足的条件下，轴颈和轴瓦表面的材料会发生黏附和迁移，即胶合，从而造成轴承损坏。胶合有时甚至导致抱轴事故，造成相对运动停止。

4. 疲劳剥落

在载荷的反复作用下，轴承表面会出现与滑动方向垂直的疲劳裂纹，裂纹向轴承衬与衬背接合面扩展，会造成轴承衬材料的剥落。它与轴承衬和衬背接合不良或接合力不足造成轴承衬的剥离有些相似，但疲劳剥落周边不规则，而接合不良造成的剥离周边比较光滑。

5. 腐蚀

润滑剂在使用中不断氧化，所生成的酸性物质对轴承材料有腐蚀性，特别是铸造铜铅合金中的铅，易受腐蚀而形成点状的脱落。氧对锡基巴氏合金的腐蚀，会使轴承表面形成一层由 SnO_2 和 SnO 混合而成的黑色硬质覆盖层，它能擦伤轴颈表面，并使轴承间隙变小。此外，硫对含银或含铜的轴承材料的腐蚀，润滑油中水分对铜铅合金的腐蚀，都应予以注意。

以上列举了常见的几种失效形式，由于工作条件不同，滑动轴承还可能出现气蚀、流体侵蚀、电侵蚀和微动磨损等损伤。从美国、英国和日本三家汽车厂统计的汽车用滑动轴承故障原因的平均比率来看（见表 13-2），由不干净或有异物导致故障所占的比例最大。

表 13-2　滑动轴承故障原因的平均比率

故障原因	不干净	润滑油不足	安装误差	对中不良	超载	腐蚀	制造精度低	气蚀	其他
比率/%	38.3	11.1	15.9	8.1	6.0	5.6	5.5	2.8	6.7

13.3.2　轴承材料

轴瓦和轴承衬的材料统称为轴承材料。针对上述失效形式，轴承材料的性能应着重满足以下要求。

（1）良好的减摩性、耐磨性和抗咬黏性。

减摩性是指材料副具有低的摩擦因数。耐磨性是指材料的耐磨性能（通常以磨损率表示）。抗咬黏性是指材料的耐热性和抗黏附性。

（2）良好的摩擦顺应性、嵌入性和磨合性。

摩擦顺应性是指材料通过表层弹塑性变形来补偿轴承滑动表面初始配合不良的能力。嵌入性是指材料容纳硬质颗粒嵌入，从而减轻轴承滑动表面发生刮伤或磨粒磨损的性能。磨合性是指轴瓦与轴颈表面经短期轻载运转后，形成相互吻合的表面形貌状态的性能。

（3）足够的强度和抗腐蚀能力。

（4）良好的导热性、工艺性、经济性等。

应该指出，没有一种轴承材料能够具备上述所有性能，因而必须针对各种具体情况，进行仔细分析后合理选用。

常用的轴承材料可分三大类：①金属材料，如轴承合金、铜合金、铝基合金和铸铁等；②多孔质金属材料；③非金属材料，如工程塑料、碳-石墨等。

1．轴承合金（通称巴氏合金或白合金）

轴承合金是锡、铅、锑、铜的合金，它以锡或铅作基体，并含有锑锡（Sb-Sn）或铜锡（Cu-Sn）的硬晶粒。硬晶粒起抗磨作用，软基体则增强材料的塑性。轴承合金的弹性模量和弹性极限都很低，在所有轴承材料中，它的嵌入性及摩擦顺应性最好，很容易和轴颈磨合，也不易与轴颈发生胶合。但轴承合金的强度很低，不能单独制作轴瓦，只能贴附在青铜、钢或铸铁轴瓦上作轴承衬。轴承合金适用于重载、中高速场合，价格较贵。

2．铜合金

铜合金具有较高的强度、较好的减摩性和耐磨性。由于青铜的减摩性和耐磨性优于黄铜，故青铜是最常用的轴承材料。青铜有锡青铜、铅青铜和铝青铜几种，其中锡青铜的减摩性和耐磨性都比较好，抗疲劳强度也较高，应用最广，但其摩擦顺应性和嵌入性较轴承合金差，适用于中速、重载轴承。铅青铜的减摩性稍差，但抗胶合性好，适用于高速、重载及受冲击的轴承。铝青铜的强度和硬度均较高，但抗胶合性差，适用于润滑充分的低速、重载轴承。黄铜是铜锌合金，其减摩性和耐磨性虽低于青铜，但其易于铸造和机械加工，可作为低速、中载情况下青铜的代用品。

3. 铝基合金

铝基合金在许多国家获得广泛应用。它有相当好的耐蚀性和较高的疲劳强度，摩擦性能也较好。这些特点使铝基合金在部分领域取代了较贵的轴承合金和青铜。铝基合金可以制成单金属零件（如轴套、轴承等），也可制成双金属零件。双金属轴瓦以铝基合金制作轴承衬，以钢制作衬背。

4. 灰铸铁和耐磨铸铁

普通灰铸铁和耐磨铸铁均可用作轴承材料。灰铸铁中的游离石墨能起润滑作用，但铸铁硬度高且脆，磨合性差。耐磨铸铁中的石墨细小而分布均匀，耐磨性较好。这类材料仅适用于轻载、低速和不受冲击的场合。

5. 多孔质金属材料

这是不同金属粉末经压制、烧结而成的轴承材料。这种材料是多孔结构的，孔隙占体积的 10%～35%。使用前先把轴瓦在热油中浸渍数小时，使孔隙中充满润滑油，因而通常把这种材料制成的轴承称为含油轴承，它具有自润滑性。工作时，由于轴颈转动的抽吸作用及轴承发热时油的膨胀作用，油便进入摩擦表面间起润滑作用；不工作时，因毛细管作用，油便被吸回到轴承内部，故在相当长时间内，即使不加润滑油仍能很好地工作。如果定期供油，则使用效果更佳。但其韧性较小，故宜用于平稳、无冲击载荷及中、低速场合。常用的多孔质金属材料有多孔铁和多孔质青铜。多孔铁常用来制作磨粉机轴套、机床油泵衬套、内燃机凸轮轴衬套等。多孔质青铜常用来制作电唱机、电风扇、纺织机械及汽车发电机的轴承。我国已有专门制造含油轴承的工厂，需要时可根据设计手册选用。

6. 非金属材料

非金属材料中应用最多的是塑料，如酚醛树脂、尼龙、聚四氟乙烯等。其优点是摩擦因数小，可塑性、磨合性良好，耐磨、耐腐蚀，可用水、油及化学溶液润滑，但它的导热性差、耐热性差、膨胀系数大、易变形。为改善这些缺点，可将薄层塑料作为轴承衬黏附在金属轴瓦上使用。塑料轴承一般用于温度不高、载荷不大的场合。

碳-石墨是电机电刷的常用材料，也是不良环境中的轴承材料。碳-石墨是由碳和石墨构成的人造材料，石墨含量越大，材料越软，摩擦因数越小。可在碳-石墨材料中加入金属、聚四氟乙烯或二硫化钼，也可以浸渍液体润滑剂。碳-石墨轴承具有自润性，它的自润性和减摩性取决于吸附的水蒸气量。碳-石墨与含有碳氢化合物的润滑剂有亲和力，加入润滑剂有助于提高其边界润滑性能。此外，它还可以用作水润滑的轴承材料。

橡胶主要用于以水作润滑剂且环境较脏污之处。橡胶轴承内壁上带有纵向沟槽，以利于润滑剂的流通，加强冷却效果并冲走污物。

木材具有多孔质结构，可用填充剂来改善其性能。填充聚合物能提高木材的尺寸稳定性和减少吸湿量，并能提高强度。采用木材（以溶于润滑油的聚乙烯作填充剂）制成的轴承，可在灰尘极多的条件下工作，例如用作建筑、农业中使用的带式输送机中支承辊子的滑动轴承。

常用金属轴承材料的性能见表 13-3，常用非金属和多孔质金属轴承材料的性能可参考文献[9]。

表13-3 常用金属轴承材料的性能

材料类别	牌号（名称）	最大许用值①			最高工作温度/℃	轴颈硬度/HBW	性能比较②					备 注
		[p]/MPa	[v]/(m/s)	[pv]/(MPa·m/s)			抗胶合性	顺应性	嵌入性	耐蚀性	疲劳强度	
锡基轴承合金	SnSb11Cu6 SnSb8Cu4	平稳载荷 25 冲击载荷 20	80 60	20 15	150	150	1	1	1	1	5	用于高速、重载工作的重要轴承，变载荷下易于疲劳，价格高
铅基轴承合金	PbSb16Sn16Cu2	15	12	10	150	150	1	1	1	3	5	用于中速、中等载荷的轴承，不宜受显著冲击。可作为锡锑轴承合金的代用品
	PbSb15Sn5Cu3Cd2	5	8	5								
锡青铜	ZCuSn10P1（10-1锡青铜）	15	10	15	280	300~400	3	5	5	1	1	用于中速、中等载荷的轴承
	ZCuSn5Pb5Zn5（5-5-5锡青铜）	8	3	15								
铅青铜	ZCuPb30（30铅青铜）	25	12	30	280	300	3	4	4	4	2	用于高速、重载轴承，能承受变载荷和冲击
铝青铜	ZCuAl10Fe3（10-3铝青铜）	15	4	12	280	300	5	5	5	5	2	最宜用于润滑充分的低速、重载轴承
黄铜	ZCuZn16Si4（16-4硅黄铜）	12	2	10	200	200	5	5	5	1	1	用于低速、中等载荷轴承
	ZCuZn40Mn2（40-2锰黄铜）	10	1	10	200	200	5	5	5	1	1	
铝基轴承合金	2%铝锡合金	28~35	14	—	140	300	4	3	3	1	2	用于高速、中等载荷的轴承，是较新的轴承材料，强度高、耐腐蚀，表面性能好。可用于增压强化柴油机轴承
三元电镀合金	铝-硅-镉镀层	14~35	—	—	170	200~300	1	2	2	2	2	镀铝锡青铜作中间层，再镀10~30μm 三元减摩层，上附薄层铝，疲劳强度高，嵌入性好
银	镀层	28~35	—	—	180	300~400	2	3	3	1	1	镀银，上附薄层铅，再镀铟，常用于飞机发动机、柴油机轴承
耐磨铸铁	HT300	0.1~6	3~0.75	0.3~0.45	150	<150	4	5	5	1	—	宜用于低速、轻载的不重要的轴承，价廉
灰铸铁	HT150~HT250	1~4	2~0.5	—	—	—	4	5	5	1	—	

注：① [p]、[v]、[pv]为不完全液体润滑下的许用值；
② 性能比较：1~5 依次从佳到差。

13.4 轴瓦

轴瓦是滑动轴承中的重要零件，它的结构设计是否合理对轴承性能影响很大。有时为了节省贵重合金材料或者由于结构上的需要，常在轴瓦的内表面上浇铸或轧制一层轴承合金，称为轴承衬。轴瓦应具有一定的强度和刚度，在轴承中定位可靠，便于加入润滑剂，容易散热，并且装拆、调整方便。为此，轴瓦应在外形结构、定位、油槽开设和配合等方面采用不同的形式以适应不同的工作要求。

13.4.1 轴瓦的形式和构造

常用的轴瓦有整体式和剖分式两种结构。

整体式轴瓦按材料及制法不同，分为整体轴套（见图 13-6）和单层、双层或多层材料的卷制轴套（见图 13-7）。非金属整体式轴瓦既可以是整体非金属轴套，也可以在钢套上镶衬非金属材料制成。

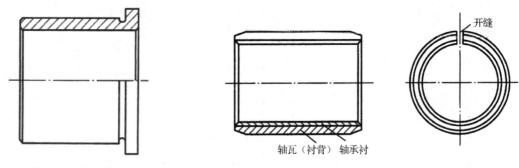

图 13-6　整体轴套　　　　　　　　　　　　　图 13-7　卷制轴套

剖分式轴瓦有厚壁轴瓦和薄壁轴瓦之分。厚壁轴瓦用铸造方法制造（见图 13-8），内表面可附有轴承衬，常将轴承合金用离心铸造法浇铸在铸铁、钢或青铜轴瓦的内表面上。为使轴承合金与轴瓦贴附得好，常在轴瓦内表面上制出各种形式的榫头、凹沟或螺纹。

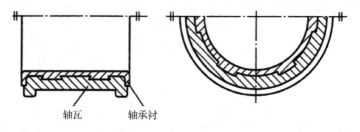

图 13-8　剖分式厚壁轴瓦

剖分式薄壁轴瓦（见图 13-9）由于能用双金属板连续轧制等新工艺进行大量生产，故质量稳定，成本低，但其刚性小，装配时不再修刮其内圆表面，受力后，其形状完全取决于轴承座的形状，因此，轴瓦和轴承座均需精密加工。薄壁轴瓦在汽车发动机、柴油机上得到广泛应用。

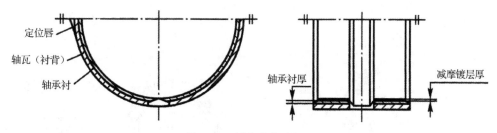

图 13-9 剖分式薄壁轴瓦

13.4.2 轴瓦的定位

轴瓦和轴承座不允许有相对移动。为了防止轴瓦沿轴向和周向移动，可将其两端做出凸缘来实现轴向定位，也可用紧定螺钉［见图 13-10（a）］或销钉［见图 13-10（b）］将其固定在轴承座上，或在轴瓦剖分面上冲出定位唇（凸耳）以供定位用（见图 13-9）。

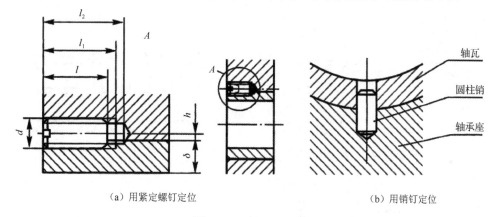

（a）用紧定螺钉定位　　　　　　　　　　　（b）用销钉定位

图 13-10 轴瓦的定位

13.4.3 油孔及油槽

为了把润滑油导入整个摩擦面间，轴瓦或轴颈上须开设油孔或油槽。对于流体动压径向轴承，有轴向油槽和周向油槽两种形式可供选择。

轴向油槽分为单轴向油槽和双轴向油槽。对于整体式径向轴承，轴颈单向旋转时，载荷方向变化不大，单轴向油槽最好开在油膜厚度最大位置（见图 13-11），以保证润滑油从压力最小的地方进入轴承。剖分式径向轴承，常把轴向油槽开在轴承剖分面处（剖分面与载荷作用线成 90° 角），如果轴颈双向旋转，可在轴承剖分面上开设双轴向油槽（见图 13-12）。通常轴向油槽的宽度应较轴承宽度稍短，以便在轴瓦两端留出封油面，防止润滑油从端部大量流失。周向油槽适用于载荷方向变动范围超过 180° 的场合，它常设在轴承宽度中部，把轴承分为两个独立部分；当宽度相同时，设有周向油槽轴承的承载能力低于设有轴向油槽的轴承（见图 13-13）。对于不完全流体润滑径向轴承，常用油槽形状如图 13-14 所示，设计时，可以将油槽从非承载区延伸到承载区。油槽尺寸可查有关手册。

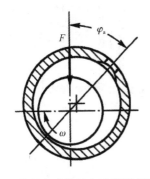

图 13-11 单轴向油槽开在油膜厚度最大位置

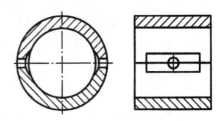

图 13-12 双轴向油槽开在轴承剖分面上

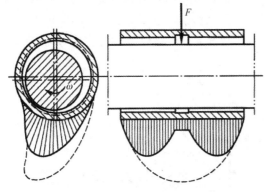

图 13-13 周向油槽对轴承承载能力的影响

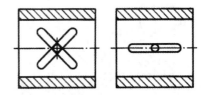

图 13-14 不完全流体润滑径向轴承常用油槽形状

13.5 滑动轴承的润滑

滑动轴承种类繁多，使用条件和重要程度相差较大，对润滑剂的要求也各不相同，下面仅就滑动轴承常用润滑剂的选择方法做一些简单的介绍。

13.5.1 润滑剂及其选择

1. 润滑油

润滑油是滑动轴承中应用最广的润滑剂，选择润滑油时一般遵循如下原则：

（1）在高速、轻载的工作条件下，为了减小摩擦功耗，可选择黏度较小的润滑油；

（2）在重载或有冲击载荷的工作条件下，应采用黏度大的润滑油，以形成稳定的润滑油膜；

（3）静压或动静压滑动轴承可选用黏度小的润滑油；

（4）表面粗糙或未经跑合的表面应选择黏度大的润滑油。

不完全流体润滑滑动轴承润滑油的选择参考表 13-4，流体动力润滑滑动轴承润滑油黏度的选择参考表 4-1，并通过计算进行校核。

表 13-4 滑动轴承润滑油的选择（不完全流体润滑、工作温度<60℃）

轴颈圆周速度 v/(m/s)	润滑油黏度等级（平均压力 p<3MPa）	轴颈圆周速度 v/(m/s)	润滑油黏度等级（平均压力 p=3～7.5MPa）
<0.1	L-AN68、100、150	<0.1	L-AN150
0.1～0.3	L-AN68、100	0.1～0.3	L-AN100、150
0.3～2.5	L-AN46、68	0.3～0.6	L-AN100
2.5～5.0	L-AN32、46	0.6～1.2	L-AN68、100
5.5～9.0	L-AN15、22、32	1.2～2.0	L-AN68
>9.0	L-AN7、10、15		

注：表中润滑油黏度等级是以 40℃时的运动黏度为基础的。

2．润滑脂

使用润滑脂可以形成将滑动表面完全分开的一层薄膜。润滑脂属于半固体润滑剂，流动性差，无法冷却，所以常用在要求不高、难以经常供油，或者低速、重载及做摆动运动之处的轴承中。选择润滑脂的一般原则如下：

（1）当压力高或滑动速度低时，选择锥入度小的润滑脂；反之，选择锥入度大的润滑脂。

（2）所用润滑脂的滴点，一般应较轴承的工作温度高 20～30℃，以免工作时润滑脂过多流失。

（3）在有水淋或潮湿的环境下，应选择防水性强的钙基或铝基润滑脂；在温度较高处应选用钠基或复合钙基润滑脂。

选择润滑脂牌号时可参考表 13-5。

表 13-5 滑动轴承润滑脂的选择

压力 p/MPa	轴颈圆周速度 v/(m/s)	最高工作温度/℃	牌 号
≤1.0	≤1	75	3 号钙基脂
1.0～6.5	0.5～5	55	2 号钙基脂
≥6.5	≤0.5	75	3 号钙基脂
≤6.5	0.5～5	120	2 号钠基脂
>6.5	≤0.5	110	1 号钙钠基脂
1.0～6.5	≤1	−50～120	锂基脂
>6.5	0.5	60	2 号压延机脂

注：① "压力"或"压强"，本书统用"压力"；

② 在潮湿环境，温度在 75～120℃的条件下，应考虑用钙钠基润滑脂；

③ 在潮湿环境中，温度在 75℃以下，没有 3 号钙基脂时也可以用铝基脂；

④ 温度在 110～120℃时可用锂基脂或钡基脂；

⑤ 集中润滑时，黏度要小些。

3．固体润滑剂

固体润滑剂有石墨、二硫化钼（MoS_2）、聚四氟乙烯等，一般在超出润滑脂使用范围时才考虑使用，例如在高温介质中或在低速重载时使用。目前其应用范围已逐渐扩展，例如将固体润滑剂与润滑油混合使用，也可涂覆、烧结在摩擦表面形成覆盖膜，或者用固结成型的固体润滑剂嵌装在轴承中使用，或者混入金属或塑料粉末中一并烧结成型。

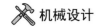

13.5.2　润滑方法及其选择

1．油润滑

滑动轴承的供油方式很多，常分为间歇供油和连续供油。

间歇供油主要用于低速和间歇工作的轴承，可用油壶、压配式油杯或旋套式油杯定时向轴承油孔内注油。

连续供油比较可靠，用于比较重要的轴承，主要有滴油润滑、浸油润滑、油环润滑、飞溅润滑和压力循环润滑，详见4.3节。

2．脂润滑

脂润滑通常是间歇润滑，常用的装置是旋盖式油脂杯。

3．润滑方法的选择

滑动轴承的润滑方法，通过计算 k 值进行选择：

$$k = \sqrt{pv^3} \tag{13-1}$$

式中，p 为轴承平均压力，详见式（13-2），MPa；v 为轴颈圆周速度，m/s。

当 $k \leqslant 2$ 时，采用间歇润滑，用油壶或黄油枪定期向润滑孔或油杯内注油或注脂；当 $k=2\sim16$ 时，采用针阀式油杯滴油润滑；当 $k=16\sim32$ 时，采用油环润滑或飞溅润滑；当 $k>32$ 时，采用液压泵进行压力供油润滑。

13.6　不完全流体润滑滑动轴承设计计算

采用润滑脂、油绳或滴油润滑的径向滑动轴承，由于轴承中得不到足够的润滑剂，在相对运动表面间难以产生一个完整的承载油膜，轴承只能在混合摩擦润滑状态（边界润滑和流体润滑同时存在的状态）下运转。这类轴承可靠的工作条件是：边界油膜不破裂，维持粗糙表面微腔内有流体润滑存在。因此，这类轴承的承载能力不仅与边界油膜的强度及其破裂温度有关，还与轴承材料、轴颈和轴承表面粗糙度、润滑油的供给量等因素有着密切的关系。

在工程上，这类轴承常以维持边界油膜不被破坏作为设计的最低要求。但是促使边界油膜破裂的因素较复杂，所以目前仍采用简化的条件性计算。这种计算方法一般只适用于对工作可靠性要求不高的低速、重载或间歇工作的轴承。

13.6.1　径向滑动轴承的计算

在设计时，通常已知轴承所受径向载荷 F（单位为 N）、轴颈的转速 n（单位为 r/min）及轴颈的直径 d（单位为 mm），然后进行以下验算。

1．验算轴承的平均压力 p（单位为 MPa）

为保证润滑油不被过大的压力挤出，从而避免轴瓦产生过度的磨损，应满足：

$$p = \frac{F}{Bd} \leqslant [p] \qquad (13\text{-}2)$$

式中，B 为轴承的工作宽度，mm（根据宽径比 B/d 确定，参见 13.7.7 节；$[p]$ 为轴瓦材料的许用压力，MPa，其值见表 13-3。

2. 验算轴承的 pv 值（单位为 MPa·m/s）

为了限制轴承的摩擦功耗与温升，避免引起边界油膜破裂而产生胶合，应满足：

$$pv = \frac{F}{Bd} \cdot \frac{\pi dn}{60 \times 1000} = \frac{Fn}{19100B} \leqslant [pv] \qquad (13\text{-}3)$$

式中，v 为轴颈的圆周速度，即滑动速度，m/s；$[pv]$ 为轴承材料的 pv 许用值，MPa·m/s，其值见表 13-3。

3. 验算滑动速度 v

对于 p 和 pv 验算均合格的轴承，由于滑动速度过高，会加速磨损而使轴承报废。这是因为 p 只是平均压力，实际上，在轴发生弯曲或不同心等引起的一系列误差及振动的影响下，轴承边缘可能产生相当高的压力，因而局部区域的 pv 值可能会超过许用值，致使局部区域的磨损加快，故而对滑动速度 v（单位为 m/s）也要做验算。即

$$v \leqslant [v] \qquad (13\text{-}4)$$

式中，$[v]$ 为许用滑动速度，m/s，其值见表 13-3。

滑动轴承所选用的材料及尺寸经验算合格后，应选取恰当的配合，一般可选 $\dfrac{\text{H9}}{\text{d9}}$、$\dfrac{\text{H8}}{\text{f7}}$ 或 $\dfrac{\text{H7}}{\text{f6}}$。

以上介绍了一般不完全流体润滑径向轴承相关参数的计算方法，对于重要的不完全流体润滑径向轴承，设计计算方法可查参考文献[9]。

13.6.2　止推滑动轴承的计算

设计止推滑动轴承时，通常已知轴承所受轴向载荷 F_a（单位为 N）、轴颈的转速 n（单位为 r/min）、轴环的直径 d_2 和轴承孔的直径 d_1（单位为 mm）及轴环的数目（参考表 13-1 中的图），处于混合润滑状态下的止推滑动轴承需要校核 p 和 pv。

1. 验算轴承的平均压力 p（单位为 MPa）

$$p = \frac{F_a}{A} = \frac{F_a}{z \dfrac{\pi}{4}\left(d_2^2 - d_1^2\right)} \leqslant [p] \qquad (13\text{-}5)$$

式中，d_1 为轴承孔的直径，mm；d_2 为轴环孔的直径，mm；F_a 为轴向载荷，N；z 为环的数目；$[p]$ 为许用压力，MPa，见表 13-6。对于多环式止推滑动轴承，由于载荷在各环间分布不均，因此许用压力 $[p]$ 比单环式的降低 50%。

2. 验算轴承的 pv 值（单位为 MPa·m/s）

轴承的环形支承面平均直径处的圆周速度 v（单位为 m/s）为

$$v = \frac{\pi n(d_1 + d_2)}{60 \times 1000 \times 2}$$

故应满足

$$pv = \frac{4F_a}{z\pi(d_2^2 - d_1^2)} \frac{\pi n(d_1 + d_2)}{60 \times 1000 \times 2} = \frac{nF_a}{30000z(d_2 - d_1)} \leqslant [pv] \qquad (13\text{-}6)$$

式中，n 为轴颈的转速，r/min；$[pv]$ 为 pv 的许用值，MPa·m/s，见表 13-6。同样，由于多环式止推轴承中的载荷在各环间分布不均，因此其$[pv]$应比单环式的低 50%。

其余各符号的意义和单位同前。

表 13-6　止推滑动轴承的$[p]$、$[pv]$

轴（轴环端面、凸缘）	轴承材料	$[p]$/MPa	$[pv]$/(MPa·m/s)
未淬火钢	铸铁	2.0～2.5	1～2.5
	青铜	4.0～5.0	
	轴承合金	5.0～6.0	
淬火钢	青铜	7.5～8.0	1～2.5
	轴承合金	8.0～9.0	
	淬火钢	12～15	

13.7　流体动力润滑径向滑动轴承设计计算

13.7.1　流体动力润滑的承载机理

图 13-15（a）所示 A、B 两板平行，板间充满了一定黏度的润滑油，若板 B 静止不动，板 A 以速度 v 沿 x 方向运动。由于润滑油的黏性及它与平板间的吸附作用，与板 A 紧贴的油层流速 u 等于板速 v，其他各油层的流速 v 则按直线规律分布。这种流动是由于油层受到剪切作用而产生的，所以称为剪切流。这时通过两个平行平板间的任何垂直截面处的流量皆能相等，润滑油虽能维持连续流动，但油膜对外载荷并无承载能力（这里忽略了流体受到挤压作用而产生压力的效应）。

当两个平板相互倾斜使其间形成楔形收敛间隙，且移动件的运动方向是从间隙较大的一方移向间隙较小的一方时，若各油层的分布规律如图 13-15（b）中的虚线所示，那么进入间隙的油量必然大于流出间隙的油量。设液体是不可压缩的，则进入此楔形收敛间隙的过剩油量，将阻碍油自进口截面 a 流入，以及油由出口截面 c 挤出，即产生一种由压力引起的流动，称为压力流。这时，楔形收敛间隙中油层的流动速度将由剪切流和压力流的流动速度叠加而成，因而进口油的速度曲线呈内凹形，出口油的速度曲线呈外凸形。只要连续充分地提供一定黏度的润滑油，并且 A、B 两板相对速度 v 值足够大，流入楔形收敛间隙的流体产生的动压力是能够稳定存在的。这种具有一定黏性的流体流入楔形收敛间隙而产生压力的效应称为流体动力润滑的楔效应。

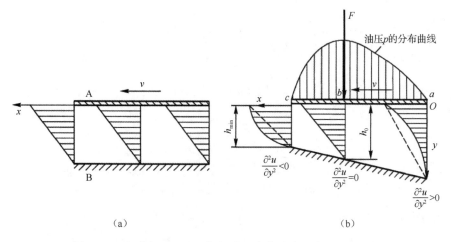

（a）   （b）

图 13-15 两个相对运动平板间油层中的速度分布和压力分布

13.7.2 流体动力润滑的基本方程

流体动力润滑理论的基本方程是流体膜压力分布的微分方程。它是从黏性流体动力学的基本方程出发，做了一些假设而简化后得出的，这些假设是：流体为牛顿流体；流体膜中流体的流动是层流；忽略压力对流体黏度的影响；略去惯性力及重力的影响；认为流体不可压缩；流体膜中的压力沿膜厚方向是不变的；等等。

如图 13-16 所示，两个平板被润滑油隔开，设板 A 沿 x 轴方向以速度 v 移动；板 B 静止。再假定油在两个平板间沿 z 轴方向没有流动（可视此运动副在 z 轴方向的尺寸为无限大）。现从层流运动的油膜中取一个微单元体进行分析。

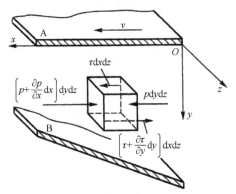

图 13-16 被油膜隔开的两个平板的相对运动

由图 13-16 可见，作用在此微单元体右面和左面的压力分别为 p 和 $\left(p+\dfrac{\partial p}{\partial x}\mathrm{d}x\right)$，作用在单元体上、下两面的切应力分别为 τ 和 $\left(\tau+\dfrac{\partial \tau}{\partial y}\mathrm{d}y\right)$。根据 x 方向的平衡条件，得

$$p\mathrm{d}y\mathrm{d}z+\tau\mathrm{d}x\mathrm{d}z-\left(p+\frac{\partial p}{\partial x}\mathrm{d}x\right)\mathrm{d}y\mathrm{d}z-\left(\tau+\frac{\partial \tau}{\partial y}\mathrm{d}y\right)\mathrm{d}x\mathrm{d}z=0 \qquad （13-7）$$

整理得

$$\frac{\partial p}{\partial x} = -\frac{\partial \tau}{\partial y} \tag{13-8}$$

根据牛顿黏性流体摩擦定律，将式（4-1）对 y 求导数，得 $\frac{\partial \tau}{\partial y} = -\eta \frac{\partial^2 u}{\partial y^2}$，代入式（13-8）得

$$\frac{\partial p}{\partial x} = \eta \frac{\partial^2 u}{\partial y^2} \tag{13-9}$$

该式表示了压力沿 x 轴方向变化与速度沿 y 轴方向变化的关系。

下面继续推导流体动力润滑理论的基本方程。

1. 润滑油层的速度分布

将式（13-9）改写成

$$\frac{\partial^2 u}{\partial y^2} = \frac{1}{\eta} \frac{\partial p}{\partial x} \tag{13-10}$$

对 y 积分后得

$$\frac{\partial u}{\partial y} = \frac{1}{\eta} \left(\frac{\partial p}{\partial x} \right) y + C_1 \tag{13-11}$$

$$u = \frac{1}{2\eta} \left(\frac{\partial p}{\partial x} \right) y^2 + C_1 y + C_2 \tag{13-12}$$

根据边界条件决定积分常数 C_1 和 C_2：当 $y=0$ 时，$u=v$；当 $y=h$（h 为相应于所取单元体处的油膜厚度）时，$u=0$。则得

$$C_1 = -\frac{h}{2\eta} \frac{\partial p}{\partial x} - \frac{v}{h}; \quad C_2 = v$$

代入式（13-12）后，得

$$u = \frac{v(h-y)}{h} - \frac{y(h-y)}{2\eta} \frac{\partial p}{\partial x} \tag{13-13}$$

由式（13-13）可见，润滑油层的速度 u 由两部分组成：式中前一项表示速度呈线性分布，这是直接由剪切流引起的；后一项表示速度呈抛物线分布，这是由油流沿 x 方向的变化所产生的压力流所引起的，如图 13-15（b）所示。

2. 润滑油流量

当无侧泄时，润滑油在单位时间内流经任意截面上单位宽度面积的流量为

$$q = \int_0^h u \mathrm{d}y \tag{13-14}$$

将式（13-13）代入式（13-14）并积分，得

$$q = \int_0^h \left[\frac{v(h-y)}{h} - \frac{y(h-y)}{2\eta} \frac{\partial p}{\partial x} \right] \mathrm{d}y = \frac{vh}{2} - \frac{h^3}{12\eta} \frac{\partial p}{\partial x} \tag{13-15}$$

如图 13-15（b）所示，设在 $p=p_{\max}$ 处的油膜厚度为 h_0（$\frac{\partial p}{\partial x}=0$ 时，$h=h_0$），在该截面处的流量为

$$q = \frac{vh_0}{2} \tag{13-16}$$

当润滑油连续流动时，各截面的流量相等，由此得

$$\frac{vh_0}{2} = \frac{vh}{2} - \frac{h^3}{12\eta}\frac{\partial p}{\partial x} \tag{13-17}$$

整理后得

$$\frac{\partial p}{\partial x} = \frac{6\eta v}{h^3}(h - h_0) \tag{13-18}$$

式（13-18）为一维雷诺方程。它是计算流体动力润滑滑动轴承的基本方程。由雷诺方程可以看出，油膜压力的变化与润滑油的黏度、表面滑动速度和油膜厚度及其变化有关。利用这一公式，经积分后可求出油膜的承载能力。由式（13-18）及图 13-15（b）也可看出：

在 ab（$h>h_0$）段，$\frac{\partial^2 u}{\partial y^2} > 0$（速度分布曲线呈凹形），所以 $\frac{\partial p}{\partial x} > 0$，即压力沿 x 方向逐

渐增大；而在 bc（$h<h_0$）段，$\frac{\partial^2 u}{\partial y^2} < 0$（速度分布曲线呈凸形），即 $\frac{\partial p}{\partial x} < 0$，这表明压力沿 x

方向逐渐降低。在点 a 和 c 之间必有一处（b 点）的油流速度变化规律不变，此处的 $\frac{\partial^2 u}{\partial y^2} = 0$，

即 $\frac{\partial p}{\partial x} = 0$，因而压力 p 达到最大值。由于油膜沿着 x 方向各处的油压都大于入口和出口的

油压，且压力形成如图 13-15（b）上部曲线所示的分布，因而能承受一定的外载荷。

由上可知，形成流体动压润滑（形成动压油膜）的必要条件如下：

（1）相对滑动的两表面间必须形成收敛的楔形间隙；

（2）被油膜分开的两表面必须有足够的相对滑动速度（滑动表面带油时要有足够的油层最大速度），其运动方向必须使润滑油由大口流进，从小口流出；

（3）润滑油必须有一定的黏度，供油要充分。

13.7.3　径向滑动轴承形成流体动力润滑的过程

径向滑动轴承的轴颈与轴承孔间必须留有间隙，如图 13-17（a）所示，当轴颈静止时，轴颈处于轴承孔的最低位置，并与轴瓦接触。此时，两表面间自然形成一个收敛的楔形空间。当轴颈开始转动时，速度极低，带入轴承间隙中的油量较少，这时轴瓦对轴颈摩擦力的方向与轴颈表面圆周速度方向相反，迫使轴颈在摩擦力作用下沿孔壁向右爬升 ［见图 13-17（b）］。随着转速的增大，轴颈表面的圆周速度增大，带入楔形空间的油量也逐渐增多。这时，右侧楔形油膜产生了一定的动压力，使轴颈向左浮起。当轴颈稳定运转时，轴颈便稳定在一定的偏心位置上 ［见图 13-17（c）］。这时，轴承处于流体动力润滑状态，油膜产生的动压力与外载荷 F 相平衡。从理论上讲，当转速 $n\to\infty$ 时，轴颈中心将与轴承孔中心重合，但此时，两个工作表面的间隙处处相等，将无法形成动压油膜。可见，流体动力润滑径向滑动轴承工作时，其轴颈中心是不断变化的。

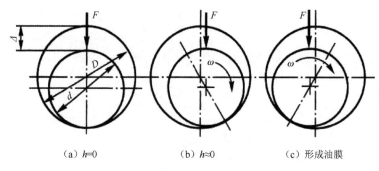

（a）h=0　　　　　（b）h≈0　　　　　（c）形成油膜

图 13-17　径向滑动轴承形成流体动力润滑的过程

图 13-18 所示为滑动轴承的工作特性曲线。它表明从启动阶段直到形成流体动力润滑，滑动轴承摩擦状态的转化过程。启动阶段轴承转速 n 很低，$\eta n/p$ 值较小，轴颈与轴瓦表面间处于边界摩擦状态，两个摩擦表面的凸峰相互接触，摩擦因数较大，随转速 n 的升高，$\eta n/p$ 值增大，摩擦表面间部分区域形成一定厚度的油膜，但仍不足以将两个工作表面分开，处于混合摩擦状态，摩擦因数随 $\eta n/p$ 值的增大而减小；当转速进一步升高，$\eta n/p$ 值达到一定值后，润滑油膜足以将两个工作表面完全隔开，形成流体润滑，摩擦仅发生在液体内部，故摩擦因数小；但随着转速 n 再升高，液体内部黏滞阻力将增大，因而摩擦因数略有增大。

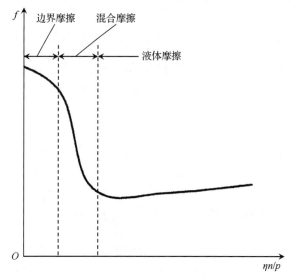

图 13-18　滑动轴承的工作特性曲线

设计流体动力润滑径向滑动轴承时，所要解决的核心问题是：既要有较强的承载能力，又要有可靠的流体摩擦状态。因此，计算的主要内容为：①承载能力；②最小油膜厚度；③热平衡。

13.7.4　流体动力润滑径向滑动轴承的承载能力计算

流体动力润滑径向滑动轴承的承载能力是以一维雷诺方程为基本公式进行计算的，因此需建立几何关系并进行坐标变换等。

1．轴承的主要几何关系

图 13-19 所示为径向滑动轴承工作时轴颈与轴承的位置关系及其油膜压力分布。如图 13-19 所示，取轴颈中心 O 和轴承孔中心 O_1 的连线为极坐标轴 OO_1，O 为极坐标原点，极角 φ 由极坐标轴 OO_1 顺着轴颈转动方向量起。极坐标轴 OO_1 与载荷 F 方向之间的夹角称为偏位角 φ_a。轴承孔和轴颈的直径分别用 D 和 d 表示，其半径分别用 R 和 r 表示，则轴承直径间隙为

$$\Delta = D - d \tag{13-19}$$

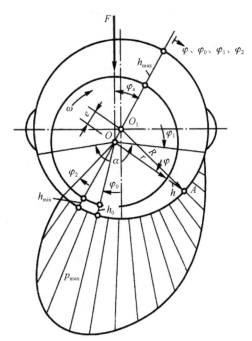

图 13-19　径向滑动轴承工作时轴颈与轴承的位置关系及其油膜压力分布

半径间隙为轴承孔半径 R 与轴颈半径 r 之差，则

$$\delta = R - r = \frac{\Delta}{2} \tag{13-20}$$

直径间隙与轴颈直径之比称为相对间隙，以 ψ 表示，即

$$\psi = \frac{\Delta}{d} = \frac{\delta}{r} \tag{13-21}$$

轴颈稳定运转时，其中心 O 和轴承孔中心 O_1 的距离，称为偏心距，用 e 表示。轴颈不转动时，偏心距 e 等于半径间隙，轴承工作转速和载荷不同时，e 值也不同。

偏心距与半径间隙之比称为偏心率，以 χ 表示，即

$$\chi = \frac{e}{\delta} \tag{13-22}$$

它表示轴颈偏心的程度。因为 $0 \leqslant e \leqslant \delta$，所以 $0 \leqslant \chi \leqslant 1$。

由此最小油膜厚度为

$$h_{\min} = \delta - e = \delta(1 - \chi) = r\psi(1 - \chi) \tag{13-23}$$

对应于任意角 φ（包括 φ_0、φ_1、φ_2 均从 OO_1 算起）的油膜厚度为 h，h 的大小可在 $\triangle AOO_1$ 中应用余弦定理求得，即

$$R^2 = e^2 + (r+h)^2 - 2e(r+h)\cos\varphi \tag{13-24}$$

解上式得

$$r+h = e\cos\varphi \pm R\sqrt{1-\left(\frac{e}{R}\right)^2\sin^2\varphi} \tag{13-25}$$

若略去微量 $\left(\dfrac{e}{R}\right)^2\sin^2\varphi$，并取根式的正号，则得任意位置的油膜厚度为

$$h = \delta(1+\chi\cos\varphi) = r\psi(1+\chi\cos\varphi) \tag{13-26}$$

在压力最大处的油膜厚度 h_0 为

$$h_0 = \delta(1+\chi\cos\varphi_0) \tag{13-27}$$

式中，φ_0 为最大压力处的极角。

2. 轴承的承载能力计算和承载量系数

为了分析问题方便，假设轴承为无限宽，则可以认为润滑油沿轴向没有流动。将一维雷诺方程改写成极坐标形式，即将 $\mathrm{d}x = r\mathrm{d}\varphi$，$v = r\omega$ 及式（13-26）、式（13-27）代入式（13-18），得到极坐标形式的雷诺方程为

$$\frac{\mathrm{d}p}{\mathrm{d}\varphi} = 6\eta\frac{\omega}{\psi^2}\frac{\chi(\cos\varphi-\cos\varphi_0)}{(1+\chi\cos\varphi)^3} \tag{13-28}$$

将式（13-28）从油膜起始角 φ_1 到任意角 φ 进行积分，得任意角 φ 位置的压力为

$$p_\varphi = 6\eta\frac{\omega}{\psi^2}\int_{\varphi_1}^{\varphi}\frac{\chi(\cos\varphi-\cos\varphi_0)}{(1+\chi\cos\varphi)^3}\mathrm{d}\varphi \tag{13-29}$$

压力 p_φ 在外载荷方向上的分量为

$$p_{\varphi y} = p_\varphi\cos[180°-(\varphi_a+\varphi)] = -p_\varphi\cos(\varphi_a+\varphi) \tag{13-30}$$

将式（13-30）在 φ_1 到 φ_2 的区间内积分，就得出在轴承单位宽度上的油膜承载力，即

$$\begin{aligned}
p_y &= \int_{\varphi_1}^{\varphi_2}p_{\varphi y}r\mathrm{d}\varphi = -\int_{\varphi_1}^{\varphi_2}p_\varphi\cos(\varphi_a+\varphi)r\mathrm{d}\varphi\\
&= \frac{6\eta\omega r}{\psi^2}\int_{\varphi_1}^{\varphi_2}\left[\frac{\chi(\cos\varphi-\cos\varphi_0)}{(1+\chi\cos\varphi)^3}\mathrm{d}\varphi\right]\left[-\cos(\varphi_a+\varphi)\right]\mathrm{d}\varphi
\end{aligned} \tag{13-31}$$

为了求出油膜的承载能力，理论上只需将 p_y 乘以轴承宽度 B 即可。但在实际轴承中，由于润滑油可能从轴承的两个端面流出，故必须考虑端泄的影响。这时，压力沿轴承宽度的变化呈抛物线分布，而且其油膜压力也比无限宽轴承的油膜压力低（见图 13-20），所以乘以系数 C'，C' 的值取决于宽径比 B/d 和偏心率 χ 的大小。这样，距离轴承中线为 z 处的油膜压力的数学表达式为

$$p'_y = p_yC'\left[1-\left(\frac{2z}{B}\right)^2\right] \tag{13-32}$$

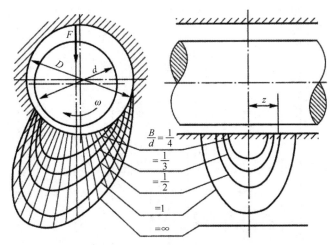

图 13-20　不同宽径比时沿轴承周向和轴向的压力分布

因此，对有限宽轴承，油膜的总承载能力为

$$F = \int_{-B/2}^{+B/2} p_y' \mathrm{d}z$$

$$= \frac{6\eta\omega r}{\psi^2} \int_{-B/2}^{+B/2} \int_{\varphi_1}^{\varphi_2} \int_{\varphi_1}^{\varphi} \left[\frac{\chi(\cos\varphi - \cos\varphi_0)}{(1+\chi\cos\varphi)^3} \mathrm{d}\varphi \right] \left[-\cos(\varphi_a + \varphi)\mathrm{d}\varphi \right] C' \left[1 - \left(\frac{2z}{B}\right)^2 \right] \mathrm{d}z \quad (13\text{-}33)$$

由式（13-33）得

$$F = \frac{\eta\omega dB}{\psi^2} C_p \quad (13\text{-}34)$$

式中

$$C_p = 3 \int_{-B/2}^{+B/2} \int_{\varphi_1}^{\varphi_2} \int_{\varphi_1}^{\varphi} \left[\frac{\chi(\cos\varphi - \cos\varphi_0)}{(1+\chi\cos\varphi)^3} \mathrm{d}\varphi \right] \left[-\cos(\varphi_a + \varphi)\mathrm{d}\varphi \right] C' \left[1 - \left(\frac{2z}{B}\right)^2 \right] \mathrm{d}z \quad (13\text{-}35)$$

又由式（13-34）得

$$C_p = \frac{F\psi^2}{\eta\omega dB} = \frac{F\psi^2}{2\eta v B} \quad (13\text{-}36)$$

式中，C_p 为承载量系数；η 为润滑油在轴承平均工作温度下的动力黏度，N·s/m²；B 为轴承宽度，m；F 为外载荷，N；v 为轴颈圆周速度，m/s。

C_p 的积分非常困难，因而采用数值积分的方法进行计算，并做成相应的线图或表格供设计应用。由式（13-35）可知，在给定边界条件时，C_p 是轴颈在轴承中位置的函数，其值取决于轴承的包角 α（指轴承表面上的连续光滑部分包围轴颈的角度，即入油口到出油口间所包轴颈的夹角），偏心率 χ 和宽径比 B/d。由于 C_p 是一个量纲为 1 的量，故称为轴承的承载量系数。当轴承的包角 α（$\alpha=120°$，$180°$ 或 $360°$）给定时，经过一系列换算，C_p 可以表示为

$$C_p \propto (\chi, B/d) \quad (13\text{-}37)$$

若轴承是在非承载区内进行无压力供油的，且设流体动压力是在轴颈与轴承衬的 $180°$ 的弧内产生的，则对应不同 χ 和 B/d 的 C_p 值见表 13-7。

表 13-7 有限宽轴承的承载量系数 C_p

B/d	χ													
	0.3	0.4	0.5	0.6	0.65	0.7	0.75	0.80	0.85	0.90	0.925	0.95	0.975	0.99
0.3	0.0522	0.0826	0.128	0.203	0.259	0.347	0.475	0.699	1.122	2.074	3.352	5.73	15.15	50.52
0.4	0.0893	0.141	0.216	0.339	0.431	0.573	0.776	1.079	1.775	3.195	5.055	8.393	21.00	65.26
0.5	0.133	0.209	0.317	0.493	0.622	0.819	1.098	1.572	2.428	4.261	6.615	10.706	25.62	75.86
0.6	0.182	0.283	0.427	0.655	0.819	1.070	1.418	2.001	3.036	5.214	7.956	12.64	29.17	83.21
0.7	0.234	0.361	0.538	0.816	1.014	1.312	1.720	2.399	3.580	6.029	9.072	14.14	31.88	88.90
0.8	0.287	0.439	0.647	0.972	1.199	1.538	1.965	2.754	4.053	6.721	9.992	15.37	33.99	92.89
0.9	0.339	0.515	0.754	1.118	1.371	1.745	2.248	3.067	4.459	7.294	10.753	16.37	35.66	96.35
1.0	0.391	0.589	0.853	1.253	1.528	1.929	2.469	3.372	4.808	7.772	11.38	17.18	37.00	98.95
1.1	0.440	0.658	0.947	1.377	1.669	2.097	2.664	3.580	5.106	8.186	11.91	17.86	38.12	101.15
1.2	0.487	0.723	1.033	1.489	1.796	2.247	2.838	3.787	5.364	8.533	12.35	18.43	39.04	102.90
1.3	0.529	0.784	1.111	1.590	1.912	2.379	2.990	3.968	5.586	8.831	12.73	18.91	39.81	104.42
1.5	0.610	0.891	1.248	1.763	2.099	2.600	3.242	4.266	5.947	9.304	13.34	19.68	41.07	106.84
2.0	0.763	1.091	1.483	2.070	2.446	2.981	3.671	4.778	6.545	10.091	14.34	20.97	43.11	110.79

13.7.5 最小油膜厚度 h_{min} 的确定

由式（13-23）及表 13-7 可知，在其他条件不变的情况下，h_{min} 越小则偏心率 χ 越大，轴承的承载能力就越大。然而，最小油膜厚度是不能无限缩小的，因为它受到轴颈和轴承表面粗糙度、轴的刚性及轴承与轴颈的几何形状误差等的限制。为确保轴承能处于流体摩擦状态，最小油膜厚度必须等于或大于许用油膜厚度[h]，以避免两个工作表面微峰的直接接触，即

$$h_{min} = r\psi\left(1-\chi\right) \geqslant [h] \tag{13-38}$$

$$[h] = 4S\left(Ra_1 + Ra_2\right) \tag{13-39}$$

式中，Ra_1、Ra_2 分别为轴颈和轴承孔表面轮廓算术平均偏差（见表 13-8），对一般轴承，可分别取 Ra_1 和 Ra_2 值为 0.8 μm 和 1.6 μm，或 0.4 μm 和 0.8 μm；对重要轴承可取为 0.2 μm 和 0.4 μm，或 0.05 μm 和 0.1 μm。S 为安全系数，考虑表面几何形状误差和轴颈挠曲变形等，常取 $S \geqslant 2$。

表 13-8 加工方法、表面粗糙度及轮廓算术平均偏差 Ra

加工方法	精车或精镗、中等磨光、刮（每平方厘米内有 1.5~3 个点）		铰、精磨、刮（每平方厘米内有 3~5 个点）		钻石刀头镗、镗磨		研磨、抛光、超精加工等		
表面粗糙度代号	$\sqrt{Ra\,3.2}$	$\sqrt{Ra\,1.6}$	$\sqrt{Ra\,0.8}$	$\sqrt{Ra\,0.4}$	$\sqrt{Ra\,0.2}$	$\sqrt{Ra\,0.1}$	$\sqrt{Ra\,0.05}$	$\sqrt{Ra\,0.025}$	$\sqrt{Ra\,0.012}$
$Ra/\mu m$	3.2	1.6	0.8	0.4	0.2	0.1	0.05	0.025	0.012

13.7.6 轴承的热平衡计算

轴承工作时，摩擦功耗将转变为热量，使润滑油温度升高。如果油的平均温度超过计算承载能力时所假定的数值，会使润滑油黏度降低，从而导致轴承承载能力下降。因此，设计时必须进行轴承的热平衡计算。

轴承运转中达到热平衡状态的条件：单位时间内轴承摩擦所产生的热量 Q 等于同一时间内流动的油所带走的热量 Q_1 与轴承散发的热量 Q_2 之和，即

$$Q = Q_1 + Q_2 \tag{13-40}$$

轴承中的热量是由摩擦损失的功转变而来的。因此，单位时间内轴承中产生的热量 Q（单位为 W）为

$$Q = fFv \tag{13-41}$$

由流出的油带走的热量 Q_1（单位为 W）为

$$Q_1 = q\rho c\left(t_o - t_i\right) \tag{13-42}$$

式中，q 为润滑油流量，按润滑油流量系数求出，m^3/s；ρ 为润滑油的密度，kg/m^3，矿物油的密度为 850~900 kg/m^3；c 为润滑油的比热容，$J/(kg\cdot℃)$，矿物油的比热容为 1675~2090 $J/(kg\cdot℃)$；t_o 为润滑油的出口温度，$℃$；t_i 为润滑油的入口温度，$℃$，通常由于冷却设备的限制，取为 35~40℃。

除润滑油带走的热量外，还可以由轴承的金属表面通过传导和辐射把一部分热量散发到周围介质中。这部分热量与轴承散热表面的面积、空气流动速度等有关，很难精确计算。因此，通常进行近似计算。若以 Q_2（单位为 W）代表这部分热量，并以油的出口温度 t_o 代表轴承温度，油的入口温度 t_i 代表周围介质的温度，则

$$Q_2 = \alpha_s \pi dB(t_o - t_i)$$ （13-43）

式中，α_s 为轴承的表面传热系数，随轴承结构的散热条件而定。对于轻型结构的轴承，或周围的介质温度高和难于散热的环境（如轧钢机轴承），取 α_s=50 W/(m². ℃)；对于中型结构的轴承或在一般通风条件下，取 α_s=80 W/(m². ℃)；在良好冷却条件下（如周围介质温度很低，轴承附近有其他特殊用途的水冷或气冷的冷却设备）工作的重型轴承，可取 α_s=140 W/(m². ℃)。

热平衡时，$Q=Q_1+Q_2$，即

$$fFv = q\rho c(t_o - t_i) + \alpha_s \pi dB(t_o - t_i)$$ （13-44）

于是得出为了达到热平衡而必需的润滑油温度差 Δt（单位为℃）为

$$\Delta t = t_o - t_i = \frac{\dfrac{f}{\psi}p}{c\rho \dfrac{q}{\psi vBd} + \dfrac{\pi \alpha_s}{\psi v}}$$ （13-45）

式中，$\dfrac{q}{\psi vBd}$ 为润滑油流量系数，是一个量纲为 1 的量，可根据轴承的宽径比 B/d 及偏心率 χ 由图 13-21 查出；f 为摩擦因数，kg/m³，$f = \dfrac{\pi}{\psi}\dfrac{\eta\omega}{p} + 0.55\psi\xi$，式中的 ξ 为随轴承宽径比而变化的系数，对于 $B/d<1$ 的轴承，$\xi = \left(\dfrac{d}{B}\right)^{1.5}$，对于 $B/d\geqslant 1$ 的轴承，$\xi = 1$。ω 为轴颈角速度，rad/s；B、d 的单位为 mm；p 为轴承的平均压力，Pa；η 为润滑油的动力黏度，Pa·s。v 为轴颈的圆周速度，m/s。

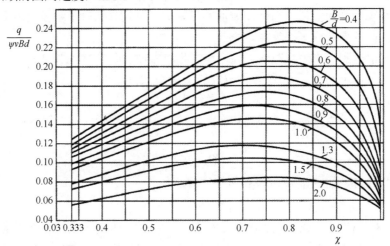

图 13-21　润滑油流量系数图（指速度供油的耗油量）

用式（13-45）只能求出平均温度差，实际上轴承上各点的温度是不相同的。润滑油从

入口到流出轴承，温度逐渐升高，因而在轴承中不同处的油的黏度也将不同。研究结果表明，在利用式（13-34）计算轴承的承载能力时，可以采用平均温度条件下的润滑油黏度。润滑油的平均温度 $t_m = \dfrac{t_i + t_o}{2}$，而温升 $\Delta t = t_o - t_i$，所以润滑油的平均温度 t_m 按下式计算：

$$t_m = t_i + \frac{\Delta t}{2} \tag{13-46}$$

设计时，通常先给定平均温度 t_m，按式（13-46）求出的温升 Δt 来校核油的入口温度 t_i，即

$$t_i = t_m - \frac{\Delta t}{2} \tag{13-47}$$

若 $t_i > 40℃$，则表示轴承热平衡易于建立，轴承的承载能力尚未用尽。此时应降低给定的平均温度，并允许适当地加大轴瓦及轴颈的表面粗糙度，再进行计算。

若 $t_i \leq 40℃$，则表示轴承不易达到热平衡状态，此时需加大间隙，并适当地降低轴瓦及轴颈的表面粗糙度，再进行计算。

此外要说明的是，轴承的热平衡计算中的润滑油流量仅考虑了速度供油量，即由旋转轴颈从油槽带入轴承间隙的油量，忽略了油泵供油时，油被带入轴承间隙时的压力供油量，这将影响轴承温升计算的精确性。因此，上述计算方法适用于一般用途的流体动力润滑径向轴承的热平衡计算，对于重要的流体动力润滑径向轴承计算可参考文献[9]。

13.7.7 参数选择

参数选择是流体动力润滑径向滑动轴承设计中的重要工作，轴承的工作能力计算是在一些重要的轴承参数确定后才能进行的。下面就几个重要轴承参数的选择做简单介绍。

1. 宽径比 B/d

一般轴承的宽径比 B/d 在 0.3～1.5 范围内。宽径比小，有利于提高运转稳定性，增大端泄量以降低温升。但轴承宽度减小，轴承承载能力也随之降低。

高速重载轴承温升高，B/d 宜取小值；低速重载轴承，为提高轴承整体刚性，B/d 宜取大值；高速轻载轴承，如对轴承刚性无过高要求，B/d 可取小值；需要对轴有较大支承刚性的机床轴承，B/d 宜取较大值。

一般机器常用的 B/d 值为：汽轮机、鼓风机，$B/d = 0.3～1$，电动机、发电机、离心泵、齿轮变速器，$B/d = 0.6～1.5$；机床、拖拉机，$B/d = 0.8～1.2$；轧钢机，$B/d = 0.6～0.9$。

2. 相对间隙 ψ

相对间隙主要根据载荷和速度选取。速度越高，ψ 值应越大；载荷越大，ψ 值应越小。此外，直径大、宽径比小，调心性能好，加工精度高时，ψ 值取小值，反之取大值。

一般轴承，按转速取 ψ 值的经验公式为

$$\psi \approx \frac{\left(\dfrac{n}{60}\right)^{\frac{4}{9}}}{10^{\frac{31}{9}}} \tag{13-48}$$

式中，n 为轴颈的转速，r/min。

一般机器中常用的 ψ 值为：汽轮机、电动机、齿轮减速器，$\psi=0.001\sim0.002$；轧钢机、铁路车辆，$\psi=0.0002\sim0.0015$；机床、内燃机，$\psi=0.0002\sim0.00125$；鼓风机、离心泵，$\psi=0.001\sim0.003$。

3．润滑油黏度

润滑油黏度是轴承设计中的一个重要参数。它对轴承的承载能力、功耗和轴承温升都有不可忽视的影响。轴承工作时，油膜各处温度是不同的，通常认为轴承的温度等于油膜的平均温度。平均温度的计算是否准确，将直接影响润滑油黏度的大小。平均温度过低，则润滑油的黏度较大，算出的承载能力偏高；反之，则承载能力偏低。设计时，可先假定轴承平均温度（一般取 $t_m=50\sim75$℃），初选润滑油黏度，进行初步设计计算。最后通过热平衡计算来验算轴承入口油温 t_i 是否在 $35\sim40$℃之间，否则应重新选择黏度再做计算。

对于一般的轴承，也可按轴颈的转速 n（单位为 r/min）先初估油的动力黏度 η'（单位为 Pa·s），即

$$\eta'=\frac{\left(\dfrac{n}{60}\right)^{-\frac{1}{3}}}{10^{\frac{7}{6}}} \qquad (13\text{-}49)$$

由式（4-2）计算相应的运动黏度 v'，选定平均油温 t_m，参照表 4-1 选定润滑油的黏度牌号。然后查图 4-5，重新确定 t_m 时的运动黏度 v_{tm} 及动力黏度 η_{tm}。最后验算入口油温。

滑动轴承设计实例如下。

例 13-1 设计一个机床用的流体动力润滑径向滑动轴承，载荷垂直向下，工作情况稳定，采用剖分式轴承。已知工作载荷 $F=100000$ N，轴颈的直径 $d=200$ mm，转速 $n=500$ r/min，在水平剖分面单侧供油。

解：1）选择轴承宽径比

根据机床轴承常用的宽径比范围，取宽径比为 1。

2）计算轴承宽度

$$B=(B/d)\times d=1\times0.2=0.2\text{ m}$$

3）计算轴颈的圆周速度

$$v=\frac{\pi dn}{60\times1000}=\frac{\pi\times200\times500}{60\times1000}=5.23\text{ m/s}$$

4）计算轴承工作压力

$$p=\frac{F}{dB}=\frac{100000}{0.2\times0.2}=2.5\text{ MPa}$$

5）选择轴瓦材料

查表 13-3，在保证 $p\leqslant[p]$、$v\leqslant[v]$、$pv\leqslant[pv]$ 的条件下，选定轴承材料为 ZCuSn10P1。

6）初估润滑油动力黏度

由式（13-49）可得

$$\eta' = \frac{\left(\dfrac{n}{60}\right)^{\frac{1}{3}}}{10^{\frac{7}{6}}} = \frac{\left(\dfrac{500}{60}\right)^{\frac{1}{3}}}{10^{\frac{7}{6}}} = 0.034 \, \text{Pa} \cdot \text{s}$$

7）计算相应的运动黏度

取润滑油密度 $\rho = 900 \, \text{kg/m}^3$，由式（4-2）可得

$$v' = \frac{\eta'}{\rho} \times 10^6 = \frac{0.034}{900} \times 10^6 = 38 \, \text{cSt}$$

8）选定平均油温

现选平均油温 $t_{\text{m}} = 50 \, ℃$。

9）选定润滑油牌号

参照表 4-1 选定黏度等级为 68 的润滑油。

10）按 $t_{\text{m}} = 50 \, ℃$ 查黏度等级为 68 的润滑油的运动黏度

由图 4-5 查得，$v_{50} = 40 \, \text{cSt}$。

11）换算出润滑油在 50℃ 时的动力黏度

$$\eta_{50} = \rho v_{50} \times 10^{-6} = 900 \times 40 \times 10^{-6} \approx 0.036 \, \text{Pa} \cdot \text{s}$$

12）计算相对间隙

由式（13-48）可得

$$\psi \approx \frac{\left(\dfrac{n}{60}\right)^{\frac{4}{9}}}{10^{\frac{31}{9}}} = \frac{\left(\dfrac{500}{60}\right)^{\frac{4}{9}}}{10^{\frac{31}{9}}} \approx 0.001，取为 0.00125。$$

13）计算直径间隙

$$\Delta = \psi d = 0.00125 \times 200 = 0.25 \, \text{mm}$$

14）计算承载量系数

由式（13-36）可得

$$C_{\text{p}} = \frac{F \psi^2}{2 \eta v B} = \frac{100000 \times (0.00125)^2}{2 \times 0.036 \times 5.23 \times 0.2} = 2.075$$

15）求出轴承的偏心率

根据 C_{p} 及 B/d 的值查表 13-7，经过插值求出偏心率 $\chi = 0.713$。

16）计算最小油膜厚度

由式（13-23）

$$h_{\text{min}} = \frac{d}{2} \psi (1 - \chi) = \frac{200}{2} \times 0.00125 \times (1 - 0.713) = 35.8 \, \mu\text{m}$$

17）确定轴颈、轴承孔表面轮廓算术平均偏差

按加工精度要求取轴颈表面粗糙度为 $Ra0.8 \, \mu\text{m}$，轴承孔表面粗糙度为 $Ra1.6 \, \mu\text{m}$，查表 13-8 得轴颈 $Ra_1 = 0.0008 \, \text{mm}$，轴承孔 $Ra_2 = 0.0016 \, \text{mm}$。

18）计算许用油膜厚度

取安全系数 $S=2$，由式（13-39）可得

$$[h] = 4S\left(Ra_1 + Ra_2\right) = 4 \times 2 \times (0.0008 + 0.0016) = 19.2\ \mu\text{m}$$

因 $h_{\min} > [h]$，故满足工作要求。

19）计算轴承与轴颈的摩擦因数

因轴承的宽径比 $B/d = 1$，取随宽径比变化的系数 $\xi = 1$，计算摩擦因数

$$f = \frac{\pi}{\psi}\frac{\eta\omega}{p} + 0.55\psi\xi = \frac{\pi \times 0.036 \times \left(2\pi \times \dfrac{500}{60}\right)}{0.00125 \times 2.5 \times 10^6} + 0.55 \times 0.00125 \times 1 = 0.00258$$

20）查出润滑油流量系数

由宽径比 $B/d = 1$ 及偏心率 $\chi = 0.713$ 查图 13-21，得润滑油流量系数 $\dfrac{q}{\psi vBd} = 0.145$。

21）计算润滑油温升

按润滑油密度 $\rho = 900\ \text{kg/m}^3$，取比热容 $c = 1800\ \text{J/(kg·℃)}$，表面传热系数 $\alpha_s = 80\ \text{W/(m}^2\cdot\text{℃)}$，由式（13-45）可得

$$\Delta t = \frac{\left(\dfrac{f}{\psi}\right)p}{c\rho\left(\dfrac{q}{\psi vBd}\right) + \dfrac{\pi\alpha_s}{\psi v}} = \frac{\dfrac{0.00258}{0.00125} \times 2.5 \times 10^6}{1800 \times 900 \times 0.145 + \dfrac{\pi \times 80}{0.00125 \times 5.23}} = 18.877\ \text{℃}$$

22）计算润滑油入口温度

由式（13-47）可得

$$t_i = t_m - \frac{\Delta t}{2} = 50\,\text{℃} - \frac{18.877}{2} = 40.562\ \text{℃}$$

因一般取 $t_i = 35 \sim 40\,\text{℃}$，故上述入口温度合适。

23）选择配合

根据直径间隙 $\Delta = 0.25\ \text{mm}$，按 GB/T 1800.1—2020 选择配合 $\dfrac{\text{F6}}{\text{d7}}$，查得轴承孔尺寸为 $\phi 200^{+0.079}_{+0.050}\ \text{mm}$，轴颈尺寸为 $\phi 200^{-0.170}_{-0.216}\ \text{mm}$。

24）求最大、最小间隙

$$\Delta_{\max} = 0.079 - (-0.216) = 0.295\ \text{mm}$$

$$\Delta_{\min} = 0.050 - (-0.170) = 0.22\ \text{mm}$$

因 $\Delta = 0.25\text{mm}$ 在 $\Delta_{\min}$ 及 $\Delta_{\max}$ 之间，故所选配合可用。

25）校核轴承的承载能力、最小油膜厚度及润滑油温升

分别按 $\Delta_{\max}$ 及 $\Delta_{\min}$ 进行校核，如果在允许值范围内，则绘制轴承工作图；否则需要重新选择参数，再做设计及校核计算。

26）主要设计结论

宽径比 $B/d = 1$；轴承孔直径 $D = \phi 200^{+0.079}_{+0.050}\ \text{mm}$；轴颈直径 $d = \phi 200^{-0.170}_{-0.216}\ \text{mm}$；偏心率 $\chi = 0.713$；轴承的材料为 ZCuSn10P1；润滑油黏度等级为 68；轴承承载量系数 $C_p = 2.075$。

习　题

13-1 同滚动轴承相比，滑动轴承有哪些优缺点？适用于什么工作场合？

13-2 径向滑动轴承有哪些类型？各有什么优缺点？

13-3 在滑动轴承上开设油孔和油槽（油沟）时应注意哪些事项？

13-4 滑动轴承常见的失效形式有哪些？

13-5 对滑动轴承材料的性能有哪几方面的要求？

13-6 设计不完全流体润滑滑动轴承时，通常需要进行哪些条件性验算？其目的各是什么？对流体动力润滑滑动轴承是否需要进行这些验算？为什么？

13-7 就流体动压润滑的一维雷诺方程，说明形成流体动力润滑的必要条件。

13-8 试述径向滑动轴承动压油膜的形成过程。

13-9 有一个非流体摩擦径向滑动轴承，直径 $d=100$ mm，宽径比 $B/d=1$，转速 $n=1200$ r/min，轴的材料为 45 钢，轴承材料为铸造青铜 ZCuSn10P1。试求轴承可以承受的最大径向载荷。

13-10 某一流体动力润滑径向滑动轴承，已知轴颈直径 $d=100$ mm，轴承宽度 $B=80$ mm，轴的转速 $n=1500$ r/min，半径装配间隙为 0.06 mm，偏心率 $\chi=0.6$，采用 30 号机械油润滑，润滑油在 50℃时的黏度 $\eta=0.02$ Pa·s。试求该轴承能承受的最大径向载荷。

13-11 某离心泵径向滑动轴承，已知轴的直径 $d=60$ mm，轴的转速 $n=1500$ r/min，轴承的径向载荷 $F=2600$ N，轴承材料为 ZQSn6-6-3，试依据不完全流体润滑滑动轴承计算方法校核该轴承是否可用。若不可用，应如何改进（按轴的强度计算，轴颈直径不得小于 48 mm）？

13-12 某剖分式径向滑动轴承，已知径向载荷 $F=35000$ N，轴颈直径 $d=100$ mm，轴承宽度 $B=100$ mm，轴颈转速 $n=1000$ r/min。选用 L-AN32 全损耗系统用油，设平均温度 $T_m=50$ ℃，轴承的相对间隙 $\psi=0.001$，轴颈、轴瓦表面粗糙度分别为 $R_{z1}=1.6$ μm，$R_{z2}=3.2$ μm，试校核此轴承能否实现流体动力润滑。

13-13 已知某发电机转子的径向滑动轴承轴瓦的包角为 180°，轴颈直径 $d=150$ mm，宽径比 $B/d=1$，半径间隙 $\delta=0.0675$ mm，承受工作载荷 $F=50000$ N，轴颈转速 $n=1000$ r/min，采用锡青铜，其 $[p]=15$ MPa，$[v]=10$ m/s，$[pv]=20$ MPa·m/s，轴颈的表面微观不平度的十点平均高度 $R_{z1}=0.002$ mm，轴瓦的表面微观不平度的十点平均高度 $R_{z2}=0.003$ mm，润滑油在轴承平均温度下的黏度 $\eta=0.014$ Pa·s。

（1）验算此轴承是否产生过度磨损和发热；

（2）验算此轴承是否能形成流体动力润滑。

13-14 设计一个流体动力润滑径向滑动轴承，工作情况稳定，采用剖分式结构。已知轴承载荷 $F_r=32500$ N，轴颈直径 $d=152$ mm，轴的转速 $n=1000$ r/min。

第 14 章　联轴器和离合器

联轴器和离合器是机械传动中常用的部件。它们主要用来连接轴与轴（或连接轴与其他回转零件），以传递运动与转矩。由联轴器连接的两根轴，只有在机器停车并将连接拆卸后，才能把它们分开。而用离合器连接的两根轴，却能在机器运转过程中随时将它们分离或接合。此外，它们还可以用作安全装置，以防止机器过载等。

由于联轴器、离合器的类型繁多，本章仅介绍几种基本的有代表性的结构，至于其他类型，可参阅有关设计手册。

14.1　联轴器

14.1.1　联轴器的功用和类型

联轴器所连接的两轴，由于加工和安装误差、承载后的变形及温度变化的影响等，往往不能保证两轴严格对中，而是存在着某种程度的相对位移，如图 14-1 所示。这就要求设计联轴器时，要从结构上采取各种不同的措施，使之具有适应一定范围相对位移的性能。

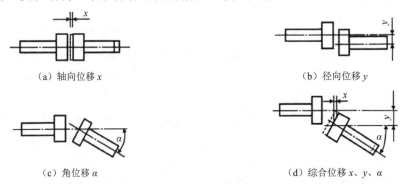

（a）轴向位移 x　　　　　　　　　　　　　　（b）径向位移 y

（c）角位移 α　　　　　　　　　　　　　　（d）综合位移 x、y、α

图 14-1　联轴器所连两轴的相对位移

根据联轴器对各种相对位移有无补偿能力（能否在发生相对位移条件下保持连接），联轴器可分刚性联轴器（无补偿能力）和挠性联轴器（有补偿能力）两大类。挠性联轴器又可分为无弹性元件的挠性联轴器和有弹性元件的挠性联轴器两类。

1. 刚性联轴器

这类联轴器有套筒式、夹壳式和凸缘式等结构形式。这里仅介绍较为常用的凸缘联轴器。

凸缘联轴器的用法：首先将两个带凸缘的半联轴器用普通平键分别与两轴连接，然后用螺栓将两个半联轴器连接成一体，以传递运动和转矩（见图 14-2）。这种联轴器有两种结构形式：图 14-2（a）所示为靠两个半联轴器的凸肩和凹槽相配合而对中，靠预紧普通螺栓在凸缘接合面产生摩擦力矩来传递转矩；图 14-2（b）所示为靠铰制孔螺栓对中和靠螺栓杆受剪切和挤压来传递转矩。前者制造简单，对中性好；后者能传递较大的转矩。

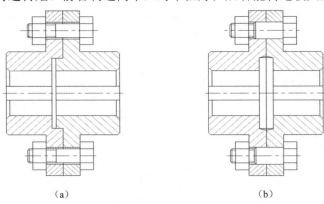

（a）　　　　　　　　　　　　　　　（b）

图 14-2　凸缘联轴器

凸缘联轴器的材料可以采用铸铁或碳钢，重载或圆周速度大于 30 m/s 时可采用铸钢或锻钢。凸缘联轴器对两轴对中性的要求很高，当两轴有相对位移时，就会在机件内引起附加载荷，使工作情况恶化，这是它的主要缺点。但由于构造简单、成本低、可传递较大转矩，故当轴的转速低、无冲击、刚性大、对中性较好时凸缘联轴器常被采用。这种联轴器可按国家标准 GB/T 5843—2003 选用。

凸缘联轴器用钢制销钉连接，即可成为安全联轴器（见图 14-3）。过载时，销钉被剪断，使传动中断，从而防止了重要零件的损坏，起到过载保护的作用。但这种过载保护方式在销钉剪断时会发生冲击，且必须停车更换销钉，所以适用于很少过载又需要安全防护的机械。

螺塞　销套 销钉　销套

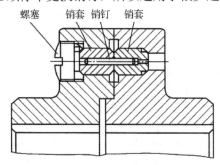

图 14-3　凸缘式剪销安全联轴器

2．挠性联轴器

1）无弹性元件的挠性联轴器

这类联轴器因具有挠性，故可补偿两轴的相对位移，但因无弹性元件而不能缓冲减振。常用的无弹性元件的挠性联轴器有以下几种。

（1）十字滑块联轴器。

如图 14-4 所示，十字滑块联轴器由两个在端面上开有凹槽的半联轴器和一个两面带有凸牙的中间盘组成。因中间盘凸牙可在凹槽中滑动，故能够补偿安装及运转时两轴间的相对径向和轴向位移。

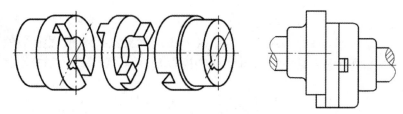

图 14-4　十字滑块联轴器

十字滑块联轴器的材料可采用 45 钢，工作表面需进行热处理，以提高其硬度；要求较低时也可采用 Q275 钢，不进行热处理。其结构简单、径向尺寸小，适用于两轴线相对径向位移较小、转速不高、无剧烈冲击的场合。为了减少摩擦及磨损，除应使工作表面具有足够的硬度外，还应注意润滑。

（2）滑块联轴器。

如图 14-5 所示，这种联轴器与十字滑块联轴器相似，只是两边半联轴器上的沟槽很宽，并把原来中间盘改为两面不带凸牙的方形滑块，且通常用夹布胶木制成。中间滑块也可用尼龙制成，并可在配制时加入少量的二硫化钼或石墨，以便在工作时自行润滑。

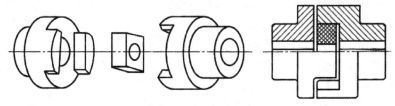

图 14-5　滑块联轴器

滑块联轴器具有结构简单、尺寸紧凑的特点，适用于小功率、中等转速且冲击不大的场合。

（3）十字轴式万向联轴器。

如图 14-6（a）所示，它由两个叉形接头 1、3，一个中间连接件 2，轴销 4 和 5（包括销套及铆钉）组成；轴销 4 与 5 互相垂直配置并分别把两个叉形接头与中间连接件 2 连接起来。这样，就构成了一个可动的连接。

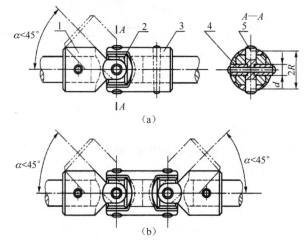

图 14-6　十字轴式万向联轴器

十字轴式万向联轴器可以允许两轴间有较大的夹角（夹角 α 最大可达 35°～45°），而且在机器运转时，夹角发生改变仍可正常传动；但当 α 过大时，传动效率会显著降低。这种联轴器的缺点是，当主动轴角速度 ω_1 为常数时，从动轴的角速度 ω_3 并不是常数，而是在一定范围内（$\omega_1\cos\alpha<\omega_3<\omega_1/\cos\alpha$）变化，因而在传动中将产生附加动载荷。为了改变这种情况，常将十字轴式万向联轴器成对使用［见图 14-6（b）］，但应注意安装时必须保证 O_1 轴、O_3 轴与中间轴之间的夹角相等，并且中间轴两端的叉形接头应在同一平面内（见图 14-7）。只有这种双万向联轴器才可以得到 $\omega_1=\omega_3$。

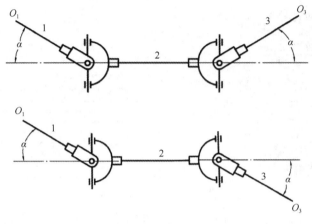

图 14-7　双万向联轴器

（4）齿式联轴器。

　　如图 14-8 所示，这种联轴器由两个带有内齿及凸缘的外套筒和两个带有外齿的内套筒组成。两个内套筒分别用键与两轴连接，两个外套筒用螺栓连成一体，依靠内、外齿相啮合以传递转矩。由于外齿的齿顶制成椭球面，且保证与内齿啮合后具有适当的顶隙和侧隙，故在传动时，套筒可有轴向和径向位移及角位移。为了减少磨损，使用中应对齿面进行润滑。

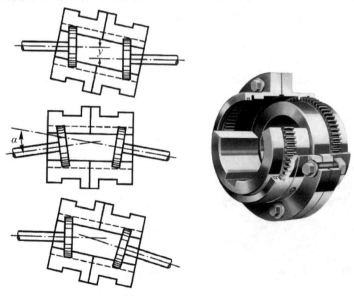

图 14-8　齿式联轴器

在齿式联轴器中，所用齿轮的齿廓曲线为渐开线，啮合角为20°，齿数一般为30～80，材料一般采用 45 钢或 ZG310-570。这类联轴器能传递很大的转矩，并允许有较大的偏移量，安装精度要求不高；但质量较大，成本较高，在重型机械中应用广泛。

（5）滚子链联轴器。

如图 14-9 所示，这种联轴器是利用一条公用的双排滚子链 2 同时与两个齿数相同的并列链轮啮合来实现两半联轴器 1 与 3 的连接的。为了改善润滑条件并防止污染，一般将联轴器密封在罩壳 4 内。

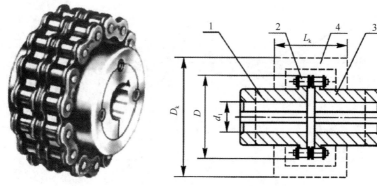

图 14-9 滚子链联轴器

滚子链联轴器的特点是结构简单、紧凑，质量小，装拆方便，维修容易，价廉，并具有一定的补偿性能和缓冲性能，但因链条的套筒与其相配件间存在间隙，不宜用于正反向传动、启动频繁或立轴传动场合；同时由于受离心力影响也不宜用于高速传动。这种联轴器可按国家标准 GB/T 6069—2017 选用。

2）有弹性元件的挠性联轴器

这类联轴器因装有弹性元件，不仅可补偿两轴间的相对位移，还具有缓冲减振性能。弹性元件所能储蓄的能量越多，则联轴器的缓冲性能越强；弹性元件的弹性滞后性能与弹性变形时零件间的摩擦功越大，则联轴器的减振性能越好。这类联轴器目前应用很广，品种也较多。

（1）弹性套柱销联轴器。

如图 14-10 所示，这种联轴器的构造与凸缘联轴器相似，只是用套有弹性套的柱销代替了连接螺栓。

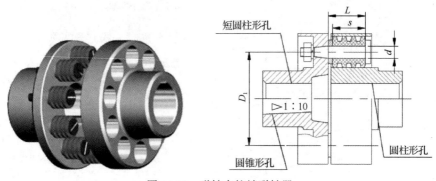

图 14-10 弹性套柱销联轴器

这种联轴器因为通过蛹状的弹性套传递转矩，故可缓冲减振。弹性套的材料常用耐油橡胶，并做成截面形状，如图 14-10 中网纹部分所示，以提高其弹性。半联轴器的材料常用 HT200，有时也采用 35 钢或 ZG270-500。柱销材料多用 35 钢。这种联轴器可按国家标准 GB/T 4223—2017 选用，必要时应验算联轴器的承载能力。

　　弹性套柱销联轴器制造容易、成本较低、装拆方便，但弹性套易磨损。它适用于连接载荷平稳、需要正反转或启动频繁的传递中小转矩的轴。

　　（2）弹性柱销联轴器。

　　如图 14-11 所示，这种联轴器工作时，转矩是通过主动轴上的键、半联轴器、弹性柱销、另一半联轴器及键传到从动轴上的。为了防止柱销脱落，在半联轴器的外侧用螺钉固定有挡板。

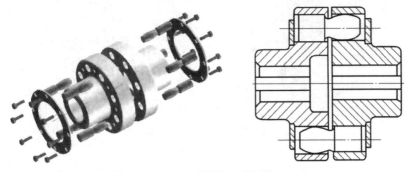

图 14-11　弹性柱销联轴器

　　弹性柱销联轴器与弹性套柱销联轴器很相似，但传递转矩的能力强，结构更为简单，安装、制造方便，耐久性好。弹性柱销有一定的缓冲和吸振能力，允许被连接两轴有一定的轴向位移及少量的径向位移和角位移，适用于轴向窜动较大、正反转变化较多和启动频繁的场合。由于尼龙柱销对温度较敏感，故使用温度限制在 -20～+70℃ 的范围内。这种联轴器可按国家标准 GB/T 5014—2017 选用。

　　（3）梅花形弹性联轴器。

　　梅花形弹性联轴器如图 14-12 所示，其半联轴器与轴的配合孔可做成圆柱形或圆锥形。装配联轴器时将梅花形弹性件的花瓣部分夹紧在两个半联轴器端面，凸齿交错插进所形成的齿侧空间，以便在联轴器工作时起到缓冲减振的作用。弹性件可根据使用要求选用不同硬度的聚氨酯橡胶、铸型尼龙等材料制造。这种联轴器的工作温度范围为 -35～+80℃，短时工作温度可达 100℃，传递的公称转矩范围为 16～25000 N·m。这种联轴器可按国家标准 GB/T 5272—2017 选用。

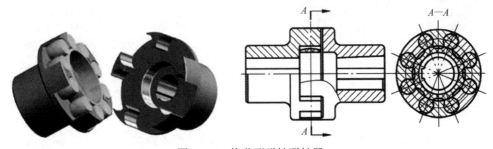

图 14-12　梅花形弹性联轴器

（4）轮胎式联轴器。

轮胎式联轴器如图 14-13 所示，用橡胶或橡胶织物制成轮胎状的弹性元件，两端用压板及螺钉分别压在两个半联轴器上。这种联轴器富有弹性，具有良好的消振性能，能有效地降低动载荷和补偿较大的轴向位移，而且绝缘性能好，运转时无噪声，缺点是径向尺寸 A 较大；当转矩较大时，会因过大扭转变形而产生附加轴向载荷。这种联轴器可按国家标准 GB/T 5844—2022 选用。

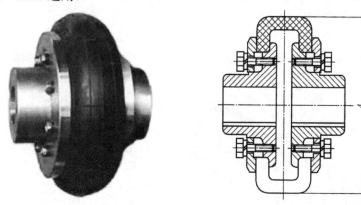

图 14-13　轮胎式联轴器

（5）膜片联轴器。

膜片联轴器如图 14-14 所示，其弹性元件为由一定数量的很薄的多边环形（或圆环形）金属膜片叠合而成的膜片组，膜片上有沿圆周均布的若干个螺栓孔，用铰制孔螺栓交错间隔与半联轴器相连接。这样将弹性元件上的弧段分为交错受压缩和受拉伸的两部分，拉伸部分传递转矩，压缩部分趋向皱折。当所连接的两轴存在轴向位移、径向位移和角位移时，金属膜片便产生波状变形。

这种联轴器结构比较简单，弹性元件的连接没有间隙，不需润滑，维护方便，平衡容易，质量小，对环境适应性强，发展前景广阔，但扭转弹性较低，缓冲减振性能差，主要用于载荷比较平稳的高速传动。

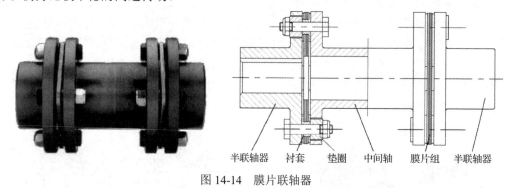

半联轴器　衬套　垫圈　中间轴　膜片组　半联轴器

图 14-14　膜片联轴器

14.1.2　联轴器的选用

绝大多数联轴器已标准化或规格化（见有关手册），可根据要求选用。下面介绍选用联轴器的基本步骤。

1．选择联轴器的类型

选择合适的联轴器类型，应考虑以下几点：

（1）所需传递的转矩大小和性质以及对缓冲减振性能的要求。例如，对大功率的重载传动，可选用齿式联轴器；对有严重冲击载荷或要求消除轴系扭转振动的传动，可选用轮胎式联轴器等具有高弹性的联轴器。

（2）联轴器的工作转速高低和引起的离心力大小。对于高速传动轴，应选用平衡精度高的联轴器，如膜片联轴器等，而不宜选用存在偏心的滑块联轴器等。

（3）两轴相对位移的大小和方向。当安装调整后，难以保持两轴严格对中，或工作过程中两轴将产生较大的附加相对位移时，应选用挠性联轴器。例如，当径向位移较大时，可选滑块联轴器，角位移较大或相交两轴的连接可选用万向联轴器等。

（4）联轴器的可靠性和工作环境。通常由金属元件制成的不需润滑的联轴器比较可靠；需要润滑的联轴器，其性能易受润滑程度的影响，且可能污染环境。含有橡胶等非金属元件的联轴器对温度、腐蚀性介质及强光等比较敏感，而且容易老化。

（5）联轴器的制造、安装、维护和成本。在满足使用性能的前提下，应选用装拆方便、维护简单、成本低的联轴器。例如，刚性联轴器不但结构简单，而且装拆方便，可用于低速、刚性大的传动轴。一般的非金属弹性元件联轴器（如弹性套柱销联轴器、弹性柱销联轴器、梅花形弹性联轴器等），由于具有良好的综合性能，广泛应用于一般的中小功率传动。

2．计算联轴器的计算转矩

由于机器启动时的动载荷和运转中可能出现的过载现象，应当将轴上的最大转矩作为联轴器的计算转矩 T_{ca}，并按下式计算：

$$T_{ca}=K_A T \qquad (14\text{-}1)$$

式中，T 为公称转矩，N·m；K_A 为工作情况系数，见表 14-1。

表 14-1 工作情况系数 K_A

工作机		K_A			
		原动机			
分类	工作情况举例	电动机汽轮机	四缸和四缸以上内燃机	双缸内燃机	单缸内燃机
I	转矩变化很小，如发电机、小型通风机、小型离心泵	1.3	1.5	1.8	2.2
II	转矩变化小，如透平压缩机、木工机床、运输机	1.5	1.7	2.0	2.4
III	转矩变化中等，如搅拌机、增压泵、有飞轮的压缩机、冲床	1.7	1.9	2.2	2.6
IV	转矩变化和冲击载荷中等，如织布机、水泥搅拌机、拖拉机	1.9	2.1	2.4	2.8

续表

工作机		K_A			
		原动机			
分 类	工作情况举例	电动机汽轮机	四缸和四缸以上内燃机	双缸内燃机	单缸内燃机
V	转矩变化和冲击载荷大，如造纸机、挖掘机、起重机、碎石机	2.3	2.5	2.8	3.2
VI	转矩变化大并有强烈冲击载荷，如压延机、无飞轮的活塞泵、重型初轧机	3.1	3.3	3.6	4.0

3．确定联轴器的型号

根据计算转矩 T_{ca} 及所选的联轴器的类型，按照下式由联轴器标准中选定联轴器的型号。

$$T_{ca} \leqslant [T] \tag{14-2}$$

式中，$[T]$ 为该联轴器的许用转矩。

4．校核最大转速

被连接轴的转速 n 不应超过所选定的联轴器允许的最高转速 n_{max}，即 $n \leqslant n_{max}$。

5．协调轴孔直径

多数情况下，每个型号的联轴器适用的轴的直径均有一个范围。标准中或者给出轴直径的最大或最小值，或者给出使用直径的尺寸系列，被连接两轴的直径应当在此范围内。一般情况下，被连接两轴的直径是不同的，两个轴端的形状也可能是不同的。

6．规定部件相应的安装精度

根据所选联轴器允许的轴的相对位移偏差，规定部件相应的安装精度。通常标准中只给出单项位移偏差的允许值。如果有多项位移偏差存在，则必须根据联轴器的尺寸大小计算出相互影响的关系，以此作为规定部件安装精度的依据。

7．进行必要的校核

如有必要，应对联轴器的主要传动零件进行强度校核。使用有非金属弹性元件的联轴器时还应注意联轴器所在部位的工作温度不要超过该弹性元件材料允许的最高温度。

联轴器型号选择实例如下。

例 14-1 某车间起重机根据工作要求选用一台电动机，其功率 $P=10\,kW$，转速 $n=960\,r/min$，电动机轴伸的直径 $d=42\,mm$，试选所需的联轴器（只要求与电动机轴伸连接的半联轴器满足直径要求）。

解：1）类型选择

为了隔离振动与冲击，选用弹性套柱销联轴器。

2）载荷计算

公称转矩

$$T = 9.55 \times 10^6 \frac{P}{n} = 9.55 \times 10^6 \times \frac{10}{960} = 9.948 \times 10^4 \, \text{N·mm}$$

由表 14-1 查得 K_A=2.3，故由式（14-1）得计算转矩为

$$T_{ca} = K_A T = 2.3 \times 9.948 \times 10^4 = 228.80 \text{ N·m}$$

3）型号选择

从 GB/T 4323—2017 中查得 LT6 型弹性套柱销联轴器的许用转矩为 250 N·m，许用最大转速为 3800 r/min，轴径为 32～42 mm，故符合要求。其余计算从略。

14.2　离合器

离合器在机器运转中可将传动系统随时分离或接合。对离合器的基本要求：接合平稳，分离迅速而彻底；调节和修理方便；外廓尺寸小；质量小；操纵方便省力；耐磨性好和有足够的散热能力。

离合器按接合元件离合方式的不同，分为操纵离合器和自控离合器。操纵离合器的操纵方式有机械、液压、气压和电磁方式等，因此又可将操纵离合器分为机械操纵离合器、液压操纵离合器、气压操纵离合器和电磁操纵离合器等。自控离合器依照一定的工作原理控制两轴自动离合。根据工作原理不同，自控离合器可分为超越离合器、离心离合器和安全离合器等。自控离合器可简化机器操作过程，减轻操作者的劳动强度，提高机器的工作效率和可靠性。

14.2.1　操纵离合器

1. 牙嵌离合器

牙嵌离合器由两个端面上有牙的半离合器组成，如图 14-15 所示。其中一个半离合器固定在主动轴上；另一个半离合器用平键（或花键）与从动轴连接，并可由操纵机构使其做轴向移动，以实现离合器的分离与接合。牙嵌离合器是借牙的相互嵌合来传递运动和转矩的。为使两个半离合器能够对中，在主动轴端的半离合器上固定一个对中环，从动轴可在对中环内自由转动。

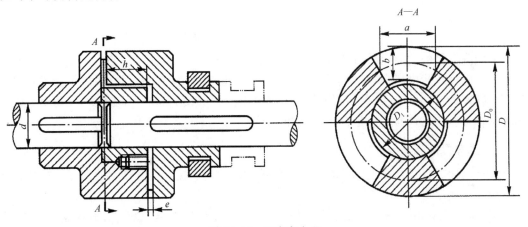

图 14-15　牙嵌离合器

牙嵌离合器常用的牙型如图 14-16 所示，三角形牙［见图 14-16（a）］用于传递小转矩的低速离合器；矩形牙［见图 14-16（b）］无轴向分力，但不便于接合与分离，磨损后无法补偿，故使用较少；锯齿形牙［见图 14-16（c）、(d)］强度高，只能传递单向转矩，用于特定的工作条件处；梯形牙［见图 14-16（e）］强度高，能传递较大的转矩，能自动补偿牙的磨损与间隙，从而减少冲击，故应用较广；图 14-16（f）所示的牙形主要用于安全离合器；图 14-16（g）所示为牙形的纵截面。牙数一般取 3～60。

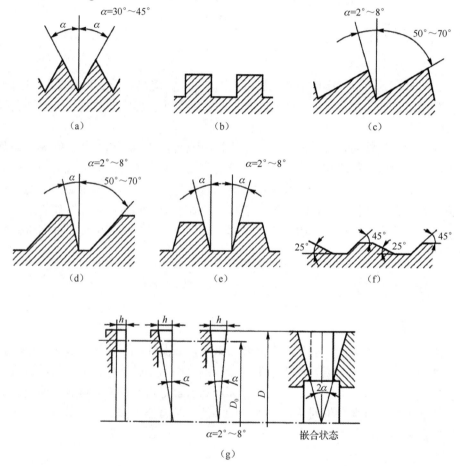

图 14-16 牙嵌离合器常用的牙型

牙嵌离合器的主要尺寸可从有关手册中选取，必要时应校核牙面的挤压强度和牙根的弯曲疲劳强度。牙嵌离合器一般用于转矩不大，低速接合处。其材料常用经表面渗碳的低碳钢（硬度为 56～62 HRC）或经表面淬火的中碳钢（硬度为 48～54 HBW）。不重要的和静止状态接合的离合器，也允许用 HT200 制造。

2. 圆盘摩擦离合器

圆盘摩擦离合器是在主动盘转动时，由主、从动盘的接合面间产生的摩擦力矩来传递转矩的，有单盘式和多盘式两种结构。

图 14-17 所示为单盘摩擦离合器，在主动轴 1 和从动轴 2 上分别安装摩擦盘 3 和 4，操纵环 5 可以使摩擦盘 4 沿轴 2 移动。接合时以力 F 将盘 4 压在盘 3 上，主动轴上的转矩即

由两盘接合面间产生的摩擦力矩传到从动轴上。设摩擦力的合力作用在平均半径 R 的圆周上，则可传递的最大转矩 T_{max} 为

$$T_{max} = FfR \tag{14-3}$$

式中，f 为摩擦因数。

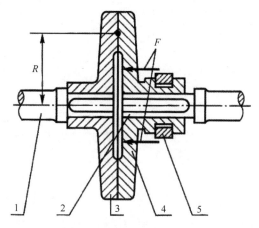

图 14-17 单盘摩擦离合器

图 14-18 所示为多盘摩擦离合器，它有两组摩擦盘：一组外摩擦盘 5 ［见图 14-19（a）］以其外齿插入主动轴 1 上的外鼓轮 2 内缘的纵向槽中，盘的孔壁则不与任何零件接触，故盘 5 可与轴 1 一起转动，并可在轴向力推动下沿轴向移动；另一组内摩擦盘 6 ［见图 14-19（b）］以其孔壁凹槽与从动轴 3 上的套筒 4 的凸齿相配合，而盘的外缘不与任何零件接触，故盘 6 可与轴 3 一起转动，也可在轴向力推动下做轴向移动。另外，在套筒 4 上开有三个纵向槽，其中安置可绕销轴转动的曲臂压杆 8。当滑环 7 向左移动时，曲臂压杆 8 通过压板 9 将所有内、外摩擦盘紧压在调节螺母 10 上，离合器即进入接合状态。螺母 10 可调节摩擦盘之间的压力。内摩擦盘也可做成碟形 ［见图 14-19（c）］，当承压时，可被压平而与外摩擦盘贴紧；松脱时，由于弹力作用，内摩擦盘可以迅速与外摩擦盘分离。

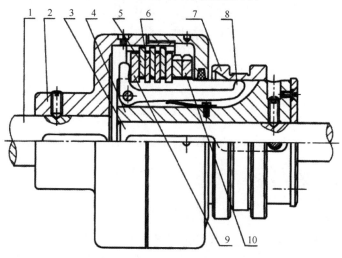

图 14-18 多盘摩擦离合器

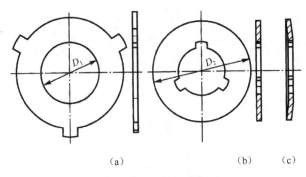

图 14-19　摩擦盘结构图

摩擦离合器和牙嵌离合器相比，有下列优点：无论在何种速度时，两轴都可以接合或分离，接合过程平稳，冲击、振动较小；从动轴的加速时间和所传递的最大转矩可以调节；过载时可发生打滑，以保护重要零件不致损坏。其缺点为：外廓尺寸较大；在接合、分离过程中要产生滑动摩擦，故发热量较大，磨损也较大。为了散热和减轻磨损，可以把摩擦离合器浸入油中工作。根据是否浸入润滑油中工作，把摩擦离合器分为干式与油式两种。

多数操纵离合器采用机械操纵机构，最简单的是由杠杆、拨叉和滑块所组成的杠杆操纵机构，当所需轴向力较大时，也可采用其他机构（如螺旋机构）。下面介绍一种电磁操纵的多盘摩擦离合器（电磁摩擦离合器）。如图 14-20 所示，当直流电经接触环 1 导入电磁线圈 2 后，产生磁通 Φ 使线圈吸引衔铁 5，于是衔铁 5 将两组摩擦片 3、4 压紧，离合器处于接合状态。当切断直流电时，依靠复位弹簧 6 将衔铁推开，使两组摩擦片松开，离合器处于分离状态。电磁摩擦离合器可实现远距离操纵，动作迅速，没有不平衡的轴向力，因而在数控机床等机械中得到了广泛的应用。

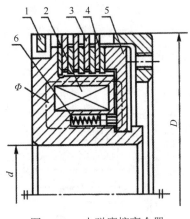

图 14-20　电磁摩擦离合器

14.2.2　自控离合器

1. 超越离合器

超越离合器只能传递单向转矩，其结构可以是摩擦滚动元件式，也可以是棘轮棘爪式。

图 14-21 所示为一种滚柱式超越离合器，由爪轮 1、套筒 2、滚柱 3、弹簧杆 4 等组成。如果爪轮 1 为主动轮并做顺时针回转，滚柱即被摩擦力驱动而滚向空隙的收缩部分，并楔

紧在爪轮和套筒间，使套筒随爪轮一同回转，离合器即进入接合状态。但当爪轮反向回转时，滚柱即滚到空隙的宽敞部分，这时离合器即处于分离状态。因而滚柱式超越离合器只能传递单向转矩，可在机械中用来防止逆转及完成单向传动。如果在套筒 2 随爪轮 1 旋转的同时，套筒又从另一个运动系统获得旋向相同但转速较大的运动，离合器将处于分离状态。即从动件的角速度超过主动件时，不能带动主动件回转。这种离合器由于从动件可以超越主动件的特性而应用于内燃机等的启动装置中。

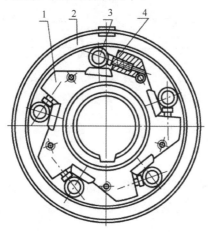

图 14-21　滚柱式超越离合器

2. 安全离合器

安全离合器是限制转矩的自控离合器。它能在传动系统中避免过载导致的破坏。安全离合器通常有嵌合式和摩擦盘式。

常用的嵌合式安全离合器（见图 14-22）和牙嵌离合器很相似，只是牙的倾斜角 α 较大，并由弹簧压紧机构代替滑环操纵机构。工作时，两个半离合器由弹簧 2 的压紧力使牙盘 3、4 嵌合以传递转矩。当转矩超过某一定值时，牙间的轴向推力将克服弹簧阻力和摩擦阻力使离合器自动分离，牙跳跃滑过。当转矩降低到某一定值以下，离合器自动接合。弹簧的压力通过螺母 1 调节。

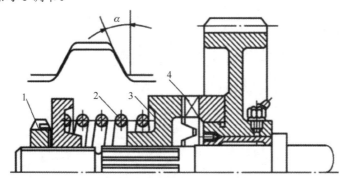

图 14-22　嵌合式安全离合器

图 14-23 所示为摩擦盘式安全离合器，它与多盘摩擦离合器相似，只是没有操纵机构，而用弹簧将摩擦盘压紧，并用螺钉调节压紧力的大小。当过载时，摩擦盘发生打滑，从而限制了离合器传递的最大转矩，起到了保护作用。

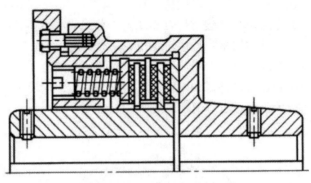

图 14-23　摩擦盘式安全离合器

习　题

14-1 联轴器、离合器、安全联轴器和安全离合器各有何区别？各适用于什么场合？

14-2 试比较刚性联轴器、无弹性元件的挠性联轴器和有弹性元件的挠性联轴器各有何优缺点？各适用于什么场合？

14-3 为什么实现两轴间的同步转速要采用双万向联轴器？

14-4 在高速轻载，有冲击振动的机械中，宜采用哪种联轴器？为什么？机器运转中要求经常分离和接合时，宜选用哪种离合器？为什么？

14-5 某电动机与油泵之间用弹性套柱销联轴器连接，功率 P =4 kW，转速 n =960 r/min，轴伸直径 d = 32mm，试确定该联轴器的型号（只要求与电动机轴伸连接的半联轴器满足直径要求）。

14-6 某离心式水泵采用弹性柱销联轴器连接，原动机为电动机，传递功率 P=38 kW，转速 n=300 r/min，联轴器两端连接轴颈直径 d=50 mm；试选择该联轴器的型号。若原动机改为活塞式内燃机，又应如何选择联轴器？

14-7 某机床主传动换向机构中采用图 14-18 所示的多盘摩擦离合器，已知主动摩擦盘 5 片，从动摩擦盘 4 片，接合面内径 D_1 =60 mm，外径 d=110 mm，功率 P=4.4 kW，转速 n=1214 r/min，摩擦盘材料为淬火钢，试写出所需轴向力 F 的计算式。

第五篇

其他零部件

第 15 章　弹簧

15.1　概述

弹簧是一种弹性元件，它可以在载荷作用下产生较大的弹性变形。弹簧在各类机械中应用十分广泛，主要用于：

（1）控制机构的运动，如制动器、离合器中的控制弹簧，内燃机气缸中的阀门弹簧等。

（2）减振和缓冲，如汽车、火车车厢下的减振弹簧，以及各种缓冲器用的弹簧等。

（3）储存及输出能量，如钟表弹簧、枪栓弹簧等。

（4）测量力的大小，如测力器和弹簧秤中的弹簧等。

按照所承受的载荷不同，弹簧分为拉伸弹簧、压缩弹簧、扭转弹簧和弯曲弹簧四种；按照弹簧的形状不同，又可分为螺旋弹簧、环形弹簧、碟形弹簧、板簧和平面涡卷弹簧等。表 15-1 中列出了弹簧的基本类型。

表 15-1　弹簧的基本类型

按 形 状 分	按 载 荷 分			
	拉伸	压缩		扭转	弯曲
螺旋形	圆柱螺旋 拉伸弹簧	圆柱螺旋 压缩弹簧	圆锥螺旋 压缩弹簧	圆柱螺旋 扭转弹簧	
其他形		环形弹簧	碟形弹簧	平面涡卷弹簧	板簧

螺旋弹簧是用弹簧丝卷绕而成的，由于制造简便，所以应用最广。在一般机械中，最常用的是圆柱螺旋弹簧，故本章主要讲述这类弹簧的结构形式和设计方法。

15.2 圆柱螺旋弹簧的材料与制造

15.2.1 弹簧的材料

弹簧主要在动载荷下工作，而且要求在较大应力情况下不产生塑性变形，因此弹簧材料必须有高的弹性极限和疲劳极限，同时应具有足够的韧性，以及良好的可热处理性。常用的弹簧钢主要有碳素弹簧钢（如 70 钢）、锰弹簧钢（如 65 锰）、硅锰弹簧钢（如 60Si2MnA）、铬钒钢（如 50CrVA）等。此外，不锈钢和青铜材料，还具有耐腐蚀、防磁和导电性能好的特点，故常用于制造化工设备或工作于腐蚀性介质中的弹簧。其缺点是不易热处理，力学性能较差，所以在一般机械中很少采用。

选择弹簧材料时，应考虑它的用途、重要程度、使用条件（包括载荷性质、大小及循环特性，工作持续时间，工作温度和周围介质情况等），以及加工、热处理和经济性等因素，同时要参照现有设备中使用的弹簧，选择出较为合用的材料。

弹簧材料的许用切应力$[\tau]$和许用弯曲应力$[\sigma_b]$的大小和载荷性质有关，静载荷时的$[\tau]$或$[\sigma_b]$较变载荷时的大。表 15-2 列出了几种常用弹簧材料的性能，可供设计时参考。碳素弹簧丝和 65Mn 弹簧丝的强度极限 σ_B 按表 15-3 和表 15-4 选取。

表 15-2 几种常用弹簧材料的性能

材料及代号	许用切应力 $[\tau]$/MPa			许用弯曲应力 $[\sigma_b]$/MPa		弹性模量 E/MPa	切变模量 G/MPa	推荐使用温度/℃	推荐硬度/HRC	特性及用途
	I 类弹簧	II 类弹簧	III 类弹簧	II 类弹簧	III 类弹簧					
碳素弹簧丝 SL、SM、DM、SH、DH 型	$0.3\sigma_B$	$0.4\sigma_B$	$0.5\sigma_B$	$0.5\sigma_B$	$0.625\sigma_B$	$0.5\leqslant d\leqslant 4$ 时为 207500～205000，$d>4$ 时为 200000	$0.5\leqslant d\leqslant 4$ 时为 83000～80000，$d>4$ 时为 80000	$-40\sim130$		强度高，加工性能好，适用于小尺寸弹簧。65Mn 弹簧丝用于制造重要弹簧
65Mn										
60Si2Mn 60Si2MnA	480	640	800	800	1000	200000	80000	$-40\sim200$	45～50	弹性好，回火稳定性好，易脱碳，用于承受大载荷的弹簧
50CrVA	450	600	750	750	940			$-40\sim210$		疲劳性能好，淬透性、回火稳定性好

材料及 代号	许用切应力 [τ]/MPa			许用弯曲应力 [σ_b]/MPa		弹性 模量 E/MPa	切变 模量 G/MPa	推荐使用 温度/℃	推荐 硬度/ HRC	特性及 用途
	Ⅰ类 弹簧	Ⅱ类 弹簧	Ⅲ类 弹簧	Ⅱ类 弹簧	Ⅲ类 弹簧					
不锈钢丝 1Cr18Ni9 1Cr18Ni9Ti	330	440	550	550	690	197000	73000	-200～300		耐腐蚀， 耐高温，有 良好的工 艺性，适用 于小弹簧

注：① 弹簧按载荷性质分为三类：Ⅰ类——受变载荷作用次数在 10^6 以上的弹簧；Ⅱ类——受变载荷作用次数在 10^3～10^5 及
冲击载荷的弹簧；Ⅲ类——受变载荷作用次数在 10^3 以下的弹簧。
② 碳素弹簧丝按力学性能及载荷特点分为 SL、SM、DM、SH、DH 型，见表 15-3。
③ 碳素弹簧丝的强度极限见表 15-3。65Mn 弹簧丝的强度极限见表 15-4。
④ 各类螺旋拉、压弹簧的极限工作应力 τ_{lim}：对于Ⅰ类、Ⅱ类弹簧，$\tau_{lim} \leqslant 0.5\sigma_B$；对于Ⅲ类弹簧，$\tau_{lim} \leqslant 0.56\sigma_B$。
⑤ 表中许用切应力为压缩弹簧的许用值，拉伸弹簧的许用切应力为压缩弹簧许用切应力的 80%。
⑥ 经强压处理的弹簧，其许用应力可增大 25%。

表 15-3 冷拉碳素弹簧丝的强度极限（GB/T 4357—2022）

弹簧丝公称直径/mm	σ_B/MPa				
	SL 型	SM 型	DM 型	SH 型	DH 型
1.25	1660～1900	1910～2130	1910～2130	2140～2380	2140～2380
1.30	1640～1890	1900～2130	1900～2130	2140～2370	2140～2370
1.40	1620～1860	1870～2100	1870～2100	2110～2340	2110～2340
1.50	1600～1840	1850～2080	1850～2080	2090～2310	2090～2310
1.60	1590～1820	1830～2050	1830～2050	2060～2290	2060～2290
1.70	1570～1800	1810～2030	1810～2030	2040～2260	2040～2260
1.80	1550～1780	1790～2010	1790～2010	2020～2240	2020～2240
1.90	1540～1760	1770～1990	1770～1990	2000～2220	2000～2220
2.00	1520～1750	1760～1970	1760～1970	1980～2200	1980～2200
2.10	1510～1730	1740～1960	1740～1960	1970～2180	1970～2180
2.25	1490～1710	1720～1930	1720～1930	1940～2150	1940～2150
2.40	1470～1690	1700～1910	1700～1910	1920～2130	1920～2130
2.50	1460～1680	1690～1890	1690～1890	1900～2110	1900～2110
2.60	1450～1660	1670～1880	1670～1880	1890～2100	1890～2100
2.80	1420～1640	1650～1850	1650～1850	1860～2070	1860～2070
3.00	1410～1620	1630～1830	1630～1830	1840～2040	1840～2040
3.20	1390～1600	1610～1810	1610～1810	1820～2020	1820～2020
3.40	1370～1580	1590～1780	1590～1780	1790～1990	1790～1990
3.60	1350～1560	1570～1760	1570～1760	1770～1970	1770～1970
3.80	1340～1540	1550～1740	1550～1740	1750～1950	1750～1950
4.00	1320～1520	1530～1730	1530～1730	1740～1930	1740～1930

续表

弹簧丝公称直径/mm	σ_B/MPa				
	SL 型	SM 型	DM 型	SH 型	DH 型
4.25	1310～1500	1510～1700	1510～1700	1710～1900	1710～1900
4.50	1290～1490	1500～1680	1500～1680	1690～1880	1690～1880
4.75	1270～1470	1480～1670	1480～1670	1680～1840	1680～1840
5.00	1260～1450	1460～1650	1460～1650	1660～1830	1660～1830
5.30	1240～1430	1440～1630	1440～1630	1640～1820	1640～1820

注：① 弹簧丝按强度极限分为低强度极限、中等强度极限和高强度极限三类，分别用符号 L、M 和 H 表示；按照弹簧载荷特点分为静载荷和动载荷两类，分别用 S 和 D 表示。

② 中间尺寸弹簧丝强度极限值按表中相邻较大弹簧丝的规定选取。

③ 对特殊用途的弹簧丝，可确定其强度极限。

④ 对直径为 0.08～0.18 mm 的 DH 型弹簧丝，经供需双方协商，其强度极限可上下波动 300 MPa。

表 15-4　65Mn 弹簧丝的强度极限

弹簧丝直径 d/mm	1～1.2	1.4～1.6	1.8～2	2.2～2.5	2.8～3.4
σ_B/MPa	1800	1750	1700	1650	1600

15.2.2　圆柱螺旋弹簧的结构

1．圆柱螺旋压缩弹簧

如图 15-1 所示，弹簧的节距为 p，在自由状态下，各圈之间应有适当的间距 δ，以便弹簧受压时，有产生相应变形的空间。为了使弹簧在压缩后仍能保持一定的弹性，设计时还应考虑在最大载荷作用下，各圈之间仍保留一定的间距 δ_1，一般推荐为 $\delta_1=0.1d \geqslant 0.2$ mm，d 为弹簧丝的直径，单位为 mm。

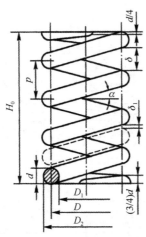

图 15-1　圆柱螺旋压缩弹簧

弹簧的两个端面圈应与邻圈并紧（无间隙），只起支承作用，不参与变形，故称为死圈。当弹簧的工作圈数 $n \leqslant 7$ 时，弹簧每端的死圈约为 0.75 圈；当 $n>7$ 时，弹簧每端的死圈为 1～1.75 圈。弹簧端部的结构有多种形式（见图 15-2），最常用的有两个端面圈均与邻圈并紧且磨平的 YⅠ 型［见图 15-2（a）］、并紧不磨平的 YⅡ 型［见图 15-2（b）］和不并紧的 YⅢ 型［见图 15-2（c）］三种。在重要的场合，应采用 YⅠ 型以保证两支承端面与弹簧的轴线垂直，从而使弹簧受压时不致歪斜。弹簧丝直径 $d \leqslant 0.5$ mm 时，弹簧的两支承端面可不必磨平。$d>0.5$ mm 的弹簧，两支承端面则需磨平。磨平部分至少为圆周长的 3/4，端头厚度一般不小于 $d/8$，端面粗糙度应低于 $Ra25$ μm。

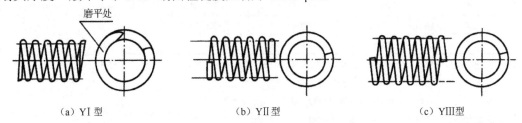

（a）YⅠ 型　　　　　　　（b）YⅡ 型　　　　　　　（c）YⅢ 型

图 15-2　圆柱螺旋压缩弹簧的端面圈

2. 圆柱螺旋拉伸弹簧

如图 15-3 所示，圆柱螺旋拉伸弹簧空载时，各圈应相互并拢。另外，为了减小轴向工作空间，并保证弹簧在空载时各圈相互压紧，常在卷绕的过程中同时使弹簧丝绕其本身的轴线扭转。这样制成的弹簧，各圈相互间既具有一定的压紧力，弹簧丝中也产生了一定的预应力，故称为有预应力的拉伸弹簧。这种弹簧一定要在外加的拉力大于初拉力 F_0 时，各圈才开始分离，故可较无预应力的拉伸弹簧节省轴向的工作空间。拉伸弹簧的端部制有挂钩，以便安装和加载。挂钩的形式如图 15-4 所示。其中端部结构形式为半圆钩环的 LⅠ 型和圆钩环压中心的 LⅥ型制造方便，应用很广。但因在挂钩过渡处产生很大的弯曲应力，故只宜用于弹簧丝直径 $d \leqslant 10$ mm 的弹簧中。LⅦ、LⅧ型挂钩不与弹簧丝连成一体，适用于受力较大的场合。

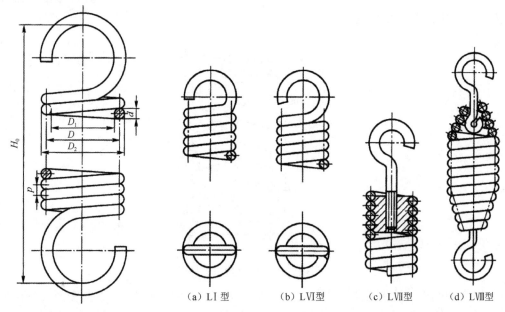

（a）LⅠ 型　　（b）LⅥ型　　（c）LⅦ型　　（d）LⅧ型

图 15-3　圆柱螺旋拉伸弹簧　　　　图 15-4　圆柱螺旋拉伸弹簧挂钩的形式

15.2.3　螺旋弹簧的制造

螺旋弹簧的制造工艺包括卷制、挂钩的制作或端面圈的精加工、热处理、工艺试验及强压处理。

卷制分冷卷及热卷两种。冷卷用于经预先热处理后拉成的直径 $d<10$ mm 的弹簧丝制作的弹簧；热卷则用于直径较大的弹簧丝制作的强力弹簧。热卷时的温度视弹簧丝的直径 d 的大小在 $800\sim1000℃$ 的范围内选择。

对于重要的压缩弹簧，为了保证两端的承压面与其轴线垂直，应将端面圈在专用的磨床上磨平；对于拉伸及扭转弹簧，为了便于连接、固着及加载，两端应制有挂钩或杆臂（参见图 15-4 和图 15-13）。

弹簧在完成上述工序后，均应进行热处理。冷卷后的弹簧只做回火处理，以消除卷制时产生的内应力。热卷后的弹簧须经淬火及中温回火处理。热处理后的弹簧，表面不应出现显著的脱碳层。

此外，弹簧还须进行工艺试验及根据弹簧的技术条件规定进行精度、冲击、疲劳等试验，以检验弹簧是否符合技术要求。要特别指出的是，弹簧的持久强度和抗冲击强度，在很大程度上取决于弹簧丝的表面状况，所以弹簧丝表面必须光洁，没有裂纹和伤痕等缺陷。表面脱碳会严重影响材料的持久强度和抗冲击强度。

为了提高承载能力，还可在弹簧制成后进行强压处理或喷丸处理。强压处理是指使弹簧在超过极限载荷作用下持续 $6\sim48$h，以便在弹簧丝的表层高应力区产生有益的塑性变形和与工作应力反向的残余应力，使弹簧在工作时的最大应力下降，从而提高弹簧的承载能力。但用于长期振动、高温或腐蚀性介质中的弹簧，不宜进行强压处理。

15.3　圆柱螺旋压缩（拉伸）弹簧的设计计算

15.3.1　几何参数计算

普通圆柱螺旋弹簧的主要几何尺寸有外径 D_2、中径 D、内径 D_1、节距 p、螺旋升角 α 及弹簧丝直径 d。由图 15-5 可知，它们的关系为

$$\alpha=\arctan\frac{p}{\pi D} \tag{15-1}$$

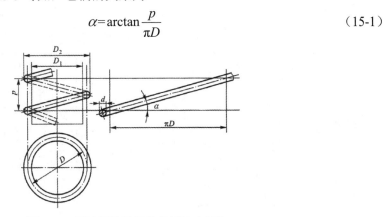

图 15-5　圆柱螺旋弹簧的几何尺寸参数

对圆柱螺旋压缩弹簧，式中弹簧的螺旋升角 α 一般在 $5°\sim9°$ 范围内选取。弹簧的旋向可以右旋或左旋，但无特殊要求时，一般用右旋。

普通圆柱螺旋压缩（拉伸）弹簧的结构尺寸计算公式见表 15-5。计算出的弹簧丝直径 d 及弹簧中径 D 等按表 15-6 中的数值圆整。

表 15-5　普通圆柱螺旋压缩（拉伸）弹簧的结构尺寸计算公式　　　　单位：mm

参数名称及代号	计算公式		备　注
	压缩弹簧	拉伸弹簧	
中径 D	$D = Cd$		按表 15-6 取标准值
内径 D_1	$D_1 = D - d$		
外径 D_2	$D_2 = D + d$		
旋绕比 C	$C = D/d$		
压缩弹簧长细比 b	$b = \dfrac{H_0}{D}$		b 在 $1\sim5.3$ 的范围内选取
自由高度或长度 H_0	两端并紧，磨平： $H_0 \approx pn + (1.5\sim2)d$ 两端并紧，不磨平： $H_0 \approx pn + (3\sim3.5)d$	$H_0 = nd + H_\mathrm{h}$	H_h 为钩环轴向长度
工作高度或长度 $H_1, H_2, \cdots, H_n$	$H_n = H_0 - \lambda_n$	$H_n = H_0 + \lambda_n$	λ_n 为工作变形量
有效圈数 n	根据要求变形量，按式（15-11）计算		$n \geqslant 2$
总圈数 n_1	冷卷：$n_1 = n + (2\sim2.5)$ 热卷：$n_1 = n + (1.5\sim2)$	$n_1 = n$	拉伸弹簧尾数为 $\dfrac{1}{4}$、$\dfrac{1}{2}$、$\dfrac{3}{4}$、整圈，推荐用 $\dfrac{1}{2}$ 圈
节距 p	$p = (0.28\sim0.5)D$	$p = d$	
轴间距 δ	$\delta = p - d$		
展开长度 L	$L = \dfrac{\pi D n_1}{\cos \alpha}$	$L = \pi D n_1 + L_\mathrm{h}$	L_h 为钩环展开长度
螺旋升角 α	$\alpha = \arctan \dfrac{p}{\pi D}$		对螺旋压缩弹簧，推荐 $\alpha = 5°\sim9°$
质量 m_s	$m_\mathrm{s} = \dfrac{\pi d^2}{4} L \gamma$		γ 为材料的密度，对各种钢，$\gamma = 7800\mathrm{kg/m^3}$，对铍青铜 $\gamma = 8100\mathrm{kg/m^3}$

表 15-6　圆柱螺旋弹簧尺寸系列（GB/T 1358—2009）

弹簧丝直径 d/mm	第一系列	0.10	0.12	0.14	0.16	0.20	0.25	0.30	0.35	0.40	0.45	0.50	0.60
		0.70	0.80	0.90	1.00	1.20	1.60	2.00	2.50	3.00	3.50	4.00	4.50
		5.00	6.00	8.00	10.0	12.0	15.0	16.0	20.0	25.0	30.0	35.0	40.0
		45.0	50.0	60.0									
	第二系列	0.05	0.06	0.07	0.08	0.09	0.18	0.22	0.28	0.32	0.55	0.65	1.40
		1.80	2.20	2.80	3.20	5.50	6.50	7.00	9.00	11.0	14.0	18.0	22.0
		28.0	32.0	38.0	42.0	55.0							

续表

弹簧中径 D/mm		0.3	0.4	0.5	0.6	0.7	0.8	0.9	1	1.2	1.4	1.6	1.8
		2	2.2	2.5	2.8	3	3.2	3.5	3.8	4	4.2	4.5	4.8
		5	5.5	6	6.5	7	7.5	8	8.5	9	10	12	14
		16	18	20	22	25	28	30	32	38	42	45	48
		50	52	55	58	60	65	70	75	80	85	90	95
		100	105	110	115	120	125	130	135	140	145	150	160
		170	180	190	200	210	220	230	240	250	260	270	280
		290	300	320	340	360	380	400	450	500	550	600	
有效圈数 n/圈	压缩弹簧	2	2.25	2.5	2.75	3	3.25	3.5	3.75	4	4.25	4.5	4.75
		5	5.5	6	6.5	7	7.5	8	8.5	9	9.5	10	10.5
		11.5	12.5	13.5	14.5	15	16	18	20	22	25	28	30
	拉伸弹簧	2	3	4	5	6	7	8	9	10	11	12	13
		14	15	16	17	18	19	20	22	25	28	30	35
		40	45	50	55	60	65	70	80	90	100		
自由高度 H₀/mm	压缩弹簧	2	3	4	5	6	7	8	9	10	11	12	13
		14	15	16	17	18	19	20	22	24	26	28	30
		32	35	38	40	42	45	48	50	52	55	58	60
		65	70	75	80	85	90	95	100	105	110	115	120
		130	140	150	160	170	180	190	200	220	240	260	280
		300	320	340	380	400	420	450	480	500	520	550	580
		600	620	650	680	700	720	750	780	800	850	900	950
		1000											

注：① 本表适用于一般用途的圆柱螺旋弹簧。

② 弹簧丝直径应优先采用第一系列。

③ 拉伸弹簧有效圈数除按表中规定外，由于两钩环相对位置不同，其尾数还可以为 0.25、0.5、0.75。

15.3.2 弹簧的特性曲线

弹簧应具有经久不变的弹性，且不允许产生永久变形。因此在设计弹簧时，务必使其工作应力在弹性极限范围内。在这个范围内工作的压缩弹簧，当承受轴向载荷 F 时，弹簧将产生相应的弹性变形，如图 15-6（a）所示。为了表示弹簧的载荷与变形的关系，取纵坐标表示弹簧承受的载荷，横坐标表示弹簧的变形量，通常载荷和变形量呈直线关系[①]［见图 15-6（b）］。这种表示载荷与变形量关系的曲线称为弹簧的特性曲线。拉伸弹簧如图 15-7（a）所示，图 15-7（b）所示为无预应力的拉伸弹簧的特性曲线；图 15-7（c）所示为有预应力的拉伸弹簧的特性曲线。

---

① 某些特殊设计的弹簧，如不等节距弹簧、变径弹簧、平面涡卷弹簧，它们的载荷与变形量呈非线性关系。

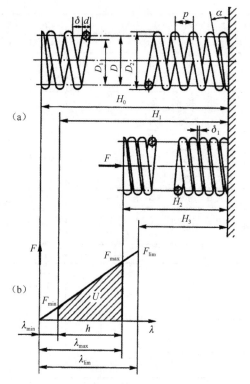

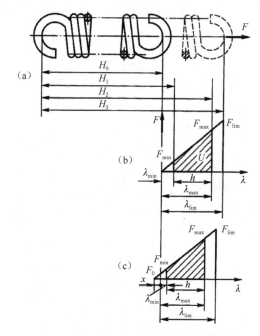

图 15-6　圆柱螺旋压缩弹簧的特性曲线　　　　图 15-7　圆柱螺旋拉伸弹簧的特性曲线

图 15-6（a）中的 H_0 是压缩弹簧在没有承受外力时的自由长度。弹簧在安装时，通常预加一个压力 F_{min}，使它可靠地稳定在安装位置上。F_{min} 称为弹簧的最小载荷（安装载荷）。在它的作用下，弹簧的长度被压缩到 H_1，其压缩变形量为 λ_{min}。F_{max} 为弹簧承受的最大工作载荷。在 F_{max} 作用下，弹簧长度减到 H_2，其压缩变形量增到 λ_{max}。λ_{max} 与 λ_{min} 的差即为弹簧的工作行程 h，$h=\lambda_{max}-\lambda_{min}$。$F_{lim}$ 为弹簧的极限载荷。在该力的作用下，弹簧丝内的应力达到了材料的弹性极限。与 F_{lim} 对应的弹簧长度为 H_3，压缩变形量为 λ_{lim}，产生的极限应力为 τ_{lim}。

等节距的圆柱螺旋压缩弹簧的特性曲线为一条直线，即

$$\frac{F_{min}}{\lambda_{min}}=\frac{F_{max}}{\lambda_{max}}=\cdots=常数$$

压缩弹簧的最小工作载荷通常取为 $F_{min}=(0.1\sim0.5)F_{max}$；但对有预应力的拉伸弹簧，$F_{min}>F_0$，$F_0$ 为使具有预应力的拉伸弹簧开始变形时所需的初拉力，如图 15-7（c）所示，有预应力的拉伸弹簧相当于有预变形量 x，因而在同样的 F 作用下，有预应力的拉伸弹簧产生的变形要比没有预应力时小。

弹簧的最大工作载荷 F_{max}，由弹簧在机构中的工作条件决定，但不应达到它的极限载荷，通常应保持 $F_{max}\leqslant0.8F_{lim}$。

弹簧的特性曲线应绘制在弹簧工作图中，作为检验和试验时的依据之一。此外，在设计弹簧时，利用特性曲线分析受载与变形的关系也较方便。

15.3.3　圆柱螺旋弹簧受载时的应力及变形

圆柱螺旋弹簧受压或受拉时，弹簧丝的受力情况是完全一样的。现就图 15-8 所示的圆形截面弹簧丝的压缩弹簧承受轴向载荷 F 的情况进行分析。

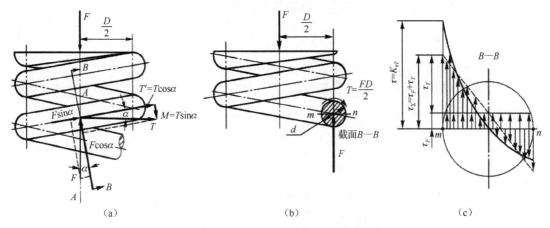

图 15-8　圆柱螺旋压缩弹簧的受力及应力分析

由图 15-8（a）（图中弹簧下部断去，未示出）可知，由于弹簧丝具有升角 α，故在通过弹簧轴线的截面上，弹簧丝的截面 $A{-}A$ 呈椭圆形，作用在该截面上的有力 F 及转矩 $T = F\dfrac{D}{2}$。因而，在弹簧丝的法向截面 $B{-}B$ 上则作用有横向力 $F\cos\alpha$、轴向力 $F\sin\alpha$、弯矩 $M = T\sin\alpha$ 及转矩 $T' = T\cos\alpha$。

由于弹簧的螺旋升角一般取为 $\alpha = 5°\sim9°$，故 $\sin\alpha \approx 0$，$\cos\alpha \approx 1$［见图 15-8（b）］，则截面 $B{-}B$ 上的应力［见图 15-8（c）］可近似地取为

$$\tau_\Sigma = \tau_F + \tau_T = \frac{F}{\dfrac{\pi d^2}{4}} + \frac{F\dfrac{D}{2}}{\dfrac{\pi d^3}{16}} = \frac{4F}{\pi d^2}\left(1 + \frac{2D}{d}\right) = \frac{4F}{\pi d^2}(1 + 2C) \tag{15-2}$$

式中，$C = \dfrac{D}{d}$ 称为旋绕比（或弹簧指数）。为了使弹簧本身较为稳定，不致颤动和过软，C 值不能太大；但为避免卷绕时弹簧丝受到强烈弯曲作用，C 值又不应太小。C 值的范围为 $4\sim6$（见表 15-7），常取值为 $5\sim8$。

表 15-7　常用旋绕比 C

d/mm	$0.2\sim0.4$	$0.45\sim1$	$1.1\sim1.2$	$2.5\sim6$	$7\sim16$	$18\sim42$
$C = \dfrac{D}{d}$	$7\sim14$	$5\sim12$	$5\sim10$	$4\sim9$	$4\sim8$	$4\sim6$

为了简化计算，通常在式（15-2）中取 $1 + 2C \approx 2C$（因为当 $C = 4\sim16$ 时，$2C \gg 1$，实质上即略去了 τ_F），由于弹簧升角和曲率的影响，弹簧丝截面中的应力分布将如图 15-8（c）中的粗实线所示。由图 15-8 可知，最大应力产生在弹簧丝截面内侧的 m 点。实践证明，弹

簧的破坏也大多由这点开始。为了考虑弹簧升角和曲率对弹簧丝中应力的影响，现引入曲度系数 K，则弹簧丝内侧的最大应力及强度条件可表示为

$$\tau = K\tau_T = K\frac{8CF}{\pi d^2} \leqslant [\tau] \tag{15-3}$$

式中，K 为弹簧曲度系数，对于圆截面弹簧丝可按下式计算：

$$K \approx \frac{4C-1}{4C-4} + \frac{0.615}{C} \tag{15-4}$$

式（15-3）用于设计时确定弹簧丝的直径 d。

圆柱螺旋压缩（拉伸）弹簧受载后的轴向变形量 λ，可根据材料力学关于圆柱螺旋弹簧变形量的公式求得，即

$$\lambda = \frac{8FD^3n}{Gd^4} = \frac{8FC^3n}{Gd} \tag{15-5}$$

式中，n 为弹簧的有效圈数；G 为弹簧材料的切变模量，MPa，见表 15-2。

若以 $F_{\max}$ 代替 F，则最大轴向变形量的计算公式如下。

（1）对于压缩弹簧和无预应力的拉伸弹簧：

$$\lambda_{\max} = \frac{8F_{\max}C^3n}{Gd} \tag{15-6}$$

（2）对于有预应力的拉伸弹簧：

$$\lambda_{\max} = \frac{8(F_{\max}-F_0)C^3n}{Gd} \tag{15-7}$$

拉伸弹簧的初拉力（或初应力）取决于材料、弹簧丝直径、弹簧旋绕比和加工方法。

用不需淬火的弹簧丝制成的拉伸弹簧，均有一定的初拉力。当不需要初拉力时，各圈间应有间隙。经淬火的弹簧，没有初拉力。选取初拉力时，推荐初应力 τ'_0 值在图 15-9 的阴影区内选取。

初拉力按下式计算：

$$F_0 = \frac{\pi d^3 \tau'_0}{8KD} \tag{15-8}$$

使弹簧产生单位变形量所需的载荷称为弹簧刚度，表示为 k_F，即

$$k_F = \frac{F^{①}}{\lambda} = \frac{Gd}{8C^3n} = \frac{Gd^4}{8D^4n} \tag{15-9}$$

弹簧刚度是表征弹簧性能的主要参数之一。它表示使弹簧产生单位变形量时所需的力，刚度越大，需要的力越大，则弹簧的弹力就越大。但影响弹簧刚度的因素很多，从式（15-9）可知，k_F 与 C 的三次方成反比，即 C 值对 k_F 的影响很大。所以，合理地选择 C 值就能控制弹簧的弹力。另外，k_F 还和 G、d、n 有关。在调整弹簧刚度 k_F 时，应综合考虑这些因素的影响。

---

① 对于有预应力的拉伸弹簧，F/λ 应改为 $\Delta F/\Delta\lambda$，其中 ΔF 是载荷改变量，$\Delta\lambda$ 是形变量，式（15-9）仍成立。

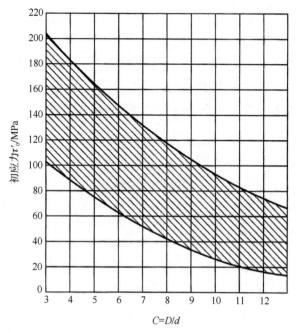

图 15-9　弹簧初应力的选择范围

15.3.4　圆柱螺旋压缩（拉伸）弹簧的设计

在设计时，通常根据弹簧的最大载荷、最大变形及结构要求（如安装空间对弹簧尺寸的限制）等来决定弹簧丝的直径、弹簧中径、工作圈数、弹簧的螺旋升角和长度等。

具体设计方法和步骤如下：

（1）根据工作情况及具体条件选定材料，并查取其力学性能数据。

（2）选择旋绕比 C，通常可取 $C \approx 5\sim 8$（极限状态时不小于 4 或超过 16）并按式（15-4）算出曲度系数 K 值。

（3）根据安装空间初设弹簧中径 D，根据 C 值估取弹簧丝直径 d，并由表 15-2 查取弹簧丝的许用应力。

（4）试算弹簧丝直径 d'，由式（15-3）可得

$$d' \geqslant 1.6 \sqrt{\frac{F_{\max} K C}{[\tau]}} \tag{15-10}$$

当弹簧材料选用碳素弹簧丝或 65Mn 弹簧丝时，因钢丝的许用应力决定于其 σ_B，而 σ_B 是随着钢丝的直径 d 变化的（见表 15-3 和表 15-4），所以计算时需先假设一个 d 值，然后进行试算。最后的 d、D、n 及 H_0 值应符合表 15-6 所给的标准尺寸系列。

（5）根据变形条件求出弹簧工作圈数。由式（15-6）、式（15-7）可知：

$$\left.\begin{array}{ll} \text{对于压缩弹簧或无预应力的拉伸弹簧} & n = \dfrac{Gd}{8F_{\max}C^3}\lambda_{\max} \\[4mm] \text{对于有预应力的拉伸弹簧} & n = \dfrac{Gd}{8(F_{\max}-F_0)C^3}\lambda_{\max} \end{array}\right\} \tag{15-11}$$

（6）求出弹簧的尺寸 D_2、D_1、H_0，并检查其是否符合安装要求等。若不符合，则应改选有关参数（如 C 值）重新设计。

（7）验算稳定性。对于压缩弹簧，若其长度较大，则受力后容易失去稳定性［见图 15-10（a）］，这在工作中是不允许的。为了制造及避免失稳现象，建议一般压缩弹簧的长细比 $b = \dfrac{H_0}{D}$ 按下列情况选取：当两端固定时，取 $b<5.3$；当一端固定，另一端自由转动时，取 $b<3.7$；当两端自由转动时，取 $b<2.6$。

当 b 大于上述数值时，要进行稳定性计算，并应满足

$$F_c = C_B k_F H_0 > F_{\max} \tag{15-12}$$

式中，F_c 为稳定时的临界载荷，N；C_B 为稳定系数，从图 15-11 中查得；$F_{\max}$ 为弹簧的最大工作载荷，N。

若 $F_{\max}>F_c$，要重新选取参数，改变 b 值，提高 F_c 值，使其大于 $F_{\max}$ 值，以保证弹簧的稳定性。若条件受到限制而不能改变参数，则应加装导杆［见图 15-10（b）］或导套［见图 15-10（c）］。导杆（导套）与弹簧的间隙 c 值（直径差）按表 15-8 选取。

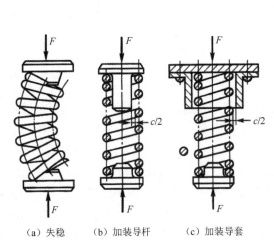

（a）失稳　（b）加装导杆　（c）加装导套

图 15-10　压缩弹簧失稳及对策

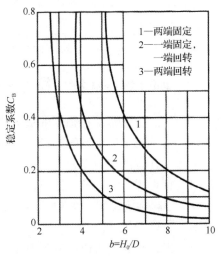

1—两端固定
2——端固定，一端回转
3—两端回转

图 15-11　稳定系数曲线图

表 15-8　导杆（导套）与弹簧的间隙

中径 D/mm	≤5	>5～10	>11～18	>19～30	>31～50	>51～80	>81～120	>121～150
间隙 c/mm	0.6	1	2	3	4	5	6	7

（8）疲劳强度和静应力强度的验算。对于循环次数较多、在变应力下工作的重要弹簧，还应该进一步对弹簧的疲劳强度和静应力强度进行验算（如果变载荷的作用次数 $N \leqslant 10^3$，或载荷变化的幅度不大，可只进行静应力强度验算）。

疲劳强度验算：图 15-12 所示为弹簧在变载荷作用下的应力变化状态，图中 H_0 为弹簧的自由长度，F_1 和 λ_1 为安装载荷和预压变形量，F_2 和 λ_2 为工作时的最大载荷和最大变形量。当弹簧所受载荷在 F_1 和 F_2 之间不断循环变化时，根据式（15-3）可得弹簧材料内部所产生的最大和最小循环切应力分别为

$$\tau_{\max} = \frac{8KD}{\pi d^3} F_2$$

$$\tau_{\min} = \frac{8KD}{\pi d^3} F_1$$

对应于上述变应力作用下的普通圆柱螺旋压缩弹簧,疲劳强度安全系数计算值 S_{ca} 及强度条件可按下式计算:

$$S_{ca} = \frac{\tau_0 + 0.75\tau_{\min}}{\tau_{\max}} \geqslant S_F \tag{15-13}$$

式中, τ_0 为弹簧材料的脉动循环剪切疲劳极限,MPa,按变载荷作用次数 N 由表 15-9 中查取。 S_F 为弹簧疲劳强度的设计安全系数,当弹簧的设计计算和材料的力学性能数据精确性高时,取 $S_F=1.3\sim1.7$;当精确性低时,取 $S_F=1.8\sim2.2$。

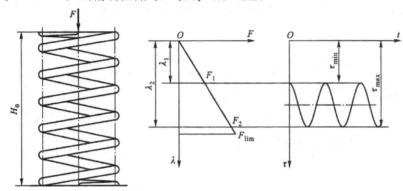

图 15-12　弹簧在变载荷作用下的应力变化状态

静应力强度验算:静应力强度安全系数计算值 $S_{S_{ca}}$ 的计算公式及强度条件为

$$S_{S_{ca}} = \frac{\tau_S}{\tau_{\max}} \geqslant S_S \tag{15-14}$$

式中, τ_S 为弹簧材料的剪切屈服极限。静应力强度的设计安全系数 S_S 的选取与 S_F 相同。

表 15-9　弹簧材料的脉动循环剪切疲劳极限

变载荷作用次数 N	10^4	10^5	10^6	10^7
τ_0/MPa	$0.45\sigma_B$	$0.35\sigma_B$	$0.33\sigma_B$	$0.3\sigma_B$

注:① 此表适用于优质钢丝、不锈钢丝、铍青铜丝和硅青铜丝。

② 对喷丸处理的弹簧,表中数值可提高 20%。

③ 对于硅青铜丝、不锈钢丝, $N=10^4$ 时的 τ_0 值可取 $0.35\sigma_B$。

④ 表中 σ_B 为弹簧材料的拉伸强度极限,MPa。

(9) 振动验算。承受变载荷的圆柱螺旋弹簧常在加载频率很高的情况下工作(如内燃机汽缸阀门弹簧)。为了避免引起弹簧的谐振而导致弹簧的破坏,需对弹簧进行振动验算,以保证其临界工作频率(工作频率的许用值)远低于其基本自振频率。

圆柱螺旋弹簧的基本自振频率 f_b(单位为 Hz)为

$$f_b = \frac{1}{2}\sqrt{\frac{k_F}{m_s}} \tag{15-15}$$

式中, k_F 为弹簧刚度,N/mm,见式(15-9); m_s 为弹簧质量,kg,见表 15-5。

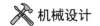

将 k_F、m_s 的关系式代入式（15-15），并取 $n \approx n_1$，则

$$f_b = \frac{1}{2}\sqrt{\frac{Gd^4/(8D^3n)}{\pi^2 d^2 D n_1 \gamma/(4\cos\alpha)}} \approx \frac{d}{8.9D^2 n_1}\sqrt{\frac{G\cos\alpha}{\gamma}} \tag{15-16}$$

式中各符号意义及单位同前。

弹簧的基本自振频率 f_b 应不低于其工作频率 f_W（单位为 Hz）的 15～20 倍，以避免引起严重的振动。即

$$f_b \geqslant (15\text{～}20)f_W \text{ 或 } f_W \leqslant \frac{f_b}{15\text{～}20} \tag{15-17}$$

但弹簧的工作频率一般是预先给定的，故当弹簧的基本自振频率不能满足式（15-17）时，应增大 k_F 或减小 m_s，重新进行设计。

（10）进行弹簧的结构设计。如对拉伸弹簧确定其钩环类型等，并按表 15-5 计算出全部有关尺寸。

（11）绘制弹簧结构图。

对于不重要的普通圆柱螺旋弹簧，也可以采用 GB/T 2088—2009 中提供的选型设计方法，具体方法可以参考该标准中的选型举例。

15.4 其他类型弹簧简介

15.4.1 扭转弹簧

圆柱螺旋扭转弹簧常用于压紧、储能和传递转矩，使用较为广泛，可以作为汽车启动装置的弹簧、电动机电刷上的弹簧等。扭转弹簧的两端带有杆臂或挂钩，以便固着或加载。图 15-13 中，NI 型为外臂扭转弹簧，NII 型为内臂扭转弹簧，NIII 型为中心臂扭转弹簧，NIV 型为平列双扭簧。在自由状态下，弹簧圈之间不并紧，一般留有少量间隙（约为 0.5 mm），以防工作时各圈相互接触，并产生磨损。

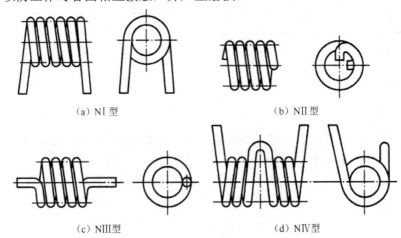

(a) NI 型   (b) NII 型

(c) NIII型   (d) NIV型

图 15-13 圆柱螺旋扭转弹簧

扭转弹簧的设计步骤与螺旋压缩弹簧类似。扭转弹簧的工作应力在其材料的弹性极限范围内才可以正常工作，故载荷 T 与扭转角 φ 仍为直线关系，其特性曲线如图 15-14 所示。

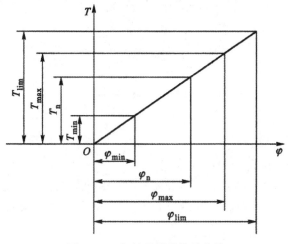

图 15-14 扭转弹簧的特性曲线

15.4.2 板簧

板簧一般由 6～15 片长度不等的弹簧钢板重叠而成，如图 15-15 所示。板簧的工作情况多为两端固定，中间作用集中载荷。板簧的结构形式是把钢板制成等宽、长度不同且曲率不同的板条，然后重叠装配起来。这种弹簧受力时，由于板间摩擦的影响，加载特性曲线与卸载特性曲线并不重合，其缓冲减振能力较强。板簧主要用于汽车、拖拉机和铁道车辆的悬挂装置。

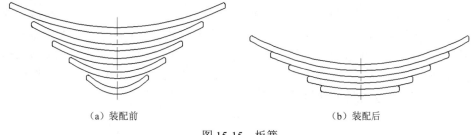

（a）装配前　　　　　　　　　　　　　　　　（b）装配后

图 15-15 板簧

15.4.3 碟形弹簧

碟形弹簧是用钢板冲压成的一种圆锥形截面（碟形）的弹簧，如图 15-16 所示。在承受轴向压力后，碟片的锥角减小，弹簧产生轴向变形。碟形弹簧的刚度大，缓冲吸振能力强，适用于载荷很大而弹簧轴向尺寸受限制的地方。碟形弹簧具有变刚度的特性，采用同样碟片的不同组合方式，可以得到不同特性的碟形弹簧。碟形弹簧常用于重型机械和飞机、火炮等武器中，作为强力缓冲和减振弹簧，在离合器、安全阀或减压阀中用作压紧弹簧。

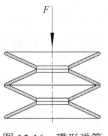

图 15-16　碟形弹簧

15.4.4　空气弹簧

空气弹簧是在一个密闭容器中注入空气，利用空气的可压缩性实现弹簧的作用，如图 15-17 所示。这种弹簧的高度可以调节，能适应多种结构要求，还可以根据需要设计成具有比较理想特性曲线的弹簧。空气弹簧主要应用在车辆的悬挂装置上。

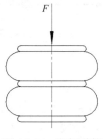

图 15-17　空气弹簧

15.4.5　橡胶弹簧

橡胶弹簧是利用橡胶的弹性变形实现弹簧的作用的，如图 15-18 所示。橡胶的弹性模量很小，因此可以得到较大的弹性变形，容易实现非线性特性的要求，橡胶弹簧的形状也不受限制，各方向刚度可以自由选择，还可以承受多方向的载荷，因此橡胶弹簧的结构简单。目前橡胶弹簧主要应用在车辆的悬挂装置上，起缓冲和吸振作用。它的主要缺点是易老化、蠕变，潮湿、强光照和接触油类都将影响其工作寿命。

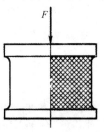

图 15-18　橡胶弹簧

圆柱螺旋弹簧设计实例如下。

例 15-1　设计一个普通圆柱螺旋拉伸弹簧，已知该弹簧在一般载荷条件下工作，并要求中径 $D \approx 18$ mm，外径 $D_2 \leqslant 22$ mm。当弹簧拉伸变形量 $\lambda_1 = 7.5$ mm 时，拉力 $F_1 = 180$ N；当拉伸变形量 $\lambda_2 = 17$ mm 时，拉力 $F_2 = 340$ N。

解：1）根据工作条件选择材料并确定其许用拉力

因为弹簧在一般载荷条件下工作，所以按第Ⅲ类弹簧来考虑。现选用碳素弹簧丝 SL 型。并根据 $D_2-D \leqslant 22$ mm-18 mm=4 mm，估取弹簧丝直径为 3.0 mm。由表 15-3 暂选 σ_B=1410 MPa，则根据表 15-2 可知$[\tau]$=0.8×0.5×σ_B=564 MPa。

2）根据强度条件计算弹簧丝直径

现选取旋绕比 C=6，则由式（15-4）得

$$K = \frac{4C-1}{4C-4} + \frac{0.615}{C} = \frac{4\times6-1}{4\times6-4} + \frac{0.615}{6} \approx 1.25$$

根据式（15-10）得

$$d' \geqslant 1.6\sqrt{\frac{F_2KC}{[\tau]}} = 1.6\times\sqrt{\frac{340\times1.25\times6}{564}} = 3.40 \text{ mm}$$

改选 d=3.4 mm，查得 σ_B=1370 MPa。重新计算得：$[\tau]$=548 MPa，取 D=18 mm，C=18/3.4≈5.294，计算得 K=1.2908，于是

$$d' \geqslant 1.6\times\sqrt{\frac{340\times1.2908\times6}{548}} = 3.51 \text{ mm}$$

这个值与原估取值相近，取弹簧丝直径 d=3.4 mm。此时 D=18 mm 为标准值，则

$$D_2 = D + d = 18 + 3.4 = 21.4 \text{ mm} < 22 \text{ mm}$$

所得尺寸与题中的限制条件相符，故合适。

3）根据刚度要求，计算弹簧圈数 n

由式（15-9）得弹簧刚度为

$$k_F = \frac{F_2 - F_1}{\lambda_2 - \lambda_1} = \frac{340-180}{17-7.5} \approx 16.84 \text{ N/mm}$$

由表 15-2 取 G=82000 MPa，则弹簧圈数为

$$n = \frac{Gd^4}{8D^3k_F} = \frac{82000\times3.4^4}{8\times18^3\times16.84} = 13.95$$

取 n=14。此时弹簧的刚度为

$$k_F = 13.95\times\frac{16.84}{14} = 16.78 \text{ N/mm}$$

4）验算

（1）弹簧初拉力。

$$F_0 = F_1 - k_F\lambda_1 = 180 - 16.78\times7.5 = 54.15 \text{ N}$$

初应力 τ'_0 应按式（15-8）得

$$\tau'_0 = \frac{8F_0KD}{\pi d^3} = \frac{8\times54.15\times1.2908\times18}{\pi\times3.4^3} = 81.51 \text{ MPa}$$

按照图 15-9，当 C=5.294 时，初应力 τ'_0 的推荐值为 75～160 MPa，故此初应力合适。

（2）极限工作应力 τ_{lim}。

取 τ_{lim}=0.56σ_B，则

$$\tau_{\text{lim}} = 0.56\times1370 = 767.2 \text{ MPa}$$

（3）极限工作载荷。

$$F_{\lim} = \frac{\pi d^3 \tau_{\lim}}{8DK} = \frac{3.14 \times 3.4^3 \times 767.2}{8 \times 18 \times 1.2908} \approx 509.39 \text{ N}$$

5）进行结构设计

选定两端钩环，并计算全部尺寸（略）。

习　题

15-1 什么是弹簧的特性曲线？它与弹簧刚度有什么关系？

15-2 圆柱螺旋弹簧的旋绕比 C 对弹簧性能有何影响？设计中应如何选取 C 值？

15-3 在什么情况下，应验算弹簧的稳定性？怎样保证其稳定性？

15-4 如图 15-19 所示，自重为 G 的一台仪器安放在两个螺旋压缩弹簧支承的平台上（平台自重可忽略），除弹簧 1 的中径 $D_{(1)}$ 是弹簧 2 的中径 $D_{(2)}$ 的 2 倍（$D_{(1)}=2D_{(2)}$）以外，弹簧其他参数一样。为了保证这台仪器经常处于水平位置，仪器应放在何处（离弹簧 1 的距离 a 为多少）？

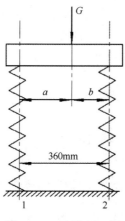

图 15-19　习题 15-4 图

15-5 有两个圆柱螺旋压缩弹簧分别按串联和并联组合方式使用，分别如图 15-20（a）、（b）所示。两个弹簧的刚度分别为 $k_{F1}=2$ N/mm，$k_{F2}=30$ N/mm，承受轴向载荷 $F=600$ N。试求：

（1）两个弹簧串联时的总变形量 λ。

（2）两个弹簧并联时的总变形量 λ'。

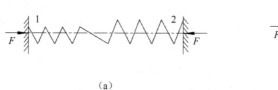

（a）

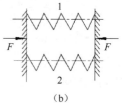

（b）

图 15-20　习题 15-5 图

15-6 设计一个圆柱螺旋拉伸弹簧。已知：弹簧中径 $D \approx 12$ mm，外径 $D_2 < 18$ mm；当载荷 $F_1 = 160$ N 时，弹簧的变形量 $\lambda_1 = 6$ mm，当载荷 $F_2 = 350$ N 时，弹簧的变形量 $\lambda_2 = 16$ mm。

15-7 某牙嵌离合器采用的圆柱螺旋压缩弹簧（见图 15-6）的参数如下：$D_2 = 36$ mm，$n = 5$，弹簧材料为碳素弹簧丝（C 级）。最大工作载荷 $F_{max} = 100$ N，载荷性质为 II 类，试校核此弹簧的强度，并计算其最大变形量 λ_{max}。

15-8 设计一个圆柱螺旋扭转弹簧。已知该弹簧用于受力平稳的一般机构中，安装时的预加转矩 $T_1 = 2$ N·m，工作转矩 $T_2 = 6$ N·m，工作时的扭转角 $\varphi = \varphi_{max} - \varphi_{min} = 40°$。

第16章　机座和箱体

16.1　概述

机座和箱体作为设备的基础零件，其质量通常占一台机器总质量中的很大比例（例如在机床中占总质量的 70%~90%），并在很大程度上影响着机器的工作精度，当兼作运动部件的滑道（导轨）时，还影响着机器的耐磨性等。所以正确选择机座和箱体等零件的材料和正确设计其结构形式及尺寸，是减小机器质量、节约金属材料、提高工作精度、增强机器刚度及耐磨性等的重要途径。现仅就机座和箱体的一般类型、材料、制作方法、结构特点及基本设计准则做简要介绍。

16.1.1　机座和箱体的一般类型

机座（包括机架、基板等）和箱体（包括机壳、机匣等）的形式繁多，分类方法不一。就其一般构造形式而言，机座和箱体可划分为四大类（见图 16-1）：机座类［见图 16-1（a）、(d)、(e)、(h)］、机架类［见图 16-1（f）、(g)、(j)］、基板类［见图 16-1（c）］和箱壳类［见图 16-1（b）、(i)］。机座和箱体若按结构分类，则可分为整体式和装配式；按制造方法分类，又可分为铸造类、焊接类、拼焊类、螺接类、冲压类及轧制锻造类，各种制造方法具有不同的特点和应用场合，但一般以铸造类、焊接类居多。

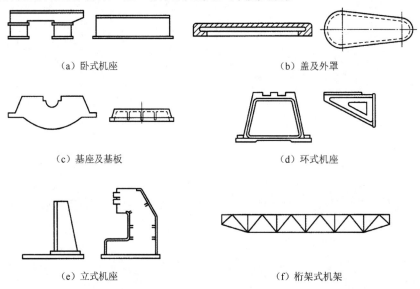

（a）卧式机座　　　　　　　　　　　　（b）盖及外罩

（c）基座及基板　　　　　　　　　　　　（d）环式机座

（e）立式机座　　　　　　　　　　　　（f）桁架式机架

图 16-1　机座和箱体的构造形式

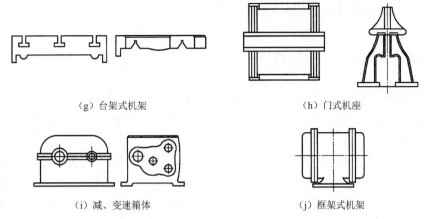

| (g) 台架式机架 | (h) 门式机座 |

| (i) 减、变速箱体 | (j) 框架式机架 |

图 16-1 机座和箱体的构造形式（续）

16.1.2 机座和箱体的材料及制作方法

机座和箱体一般具有较大的尺寸和质量，材料用量大，又是机器中的安装基准、工作基准和运动基准，因此机座和箱体的材料选择必须在满足工作性能的前提下，兼顾经济性要求。

常用机座和箱体的材料有以下几种：

（1）铸铁。铸铁是机座和箱体中使用最多的一种材料。铸铁机座多用于固定式机器，尤其是固定式重型机器等机座和箱体结构复杂、刚度要求高的场合，具有良好的吸振性和机械加工性能。

（2）铸钢。铸钢有较高的综合力学性能，一般用于强度要求高、形状不太复杂的机座的铸造。

（3）铝合金。铝合金多用于飞机、汽车等运动式机器的机座和箱体的制造，以尽可能减小机器的质量。

（4）结构钢。结构钢具有良好的综合力学性能，常用于受力不大，具有一定振动、冲击载荷要求，可以采用焊接工艺制造的机座和箱体的制造。

（5）花岗岩或陶瓷。花岗岩或陶瓷一般用于精密机械，如激光测长机等测量设备或精密加工设备的机座的制造。

铸造及焊接零件的基本工艺、应用特性及一般选择原则已在金属工艺学课程中阐述，设计时，应进行全面分析比较，以期设计合理，且能符合生产实际。例如，虽然一般来说，成批生产结构复杂的零件以铸造为宜；单件小批生产，且生产期限较短的零件则以焊接为宜，但对具体的机座或箱体，仍应分析其主要决定因素。比如，成批生产的中小型机床及内燃机等的机座，结构复杂是其主要问题，应以铸造为宜；但成批生产的汽车底盘及运行式起重机的机体等主要考虑质量小和运行灵便，则应以焊接为宜。又如，质量及尺寸都不大的单件机座或箱体，主要考虑制造简便和经济，可采用焊接或 3D 打印等制造方法；而单件大型机座或箱体若采用铸造或焊接不经济或不可能，则应采用拼焊结构等。

16.2 机座和箱体的结构设计

16.2.1 机座和箱体设计概要

机座和箱体等零件工作能力的主要指标是刚度，其次是强度；当同时用作滑道时，滑道部分还应具有足够的耐磨性。此外，对具体的机械，还应满足特殊的要求，并力求具有良好的工艺性。

机座和箱体的结构形状和尺寸大小，决定于安装在它内部或外部的零件和部件的形状、尺寸及其相互配置、受力与运动情况等。设计时，应使所装的零件和部件便于装拆与操作。

机座和箱体的一些结构尺寸，如壁厚、凸缘宽度、肋板厚度等，对机座和箱体的工作能力、材料消耗、质量和成本均有重大的影响。但是由于这些部位形状的不规则和应力分布的复杂性，以前大多按照经验公式、经验数据或比照现用的类似机件进行设计，而略去强度和刚度等的分析与校核。这对那些不太重要的场合虽是可行的，但带有一定的盲目性（对减速器箱体的设计就是如此）。因而对重要的机座和箱体，考虑到上述设计方法不够可靠，或者资料不够成熟，还需用模型或实物进行实测试验，以便按照测定的数据进一步修改结构及尺寸，从而弥补经验设计的不足。但是，随着科学技术和计算机辅助设计技术的发展，现在可以利用精确的数值计算方法和大型 CAE 软件，通过拓扑优化等现代设计手段来确定前述这些结构的形状和尺寸。

设计机座和箱体时，为了机器装配、调整、操纵、检修及维护等的方便，应在适当的位置设置大小适宜的孔洞。金属切削机床的机座还应便于迅速清除切屑或边角料。各种机座均应有方便、可靠地与地基连接的装置。

箱体零件上必须镗磨的孔数应尽量减少，各孔位置的相关影响应尽量减小。位于同一条轴线上的各孔直径最好相同或按顺序递减。在不太重要的场合，可按照经验确定减速器箱体的具体尺寸。

对于机座和箱体刚度的设计，一方面，采用合理的截面形状和肋板布置可以显著提高机座和箱体的刚度。另外，还可通过尽量减少与其他机件的连接面数、使连接面垂直于作用力、使相连接的各机件间相互连接牢固并靠紧、尽量减小机座和箱体的内应力，以及选用弹性模量较大的材料等一系列措施来提高机座和箱体的刚度。

当机座和箱体的质量很大时，应设有便于起吊的装置，如吊装孔、吊钩或吊环等。当需用绳索捆绑时，必须保证绳索具有足够的刚度，并考虑在放置平稳后，绳索易于解下或抽出。

另外还须指出，机器工作时总要产生振动并引发噪声，对周围的人员、设备、产品质量及自然环境都会带来损害与污染，因而隔振也是设计机座与箱体时应考虑的问题，特别是当机器转速或往复运动速度较高且冲击严重时，必须通过阻尼或缓冲等手段使振动波在传递过程中迅速衰减到允许的范围内（可根据不同的车间设计规范取定）。最常见的隔振措施是在机座与地基间加装由金属弹簧或橡胶等弹性元件制成的隔振器，可根据计算结果和要求从专业工厂的产品中选用，必要时也可定制。

16.2.2　机座和箱体的截面形状及肋板布置

1．截面形状

绝大多数机座和箱体的受力情况都很复杂，因而会产生拉伸（或压缩）、弯曲、扭转等变形。当受到弯曲或扭转作用时，截面形状对于它们的强度和刚度有很大的影响。若能正确设计机座和箱体的截面形状，从而在既不增大截面面积，又不增大（甚至减小）零件质量（材料消耗量）的条件下增大截面系数及截面的惯性矩，就能提高它们的强度和刚度。表 16-1 中列出了常用的几种截面形状（面积近似相等），通过对它们的相对强度和相对刚度的比较可知：虽然空心矩形截面的弯曲疲劳强度不及工字形截面，扭转强度不及圆形截面，但它的扭转刚度很大，而且采用空心矩形截面的机座和箱体的内外壁上较易装设其他机件。因而对于机座和箱体来说，它是结构性能较好的截面形状，因此实际应用中绝大多数的机座和箱体都采用这种截面形状。

表 16-1　机座和箱体常用的几种截面形状的对比

截　面		弯　曲			扭　转			
形　状	面积/ cm^2	许用弯矩/ $(N \cdot m)$	相对 强度	相对 刚度	许用转矩/ $(N \cdot m)$	相对 强度	单位长度许用 转矩/$(N \cdot m)$	相对 刚度
矩形 29×100	29.0	$4.83[\sigma_b]$	1.0	1.0	$0.27[\tau_T]$	1.0	$6.6G[\varphi_0]$	1.0
圆形 $\phi100$，壁厚10	28.3	$5.82[\sigma_b]$	1.2	1.15	$11.6[\tau_T]$	43	$58G[\varphi_0]$	8.8
空心矩形 100×75，壁厚10	29.5	$6.63[\sigma_b]$	1.4	1.6	$10.4[\tau_T]$	38.5	$207G[\varphi_0]$	31.4
工字形 100×100，壁厚10	29.5	$9.0[\sigma_b]$	1.8	2.0	$1.2[\tau_T]$	4.5	$12.6G[\varphi_0]$	1.9

注：$[\sigma_b]$ 为许用弯曲应力；$[\tau_T]$ 为许用扭转切应力；G 为切变模量；$[\varphi_0]$ 为单位长度许用扭转角。

2．肋板布置

一般来说，增加壁厚固然可以提高机座和箱体的强度和刚度，但不如加设肋板更有利。因为加设肋板，在增大强度和刚度的同时，零件质量又可较增大壁厚时小；对于铸件，由于不需增加壁厚就可减少铸造的缺陷；对于焊件，壁薄时更易保证焊接的品质，因此加设肋板不仅是较为有利的，而且常常是必要的。肋板布置的正确与否对于加设肋板的效果有很大的影响。如果布置不当，不仅不能提高机座和箱体的强度和刚度，还会浪费工料及增加制造难度。

由表 16-2 所列的几种肋板布置情况可看出：除第 5、6 号斜肋板布置形式外，其他几种肋板布置形式对于弯曲刚度提高得很少；尤其是第 3、4 号布置形式，相对弯曲刚度 C_b 的增加值还小于相对质量 R 的增加值（$\frac{C_b}{R}<1$）。由此可知肋板的布置以第 5、6 号斜肋板布置形式较佳。但采用斜肋板会造成工艺上的困难，故也可妥善安排若干直肋板。例如，为了便于焊制，桥式起重机箱形主梁的肋板即为直肋板。此外，肋板的结构形状也是需要考虑的重要因素，应根据具体的应用场合及不同的工艺要求（如铸、铆、焊、胶等）而将肋板设计成不同的结构形状。

另外，肋板的尺寸应合理确定，尽量与箱体壁厚、开孔尺寸等相适应。例如，一般肋板的高度不超过壁厚的 3～4 倍，否则对提高刚度无明显效果。

表 16-2　几种肋板布置形式的对比

序　号	形　状	相对弯曲刚度 C_b	相对扭转刚度 C_T	相对质量 R	$\dfrac{C_b}{R}$	$\dfrac{C_T}{R}$
1（基型）		1.00	1.00	1.00	1.00	1.00
2		1.10	1.63	1.10	1.00	1.48
3		1.08	2.04	1.14	0.95	1.79
4		1.17	2.16	1.38	0.85	1.56
5		1.78	3.69	1.49	1.20	2.47
6		1.55	2.94	1.26	1.23	2.34

习　　题

16-1　机座和箱体的一般类型有哪些？

16-2　简述机座和箱体的材料及制作方法。

16-3　肋板的作用是什么？常见的肋板有哪些形状？如何布置肋板？

参考文献

[1] 谭庆昌，贾艳辉. 机械设计. 4 版. 北京: 高等教育出版社，2019.

[2] 黄秀琴. 机械设计. 北京: 机械工业出版社，2017.

[3] 王军，田同海. 机械设计. 北京: 机械工业出版社，2015.

[4] 濮良贵. 机械设计. 5 版. 北京: 高等教育出版社，1989.

[5] 濮良贵，陈国定，吴立言. 机械设计. 10 版. 北京: 高等教育出版社，2015.

[6] 刘元林，宋胜伟. 机械设计. 武汉: 华中科技大学出版社，2017.

[7] 成大先. 机械设计手册单行本: 机械传动. 6 版. 北京: 化学工业出版社，2017.

[8] 成大先. 机械设计手册单行本: 连接与紧固. 6 版. 北京: 化学工业出版社，2017.

[9] 徐灏. 机械设计手册. 2 版. 北京: 机械工业出版社，2001.

[10] 张文忠. 机械设计. 北京: 高等教育出版社，2021.

[11] 吴克坚，于晓红，钱瑞明. 机械设计. 北京: 高等教育出版社，2003.

[12] 李良军. 机械设计. 北京: 高等教育出版社，2010.

[13] 宋宝玉，王黎钦. 机械设计. 北京: 高等教育出版社，2010.

[14] 吴宗泽. 机械设计. 北京: 高等教育出版社，2001.

[15] 吴宗泽. 机械设计. 北京: 人民交通出版社，2003.

[16] 徐锦康. 机械设计（下册）. 北京: 高等教育出版社，2002.

[17] 彭文生，杨家军，王均荣. 机械设计与机械原理考研指南（上册）. 武汉: 华中科技大学出版社，2014.